"十四五"职业教育国家规划教材

"十三五"职业教育国家规划教材

1+X职业技能等级证书配套教材

1+X职业技能等级证书——传感网应用开发

传感网应用开发（中级）

组　编　北京新大陆时代教育科技有限公司
主　编　陈继欣　邓　立
副主编　顾晓燕　蔡建军　胡国胜　史宝会　贺晓辉　顾振飞
参　编　季云峰　苏李果　黄　越　董昌春　伍小兵　昌厚峰　薛文龙
　　　　李正吉　高卫勇　杨　瑞　李光荣　陈永庆　王　华　徐加波

机械工业出版社

本书是"十四五"职业教育国家规划教材。

本书参照"1+X"《传感网应用开发职业技能等级标准》中级部分,根据物联网相关科研机构及企事业单位,面向研发助理、部品开发、品质管理、产品测试、技术支持等岗位涉及的工作领域和工作任务所需的职业技能要求,介绍了传感网应用开发中数据采集、STM32微控制器基本外设应用开发、RS-485总线通信应用、CAN总线通信应用、基于BasicRF的无线通信应用、Wi-Fi数据通信、NB-IoT联网通信和LoRa通信应用开发内容。

本书是"1+X"职业技能等级证书——传感网应用开发(中级)的培训认证配套用书。

本书配有电子课件、微课视频(可扫描书中二维码观看),读者也可到机械工业出版社教育服务网(www.cmpedu.com)免费注册并下载,或联系编辑(010-88379194)咨询。

图书在版编目(CIP)数据

传感网应用开发：中级 / 陈继欣, 邓立主编.

—北京：机械工业出版社, 2019.10 (2025.1重印)

1+X职业技能等级证书配套教材　　1+X职业技能等级证书

ISBN 978-7-111-63987-9

Ⅰ. ①传⋯　Ⅱ. ①陈⋯　②邓⋯　Ⅲ. ①无线电通信—传感器—职业技能—鉴定—教材　Ⅳ. ①TP212

中国版本图书馆CIP数据核字(2019)第218820号

机械工业出版社(北京市百万庄大街22号　邮政编码100037)

策划编辑：梁　伟　　责任编辑：梁　伟　李绍坤

责任校对：马立婷　　封面设计：鞠　杨

责任印制：郜　敏

三河市国英印务有限公司印刷

2025年1月第1版第23次印刷

184mm×260mm・21印张・461千字

标准书号：ISBN 978-7-111-63987-9

定价：56.00元

电话服务　　　　　　　　网络服务

客服电话：010-88361066　　机　工　官　网：www.cmpbook.com

　　　　　010-88379833　　机　工　官　博：weibo.com/cmp1952

　　　　　010-68326294　　金　书　网：www.golden-book.com

封底无防伪标均为盗版　　机工教育服务网：www.cmpedu.com

关于"十四五"职业教育
国家规划教材的出版说明

为贯彻落实《中共中央关于认真学习宣传贯彻党的二十大精神的决定》《习近平新时代中国特色社会主义思想进课程教材指南》《职业院校教材管理办法》等文件精神，机械工业出版社与教材编写团队一道，认真执行思政内容进教材、进课堂、进头脑要求，尊重教育规律，遵循学科特点，对教材内容进行了更新，着力落实以下要求：

1. 提升教材铸魂育人功能，培育、践行社会主义核心价值观，教育引导学生树立共产主义远大理想和中国特色社会主义共同理想，坚定"四个自信"，厚植爱国主义情怀，把爱国情、强国志、报国行自觉融入建设社会主义现代化强国、实现中华民族伟大复兴的奋斗之中。同时，弘扬中华优秀传统文化，深入开展宪法法治教育。

2. 注重科学思维方法训练和科学伦理教育，培养学生探索未知、追求真理、勇攀科学高峰的责任感和使命感；强化学生工程伦理教育，培养学生精益求精的大国工匠精神，激发学生科技报国的家国情怀和使命担当。加快构建中国特色哲学社会科学学科体系、学术体系、话语体系。帮助学生了解相关专业和行业领域的国家战略、法律法规和相关政策，引导学生深入社会实践、关注现实问题，培育学生经世济民、诚信服务、德法兼修的职业素养。

3. 教育引导学生深刻理解并自觉实践各行业的职业精神、职业规范，增强职业责任感，培养遵纪守法、爱岗敬业、无私奉献、诚实守信、公道办事、开拓创新的职业品格和行为习惯。

在此基础上，及时更新教材知识内容，体现产业发展的新技术、新工艺、新规范、新标准。加强教材数字化建设，丰富配套资源，形成可听、可视、可练、可互动的融媒体教材。

教材建设需要各方的共同努力，也欢迎相关教材使用院校的师生及时反馈意见和建议，我们将认真组织力量进行研究，在后续重印及再版时吸纳改进，不断推动高质量教材出版。

机械工业出版社

党的二十大报告提出"推动战略性新兴产业融合集群发展,构建新一代信息技术、人工智能、生物技术、新能源、新材料、高端装备、绿色环保等一批新的增长引擎",强调"加快发展物联网"。近年来,在供给侧和需求侧的双重推动下,物联网进入以基础性行业和规模消费为代表的第三次发展浪潮。随着互联网企业、传统行业企业、设备商、电信运营商全面布局物联网,产业生态初具雏形;连接技术不断突破,NB-IoT、LoRa等低功耗广域网全球商用化进程不断加速,数以万亿计的新设备将接入网络并产生海量数据;物联网平台迅速增长,服务支撑能力迅速提升;区块链、边缘计算、人工智能等新技术不断注入物联网,为物联网带来了新的创新活力。受技术和产业成熟度的综合驱动,物联网呈现"边缘的智能化、连接的泛在化、服务的平台化、数据的延伸化"新特征,迎来了跨界融合、集成创新和规模化发展的新阶段。

2019年初,在《国务院关于印发国家职业教育改革实施方案的通知》(国发〔2019〕4号)中,提出了"从2019年开始,在职业院校、应用型本科高校启动'学历证书+若干职业技能等级证书'制度试点(以下称'1+X'证书制度试点)工作"的要求。为落实"1+X"证书制度,北京新大陆时代教育科技有限公司作为"1+X"证书制度试点第二批职业教育培训评价组织,结合物联网发展的新特征,从用人单位物联网岗位的要求出发,制定了《传感网应用开发职业技能等级标准》(下面简称《标准》)。《标准》规定了传感网应用开发职业技能的等级、工作领域、工作任务及职业技能要求,分为初级、中级、高级三部分。

《标准》中级部分主要针对物联网相关科研机构及企事业单位,面向研发助理、部品开发、品质管理、产品测试、技术支持等岗位,从事编码实现、功能验证、系统调试等工作,从数据采集、有线组网通信、短距离无线组网通信、低功耗窄带组网通信、通信协议应用五个工作领域规定了相应的职业技能要求。

本书是"1+X"职业技能等级证书——传感网应用开发(中级)的培训认证配套用书。内容包括数据采集、STM32微控制器基本外设应用开发、RS-485总线通信应用、CAN总线通信应用、基于BasicRF的无线通信应用、Wi-Fi数据通信、NB-IoT联网通信、LoRa通信应用开发8个学习单元,并配有微课视频和教学资源(可扫描书中二维码观看)。本书覆盖了标准中五个工作领域的知识点和技能点,充分体现了传感网应用开发相关人员在职业活动中所需要的综合能力。

本书由北京新大陆时代教育科技有限公司组编。由于编者水平有限,书中难免有不妥和错误之处,恳请读者批评指正。

编 者

二维码清单

名　　称	图形	名　　称	图形
学习单元 2 STM32 基础开发 （电子课件）		学习单元 5 基于 BasicRF 无线通信应用 （电子课件）	
学习单元 6 Wi-Fi 通信应用开发 （电子课件）		学习单元 8 LoRa 通信应用开发 （电子课件）	
中级习题		传感网应用开发（中级）_综合_笔试	
传感网应用开发（中级） 操作试卷		学习单元 2 2.2　STM32cubeMX 安装 （微课视频）	
学习单元 2 2.2　keil 安装视频 （微课视频）		学习单元 2 2.3　LED 流水灯 （微课视频）	
学习单元 2 2.4　按键呼吸灯 （微课视频）		学习单元 5 5.4　创建工程项目 （微课视频）	
学习单元 5 5.5　温湿度节点数据采集 （微课视频）		学习单元 5 5.5　温湿度采集实验部分 （微课视频）	

目录 CONTENTS

前言
二维码清单

学习单元1
数据采集 1

- 1.1 模拟量传感数据采集 2
  - 1.1.1 光照度数据采集 2
  - 1.1.2 气体浓度数据采集 7
  - 1.1.3 模拟量转换为数字量的方法 11
- 1.2 数字量传感数据采集 13
  - 1.2.1 温度数据采集 13
  - 1.2.2 湿度数据采集 18
- 1.3 开关量传感数据采集 20
  - 1.3.1 红外信号数据采集 20
  - 1.3.2 声音信号数据采集 23
- 1.4 误差分析 26
  - 1.4.1 真实值、平均值与中位数 26
  - 1.4.2 误差 27
  - 1.4.3 精密度与偏差 28
  - 1.4.4 误差产生原因分析 28
  - 1.4.5 误差减小方法 29
  - 1.4.6 传感数据优化 30
- 单元总结 30

学习单元2
STM32微控制器基本外设应用开发 31

- 2.1 基础知识 32
  - 2.1.1 STM32概述 32
  - 2.1.2 STM32微控制器的命名规则 33
  - 2.1.3 STM32微控制器的主要特征 34
  - 2.1.4 STM32开发板的选择 35
  - 2.1.5 STM32的应用领域 35
- 2.2 任务1 开发环境的搭建与工程的建立 36
  - 2.2.1 任务要求 36
  - 2.2.2 知识链接 36
  - 2.2.3 任务实施 39
- 2.3 任务2 LED流水灯应用开发 52
  - 2.3.1 任务要求 52
  - 2.3.2 知识链接 53
  - 2.3.3 任务实施 58
- 2.4 任务3 按键控制呼吸灯应用开发 62
  - 2.4.1 任务要求 62
  - 2.4.2 知识链接 62
  - 2.4.3 任务实施 66
- 2.5 任务4 串行通信控制LED流水灯应用开发 71
  - 2.5.1 任务要求 71
  - 2.5.2 知识链接 71
  - 2.5.3 任务实施 73
- 2.6 任务5 电池电量监测应用开发 79
  - 2.6.1 任务要求 79
  - 2.6.2 知识链接 79
  - 2.6.3 任务实施 83
- 单元总结 87

学习单元3
RS-485总线通信应用 89

- 3.1 总线概述 90
- 3.2 串行通信的基础知识 90
  - 3.2.1 什么是串行通信 90
  - 3.2.2 常见的电平信号及其电气特性 90

CONTENTS 目录

3.3 RS-485与RS-422/RS-232通信标准　91
3.4 RS-485收发器　92
3.5 Modbus通信协议　93
 3.5.1 Modbus概述　93
 3.5.2 Modbus通信的请求与响应　94
 3.5.3 Modbus寄存器　95
 3.5.4 Modbus的串行消息帧格式　95
 3.5.5 Modbus功能码　97
3.6 应用案例：智能安防系统构建　101
 3.6.1 任务1 案例分析　101
 3.6.2 任务2 完善工程代码　105
 3.6.3 任务3 系统搭建　109
 3.6.4 任务4 在云平台上创建项目　112
单元总结　116

学习单元4
CAN总线通信应用　117

4.1 CAN总线基础知识　118
 4.1.1 CAN总线概述　118
 4.1.2 CAN技术规范与标准　118
 4.1.3 CAN总线的报文信号电平　119
 4.1.4 CAN总线的网络拓扑与节点硬件构成　120
 4.1.5 CAN总线的传输介质　120
 4.1.6 CAN通信帧介绍　122
4.2 CAN控制器与收发器　126
 4.2.1 CAN节点的硬件构成　126
 4.2.2 CAN控制器　126
 4.2.3 CAN收发器　132

4.3 应用案例：生产线环境监测系统的构建　134
 4.3.1 任务1 案例分析　134
 4.3.2 任务2 完善工程代码　136
 4.3.3 任务3 系统搭建　141
 4.3.4 任务4 CAN通信数据抓包与解析　144
 4.3.5 任务5 在云平台上创建工程　145
单元总结　150

学习单元5
基于BasicRF的无线通信应用　151

5.1 BasicRF基础知识　152
 5.1.1 BasicRF概述　152
 5.1.2 BasicRF无线通信初始化　152
 5.1.3 BasicRF关键函数分析　153
5.2 自定义协议应用　153
5.3 仓储环境监测项目分析　154
5.4 任务1 创建工程项目　155
 5.4.1 任务要求　155
 5.4.2 任务实施　155
5.5 任务2 温湿度节点数据采集　158
 5.5.1 任务要求　158
 5.5.2 知识链接　158
 5.5.3 任务实施　164
5.6 任务3 火焰节点数据采集　170
 5.6.1 任务要求　170
 5.6.2 知识链接　170
 5.6.3 任务实施　174
5.7 任务4 传感器节点组网　180
 5.7.1 任务要求　180

目录 CONTENTS

  5.7.2 任务实施 180
 5.8 任务5 传感数据汇聚 186
  5.8.1 任务要求 186
  5.8.2 知识链接 186
  5.8.3 任务实施 190
 单元总结 199

学习单元6
Wi-Fi数据通信 201

 6.1 基础知识 202
  6.1.1 Wi-Fi技术简介 202
  6.1.2 ESP8266 Wi-Fi通信模块简介 203
  6.1.3 ESP8266 Wi-Fi通信模块工作模式 203
  6.1.4 AT指令简介 204
 6.2 项目分析 204
 6.3 任务1 配置Wi-Fi AP工作模式 204
  6.3.1 任务要求 204
  6.3.2 知识链接 204
  6.3.3 任务实施 206
 6.4 任务2 配置Wi-Fi station工作模式 214
  6.4.1 任务要求 214
  6.4.2 知识链接 214
  6.4.3 任务实施 215
 6.5 任务3 配置Wi-Fi soft-AP模式+station工作模式 219
  6.5.1 任务要求 219
  6.5.2 知识链接 219
  6.5.3 任务实施 221
 6.6 任务4 Wi-Fi接入云平台 230
  6.6.1 任务要求 230
  6.6.2 知识链接 230
  6.6.3 任务实施 230
 单元总结 240

学习单元7
NB-IoT联网通信 241

 7.1 NB-IoT技术简介 242
  7.1.1 LPWAN与NB-IoT 242
  7.1.2 NB-IoT标准发展演进 244
  7.1.3 NB-IoT网络体系架构 246
  7.1.4 NB-IoT关键技术 247
  7.1.5 NB-IoT部署方式 248
 7.2 利尔达NB-IoT模组介绍 249
  7.2.1 NB86-G系列模块主要特性 249
  7.2.2 NB86-G模块引脚描述 250
  7.2.3 NB86-G模块工作模式及相关技术 252
 7.3 项目分析 254
 7.4 任务1 完善"智能路灯"工程中的AT指令代码 254
  7.4.1 任务要求 254
  7.4.2 知识链接 254
  7.4.3 任务实施 255
 7.5 任务2 烧写"智能路灯"程序 263
  7.5.1 任务要求 263
  7.5.2 任务实施 263
 7.6 任务3 NB-IoT接入云平台 267
  7.6.1 任务要求 267
  7.6.2 任务实施 267
 单元总结 270

学习单元8
LoRa通信应用开发　　271

- 8.1　基础知识　　272
  - 8.1.1　LoRa无线技术　　272
  - 8.1.2　LoRa模块　　273
  - 8.1.3　SPI　　276
  - 8.1.4　LoRa调制解调　　280
  - 8.1.5　LoRa通信协议　　285
- 8.2　项目分析　　286
  - 8.2.1　项目介绍　　286
  - 8.2.2　方案设计　　286
- 8.3　LoRa驱动移植　　287
  - 8.3.1　任务要求　　287
  - 8.3.2　任务实施　　287
- 8.4　任务1　LoRa温湿度传感器节点应用程序开发　　295
  - 8.4.1　任务要求　　295
  - 8.4.2　任务实施　　296
- 8.5　任务2　LoRa光敏传感器节点数据采集　　308
  - 8.5.1　任务要求　　308
  - 8.5.2　任务实施　　308
- 8.6　任务3　LoRa网关节点汇聚传感器数据　　312
  - 8.6.1　任务要求　　312
  - 8.6.2　任务实施　　313
- 单元总结　　322

参考文献　　323

UNIT 1

学习单元 ①

数据采集

单元概述

本单元主要面向的工作领域是传感网应用开发中的数据采集，介绍了在完成模拟量、数字量和开关量传感数据采集工作案例时所需要的核心职业技能。首先，依据不同工作案例的特点选取了多种典型工作案例，讲解了与典型工作案例相关的常用传感器、传感器基本工作原理和基本参数、传感器选用方法。然后，以典型器件为例，介绍了传感器电路原理图、传感器技术手册以及相关电路基础知识。最后，简单介绍了传感数据采集所需的信号处理知识和方法、传感数据误差分析和优化方法。

知识目标

- 掌握模拟量、数字量和开关量传感数据的基本概念；
- 理解常用传感器的基本工作原理和基本参数；
- 了解传感数据采集所需的信号处理知识；
- 了解传感数据采集样本误差分析和优化所需的数学统计知识。

技能目标

- 能够依据不同工作任务的特点选取常用传感器；
- 能够识读传感器电路原理图和技术手册；
- 能够根据需求检测并处理信号；
- 能够将采样获得的数据换算成对应物理量；
- 能够运用数学知识对采样得到的数据样本进行误差分析和优化处理。

1.1 模拟量传感数据采集

模拟量是指在时间和数值上都是连续的物理量。在利用相应传感器对光照度和气体浓度进行数据采集时，所输出的信号就是典型的模拟量。在本单元中，选取光照度采集和气体浓度采集这两个典型的模拟量传感数据采集工作案例，讲解工作过程中所需使用的常用传感器、传感器基本工作原理和基本参数、传感器选用方法；然后，以典型器件为例，介绍光照度和气体浓度传感器的核心电路原理图和技术手册中的基本内容；最后，简单介绍将所采集的模拟量传感数据转换成数字量传感数据的基本方法。

1.1.1 光照度数据采集

在采集光照度传感数据时，通常使用光电传感器，而光电传感器的理论基础是光电效应。光可以认为是由具有一定能量的粒子（称为光子）所组成的，光照射在物体表面上就可看成是物体受到一连串的光子轰击。光电效应就是由于该物体吸收到光子能量后产生的电效应。光电效应通常可以分为外光电效应、内光电效应和光生伏特效应。在光线的作用下，物体内的电子逸出物体表面向外发射的现象称为外光电效应。基于外光电效应的光电器件有光电管、光电倍增管等。在光线的作用下，电子吸收光子能量从键合状态过渡到自由状态，引起材料电导率的变化，这种现象称为内光电效应，又称光电导效应。基于这种效应的光电器件有光敏电阻等。在光线的作用下，能够产生一定方向的电动势的现象叫作光生伏特效应。光电传感器广泛用于导弹制导、天文探测、光电自动控制系统、极薄零件的厚度检测器、光照量测量设备、光电计数器及光电跟踪系统等方面。

1. 常用传感器

传感器是一种检测装置，能感受到被测量的信息，并能将感受到的信息按一定规律变换成为电信号或其他所需形式的信息输出，以满足信息的传输、处理、存储、显示、记录和控制等要求。

在本单元中，以光敏二极管型器件、光敏晶体管型器件和光敏电阻型器件为例介绍光敏传感器的基本参数和特性。

（1）光敏二极管型器件

光敏二极管所利用的是光生伏特效应。按材料分，光敏二极管有硅、砷化镓、锑化铟光敏二极管等许多种。按结构分，有同质结与异质结之分。其中最典型的是同质结硅光敏二极管。光敏二极管的结构与普通二极管相似，是一种利用PN结单向导电性的结型光敏器件。光敏二极管的PN结装在管的顶部，可以直接受到光照射，在电路中一般处于反向工作状态。在不接受光照射时，光敏二极管处于截止状态；在接受光照射时，光电二极管处于导通状态。具体而言，光敏二极管在没有光照射时，只有少数载流子在反向偏压的作用下，渡越阻挡层形成微小的反向电流（也称暗电流），因此反向电阻很大而反向电流很小，光敏二极管处于截止状态；光敏二极管在接受光照射时，PN结附近受光子轰击，吸收其能量而产生电子-空穴对，从而使P区和N区的少数载流子浓度大大增加，因此在外加反向偏压和内电场的作用下，P区的少数载流子渡越阻挡层进入N区，N区的少数载流子渡越阻挡层进入P区，从而使通过PN结的反向电流大为增加，这就形成了光电流，且光电流与光照度之间能够基本呈现线性关系。

（2）光敏晶体管型器件

光敏晶体管多指光敏三极管，它与普通晶体三极管相似，具有电流放大的作用，不同的是它的本体上有一个光窗，集电结处集电极电流不只受基极电路控制，同时也受到光辐射的控制。光敏晶体管的引脚有三根引线的，也有两根引线的，通常两根引线的是基极不引出。光敏三极管也分NPN和PNP两种管型，以NPN型为例，光敏晶体管工作时，集电结反向偏置，发射结正向偏置，无光照时，仅有很小的穿透电流流过，当有光照到集电结上时，在内建电场的作用下，将形成很大的集电极电流。在原理上，光敏晶体管实际上相当于一个由光电二极管与普通晶体管结合而成的组合件。相比较而言，光敏二极管的光照特性的线性较好，而光敏晶体管在照度小时光电流随照度的增加较小，且在强光照时又趋于饱和，所以只有在某一段光照范围内线性较好。

（3）光敏电阻型器件

光敏电阻所利用的是内光电效应，即在光线作用下，电子吸收光子能量从键合状态过渡到自由状态所引起的材料电导率变化，从而引起电阻器的阻值随入射光线的强弱变化而变化。在内光电效应的作用下，若光电导体为本征半导体材料，当外部光照能量变强时，光导材料价带上的电子将激发到导带上去，从而使导带的电子和价带的空穴增加，致使光电导体的电导率变大。因此，光敏电阻的电阻值随入射光照强度的变化而变化。通常，光敏电阻都制成薄片结构，以便吸收更多的光能。当它受到光的照射时，半导体片（光敏层）内就激发出电子-空穴对，参与导电，使电路中的电流增强。为了获得高的灵敏度，光敏电阻的电极常采用梳状结构。常用光敏电阻器的结构如图1-1所示。

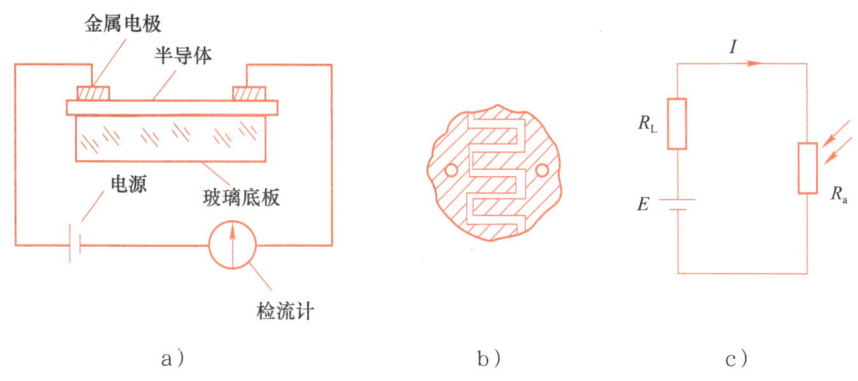

图1-1 光敏电阻结构图

a）光敏电阻结构 b）光敏电阻电极 c）光敏电阻接线图

光敏电阻通常由光敏层、玻璃基片（或树脂防潮膜）和电极等组成。光敏电阻在电路中用字母"R"或"RS""RC"表示。

光敏电阻的主要参数：

① 光电流、亮电阻：光敏电阻在一定的外加电压下，当有光照射时，流过的电流称为光电流，外加电压与光电流之比称为亮电阻，常用"100lx"表示。

② 暗电流、暗电阻：光敏电阻在一定的外加电压下，当没有光照射的时候，流过的电流称为暗电流。外加电压与暗电流之比称为暗电阻，常用"0lx"表示。

③ 灵敏度：灵敏度是指光敏电阻不受光照射时的电阻值（暗电阻）与受光照射时的电阻值（亮电阻）的相对变化值。

④ 光谱特性：光谱响应曲线如图1-2所示。从图中可以看出，光敏电阻对入射光的光谱具有选择作用，即光敏电阻对不同波长的入射光有不同的灵敏度。

⑤ 光照特性：硫化镉光敏电阻的光照特性曲线如图1-3所示。从图中可以看出，随着光照强度的增加，光敏电阻的阻值开始迅速下降，相应的电流会增大。若进一步增大光照强度，则电阻值变化减小，然后逐渐趋向平缓。在大多数情况下，该特性是非线性的。

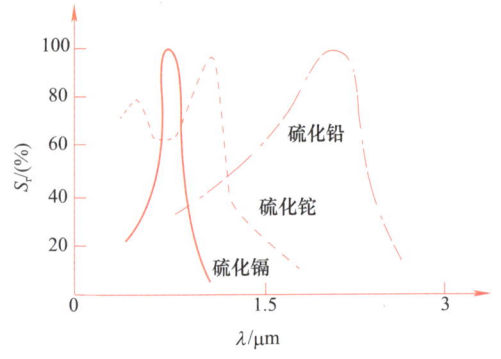

图1-2　不同材料光敏电阻的光谱响应曲线

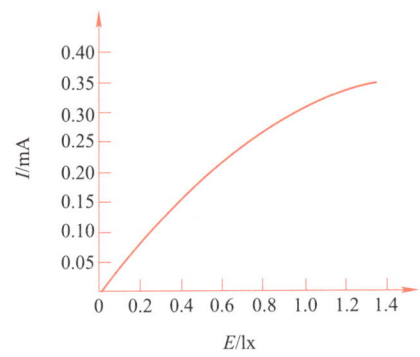

图1-3　硫化镉光敏电阻的光照曲线

2．典型器件举例

本单元以GB5-A1E光敏传感器为例（见图1-4），介绍其具体特性。

图1-4　GB5-A1E光敏传感器

（1）基本特性
- 环境光照强度变化与输出的电流成正比；
- 稳定性好，一致性强，实用性高；
- 对可见光的反应近似于人眼；
- 工作温度范围广。

（2）典型应用
- 背光调节：电视机、计算机显示器、手机、数码相机、MP4、PDA、车载导航；
- 节能控制：红外摄像机、室内广告机、感应照明器具、玩具；
- 仪表、仪器：测量光照度仪器以及工业控制。

（3）额定参数

额定参数（$T_a=25℃$），见表1-1。

表1-1　GB5-A1E光敏传感器额定参数（$T_a=25℃$）

参数名称	符号	额定值	单位
反击穿电压	$V_{(BR)CEO}$	30	V
正向电流	I_{CM}	30	mA
最大功耗	P_{CM}	50	mW
工作温度范围	$T_{opr.}$	$-40\sim 85$	℃
储存温度	$T_{stg.}$	$-40\sim 100$	℃
工作温度	T_{amb}	$-25\sim 70$	℃
焊接温度（5s）	T_{sol}	260	℃

（4）光电参数

光电参数（$T_a=25℃$），见表1-2。

表1-2　GB5-A1E光敏传感器光电参数（$T_a=25℃$）

参数名称		符号	测试条件	最小值	典型值	最大值	单位
暗电流		I_{drk}	0lx, $V_{dd}=10V$	-	-	0.2	mA
亮电流		I_{ss}	$V_{dd}=5V$, 10lx, $R_{ss}=1k\Omega$	2	4	8	μA
			$V_{dd}=5V$, 100lx, $R_{ss}=1k\Omega$	20	40	80	
感光光谱		λ	-	-	880	1050	nm
响应速度	上升	t_r	$V_{dd}=10V$, $I_{ss}=5mA$, $R_L=100\Omega$	-	4	-	μs
	下降	t_f		-	4	-	μs

（5）光电流测试

光电流测试方法如图1-5所示（光电流=V_{out}/R_{ss}）。

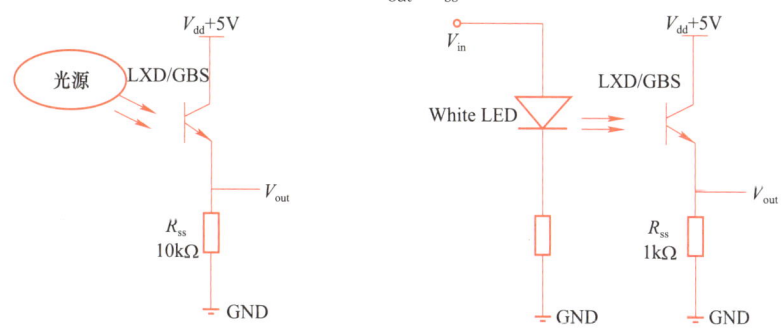

图1-5　光电流测量方法图

（6）光谱响应曲线

光谱响应曲线如图1-6所示，图中横坐标为波长（nm）。从图中可以看出，该光敏传感器对入射光的光谱具有选择作用，即该光敏传感器对不同波长的入射光有不同的灵敏度。

（7）光照特性曲线

光照特性曲线如图1-7所示。从图中可以看出，该光敏传感器输出的光电流随光照度的变化而变化，只有在有效工作区域内时，光电流才与光照强度基本呈现为线性关系。

典型的光敏传感电路如图1-8所示。当外部光照较强时，光电二极管（GB5-A1E）产生的光电流较大，输出电压较高；当外部光照变暗时，光电二极管所产生的光电流变小，输出电压变小。输出电压送至相应模块的模数转换接口（J2的10号口），可以将光敏传感电路采集的模拟量信号转换为对应的数字量。

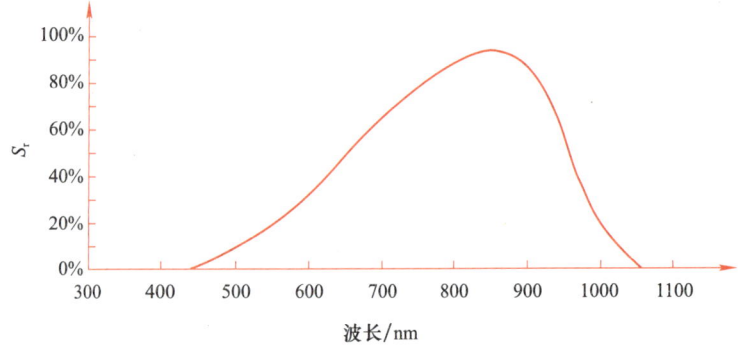

图1-6 光谱响应曲线

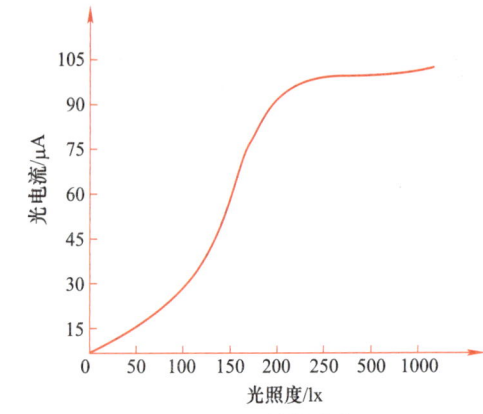

图1-7 光照特性曲线图

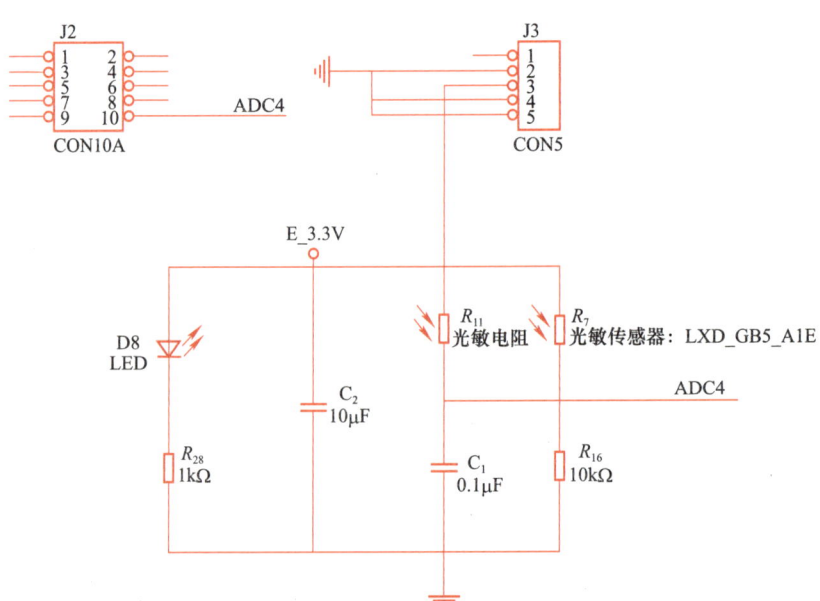

图1-8 光敏传感电路图

1.1.2 气体浓度数据采集

在采集气体浓度传感数据时，通常使用气敏传感器，而气敏传感器是一种把气体中的特定成分检测出来并转换为电信号的器件，可以提供有关待测气体的存在性及浓度信息。在选用气敏传感器时通常需要从以下维度进行考虑，被测气体的灵敏度、气体选择性、光照稳定性、响应速度。按照气体传感器的结构特性，一般可以分为半导体型气敏传感器、电化学型气敏传感器、固体电解质气敏传感器、接触燃烧式气敏传感器、光化学型气敏传感器、高分子气敏传感器、红外吸收式气敏传感器。常见气敏传感器主要检测对象及其应用场所见表1-3。

表1-3 常见气敏传感器主要检测对象及其应用场所举例

分类	检测对象气体	应用场合
易燃易爆气体	液化石油气、焦炉煤气、发生炉煤气、天然气、甲烷、氢气	家庭、煤矿、冶金、试验室
有毒气体	一氧化碳（不完全燃烧的煤气）、硫化氢、含硫的有机化合物卤素，卤化物，氨气等	煤气灶等、石油工业、制药厂、冶炼厂、化肥厂
环境气体	氧气（缺氧）、水蒸气（调节湿度，防止结露）、大气污染	地下工程、家庭、电子设备、汽车、温室、工业区
工业气体	燃烧过程气体控制、调节燃/空比、一氧化碳（防止不完全燃烧）、水蒸气（食品加工）	内燃机、锅炉、冶炼厂、电子灶
其他	烟雾、酒精	火灾预报、安全预警

1. 常用传感器

当前，半导体型气敏传感器使用广泛，而半导体型气敏传感器按照半导体变化的物理特性分为电阻式和非电阻式，见表1-4。半导体型气体传感器主要是利用半导体气敏元件同气体接触所造成的半导体性质变化来检测气体的成分或浓度，其作用原理主要是半导体与气体相互作用时产生表面吸附或反应，引起以载流子运动为特征的电导率或伏安特性或表面电位变化。借此来检测特定气体的成分或者测量其浓度，并将其变换成电信号输出。

表1-4 半导体气体传感器的分类

分类	主要物理特性	传感器举例	工作温度	典型被测气体
电阻式	表面控制型	氧化锡、氧化锌	室温~450℃	可燃性气体
	体控制型	氧化钛、氧化钴、氧化镁、氧化锡	700℃以上	酒精、氧气、可燃性气体
非电阻式	表面电位	氧化银	室温	硫醇
	二极管整流特性	铂/硫化镉、铂/氧化钛	室温~200℃	氢气、一氧化碳、酒精
	晶体管特性	铂栅MOS场效应晶体管	150℃	氢气、硫化氢

（1）电阻型气敏器件

电阻型气敏器件按结构可分为烧结型、薄膜型和厚膜型三种。其中，烧结型气敏器件通常使用直热式和旁热式两类工艺（见图1-9和图1-10），其常用制作工艺是将一定配比的敏感材料及掺杂剂等以水或黏合剂调和并均匀混合，然后埋入加热丝和测量电极，再用传统的制陶方法进行烧结。烧结型气敏器件结构制造工艺简单，但存在热容量小而易受环境气流的影响、测量电路和加热电路之间易相互干扰、加热丝易与材料接触不良等缺点。

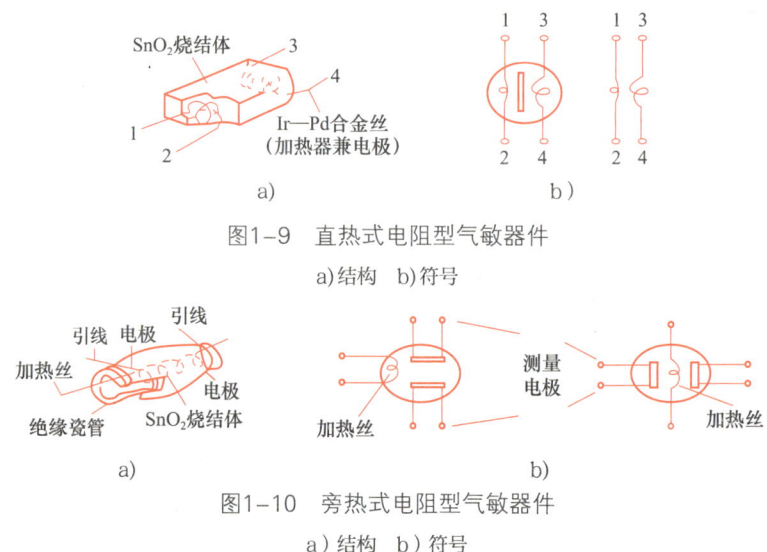

图1-9 直热式电阻型气敏器件

a) 结构　b) 符号

图1-10 旁热式电阻型气敏器件

a) 结构　b) 符号

薄膜型气敏器件（常见结构见图1-11）的制作首先须处理基片，焊接电极，再采用蒸发或溅射方法在基片上形成一薄层氧化物半导体薄膜。薄膜型气敏器件通常具有较高的机械强度，而且具有互换性好、产量高、成本低等优点。厚膜型气敏器件（常见结构见图1-12）通常一致性较好，机械强度高，适于批量生产。

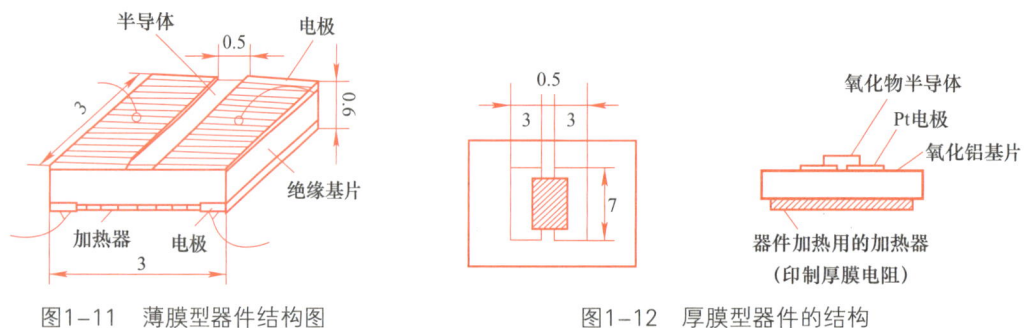

图1-11 薄膜型器件结构图　　　　图1-12 厚膜型器件的结构

以上三种气敏器件都附有加热器。在实际应用时，加热器能使附着在测控部分上的油雾、尘埃等烧掉，同时加速气体的吸附，从而提高了器件的灵敏度和响应速度，一般加热到200～400℃，具体温度视所掺杂质的不同而异。

（2）非电阻型气敏器件

非电阻型气敏器件可以分为二极管气敏传感器、MOS二极管气敏器件和MOSFET气敏器件三种。其中，二极管气敏传感器是一种利用了所吸附的特定气体对半导体的禁带宽度（反映了价电子被束缚强弱程度的一个物理量，也就是产生本征激发所需要的最小能量）或金属的功函数（表示一个起始能量为费米能级的电子由金属内部逸出到真空中所需的最小能量）的影响所导致的整流特性变化所制成的气敏器件；MOS二极管气敏器件是一种利用MOS二极管的电容-电压特性的变化制成的MOS半导体气敏器件；MOSFET气敏器件是一种利用MOS场效应晶体管（MOSFET）的阈值电压的变化做成的半导体气敏器件。

2. 典型器件举例

本单元以TGS813可燃性气体传感器（见图1-13和图1-14，其中MQ-4与TGS813原理类似用法一样）和MQ135空气质量传感器（见图1-15，其中TG2602与MQ135原理类似）为例，介绍具体特性。

图1-13　TGS813和MQ-4

（1）TGS813可燃性气体传感器

① 基本特性。
- 驱动电路简单；
- 寿命长，功耗低；
- 对甲烷、乙烷、丙烷等可燃性气体的敏感度高。

② 典型应用。
- 家庭用泄漏气体检测报警器；
- 工业用可燃气体检测报警器；
- 便携式可燃气体检测报警器。

③ 技术参数。
- 回路电压V_C：最大24V；
- 测量范围：500～10 000×10^{-6}；
- 灵敏度（电阻比）：0.55～0.65；
- 加热器电压V_H：5V±0.2V（AC/DC）。

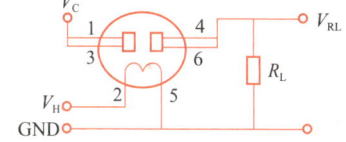

图1-14　TGS813可燃性气体传感器测试电路图

TGS813可燃性气体传感器测试电路如图1-14所示，共有6个引脚，其中引脚1和引脚3短路后接回路电压；引脚4和引脚6短接后作为传感器的信号输出端；引脚2和引脚5为传感器的加热丝的两端，外接加热丝电压。加热器电压V_H用于加热，回路电压V_C则是用于测定负载电阻R_L上的两端电压V_{RL}。随着待测气体浓度的变化，引脚1和引脚4之间的阻抗随之发生变化，从而通过负载电阻R_L引起V_{RL}的变化，因此可以通过测量V_{RL}来检测待测气体的浓度。

（2）MQ135空气质量传感器

MQ135空气质量传感器所使用的气敏材料是在清洁空气中电导率较低的二氧化锡。当传感器所处环境中存在污染气体时，传感器的电导率随空气中污染气体浓度的增加而增大。使用简单的电路即可将电导率的变化转换为与该气体浓度相对应的输出信号。

① 基本特性。
- 驱动电路简单；
- 寿命长，功耗低；
- 对氨气、硫化物、苯系蒸气的灵敏度高，对烟雾和其他有害气体的检测也较为有效。

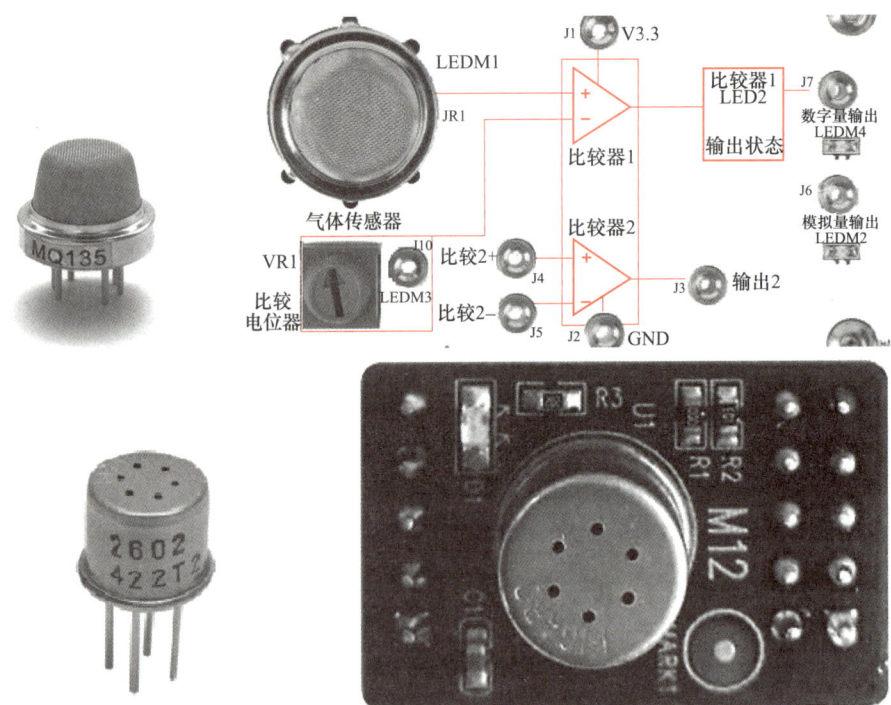

图1-15 空气质量传感器MQ135和TGS2602

② 典型应用。
- 空气质量检测报警器；
- 工业有害气体检测报警器；
- 空气清新机、换气扇、脱臭器等。

③ 技术参数见表1-5。

表1-5 MQ135空气质量传感器技术参数

	产品型号		MQ135
	产品类型		半导体气体传感器
	标准封装		胶木，金属罩
	检测气体		氨气、硫化物、苯系蒸气
	检测浓度		$10\sim1000\times10^{-6}$（氨气、甲苯、氢气、烟）
标准电路条件	回路电压	V_c	≤24V（直流）
	加热电压	V_H	5V±0.1V（AC or DC）
	负载电阻	R_L	可调
标准测试条件下气敏元件特性	加热电阻	R_H	29Ω±3Ω（室温）
	加热功耗	P_H	≤950mW
	灵敏度	S	R_s（空气中）$/R_s$（in 400×10^{-6} H2）≥5
	输出电压	V_s	2.0V~4.0V（in 400×10^{-6} H2）
	浓度斜率	α	≤0.6（$R400\times10^{-6}/R100\times10^{-6}$ H2）
标准测试条件	温度、湿度		20℃±2℃；55%RH±5%RH
	标准测试电路		V_c: 5V±0.1V；V_H: 5V±0.1V
	预热时间		不少于48h

MQ135空气质量传感器测试电路如图1-16所示,该传感器需要施加两个电压:加热器电压(V_H)和测试电压(V_C)。其中V_H用于为传感器提供特定的工作温度,可用直流电源或交流电源。V_{RL}是传感器串联的负载电阻(R_L)上的电压。V_C是为负载电阻R_L提供测试的电压,需用直流电源。

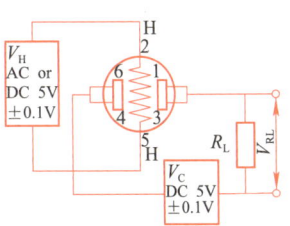

图1-16 MQ135空气质量传感器测试电路图

TGS813可燃性气体传感器和MQ135空气质量传感器的工作电路原理较为相似,其典型电路如图1-17所示。1、3引脚受空气中相关气体浓度的影响输出相应的电压信号,该点既可以作为LM393中比较器1引脚的正端(3脚)输入电压,也可以直接送至其他模块的模数转换接口,转换为相应的数字量,并进一步对该传感数据进行定量分析。采集电位器(VR_1)调节端的电压作为比较器1引脚负端(2引脚)输入电压。比较器1引脚根据两个电压的情况进行对比,输出端(1引脚)输出相应的电平信号。调节VR_1,即调节比较器1引脚负端的输入电压,设置对应的气体浓度灵敏度,即阈值电压。当气体正常或有害气体浓度较低时,传感器的输出电压小于阈值电压,比较器1引脚输出为低电平电压;当出现有害气体(液化气等)且浓度超过阈值时,传感器的输出电压增大,增大到大于阈值电压时,比较器1引脚输出为高电平。比较器1脚的输出信号实际上是一种开关量传感数据(详见后续内容的介绍),可以送至其他微控制器的输入口进行识别以实现定性分析,或者连接其他模块的输入电路以实现控制功能(比如继电器)。其他型号电阻型气体传感器(比如,TGS2602、MQ-2、MQ-4)的工作原理大同小异,分别提供加热和测试电压,对输出的电压进行模数转换后再换算成相应的浓度值,或者将输出的模拟电压通过比较器电路实现开关量输出。

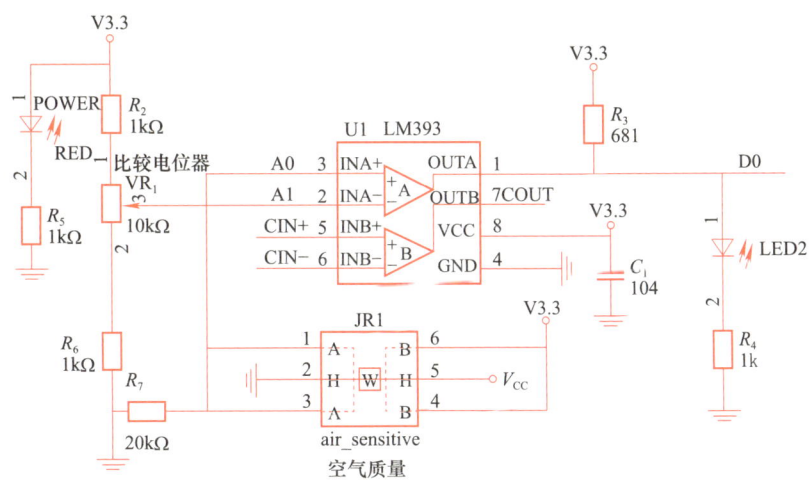

图1-17 气体传感电路图

1.1.3 模拟量转换为数字量的方法

随着数字技术,特别是信息技术的飞速发展与普及,在现代控制、通信及检测等领域,为了提高系统的性能指标,对信号的处理广泛采用了数字计算机技术。由于系统的实际对象往往都是模拟量(如温度、压力、位移、图像等),而要使计算机或数字仪表能识别、处理这些信号，必须首先将这些模拟量转换成数字量。此外，经计算机分析、处理后输出的数字量也往往需要将其转换为相应的模拟量才能为执行机构所接受。因此，就需要一种能在模拟量与数字量之间起桥梁作用的器件——模-数转换器和数-模转换器。

将模拟量转换成数字量的器件，称为模-数转换器（简称A-D转换器或ADC，Analog to Digital Converter）。将数字信号转换为模拟信号的电路称为数-模转换器（简称D-A转换器或DAC，Digital to Analog Converter）。A-D转换器和D-A转换器已成为信息系统中不可缺少的接口电路。

1. A-D转换的过程

模-数转换过程包括采样、保持、量化和编码四个过程。在某些特定的时刻对这种模拟信号进行测量叫作采样，通常采样脉冲的宽度是很短的，所以采样输出是断续的窄脉冲。要把一个采样输出信号数字化，需要将采样输出所得的瞬时模拟信号保持一段时间，这就是保持过程。量化是将保持的抽样信号转换成离散的数字信号。编码是将量化后的信号编码成二进制代码输出。这些过程有些是合并进行的，例如，采样和保持就利用一个电路连续完成，量化和编码也是在转换过程中同时实现的，且所用时间又是保持时间的一部分。

2. A-D转换器的主要性能指标

① 分辨率：它表明A-D对模拟信号的分辨能力，由它来确定能被A-D辨别的最小模拟量变化。一般来说，A-D转换器的位数越多，其分辨率则越高。实际的A-D转换器通常有8、10、12和16位等。

② 量化误差：由A-D的有限分辨率而引起的误差，即有限分辨率A-D的阶梯状转移特性曲线与无限分辨率A-D（理想A-D）的转移特性曲线（直线）之间的最大偏差。通常是1个或半个最小数字量的模拟变化量，表示为1LSB、1/2LSB。

③ 转换时间：转换时间是A-D完成一次转换所需要的时间。一般转换速度越快越好，常见有高速（转换时间<1ms）、中速（转换时间<1ms）和低速（转换时间<1s）等。

④ 绝对精度：指的是对应于一个给定量，A-D转换器的误差，其误差大小由实际模拟量输入值与理论值之差来度量。

⑤ 相对精度：指的是满度值校准以后，任一数字输出所对应的实际模拟输入值（中间值）与理论值（中间值）之差再去除以量程。例如，对于一个8位0~3.3V的A-D转换器，如果其相对误差为1LSB，则其绝对误差为12.9mV，相对误差为0.39%。

3. 模拟量转换为数字量举例

A-D转换电路中，模拟量U_A经模数转换后的数字量A-D计算过程如下：

$$\text{A-D} = 2^n \frac{U_A}{V_{DD}} = \frac{2^n}{V_{DD}} U_A \tag{1-1}$$

式中，n为模数转换的精度位数；V_{DD}为转换电路的供电电压。如传感器实验模块中精度为8位、供电电压为3.3V，则$\text{A-D} = \frac{256}{3.3} U_A$。

1.2 数字量传感数据采集

数字量是与模拟量相对应的一种物理量，通常它用一组由0和1组成的二进制代码串表示某个信号的大小。数字量的特征是其变化在时间上和数值上都是不连续的（离散），其数值变化都是某一个最小数量单位的整数倍。在利用相应传感器对温度、湿度进行数据采集时，所输出的信号就是典型的数字量。在本单元中，选取温度、湿度这两个典型的数字量传感数据采集工作案例，讲解工作过程中所需使用的常用传感器、传感器基本工作原理和基本参数、传感器选用方法；然后，以典型器件为例，介绍温度传感器、湿度传感器的核心电路原理图和技术手册中的基本内容。

1.2.1 温度数据采集

在采集温度传感数据时，通常使用温度传感器。它能感知物体温度并将非电学的物理量转换为电学量。温度传感器是通过物体随温度变化而改变某种特性来间接测量的，依据其工作原理可以分为多类：利用体积热膨胀可制成气体温度器件、水银温度器件、有机液体温度器件、双金属温度器件、液体压力温度器件、气体压力温度器件；用电阻变化可制成铂测温电阻、热敏电阻；利用温差电现象可制成热电偶；利用磁导率变化可制成热敏铁氧体；利用压电效应可制成石英晶体振动器；利用超声波传播速度变化可制成超声波温度器件；利用晶体管特性变化可制成晶体管半导体温度传感器；利用晶闸管动作特性变化可制成晶闸管温度器件；利用热、光辐射可制成辐射温度器件、光学高温器件。

温度传感器按测量方式可分为接触式和非接触式两大类。接触式温度传感器直接与被测物体接触进行温度测量，由于被测物体的热量传递给传感器，降低了被测物体温度，特别是被测物体热容量较小时，测量精度较低。因此采用这种方式要测得物体的真实温度的前提条件是被测物体的热容量要足够大。非接触式温度传感器主要是利用被测物体热辐射而发出红外线，从而测量物体的温度，可进行遥测。其制造成本较高，测量精度却较低。其优点在于不从被测物体上吸收热量，因而不会干扰被测对象的温度场。温度传感器广泛用于温度测量与控制、温度补偿等，温度传感器的数量在各种传感器中占据了较大比重。

1. 常用传感器

（1）热敏电阻

热敏电阻是一种电阻值随温度变化的半导体传感器。它的温度系数很大，比温差电偶和线绕电阻测温元件的灵敏度高几十倍，适用于测量微小的温度变化。热敏电阻体积小、热容量小、响应速度快，能在空隙和狭缝中测量。它的阻值高，测量结果受引线的影响小，可用于远距离测量。它的过载能力强，成本低廉。但热敏电阻的阻值与温度为非线性关系，所以它只能在较窄的范围内用于精确测量。热敏电阻在一些精度要求不高的测量和控制装置中得到了广泛应用。

使用热敏电阻制成的探头有珠状、棒杆状、片状和薄膜等形式，封装外壳多用玻璃、镍和不锈钢管等套管结构。图1-18为热敏电阻的结构图和部分常用热敏电阻的实物图。

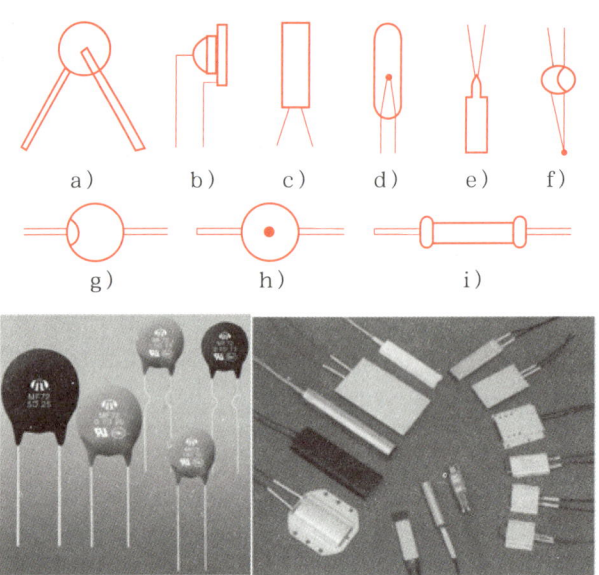

图1-18 热敏电阻的结构图与部分常用热敏电阻实物图
a）圆片形 b）薄膜形 c）杆形 d）管形 e）平板形 f）珠形
g）扁圆形 h）垫圆形 i）杆形（金属帽引出）

热敏电阻的温度特性是指半导体材料的电阻值随温度变化而变化的特性。热敏电阻按电阻温度特性分为：负温度系数热敏电阻、正温度系数热敏电阻和临界温度热敏电阻。负温度系数热敏电阻（Negative Temperature Coefficient，NTC）泛指负温度系数很大的半导体材料或元器件。NTC热敏电阻是一种典型具有温度敏感性的半导体电阻，它的电阻值随着温度的升高呈线性减小，通常以锰、钴、镍和铜等金属氧化物为主要材料，采用陶瓷工艺制造而成。上述金属氧化物材料都具有半导体性质：在温度变低时其中的载流子（电子和空穴）数目少，所以其电阻值较高；随着温度的升高，载流子数目增加，所以电阻值降低。正温度系数热敏电阻（Positive Temperature Coefficient，PTC）泛指正温度系数很大的半导体材料或元器件。PTC热敏电阻是一种典型具有温度敏感性的半导体电阻，超过一定的温度时，它的电阻值随着温度的升高呈阶跃性的增高。采用一般陶瓷工艺成形、高温烧结，其温度系数随成分及烧结条件（尤其是冷却温度）不同而变化。临界温度热敏电阻（Critical Temperature Resistor，CTR）具有负电阻突变特性，即电阻值随温度的增加急剧减小，具有很大的负温度系数。构成材料通常是钒、钡、锶、磷等元素氧化物的混合烧结体，其骤变温度随添加锗、钨、钼等的氧化物而变化。

热敏电阻的温度特性曲线图如图1-19所示，可以看出：热敏电阻的温度系数值远远大于金属热电阻，所以具有较高的灵敏度；热敏电阻温度曲线非线性现象十分严重，所以其有效测温范围小于金属热电阻。

由于热敏电阻温度曲线非线性严重，为了保证一定范围内温度测量的精度要求，应进行线性化处理。线性化处理的方法有下面几种方法：

线性化网络：利用包含有热敏电阻的电阻网络（常称线性化网络）来代替单个的热敏电阻，使网络中的电阻与温度成单值线性关系，最简单的方法是用温度系数很小的精密电阻与热敏电阻串联或并联构成电阻网络。经处理后的等效电阻与温度的关系曲线会显得比较平坦，因此可以在某一特定温度范围内得到线性的输出特性。图1-20展示了一种热敏电阻的线性化网络，可以依据所需要的温度特性，通过计算或图解方法确定网络中的电阻R_1、R_2和R_3。

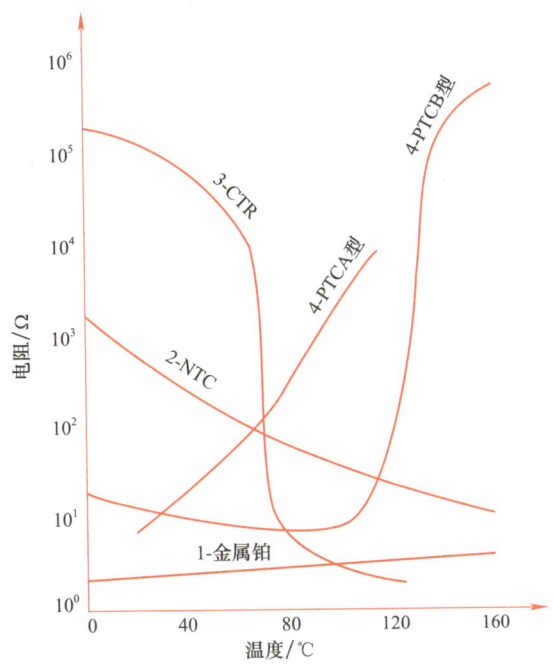

图1-19 热敏电阻的温度特性曲线图

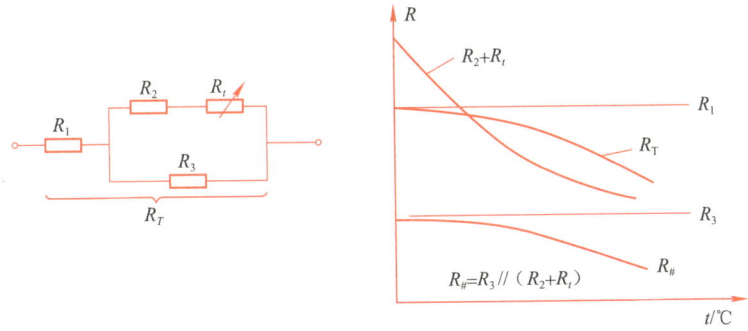

图1-20 热敏电阻线性化网络示例及对应温度特性曲线

利用测量装置中其他部件的特性进行修正：利用电阻测量装置中其他部件的特性可以进行综合修正。图1-21所示是一个温度-频率转换电路，虽然电容C的充电特性是非线性特性，但适当地选取线路中的电阻，可以在一定的温度范围内得到近似于线性的温度-频率转换特性。

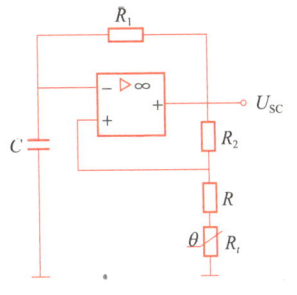

图1-21 温度-频率转换电路

计算修正法：在带有微处理器（或微计算机）的测量系统中，当已知热敏电阻的实际特性和要求的理想特性时，可采用线性插值法将特性分段，并把各分段点的值存放在计算机的存储器内。计算机将根据热敏电阻的实际输出值进行校正计算后给出要求的输出值。

（2）热电偶

热电偶（见图1-22）是温度测量仪表中常用的测温元件，它直接测量温度，并把温度信号转换成热电动势信号，通过电气仪表（二次仪表）转换成被测介质的温度。各种热电偶的外形虽不相同但基本结构却大致相同，通常由热电极、绝缘套保护管和接线盒等主要部分组成。热电偶的工作原理可以总结为：当有两种不同的导体组成一个回路时，只要两接点处的温度不同，回路中就产生一个电动势，该电动势的方向和大小与导体的材料及两接点的温度有关。这种现象称为热电效应，两种导体组成的回路即为热电偶，产生的电动势则称为热电动势。

　　热电动势由两部分电动势组成：一部分是两种导体的接触电动势；另一部分是单一导体的温差电动势。接触电动势是指当两种不同的导体连接在一起时，由于两者内部的自由电子密度不同，在其接触处就会发生电子的扩散，且电子在两个方向上扩散的速率不相同，从而在接触处形成电位差（即电动势）。接触电动势的大小与导体的材料、接点的温度有关，而与导体的直径、长度、几何形状等无关。温差电动势是指当单一金属导体的两端温度不同时，其两端将产生一个由热端指向冷端的静电场，从而产生的电位差。温差电动势的大小取决于导体材料和两端的温度。

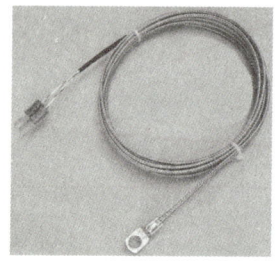

图1-22　热电偶实物

　　在热电偶回路中接入第三种金属材料时，只要该材料两个接点的温度相同，热电偶所产生的热电动势就保持不变，即不受第三种金属接入回路中的影响。因此，在热电偶测温时，可接入测量仪表，测得热电动势后，即可知道被测介质的温度。热电偶测量温度时要求其冷端（测量端为热端，通过引线与测量电路连接的端称为冷端）的温度保持不变，其热电动势大小才与测量温度呈一定的比例关系。若测量时，冷端的（环境）温度变化，将严重影响测量的准确性。在冷端采取一定措施，补偿由于冷端温度变化造成的影响称为热电偶的冷端补偿。

　　热电偶输出的电动势只有在冷端温度不变的条件下才与工作端温度成单值函数关系。在实际应用中，热电偶冷端可能离工作端很近，且又处于大气中，其温度受到测量对象和周围环境温度变化的影响，因而冷端温度难以保持恒定，这样会带来测量误差，因此需要进行冷端温度补偿。常见的有补偿导线法、冷端温度校正法、冷端恒温法及自动补偿法。

2．典型器件举例

　　本单元以SHT11 温湿度传感器（见图1-23）为例，介绍其具体特性。

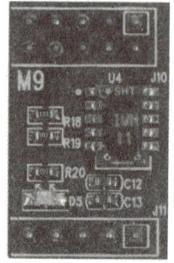
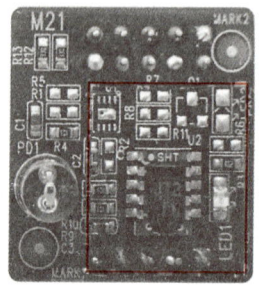

图1-23　SHT11 温湿度传感器

　　SHT11温湿度传感器将温度感测、湿度感测、信号变换、A-D转换和加热器等功能集成到一个芯片上采用CMOS过程微加工技术，具有较高的可靠性和稳定性。该传感器由1个电容式聚合体测湿组件和1个能隙式测温组件组成，并与1个14位的A-D转换器以及1个2-wire数字接口在单晶片中无缝结合，使得该产品具有功耗低、反应快、抗干扰能力强等优点。该芯片包括一个电容性聚合体湿度敏感元件和一个用能隙材料制成的温度敏感元件。这两个敏感元件分别将湿度和温度转换成电信号，该电信号首先进入微弱信号放大器进行放大，然后进入一个14位的A-D转换器；最后经过二线串行数字接口输出数字信号。SHT11在出厂前都会在恒湿或恒温环境中进行校准，校准系数存储在校准寄存器中；在测量过程中，校准系数会自动校准来自传感器的信号。此外，SHT11内部还集成了一个加热元件，加热元件接通后可以将SHT11的温度升高5℃左右，同时功耗也会有所增加。此功能主要为了比较加热前后的温度和湿度，可以综合验证两个传感器元件的性能。在高湿环境中，加热传感器可预防传感器结露，同时缩短响应时间，提高精度。加热后SHT11温度升高、相对湿度降低，较加热前，测量值会略有差异。

① 基本特性。
- 相对湿度和温度的测量；
- 全部校准，数字输出；
- 接口简单（2-wire），响应速度快；
- 超低功耗，自动休眠；
- 出色的长期稳定性；
- 超小体积（表面贴装）。

② 典型应用。
- 智能环境监控系统；
- 数据采集器、变送器；
- 计量测试、医药业。

③ 技术参数。
- 全量程标定，两线数字输出；
- 湿度测量范围：0~100%RH；
- 温度测量范围：-40~123.8℃；
- 湿度测量准确度：±3%RH；
- 温度测量准确度：±0.4℃；
- 封装：SMD（LCC）。

SHT11温湿度传感器的典型工作电路如图1-24所示，SHT11通过二线数字串行接口来访问，所以电路结构较为简单。需要注意的是，DATA数据线需要外接上拉电阻。时钟线SCK用于微处理器和SHT11之间通信同步，由于接口包含了完全静态逻辑，所以对SCK最低频率没有要求；当工作电压高于4.5V时，SCK的频率最高为5MHz，而当工作电压低于4.5V时，SCK的最高频率为1MHz。微处理器和温湿度传感器通信采用串行二线接口SCK和DATA，其中SCK为时钟线，DATA为数据线。该二线串行通信协议和I^2C协议是不兼容的。在程序开始，微处理器需要用一组"启动传输"时序表示数据传输的启动。当SCK时钟为高电平时，DATA翻转为低电平；紧接着SCK变为低电平，随后又变为高电平；在SCK时钟为高电平时，DATA再次翻转为高电平。接着，在发布一组测量命令后，SHT11通过下拉

DATA至低电平并进入空闲模式,表示测量结束,随后,外部的微控制器就可以通过DATA口读取传感器输出的2B的测量数据和1B的CRC奇偶校验数据了。

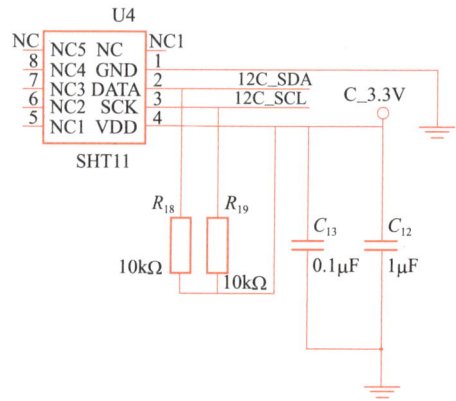

图1-24　SHT11温湿度传感器工作电路图

1.2.2　湿度数据采集

在采集湿度传感数据时,通常使用湿度传感器,而湿敏传感器是指能够感受外界湿度变化,并通过器件材料的物理或化学性质变化将非电学的物理量转换为电学量的器件。湿度检测较之其他物理量的检测显得困难,这首先是因为空气中水蒸气含量要比空气少得多;另外,液态水会使一些高分子材料和电解质材料溶解,一部分水分子电离后与溶入水中的空气中的杂质结合成酸或碱,使湿敏材料不同程度地受到腐蚀和老化,从而丧失其原有的性质;再者,湿信息的传递必须靠水对湿敏器件直接接触来完成,因此湿敏器件只能直接暴露于待测环境中,不能密封。通常,对湿敏器件有下列要求:在各种气体环境下稳定性好、响应时间短、寿命长、有互换性、耐污染和受温度影响小等。

在实际生活中,许多现象与湿度有关,如水分蒸发的快慢。然而除了与空气中水蒸气分压有关外,更主要的是和水蒸气分压与饱和蒸汽压的比值有关。因此有必要引入相对湿度的概念。相对湿度为某一被测蒸汽压与相同温度下的饱和蒸汽压的比值的百分数,常用"%RH"表示。这是一个无量纲的值。显然,绝对湿度给出了水分在空间的具体含量,相对湿度则给出了大气的潮湿程度,故使用更广泛。湿敏元件主要分为两大类:水分子亲和力型湿敏元件和非水分子亲和力型湿敏元件。利用水分子有较大的偶极矩,易于附着并渗透入固体表面的特性制成的湿敏元件称为水分子亲和力型湿敏元件。非亲和力型湿敏元件利用其与水分子接触产生的物理效应来测量湿度。

1. 常用传感器

(1) 电解质型湿敏器件

电解质型湿敏器件是利用潮解性盐类受潮后电阻发生变化制成的湿敏元件。最常用的是电解质氯化锂(LiCl)。氯化锂元件具有滞后误差较小,不受测试环境的风速影响,不影响和破坏被测湿度环境等优点,但因其基本原理是利用潮解盐的湿敏特性,经反复吸湿、脱湿后,会引起电解质膜变形和性能变劣,尤其遇到高湿及结露环境时,会造成电解质潮解而流失,导致元件损坏。

(2) 半导体陶瓷型湿敏器件

许多金属氧化物如氧化铝、四氧化三铁、钽氧化物等都有较强的吸脱水性能,将它们制成烧结薄膜或涂布薄膜可制作多种湿敏元件。这种湿敏元件称为金属氧化物膜湿敏元件。将极其微细的金属氧化物颗粒在高温1300℃下烧结，可制成多孔体的金属氧化物陶瓷，在这种多孔体表面加上电极，引出接线端子就可做成半导体陶瓷型湿敏器件。

（3）高分子材料型湿敏器件

高分子材料型湿敏器件是利用有机高分子材料的吸湿性能与膨润性能制成的湿敏元件。吸湿后，介电常数发生明显变化的高分子电介质可做成电容式湿敏元件。吸湿后电阻值改变的高分子材料可做成电阻变化式湿敏元件。常用的高分子材料是醋酸纤维素、尼龙和硝酸纤维素等。高分子湿敏元件的薄膜做得极薄，一般约5000Å（1Å=0.1nm=10^{-10}m），使元件容易很快吸湿与脱湿，减少了滞后误差，响应速度快。这种湿敏元件的缺点是不宜用于含有机溶媒气体的环境，元件也不能耐80℃以上的高温。

（4）电容式湿敏器件

电容式湿敏器件（见图1-25）是利用湿敏元件的电容值随湿度变化的原理进行湿度测量的传感器，其应用较为广泛。这类湿敏元件实际上是一种吸湿性电介质材料的介电常数随湿度变化而变化的薄片状电容器。吸湿性电介质材料（感湿材料）主要有高分子聚合物（例如，乙酸—丁酸纤维素和乙酸—丙酸纤维素）和金属氧化物（例如，多孔氧化铝）等。由吸湿性电介质材料构成的薄片状电容式湿敏器件能测全湿范围的湿度，且线性好、重复性好、滞后小、响应快、尺寸小，通常能在-10～70℃的环境温度中使用。

图1-25 电容式湿敏器件

电容式湿敏元件的结构如图1-26所示，在清洗干净衬底上蒸镀一层下电极并在其表面上均匀涂覆（或浸渍）一层感湿膜，然后在感湿膜的表面上蒸镀一层上电极。由上、下电极和夹在其间的感湿膜构成一个对湿度敏感的平板形电容器。

当环境中的水分子沿着电极的毛细微孔进入感湿膜而被吸附时，湿敏元件的电容值与相对湿度之间成正比关系，如图1-27所示。这类电容式湿敏器件的响应速度快，是由于电容器的上电极是多孔的透明金薄膜，水分子能顺利地穿透薄膜，且感湿膜只有一层呈微孔结构的薄膜，因此吸湿和脱湿容易。

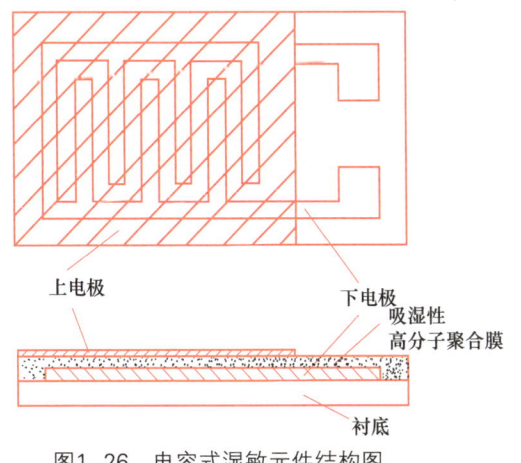

图1-26 电容式湿敏元件结构图

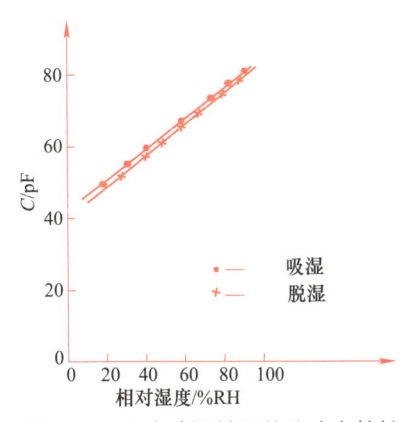

图1-27 电容式湿敏器件的响应特性图

在一定温度范围内，电容值的改变与相对湿度的改变成正比。但在高湿环境中（相对湿度大于90%）会出现非线性。为了改善湿度特性的线性度，提高湿敏元件的长期稳定性和响应速度，对氧化铝薄膜表面进行纯化处理（如盐酸处理或在蒸馏水中煮沸等），可以收到较为显著的效果。常用的电容式湿敏元件，其电容量随着所测空气湿度的增加而增大，湿敏电容值的变化转换为与之呈反比的电压频率信号。

2．典型器件举例

在上一节中已经介绍了SHT11温湿度传感器，此处不再赘述。

1.3 开关量传感数据采集

开关量传感数据可以对应于模拟量传感数据的"有"和"无"，也可以对应于数字量传感数据的"1"和"0"两种状态，是传感数据中最基本、最典型的一类。在利用相应传感器采集红外信号或声音信号并判定其有无时，所输出的就是典型的开关量。在本单元中，选取采集并判定红外信号或声音信号这两个典型的开关量传感数据采集工作案例，讲解了工作过程中所需使用的常用传感器、传感器基本工作原理和基本参数、传感器选用方法。然后，以典型器件为例，介绍了红外传感器和声音传感器的核心电路原理图和技术手册中的基本内容。

1.3.1 红外信号数据采集

在采集红外传感数据时，通常使用红外传感器。它是一种能感知目标所辐射的红外信号并利用红外信号的物理性质来进行测量的器件。本质上，可见光、紫外光、红外光及无线电等都是电磁波，它们之间的差别只是波长（或频率）的不同而已。红外信号因其频谱位于可见光中的红光以外，因而称之为红外光。考虑到任何温度高于绝对零度的物体都会向外部空间辐射红外信号，因此红外传感器广泛应用于航空航天、天文、气象、军事、工业和民用等众多领域。

1．常用传感器

在本单元中，以槽型、对射型、反光板反射型和人体感应型器件为例介绍红外光电传感器的基本参数和特性。

（1）槽型红外光电传感器

槽型红外光电传感器的槽体内包含一组面对面安放的红外线发射管和红外线接收管，如图1-28所示。在无阻挡的情况下，红外线发射管发出的红外光能被红外线接收管接收。而当被检测物体从槽中通过时，由于红外光被遮挡，光电开关便输出一个开关控制信号，切断或接通负载电流，从而完成一次控制动作。通常，槽型红外光电传感器的检测距离因为受整体结构的限制一般只有几厘米。

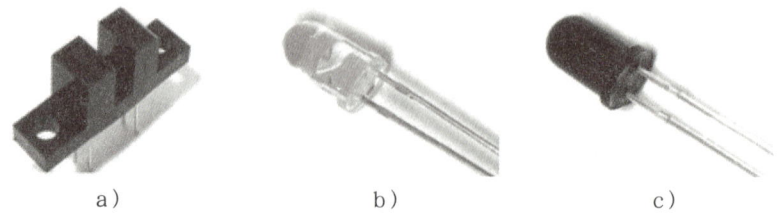

图1-28 槽型红外光电传感器、红外线发射管和红外线接收管

（2）对射型红外光电传感器

对射型红外光电传感器工作原理类似于槽型红外光电传感器，其区别主要在于加大了红外线发射管和红外线接收管之间的距离，此类器件又可称为对射分离式红外开关，如图1-29所示。其基本结构仍是由一个发射器和一个接收器组成的，检测距离可达几米乃至几十米。在使用时，可以把发射器和接收器分别装在待检测物需要通过路径的两侧，当检测物通过时便会阻挡光路，从而输出一个开关控制信号。

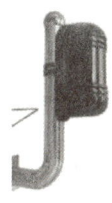 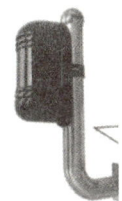 

图1-29　对射型红外光电传感器

（3）反光板反射型红外光电传感器

如果把发射器和接收器装入同一个装置内，并在其前方装一块反光板，利用反射原理完成光电控制作用的器件称为反光板反射型（或反射镜反射式）红外光电传感器，如图1-30所示。在正常情况下，发射器发出的光被反光板反射回来然后被接收器收到；一旦光路被检测物挡住，接收器收不到光时，光电开关即可输出一个开关控制信号。

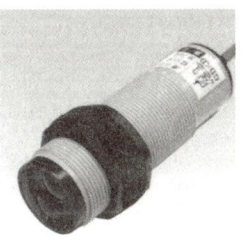 

图1-30　反光板反射型红外光电传感器

（4）人体感应型红外传感器

人体感应型红外传感器可以探测人体红外热辐射，主要由透镜、红外热辐射感应器、感光电路和控制电路所组成，如图1-31所示。透镜可以接收人体所发出的具有特定波长的红外信号并增强聚集到感光组件上，这使得感光组件中的热释电元件产生极化压差，触发感光电路发出识别信号，从而达到探测人体的目的。

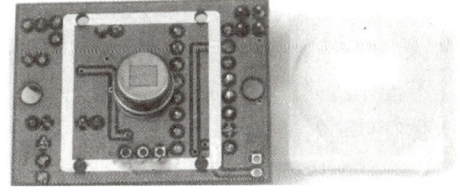

图1-31　人体感应型红外传感器及透镜

当需要感知运动的人体时，传感器中需要使用至少两个感应器，当感应区域内无运动人体时，两个感应器会检测到相同量的红外热辐射；而当有人体（或具有相似热辐射特征的物体）经过时将导致两个感应器之间的检测量发生变化。人体感应型红外传感器广泛安装于走廊、楼道、化妆室、地下室、仓库、车库等场所，应用在基于人体感应的安防报警、自动照明等智能控制系统。

2．典型器件举例

本单元以Flame-1000-D火焰传感器（见图1-32其中M23与Flame-1000-D原理类似）、HC-SR501人体感应红外传感器为例（见图1-33），介绍其具体特性。

图1-32　火焰传感器Flame-1000-D和M23　　　图1-33　HC-SR501人体感应红外传感器

（1）Flame-1000-D火焰传感器

① 基本特性。

- 能够探测火焰发出的波段范围为700～1100nm的短波近红外线；
- 双重输出组合，数字输出使得系统设计简化，更为简单；模拟输出使得需要高精度的场合使用更为精确。满足不同需求的场合使用；
- 检测距离可调节，通过调节精密电位器，检测距离能够很方便地调节。

② 典型应用。

红外火焰探测技术是目前火灾及时预警的最佳方案之一，该技术通过探测火焰所发出的特征红外线来预警火灾，比传统感烟或感温式火灾探测技术响应速度更快。

③ 技术参数。

- 探测波长：700～1100nm；
- 探测距离：大于1.5m；
- 供电电压：3～5.5V；
- 数字输出：当检测到火焰时输出高电平，没有检测到火焰时输出低电平；
- 模拟输出：输出端电压随火焰强度变化而改变。

（2）HC-SR501人体感应红外传感器

① 基本特性。

探测元件将探测并接收到的红外辐射转变成弱电压信号，经装在探头内的场效应晶体管放大后向外输出。为了提高探测器的探测灵敏度以增大探测距离，一般在探测器的前方装设一个菲涅尔透镜，它和放大电路相配合，可将信号放大70dB以上。一旦有人侵入探测区域内，人体红外辐射通过部分镜面聚焦，并被热释电元件接收，但是两片热释电元件接收到的热量不同，热释电也不同，不能抵消，经信号处理而报警。

② 典型应用。

- 自动照明控制；
- 安防系统；
- 自动门控制；
- 非接触测温。

③ 技术参数。

- 工作电压：DC 5～20V；
- 静态功耗：65μA；
- 电平输出：高3.3V，低0V；

- 延迟时间：可调（0.3s～10min）；
- 封锁时间：0.2s；
- 触发方式：L 不可重复，H 可重复，默认值为 H；
- 感应范围：小于 120°锥角，7m以内；
- 工作温度：-15～70℃。

人体红外传感器电路如图1-34所示，主要工作原理如下：当检测到运动的人体时，J7的引脚2会输出电平经R_{11}至晶体管2N3904S的基极，从而点亮发光二极管D_1，该信号可以同时送至外部微处理器（J1）的INT引脚进行识别（即高低电平的识别）。

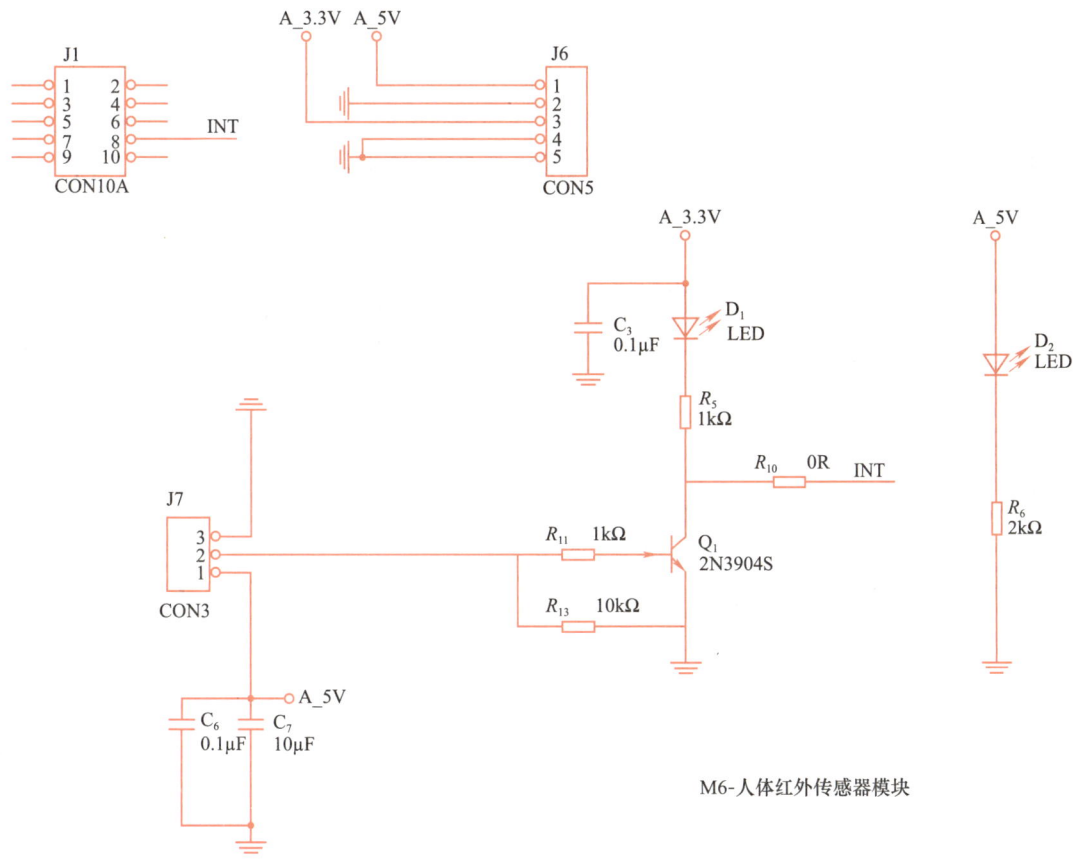

图1-34 人体红外传感器电路

1.3.2 声音信号数据采集

声音是由物体振动产生的声波，是通过介质传播并能被听觉器官所感知的波动现象。声音信号采集器件的功能就是将外界作用于其上的声信号转换成相应的电信号，然后将这个电信号输送给后续处理电路以实现传感数据采集。常用的声传感器按换能原理的不同大体可分为3种类型，即电容式、压电式和电动式，其典型应用为驻极体电容式声音信号采集器件、压电驻极体声器件和动圈式声音信号采集器件，它们具有结构简单、使用方便、性能稳定、可靠性好、灵敏度高等诸多优点。声音信号采集器件也可以分为压强型和自由场型两种形式，考虑到自由场型更适合于噪声声级的测量，所以一般在声级测量中均采用自由场型的声音信号采集器件。声音信号采集器件的性能通常还与其尺寸有关,尺寸大的一般具有灵敏度较高和可测声级的下限较低的优点,但其频率范围较窄;而尺寸小的虽然灵敏度较低但其频率范围一般较宽且可测声级的上限较高。

1. 常用传感器

（1）电容式驻极体声音传感器

电容式驻极体声音传感器通常可以分为振膜式和背极式,背极式由于膜片与驻极体材料各自发挥其特长,因此性能比振膜式好。电容式驻极体声音传感器的结构与一般的电容式声音传感器大致相同,工作原理也相同,只是不需要外加极化电压,而是由驻极体膜片或带驻极体薄层的极板表面电位来代替。电容式驻极体声音传感器的振膜受声波策动时就会产生一个按照声波规律变化的微小电流,经过电路放大后就产生了音频电压信号。

电容式驻极体声音传感器通常具有寿命长、频响宽、工艺简单、体积小及重量轻的优点,从而使现场使用更为方便。这种传感器除了有较高精度外,还允许有较大的非接触距离、优良的频响曲线。另外,它有良好的长期稳定性,在高潮湿的环境下仍能正常工作,对于一般的生产或检测环境都能够满足要求。常用电容式驻极体声音传感器参数见表1-6。

表1-6 常用电容式驻极体声音传感器参数

型号	频率范围 ±2dB/kHz	灵敏度/ (mV/Pa)	响应类型	动态范围/dB	外形尺寸 直径/mm
CHZ–11	3～18k	50	自由场	12～146	23.77
CHZ–12	4～8k	50	声场	10～146	23.77
CHZ–11T	4～16k	100	自由场	5～100	20
CHZ–13	4～20k	50	自由场	15～146	12
CHZ–14A	4～20k	12.5	声场	15～146	12
HY205	2～18k	50	声场	40～160	12.7
4175	5～12.5k	50	自由场	16～132	2642
BF5032P	70～20 000	5	自由场	20～135	49
CZⅡ–60	40～12 000	100	自由场/声场	34	9.7

（2）压电驻极体声音传感器

压电驻极体声音传感器利用压电效应进行声电/电声变换,其声电/电声转换器通常为一片30～80μm厚的多孔聚合物压电驻极体薄膜,相对电容式/动圈式结构复杂且精度要求极高的零件配合设计,大大减小了电声器件的体积;同时,零件数目大为减少,可靠性得到保证,满足大规模生产的需求。压电驻极体声音传感器利用压电效应进行声电变换,取消了空气共振腔的设计,大大减小了声音传感器的体积;在性能上,压电材料的力电/电声转换性能稳定（在多孔聚合物上表现为薄膜内部的电荷稳定、不容易丢失）；同时,由于取消了电容式的声电变换结构,使零件数目减少,制造工艺简单化,成本低廉。这些特性均使压电驻极体声音传感器具有广泛的应用范围与推广价值。

（3）动圈式声音传感器

如果把一个导体置于磁场中,在声波的推动下使其振动,这时在导体两端便会产生感应电动势,利用这一原理制造的声音传感器称为电动式声音传感器。如果导体是一个线圈,则称为动圈式声音传感器,如果导体是一个金属带箔,则称为带式声音传感器。动圈式声音传感器是一种使用最为广泛的声音传感器。

2. 典型器件举例

本单元以MP9767声音传感器（见图1-35）为例，介绍具体特性。

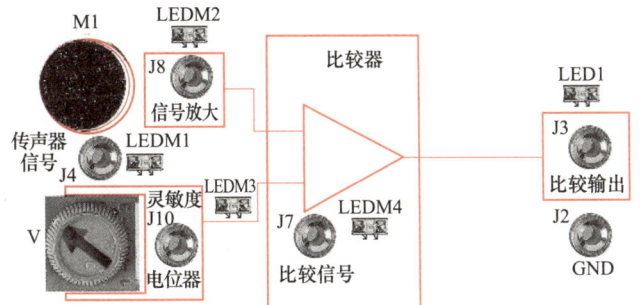

图1-35　MP9767声音传感器

MP9767声音传感器基本特性见表1-7。

表1-7　MP9767声音传感器基本特性

灵敏度	–48～66dB
频响范围	50～20kHz
方向特性	全指向
阻抗特性	低阻抗
电流消耗	最大500mA
标准工作电压	3V
信噪比	大于58dB
灵敏度变化	电压变化1.5V，灵敏度变化小于3dB

典型的声音信号采集电路如图1-36所示。传声器输出电压受环境声音影响，输出相应的音频信号，将该信号进行放大。放大后的音频信号叠加在直流电平上作为LM393中比较器1的反相输入端（引脚2）输入电压。采集电位器（VR1）调节端的电压作为比较器1同相输入端（引脚3）输入电压。比较器1根据两个电压的情况进行对比，输出端（引脚1）输出相应的电平信号；该电压信号经过D_6升压，D_6正端的电压信号作为比较器2反相输入端（引脚6）输入电压，采集R_7的电压信号作为比较器2同相输入端（引脚5）的输入电压，比较器2根据两个电压的情况进行对比，输出端（引脚7）输出相应的电平信号。

调节VR_1，即调节比较器1同相输入端的输入电压，设置对应的采集灵敏度，即阈值电压。当环境中没有声音或声音比较低时，传感器基本没有音频信号输出，比较器1的反相输入端电压较低，小于阈值电压，比较器1输出高电平电压；该电压经过D_6，D_6正端的电压比比较器2的同相输入端电压高，这时比较器2输出低电平电压。当环境中出现很高声音时，传声器感应并产生相应的音频信号，该音频信号经过放大后叠加在比较器1负端的直流电平上，使得负端电压比正端电压高，比较器1输出低电平电压；该电压经过D_6后，D_6正端的电压比比较器2的同相输入端电压低，比较器2输出高电平。类似的，比较器2的输出信号可以送至其他微控制器的输入口进行识别以实现定性分析，或者连接其他模块的输入电路以实现控制功能（如继电器）。

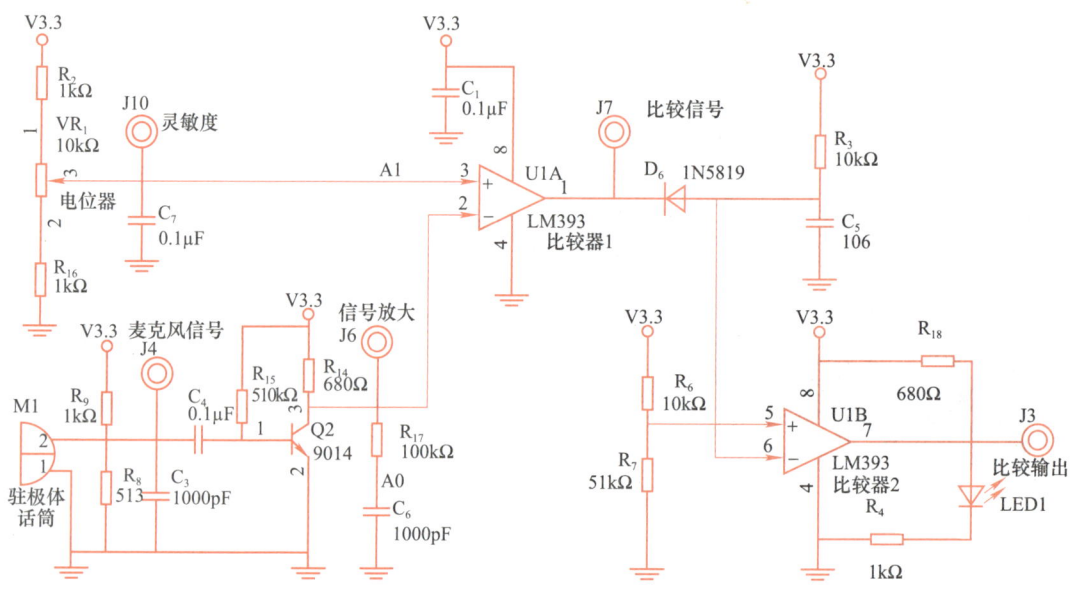

图1-36 声音传感模块电路板功能电路图

1.4 误差分析

在传感数据采集工作中,即使在同样的采集环境中使用同样的传感器和采集方法,多次采集结果之间往往并不是完全一致的。这种现象说明,在传感数据采集中通常会存在误差。因此,需要了解误差产生的原因及其表示方法,进而实现缩减误差以提高采样结果准确性的目标。

1.4.1 真实值、平均值与中位数

1. 真实值

传感数据采集的真实值是指所采集的物理量客观存在的确定值。然而,由于传感器性能、采集方法、采集环境等外部条件都不可能是完美的,因此真实值实际上是无法获取的,仅是一个理想值。通常,真实值的定义可以弱化为:设采集次数为无限多,则根据误差分布定律正负误差出现的概率相等,故将各观察值相加,加以平均,在无系统误差的情况下可能获得的极近于真实值的数值。

2. 平均值

然而,在传感数据采集的实际工作中,采集次数无法做到无限多,因此用有限的采集次数求出的平均值只能是近似真值,或称为最佳值。常用的最佳值有下列几种。

(1)算术平均值

这种平均值最常用,且当测量值的分布服从正态分布时,算术平均值为最佳值或最可信赖值。具体计算过程如下:

$$\bar{x} = \frac{x_1 + x_2 + \cdots + x_n}{n} = \frac{\sum_{i=1}^{n} x_i}{n} \tag{1-2}$$

式中，x_1、x_2、…x_n是各次采集值；n是采集的次数。

（2）方均根值

方均根值也是一种常用的最佳值，也称有效值，它的计算方法是先二次方、再平均、然后开二次方。具体计算过程如下：

$$\overline{x}_{rms} = \sqrt{\frac{x_1^2 + x_2^2 + \ldots x_n^2}{n}} = \sqrt{\frac{\sum_{i=1}^{n} x_i^2}{n}} \qquad (1-3)$$

（3）加权平均值

对同一物理量用不同的方法去测定，或对同一物理量由不同的人去测定，计算平均值时，常对比较可靠的数值予以加重平均，称为加权平均。具体计算过程如下：

$$\overline{x}_w = \frac{w_1 \cdot x_1 + w_2 \cdot x_2 + \ldots w_n \cdot x_n}{w_1 + w_2 + \ldots w_n} = \frac{\sum_{i=1}^{n} w_i \cdot x_i}{\sum_{i=1}^{n} w_i} \qquad (1-4)$$

式中，x_1、x_2、…x_n是各次采集值；w_1、w_2、…w_n是各次采集值所对应的权重。各观测值的权数一般凭经验确定。

以上介绍的各种平均值目的是要从一组采集值中找出最接近真实值的那个值。平均值的选择主要决定于一组观测值的分布类型，如数据分布基本呈现正态分布，可以采用算术平均值。

3. 中位数

一组测量数据按大小顺序排列，中间的一个数据即为中位数。当测定次数为偶数时，中位数为中间相邻的两个数据的平均值。它的优点是能简便地说明一组测量数据的结果，不受两端具有过大误差的数据的影响。缺点是不能充分利用数据。

1.4.2 误差

误差是指测定值与真实值之间相符合程度，也可以简单理解为误差的大小。误差有两种表示方法：绝对误差和相对误差。

1. 绝对误差

某物理量在一系列采集中，某采集值（即测定值）与其真实值之差称为绝对误差。实际工作中，常以最佳值代替真实值，则采集值与最佳值之差称绝对误差。具体计算过程如下：

$$\text{绝对误差} = \text{测定值} - \text{真实值（或最佳值）} \qquad (1-5)$$

2. 相对误差

为了比较不同采集值的精确度，以绝对误差与真实值（或最佳值）之比作为相对误差。具体计算过程如下：

$$\text{相对误差} = \frac{\text{测定值} - \text{真实值（或最佳值）}}{\text{真实值（或最佳值）}} \qquad (1-6)$$

需要指出的是，由于测定值可能大于真实值，也可能小于真实值，所以绝对误差和相对误差都有正、负之分。相对误差是指误差在真实值中所占的百分比，用相对误差来衡量测定的准确度更具有实际意义。

1.4.3 精密度与偏差

精密度是指在相同条件下 n 次重复测定结果彼此相符合的程度。精密度的大小用偏差表示，偏差愈小说明精密度愈高。

1. 偏差

偏差分为绝对偏差和相对偏差。绝对偏差通常是指单次测定值与平均值的偏差。相对偏差是指绝对偏差在平均值中所占的百分率。绝对偏差和相对偏差都有正负之分，单次测定的偏差之和等于零。

2. 算术平均偏差

对多次测定数据的精密度常用算术平均偏差表示。算术平均偏差是指单次测定值与平均值的偏差（取绝对值）之和，除以测定次数。具体计算过程如下：

$$\bar{d} = \frac{\sum_{i=1}^{n}|x_i - \bar{x}|}{n} \qquad (1\text{-}7)$$

3. 标准偏差

在传感数据采集的过程中，标准偏差常被用来衡量精密度。

（1）总体标准偏差

总体标准偏差是用来表达测定数据的分散程度。具体计算过程如下：

$$\sigma = \sqrt{\frac{\sum_{i=1}^{n}(x_i - \bar{x})^2}{n}} \qquad (1\text{-}8)$$

（2）样本标准偏差

一般测定次数有限，均值未知，只能用样本标准偏差来表示精密度。具体计算过程如下：

$$S = \sqrt{\frac{\sum_{i=1}^{n}(x_i - \bar{x})^2}{n-1}} \qquad (1\text{-}9)$$

式中，（$n-1$）在统计学中称为自由度，表示在 n 次测定中只有（$n-1$）个独立可变的偏差，因为 n 个绝对偏差之和等于零，所以只要知道（$n-1$）个绝对偏差就可以确定第 n 个的偏差。

（3）相对标准偏差

标准偏差在平均值中所占的百分率叫作相对标准偏差，也叫变异系数或变动系数（cv）。具体计算过程如下：

$$cv = \frac{S}{\bar{x}} \times 100\% \qquad (1\text{-}10)$$

用标准偏差表示精密度比用算术平均偏差表示要好，所以误差分析报告中常用 cv 表示精密度。

1.4.4 误差产生原因分析

进行传感数据采集的目的是为了获取准确的物理量。然而，因为误差的客观存在性，即使使用最精密的传感器、最完善的采集方法、最细致的操作，所测得的数据也不可能和真实值完全一致。因此，需要进一步掌握误差产生的基本规律，将误差减小到允许的范围内。根据误差产生的原因和性质，可以分为系统误差和偶然误差两大类。

1. 系统误差

系统误差又可称为可测误差，通常是在传感器数据采集过程中产生的，对结果的影响比较固定。系统误差产生的原因通常可以归纳为以下几个方面。

（1）设备误差

这种误差是由于使用的设备本身不够精密所造成的，如传感器件自身、传感器电路设计、电路元件的缺陷。

（2）方法误差

这种误差是由于采集方法造成的。例如，未达到传感器件所需的数值稳定时间，外界环境对测量环境的影响等原因都会引起误差。

（3）操作误差

这种误差是由于传感数据采集工作的操作者的职业技能或职业素养不够所致的。例如，对传感器使用不熟练、操作过程不熟悉，甚至在操作前未检查设备是否完好。这一类误差可以通过提升操作者的职业技能或职业素养来进行有效消除。

2. 偶然误差

（1）偶然误差的规律

偶然误差又称随机误差，是指测定值受各种因素的随机波动而引起的误差。例如，外界环境温度、湿度和气压的微小波动、仪器性能的微小变化等，都会使传感数据采集结果在一定范围内波动。一般而言，增加采集次数可以有效减少偶然误差，因为理论上进行无穷多次采集并取平均值就可能接近真实值。

（2）随机不确定度

准确度和精密度只是对采集结果的定性描述，而不确定度才是对结果的定量描述。由于随机误差是不能完全消除的，所以测量结果总是存在随机不确定度。

1.4.5　误差减小方法

通过分析传感数据采集过程中可能产生误差的各种因素并采取有效的措施，可以将这些误差减小到最小。

1. 选择合适的传感数据采集设备、熟悉使用方法

掌握常用传感器、传感器基本工作原理和基本参数、传感器选用方法，依据不同传感数据采集工作任务的特点选取合适的采集设备。进而，熟悉所选传感器的电路原理图、传感器技术手册相关电路基础知识、使用注意要点。

2. 增加传感数据采集次数

如上一节所述，理论上进行无穷多次采集并取平均值就可能接近真实值，因此增加采集次数可以有效减少偶然误差。

3. 减小系统误差

（1）空白试验

由设备自身的缺陷所导致的系统误差，一般可做空白试验来加以校正。空白试验是指设定标准条件（如已知准确的传感数据值）的前提下执行与实际采集时一致的操作。空白试验所

得的结果数值称为空白值，依据空白值对实际采集值进行调整，通常可以有效消除系统误差。

（2）对照试验

对照试验是指在分析某一个具体的条件对传感数据采集结果的影响。在进行对照试验时，除了待分析的条件不同外其他条件都必须相同。例如，通过多次更换不同的传感器件可以基本判定某一个传感器件是否导致了较大的误差。

1.4.6 传感数据优化

传感数据结果处理的目的就是从测量得到的原始数据中求出被测量的最佳估计值，并最终表示出正确的结果。

1．测量结果的表示

测量结果表示为一定的数值和相应的计量单位。例如，20mA、40kW等。

2．有效数字和有效数字位

有效数字是指它的绝对误差不超过末位数字单位的一半时，从它最左端一位非零数字起到最末一位的所有数字。由于测量结果含有误差，所以必须对测量得到的数据进行处理。处理过程中应注意以下几点：

- 可以从有效数字的位数估计出测量误差，一般规定误差不超过有效数字末位单位的一半；
- "0"在最左面为非有效数字；
- 有效数字不能因选用单位的变化而变化。

3．数字舍入规则

在测量数据的处理过程中，当需要保留N位有效数字时要遵循以下规则：若保留N位有效数字，N位以后的数字若大于保留数字末位单位的一半，则舍去的同时第N位加1；若小于保留数字末位单位的一半，则舍去的同时第N位不变；若等于保留数字末位单位的一半，如第N位原为奇数则加1变为偶数，原为偶数不变。即：

- 小于5舍去，末位不变；
- 大于5进1，在末位增1；
- 等于5时，取偶数。即当末位是偶数，末位不变；末位是奇数，在末位加1。

4．数字近似运算规则

保留的位数原则上取决于各数中准确度最差的那一项。

加减规则：以小数点后位数最少的为准（各项无小数点，则以有效位数最少者为准），其余各数可多取一位。

乘除规则：以有效数字位数最少的数为准，其余参与运算的数字及结果中的有效数字位数与之相等或多保留一位有效数字。

单元总结

本单元以光照度、气体浓度、温湿度、红外、声音等常用传感器为例，讲解了模拟量、数字量、开关量传感数据采集所需的信号处理知识和方法、传感数据误差分析和优化方法。

UNIT 2

学习单元 ❷

STM32微控制器基本外设应用开发

单元概述

本单元主要面向的是传感网应用开发中的有线组网（RS-485、CAN）和低功耗窄带组网（NB-IoT、LoRa）都涉及的STM32基本外设应用开发，主要介绍了STM32微控制器的相关基础知识，并通过实例带领读者完成基于STM32CubeMX和HAL库的开发环境搭建与工程建立；讲解了GPIO、中断管理、通用同步异步收发器、定时器的基本定时与PWM信号输出功能以及模-数转换外设的工作原理。读者可通过5个任务的实施，掌握STM32微控制器最基本外设的应用开发技能，为后续开发做准备。

知识目标

- 了解STM32微控制器的产品分类、主要特性及其软件开发模式；
- 掌握基于STM32CubeMX和HAL库的开发环境搭建与工程建立的方法；
- 掌握STM32微控制器的GPIO的工作原理；
- 掌握STM32微控制器的中断管理的工作原理；
- 掌握STM32微控制器的USART外设的工作原理；
- 掌握STM32微控制器的定时器的基本定时与PWM信号输出功能的工作原理；
- 掌握STM32微控制器ADC外设的工作原理。

技能目标

- 会搭建基于STM32CubeMX和HAL库的开发环境，创建工程并使用仿真器进行调试下载；
- 能熟练操作GPIO接口驱动外围电路；

- 能熟练操作串口进行数据通信；
- 能熟练配置定时/计数器进行定时、计数或者输出PWM信号；
- 能操作A-D转换器进行模-数转换；
- 能编程实现GPIO接口、定时器和串口等中断事务处理。

2.1 基础知识

2.1.1 STM32概述

STM32是意法半导体（ST Microelectronics，ST）有限公司出品的一系列微控制器（Micro Controller Unit，MCU）的统称。

意法半导体集团于1987年6月成立，由意大利的SGS微电子公司和法国Thomson半导体公司合并而成。1998年5月，SGS-THOMSON Microelectronics将公司改名为意法半导体有限公司。目前，意法半导体有限公司是世界最大的半导体公司之一。

STM32微控制器基于ARM Cortex®-M0，M0+，M3，M4和M7内核，这些内核是专门为高性能、低成本和低功耗的嵌入式应用设计的。STM32微控制器按内核架构可以分为以下系列（见图2-1）：

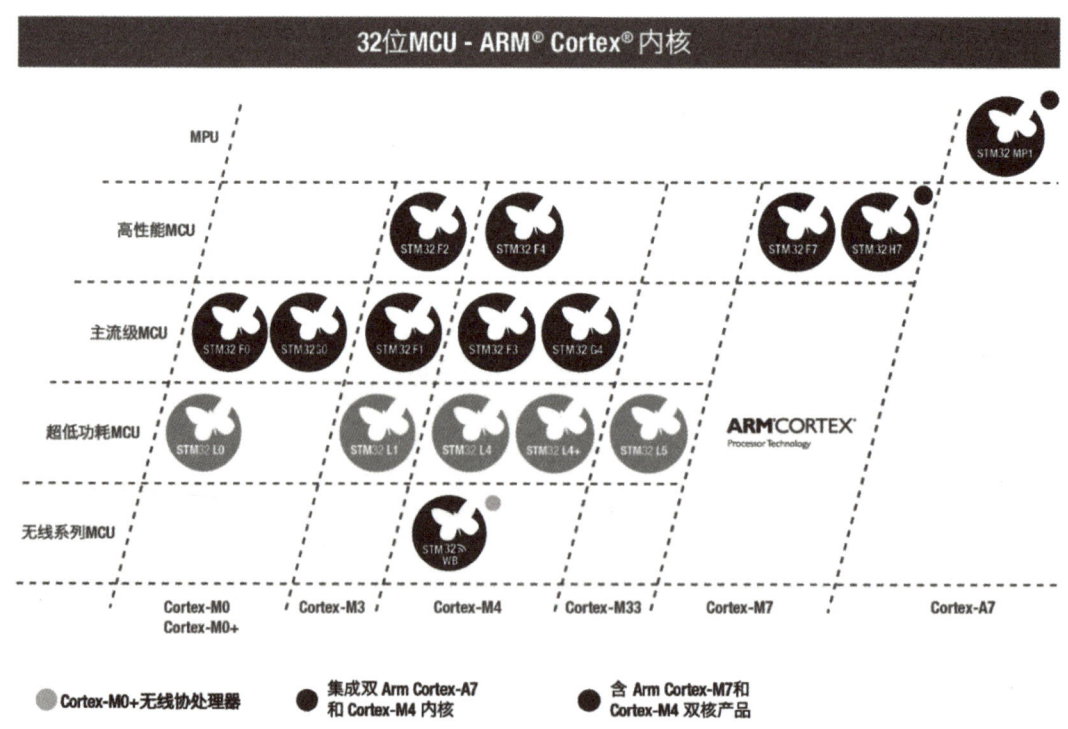

图2-1 STM32微控制器的产品家族

- 超低功耗产品系列：STM32L0、STM32L1、STM32L4、STM32L4+、STM32L5；
- 主流产品系列：STM32F0、STM32F1、STM32F3、STM32G0、STM32G4；

- 高性能产品系列：STM32F2、STM32F4、STM32F7、STM32H7；
- 无线产品系列：STM32WB；
- 微处理器（MPU）系列：STM32MP1。

2.1.2 STM32微控制器的命名规则

STM32微控制器的各个型号在封装形式、引脚数量、SRAM和闪存大小、最高工作频率（影响产品的性能）等方面有所不同。开发人员可根据应用需求选择最合适的微控制器型号来完成项目设计。STM32微控制器产品型号的各部分含义如图2-2所示。

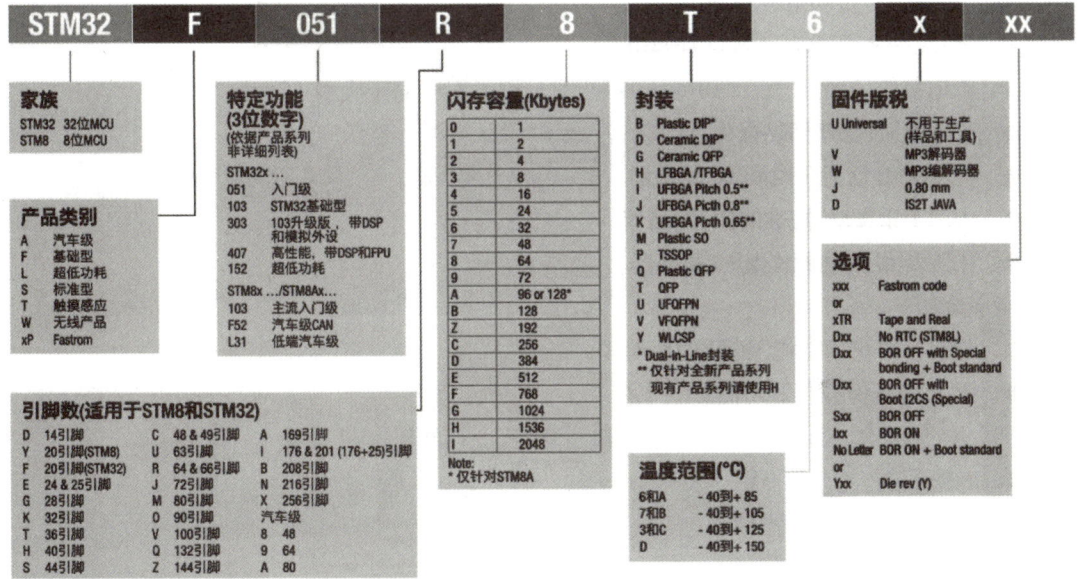

图2-2 STM32微控制器的产品型号

下面以一个具体的微控制器型号（STM32F103VET6）为例来说明型号中各部分的含义，见表2-1。

表2-1 STM32微控制器产品型号中各部分的含义

序号	型号	具体含义
1	STM32	代表ST公司出品的基于ARM Cortex®-M内核的32位微控制器
2	F	代表"基础型"产品类别
3	103	代表"基础型"产品系列
4	V	代表MCU的引脚数，如：T代表36引脚，C代表48引脚，R代表64引脚，V代表100引脚，Z代表144引脚，I代表176引脚等
5	E	代表MCU的内存容量，如：6代表32KB，8代表64KB，B代表128KB，C代表256KB，D代表384KB，E代表512KB，G代表1MB
6	T	代表MCU的封装，如：H代表BGA封装，T代表QFP封装，U代表VFQFPN封装
7	6	代表MCU的工作温度范围，如：6和A代表-40～85℃，7和B代表-40～105℃

2.1.3　STM32微控制器的主要特征

下面以STM32F103VET6型号为例，介绍STM32微控制器的主要特征。

（1）32位ARM Cortex-M3内核CPU
- 最大工作频率72MHz，1.25DMIP/MHz，存储访问0等待；
- 单周期乘法运算和硬件除法运算。

（2）存储
- 具备256KB～512KB的Flash存储空间；
- 64KB的SRAM。

（3）时钟、复位和电源管理
- 2.0V～3.6V应用电源供电和I/O；
- 上电复位（POR）、掉电复位（PDR）和可编程电压检测（PVD）；
- 4～16MHz外部晶振；
- 内部8MHz工厂校准RC振荡器；
- 内部40kHz经校准的RC振荡器；
- RTC用经校准的32kHz振荡器。

（4）低功耗
- 睡眠、停止和待机3种低功耗模式；
- RTC和备份寄存器用的V_{BAT}电源。

（5）3个12bit、1μs A-D转换器（最多支持21个通道）
- 转换范围：0～3.6V；
- 三通道采样和保持能力；
- 温度传感器功能。

（6）2个12bit D-A转换器

（7）12通道DMA控制器；
- 支持外设：定时器、ADC、DAC、SDIO、I^2S、SPI、I^2C和USART。

（8）调试模式
- 串行调试（SWD）和JTAG调试接口；
- Cortex®-M3嵌入式跟踪宏单元。

（9）最多112个快速I/O口
- 50/80/112个I/O口都映射到16个外部中断向量，几乎所有的I/O都可容忍5V电压。

（10）11个定时器
- 4个16bit定时器，每个都具备4路输入捕获/输出比较/PWM信号生成，或者脉冲计数和4倍频编码器输入；
- 2个16bit电动机控制PWM定时器，具有死区产生和刹车功能；
- 2个看门狗定时器（独立或窗口）；
- 1个24bit向下计数的SysTick定时器；
- 2个16bit基本定时器，亦可用于驱动DAC。

（11）多达13个通信接口
- 2个I^2C接口（SMBus/PMBus）；
- 5个USART；
- 3个SPI接口（18Mbit/s），其中2个可切换为I^2S；
- CAN总线接口（支持2.0B）；
- USB2.0全速接口；
- SDIO接口。

（12）CRC计算单元，96位唯一ID

（13）无铅（ECOPACK）封装

2.1.4　STM32开发板的选择

在开始STM32学习之旅前，需要先挑选一块合适的开发板。初学者不应盲目地追求开发板的功能，应以够用为原则，重点关注开发板配套的学习资料与视频是否详细全面。目前市面上可供选购的STM32开发板主要有两种：最小系统板和外设齐全的开发板，它们分别如图2-3a与图2-3b所示。

a)　　　　　　　　　　　　　　　　b)

图2-3　STM32的最小系统板与外设齐全的开发板

a）最小系统板　b）外设齐全的开发板

上述两种开发板各有其优缺点：从价格上来说，最小系统板比外设齐全的开发板便宜不少；从提升硬件电路的构建能力方面来说，学习者在使用最小系统板进行学习时，需要自行搭建外设的应用电路，这有助于更好地理解外设电路的原理，并提高其电路板设计与制作的能力；若谈及使用的便利性，外设齐全的开发板具备绝对的优势，学习者使用这种开发板可以方便地完成芯片性能测试、程序功能验证以及想法创意的快速应用。

2.1.5　STM32的应用领域

随着电子、计算机、通信技术的发展，在人们身边嵌入式技术已经无处不在。从随身携带的可穿戴智能设备到智慧家庭中的远程抄表系统、智能洗衣机和智能音箱，再到智慧交通中的车辆导航、流量控制和信息监测等，各种创新应用及需求不断涌现。

在电子产品快速更新换代的背后，它们的组成部分中最基础的底层架构芯片——微控制器（MCU）功不可没。目前MCU已成为电子产品及行业应用解决方案中不可替代的一环。

ST公司在2007年发布首款搭载ARM Cortex-M3内核的32位MCU,在10余年时间里,STM32产品线相继加入了基于ARM Cortex-M0、Cortex-M4和Cortex-M7的产品,产品线覆盖通用型、低成本、超低功耗、高性能低功耗以及甚高性能类型。正是由于STM32拥有结构清晰覆盖完整的产品家族线以及简单易用的应用开发生态系统,越来越多的电子产品使用STM32微控制器作为主控的解决方案,涵盖智能硬件、智能家居、智慧城市、智慧工业、智能驾驶等领域。图2-4是一些生活中常见的可以使用STM32微控制器作为主控的电子产品。

图2-4　STM32的应用领域

2.2　任务1　开发环境的搭建与工程的建立

2.2.1　任务要求

本任务要求搭建基于STM32CubeMX和HAL库的STM32微控制器的开发环境,生成可在MDK-ARM集成开发环境下运行的工程。正确地配置、编译工程后,将其下载至开发板中运行。

2.2.2　知识链接

1. STM32的软件开发库

在学习STM32的软件开发模式之前,有必要先了解STM32的软件开发库。ST公司为开发者提供了多个软件开发库,如:标准外设库、HAL库与LL库。另外,ST公司还针对F0与L0系列MCU推出了STM32 Snippets示例代码集合。

上面提到的几种软件开发库中,标准外设库推出时间最早,HAL库次之,LL库则是最近才新增的,目前支持的芯片较少,尚未覆盖全系列产品。ST公司为这些软件开发库配套了齐备的开发文档,为开发者的使用提供了极大的方便。接下来分别对以上几种软件开发库进行介绍。

（1）STM32Snippets

STM32Snippets是ST公司推出的高度优化且立即可用的寄存器级代码段集合，可最大限度地发挥STM32微控制器应用设计的性能。寄存器级编程虽然可降低内存占用率，节省宝贵的处理器时钟周期，降低电源电流消耗，但通常需要开发者花费很多时间精力研究产品手册。另外，这种开发模式的缺点是代码在不同系列的STM32微控制器之间没有可移植性。

（2）STM32标准外设库

STM32标准外设库（Standard Peripherals Library）是对STM32微控制器的完整封装，它包括了STM32微控制器所有外设的驱动描述和应用实例，为开发者访问底层硬件提供了一个中间API。通过标准外设库，开发者无需深入掌握底层硬件的细节就可以轻松地驱动外设，快速部署应用。因此，使用标准外设库可以减少开发者驱动片内外设的编程工作量，降低时间成本。

标准外设库早期的版本也称固件函数库或简称固件库，它是目前被使用最多的库，缺点是不支持L0、L4和F7等近期推出的MCU系列。

ST公司为各个不同系列的MCU提供的标准外设库的内容是存在一些区别的。例如：STM32F1xx的库和STM32F4xx的库在文件结构与内部实现上有所不同，因此基于标准外设库开发的程序在不同系列的MCU之间的可移植性较差。

（3）STM32Cube™、HAL库与LL库

为了减少开发者的工作量，提高程序开发的效率，ST公司发布了一个新的软件开发工具产品——STM32Cube™。这个产品由PC端的图形化配置与代码生成工具STM32CubeMX、嵌入式软件库函数（HAL库与LL库）以及一系列的中间件集合（RTOS、USB库、文件系统、TCP/IP协议栈和图形库等）构成。

HAL（Hardware Abstraction Layer）库是ST公司为STM32系列微控制器推出的硬件抽象层嵌入式软件，它可以提高程序在跨系列产品之间的可移植性。

与标准外设库相比，HAL库表现出更高的抽象整合水平。HAL库的API集中关注各外设的公共函数功能，它定义了一套通用的用户友好的API函数接口。开发者可以轻松地实现将程序从STM32微控制器的一个系列移植到另一个系列。目前，HAL库已经支持STM32全系列产品，它是ST公司未来主推的库。

LL（Low Layer）库是ST最近新增的库，与HAL库捆绑发布，其说明文档也与HAL文档编写在一起。例如：在STM32L4xx的HAL库说明文档中，新增了LL库这一章节。

接下来本节从移植性、程序优化、易用性、程序可读性和支持硬件系列等方面对上述各软件开发库进行比较，比较结果见表2-2。

表2-2 各软件开发库的比较

软件开发库名称		移植性	程序优化（内存占用&执行效率）	易用性	程序可读性	支持硬件系列
STM32Snippets			+++			+
标准外设库		++	++	+	++	+++
STM32Cube	HAL库	+++	+	++	+++	+++
	LL库	+	+++	+	++	++

在表2-2中，表格中的"+"越多，代表其对应的某项特性越好。

目前各软件开发库对各系列STM32微控制器的支持情况见表2-3。

表2-3　各软件开发库对各系列STM32微控制器的支持情况

开发库名称	STM32 F0	STM32 F1	STM32 F3	STM32 F2	STM32 F4	STM32 F7	STM32 L0	STM32 L1	STM32 L4
STM32Snippets	Now	N.A.	N.A.	N.A.	N.A.	N.A.	Now	N.A.	N.A.
标准外设库	Now	Now	Now	Now	Now	N.A.	N.A.	N.A.	N.A.
HAL库	Now	Now	Now	Now	Now	Now	Now	Now	Now
LL库	Now	Now	Now	Now	Now	Now	Now	Now	Now

在表2-3中，"Now"表示某软件开发库已支持相应的MCU系列，"N.A."反之。

2．STM32的软件开发模式

开发者基于ST公司提供的软件开发库进行应用程序的开发，常用的STM32软件开发模式主要有以下几种：

（1）基于寄存器的开发模式

基于寄存器编写的代码简练、执行效率高。这种开发模式有助于开发者从细节上了解STM32微控制器的架构与工作原理，但由于STM32微控制器的片上外设多且寄存器功能五花八门，因此开发者需要花费很多时间精力研究产品手册。这种开发模式的另一个缺点是：基于寄存器编写的代码后期维护难、移植性差。总的来说，这种开发模式适合有较强编程功底的开发者。

（2）基于标准外设库的开发模式

这种开发模式对开发者的要求较低：开发者只要会调用API即可编写程序。基于标准外设库编写的代码容错性好且后期维护简单，其缺点是运行速度相对寄存器级的代码偏慢。另外，基于标准外设库的开发模式比较不利于开发者深入掌握STM32微控制器的架构与工作原理。这种开发模式适合快速入门，大多数初学者会选择它。

（3）基于STM32Cube的开发模式

基于STM32Cube的开发流程如下：

1）开发者先根据应用需求使用图形化配置与代码生成工具对MCU片上外设进行配置。

2）生成基于HAL库或LL库的初始化代码。

3）将生成的代码导入集成开发环境进行编辑、编译和运行。

基于STM32Cube的开发模式的优点有以下几点：

1）初始代码框架是自动生成的，这简化了开发者新建工程、编写初始代码的过程。

2）图形化配置与代码生成工具操作简单、界面直观，这为开发者节省了查询数据手册了解引脚与外设功能的时间。

3）HAL库的特性决定了基于STM32Cube的开发模式编写的代码移植性最好。

这种开发模式的缺点是函数调用关系比较复杂、程序可读性较差、执行效率偏低以及对初学者不友好等。

另外，图形化配置与代码生成工具的"简单易用"是建立在使用者已经熟练掌握了STM32微控制器的基础知识和外设工作原理的前提下的，否则在使用该工具的过程中将会处处碰壁。

基于STM32Cube的开发模式是ST公司目前主推的一种模式，对于近年来推出的新产品，ST公司已不为其配备标准外设库。因此，为了顺应技术发展的潮流，本书选取了基于STM32Cube的开发模式，后续的任务实施的讲解，都是基于这种开发模式。

3．STM32的集成开发环境

根据ST公司官网显示，支持STM32开发的IDE（Integrated Development Environments，集成开发环境）有20余种，其中包括商业版软件和免费软件。目前比较常用的商业版IDE有MDK-ARM与IAR-EWARM，免费的IDE包括SW4STM32、TrueSTUDIO和CoIDE等。另外，ST公司官方推荐使用STM32CubeMX软件可视化地进行芯片资源和引脚的配置，然后生成项目的源程序，最后导入IDEs中进行编译、调试与下载。在2019年4月，ST公司还发布了STM32CubeIDE 1.0，它将TrueSTUDIO和STM32CubeMX工具整合在一起，是一个基于Eclipse和GCC的IDE工具。

常见的支持STM32开发的IDEs如图2-5所示。

本书在后续的任务实施讲解中，将采用"STM32CubeMX+MDK-ARM"的开发工具组合。具体的应用开发流程如下：

1）根据任务要求，利用STM32CubeMX进行功能配置。

2）生成基于MDK-ARM集成开发环境的初始代码。

3）添加功能逻辑完成应用开发。

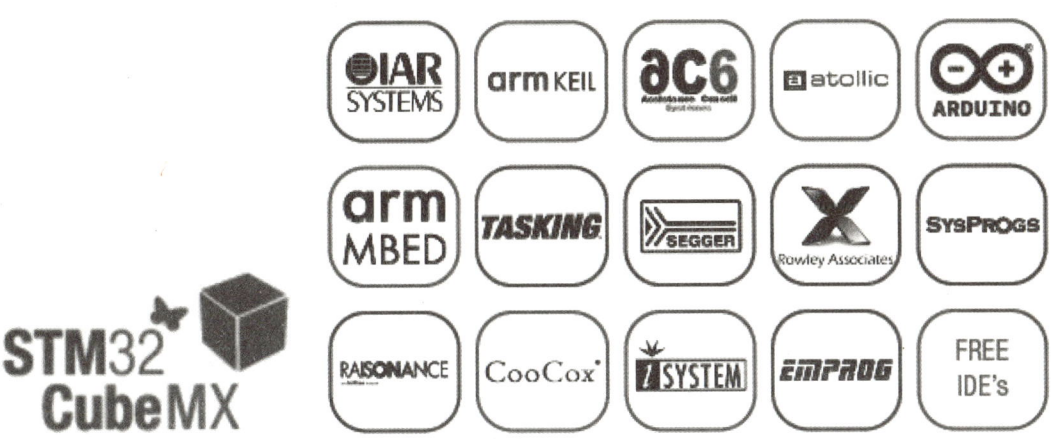

图2-5　支持STM32开发的IDEs一览

2.2.3　任务实施

1．MDK-ARM的安装

（1）下载安装包并安装

从Keil官网（www.keil.com）下载MDK-ARM的安装包，如："MDK528A.EXE"。

安装包下载完毕后，双击运行进入安装界面，根据安装向导提示单击"Next"按钮，安装目录保持默认即可，如图2-6所示。

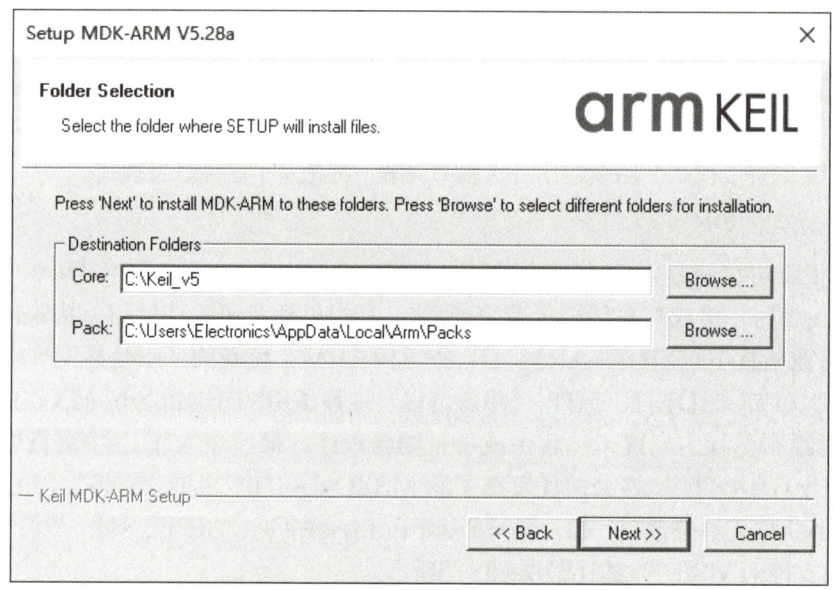

图2-6　MDK-ARM的默认安装目录

安装成功后，系统将进入软件包安装欢迎界面，如图2-7所示。

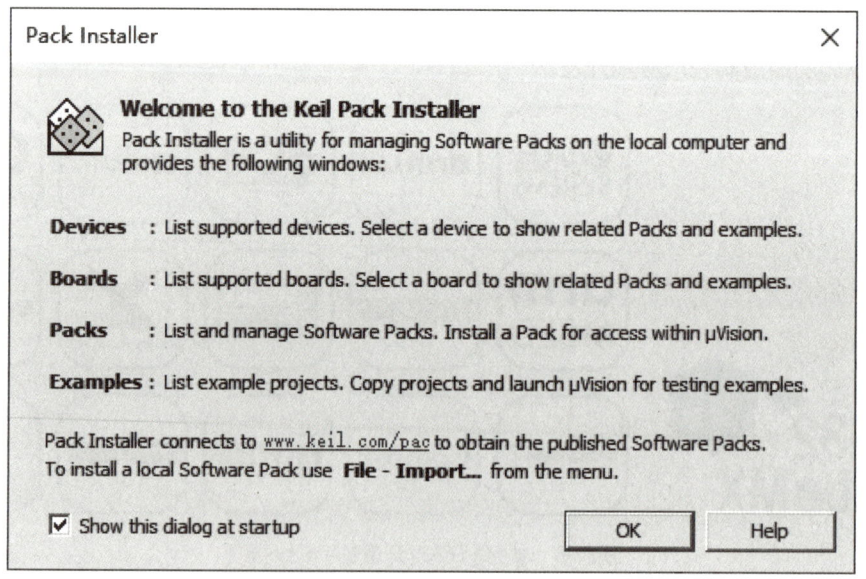

图2-7　Pack Installer欢迎界面

（2）安装软件包

方法一：单击图2-7中的"OK"按钮之后，将会进入软件包安装主界面，如图2-8所示。

学习单元2
STM32微控制器基本外设应用开发

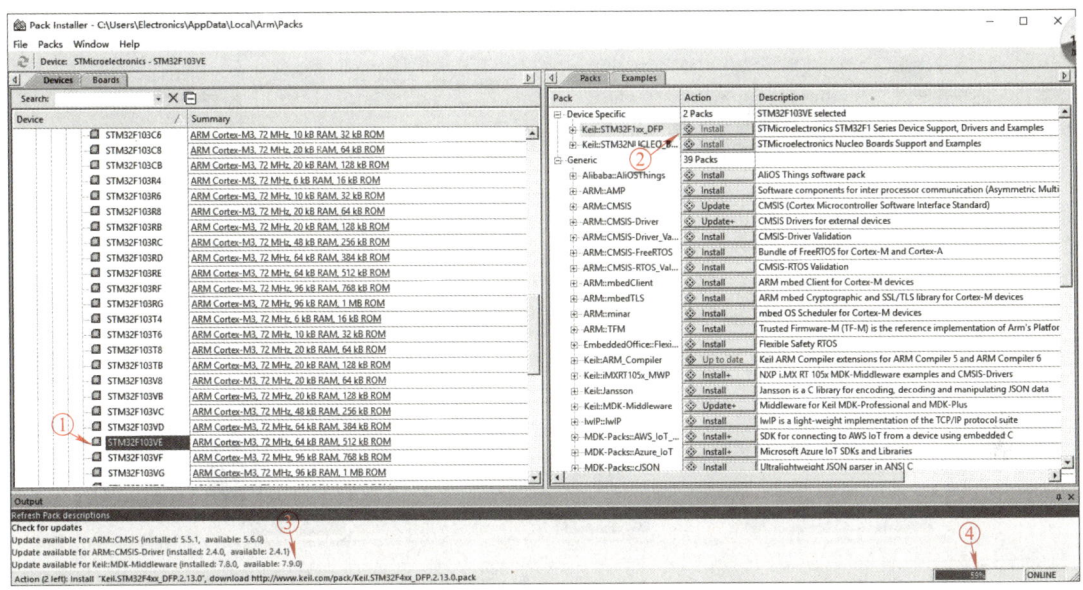

图2-8 软件包安装主界面

在Pack Installer窗口左半部的Device列表选择相应的STM32微控制器型号，如：STM32F103VE（见图2-8标号①处），然后单击右侧的"Install"按钮进行在线安装（见图2-8标号②处），同时可通过图中标号④处的进度条观察安装进度。如果下载速度较慢，可使用下载工具进行下载，将图2-8中标号③处的网址复制到下载工具中即可。

方法二： 找到随书配套资源包中的MKD支持包： Keil.STM32F1xx_DFP.2.2.0.pack Keil.STM32L1xx_DFP.1.2.0.pack 双击进行安装。

2．STM32CubeMX的安装

（1）下载安装包并安装

STM32CubeMX软件的运行依赖Java Run Time Environment（简称JRE），因此建议在安装前到Java的官网（https://www.java.com）下载JDK（JDK安装过程中会同步提示安装JRE）。读者应根据自己操作系统选择32位或64位版本进行下载安装。

STM32CubeMX软件可访问其主页（https://www.st.com/stm32cube）获取，其安装过程也比较简单，根据安装向导操作即可。

（2）嵌入式软件包的安装

打开安装好的STM32CubeMX软件，如图2-9所示，点击"Help"菜单（见图2-9标号①处），选择"Manage embedded software packages"选项（图2-9中标号②处）进入嵌入式软件包管理界面。

选择相应的STM32微控制器系列，如：STM32F1 Series（图2-9中的标号③处），然后点击"Install Now"按钮（见图2-9标号④处）即可下载并安装嵌入式软件包。

— 41 —

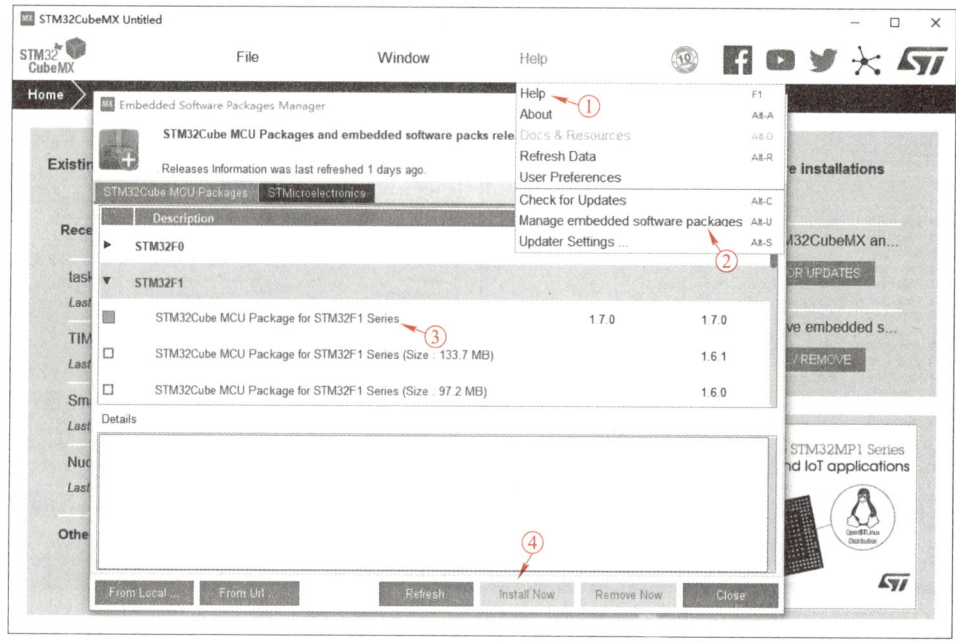

图2-9　STM32Cube嵌入式软件包的安装

3. ST-Link驱动程序的安装

ST-Link是ST公司官方出品的一款支持STM32系列单片机的程序下载调试工具，使用前应安装相应的驱动程序。

MDK-ARM的安装目录中包含了ST-Link下载调试工具的驱动程序（见图2-10），其位于"C:\Keil_v5\ARM\STLink\USBDriver"路径，见图2-10标号①处。

计算机中如果安装了64位的操作系统，则直接执行上述路径下的"dpinst_amd64.exe"可执行文件，即可完成驱动程序的安装，见图2-10标号②处。

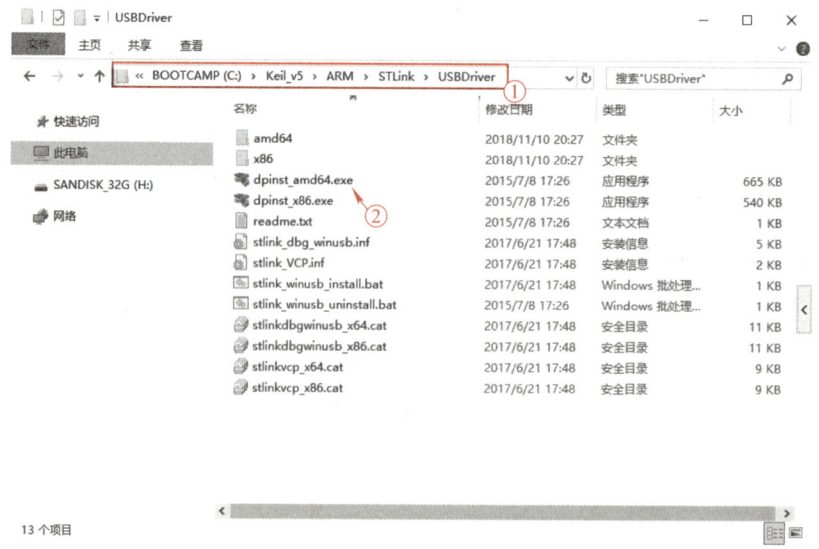

图2-10　ST-Link下载调试工具的驱动程序路径

4．建立工程

（1）建立工程存放的文件夹

在D盘根目录新建文件夹"STM32_WorkSpace"用于保存所有的任务工程，然后在该文件夹下新建文件夹"task1_ProjectFirst"用于保存本任务工程。

（2）新建STM32CubeMX工程

打开STM32CubeMX工具，单击"ACCESS TO MCU SELECTOR"按钮，如图2-11所示。

进入"MCU选择"窗口，如图2-12所示。

在图2-12中的标号①处，输入MCU型号的关键字，如：STM32F103VE。单击标号②处的MCU型号，然后单击标号③处的"Start Project"按钮新建STM32CubeMX工程。

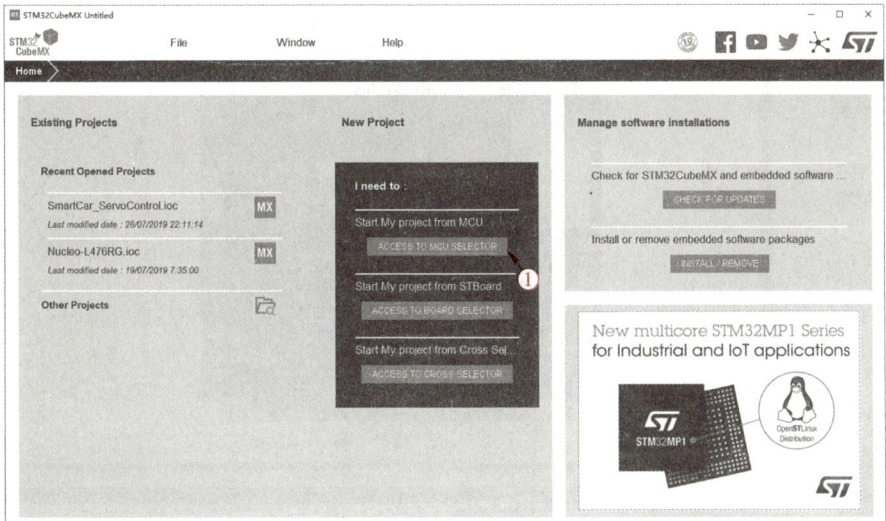

图2-11　单击"MCU选择"按钮

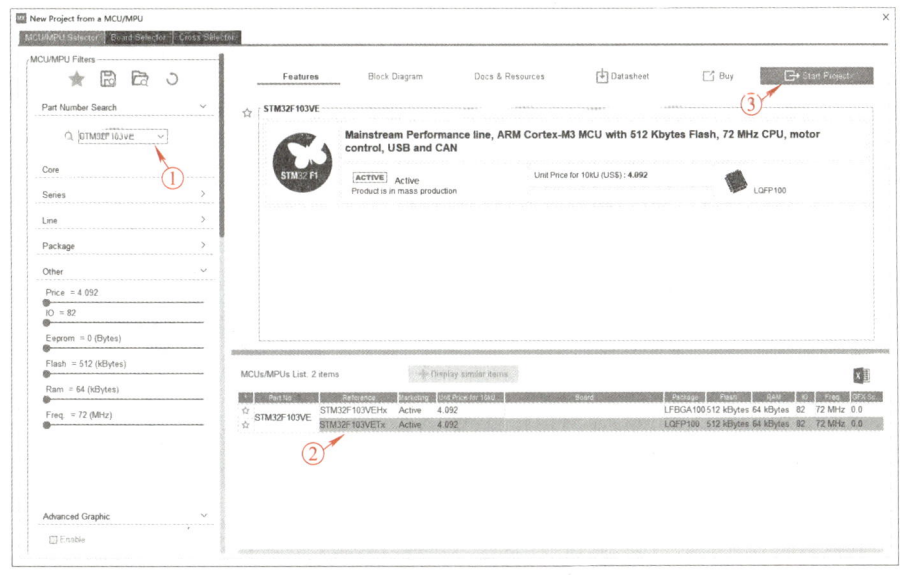

图2-12　"MCU选择"窗口

（3）配置GPIO功能

假设开发板的"PE6"引脚与LED灯——"LED2"相连。在STM32CubeMX工具的配置主界面，用鼠标左键点击MCU的"PE6"引脚处，选择功能"GPIO_Output"，如图2-13所示。

然后用鼠标右击"PE6"引脚，选择"Enter User Label"选项，输入值"LED2"，将"PE6"引脚的"用户标签"值配置为"LED2"，单击"GPIO"，选中"PE6"，确保PE6引脚的配置如图2-14中的④~⑥所示。

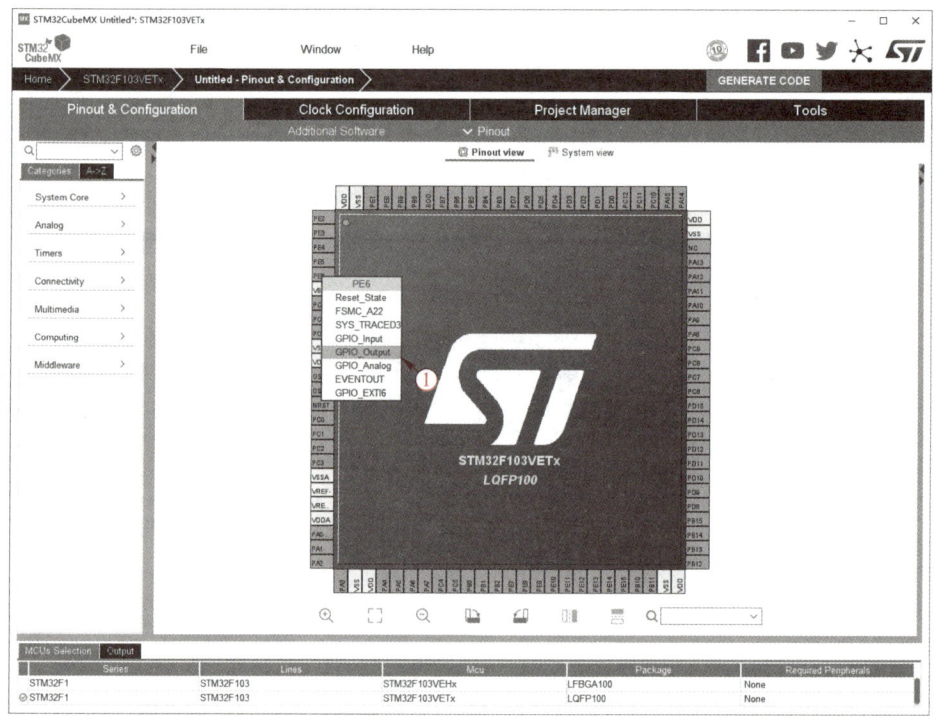

图2-13　配置GPIO功能

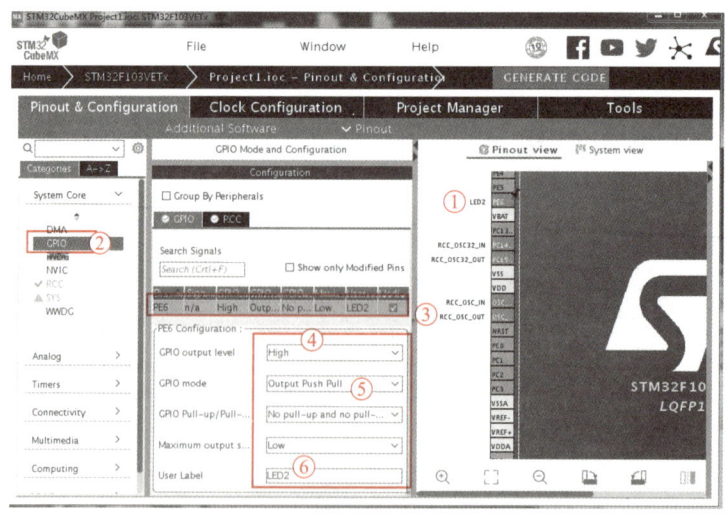

图2-14　配置GPIO引脚的用户标签

（4）配置调试端口

STM32微控制器支持通过JTAG接口或SWD接口与仿真器相连进行在线调试。完整的JTAG接口为20Pin，接口体积大且占用较多GPIO引脚资源，一般用于J-Link仿真器。而SWD接口最少只需3根连线即可实现，一般用于ST-Link仿真器。

接下来以ST-Link仿真器为例，讲解调试端口的配置过程。

如图2-15所示，展开"Pinout & Configuration"选项卡左侧的"System Core（系统内核）"选项（图2-15中标号①处），选择"SYS（系统）"选项（见图2-15标号②处），将"Debug（调试）"下拉菜单改为"Serial Wire（串口线）"选项（见图2-15标号③处）。即可将"PA13"引脚配置为SWDIO功能（见图2-15标号⑤处），"PA14"引脚配置为SWCLK功能（见图2-15标号④处）。

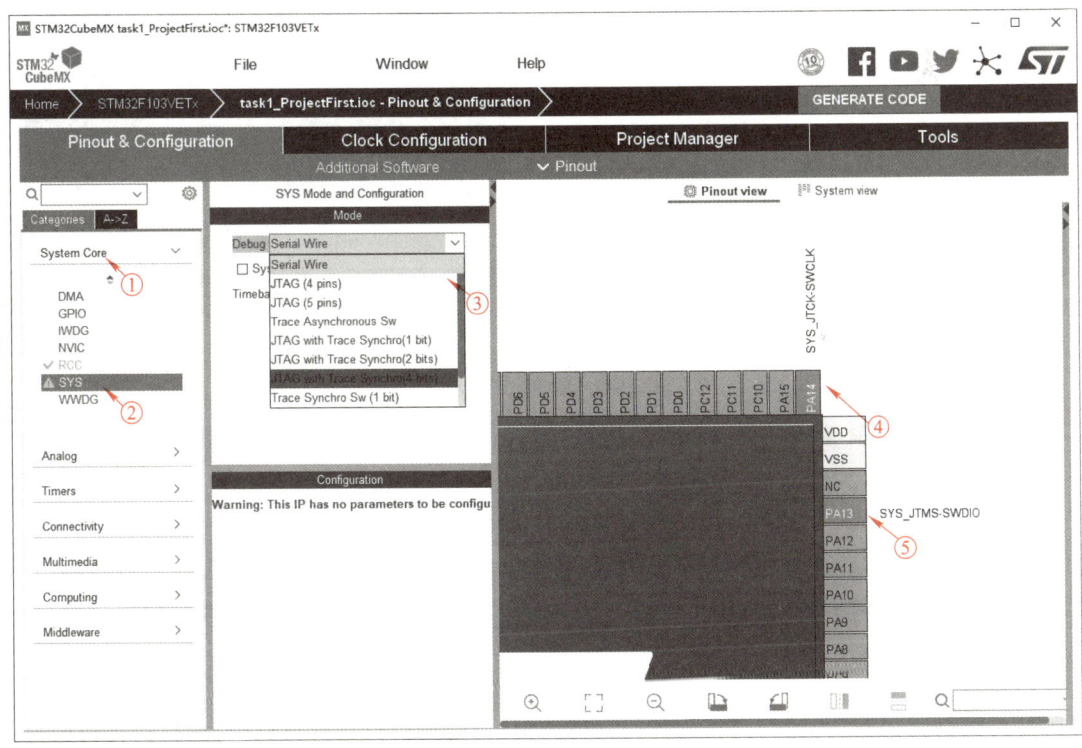

图2-15　SWD调试端口的配置

（5）配置MCU时钟树

如图2-16所示，选择"Pinout & Configuration"选项卡左侧的"RCC（复位、时钟配置）"选项（见图2-16标号①处），将MCU的"High Speed Clock（HSE，高速外部时钟）"配置为"Crystal/Ceramic Resonator（晶体/陶瓷谐振器）"（见图2-16标号②处）。同样地，将MCU的"Low Speed Clock（LSE，低速外部时钟）"配置为"Crystal/Ceramic Resonator（晶体/陶瓷谐振器）"（见图2-16标号③处）。

配置完毕后，MCU的"Pinout View（引脚视图）"中相应的引脚功能将被配置（见图2-16中标号④和⑤处）。

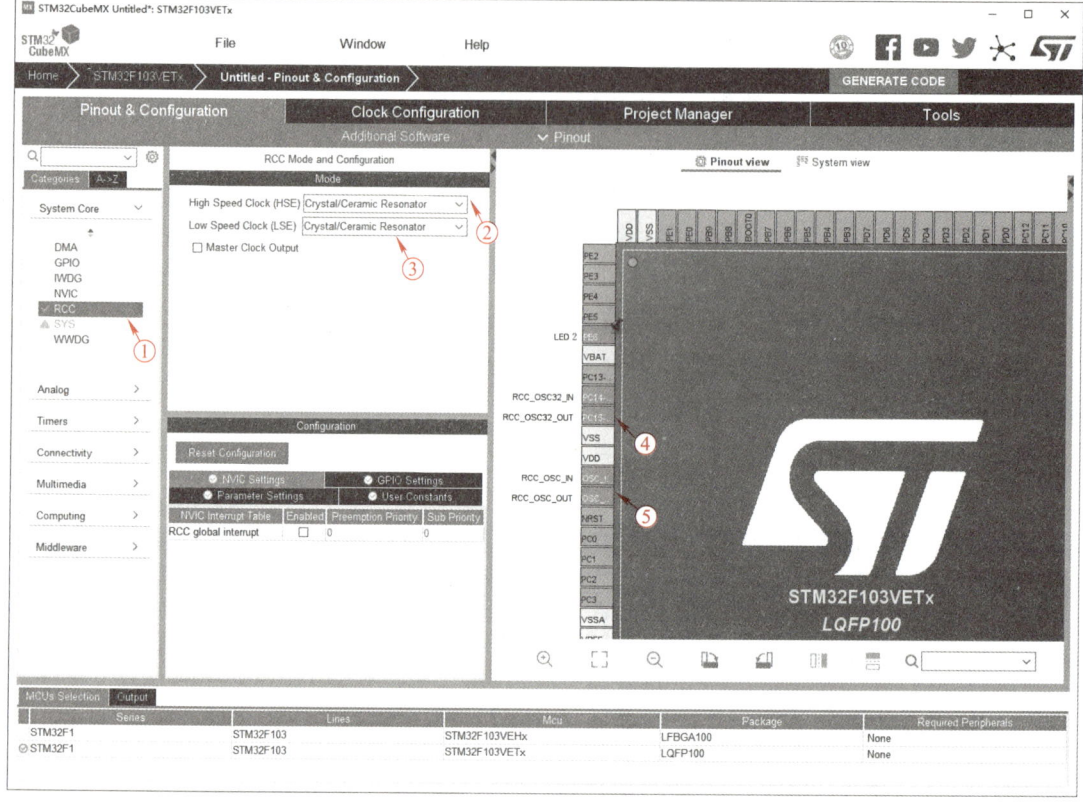

图2-16 配置HSE和LSE

切换到"Clock Configuration（时钟配置）"选项卡，进行STM32微控制器的时钟树配置，如图2-17所示。图中各个标号的含义如下：

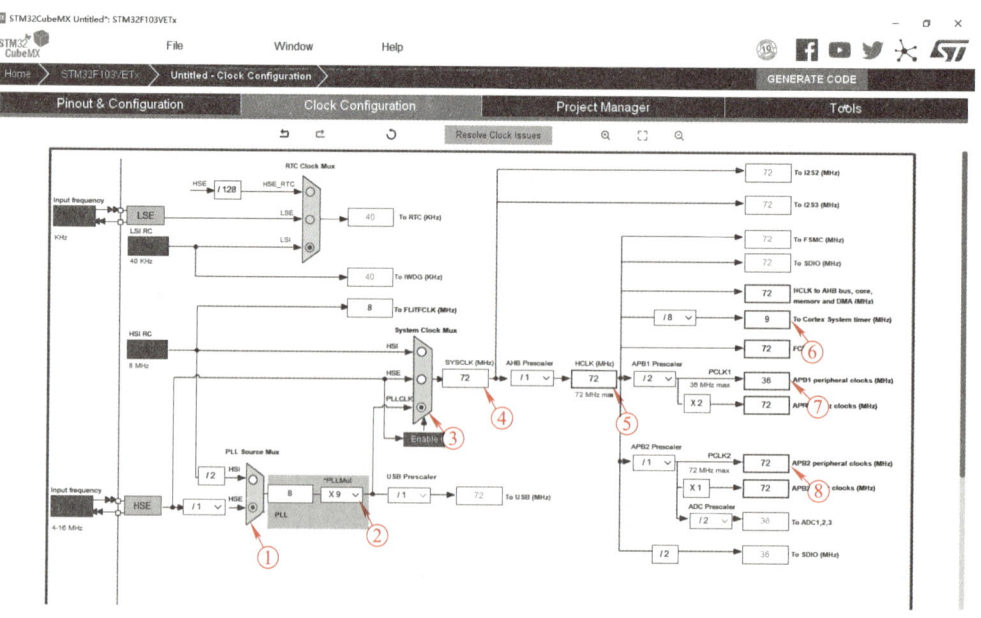

图2-17 配置STM32微控制器的时钟树

标号①："PLL Source Mux（锁相环时钟源选择器）"的时钟源选择为"HSE"，即：8MHz外部晶体谐振器。

标号②："PLLMul（锁相环倍频）"配置为"9"。

标号③："System Clock Mux（系统时钟选择器）"的时钟源选择为"PLLCLK"。

标号④：配置"SYSCLK（系统时钟）"为72MHz。

标号⑤：配置"HCLK（高性能总线时钟）"为72MHz。

标号⑥：配置"To Cortex System timer（Cortex内核系统嘀嗒定时器）"的时钟源为HCLK的八分之一，即：9MHz。

标号⑦：配置"APB1 peripheral clocks（低速外设总线时钟）"为HCLK的二分频，即：36MHz。

标号⑧：配置"APB2 peripheral clocks（高速外设总线时钟）"为HCLK的一分频，即：72MHz。

（6）保存STM32CubeMX工程

单击"File"菜单，选择"Save Project"选项，如图2-18所示。然后定位到文件夹"D:\STM32_WorkSpace\task1_ProjectFirst"，单击"确定"按钮保存STM32CubeMX工程。

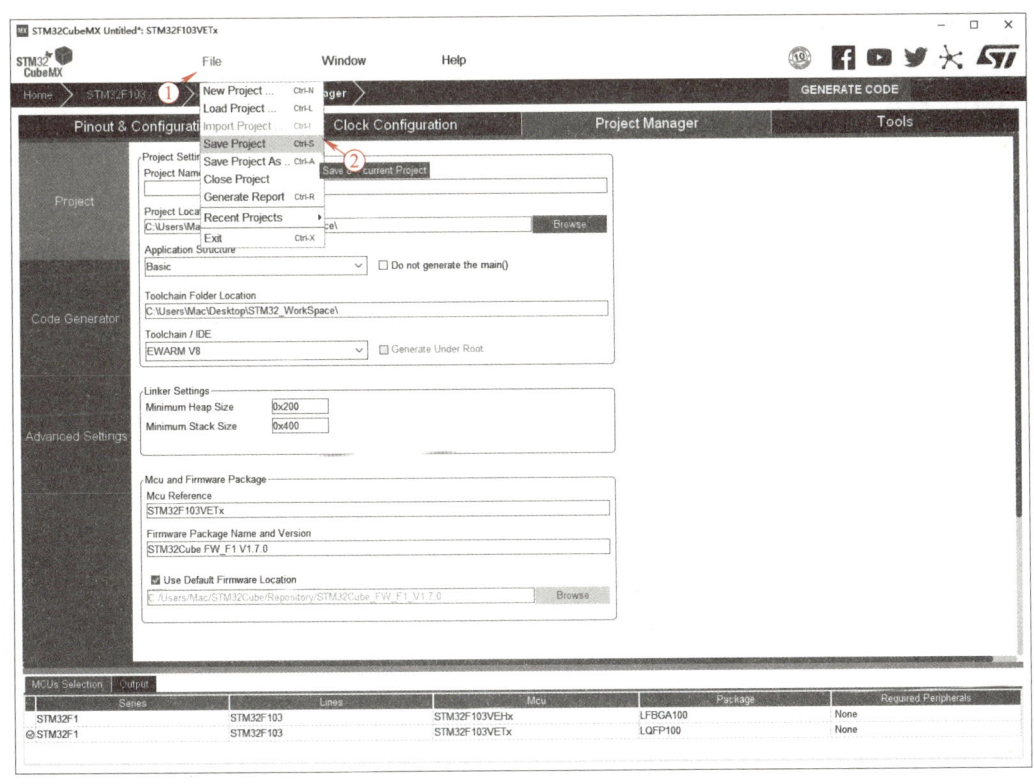

图2-18 保存STM32Cube工程

（7）生成C代码初始工程

切换到"Project Manager"选项卡，进行"C代码工程"的配置，如图2-19所示。

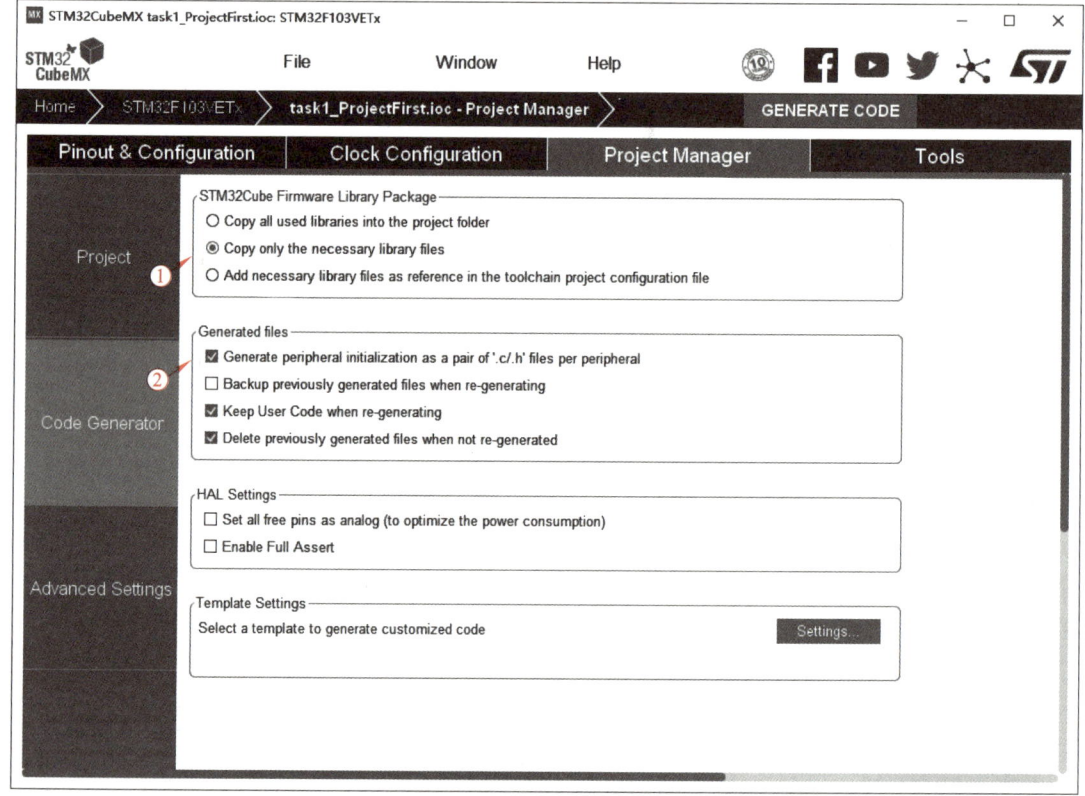

图2-19 代码生成的相关配置

单击左侧"Code Generator"配置标签，将"STM32Cube Firmware Library Package"单选框的选项改为"Copy only the necessary library files"（见图2-19中标号①处）。

在"Generated files"复选框中增加勾选"Generate peripheral initialization as a pair of ".c/.h" files per peripheral"选项。（见图2-19标号②处）。

单击左侧的"Project"配置标签进行"C代码工程"保存的相关配置。由于之前已保存过STM32CubeMX的工程，因此"Project Name"和"Project Location"处的信息已填好（分别见图2-20标号①和标号②处）。

单击"Toolchain/IDE"下拉菜单（见图2-20标号③处），选择集成开发环境为"MDK-ARM V5"。

最后单击"GENERATE CODE（生成代码）"按钮（见图2-20标号④处），即可生成相应的C代码工程。

5. 完善main()函数

生成的C代码工程位于工程文件夹中的"MDK-ARM"中，如图2-21所示。双击工程文件（见图2-21标号②处），使用MDK-ARM工具打开。

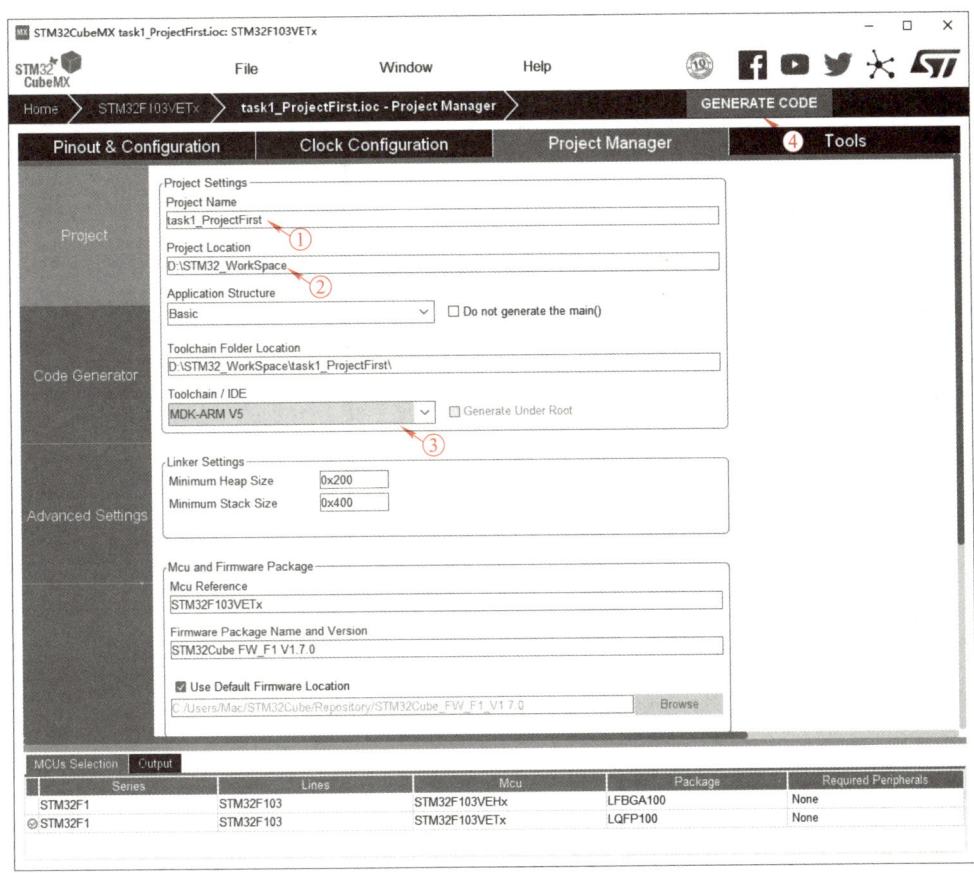

图2-20 工程保存相关配置

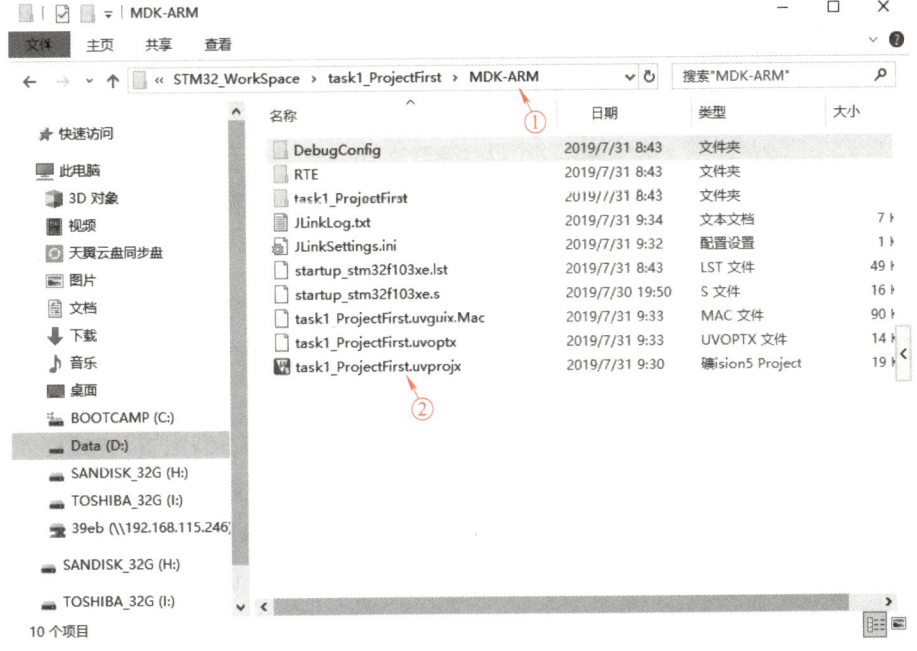

图2-21 打开MDK-ARM工程

打开后的工程界面如图2-22所示,展开左侧的"Project"窗口,打开"main.c"文件(见图2-22标号①处),在while(1)代码段中添加标号②处所示的两行代码。完善main()函数。

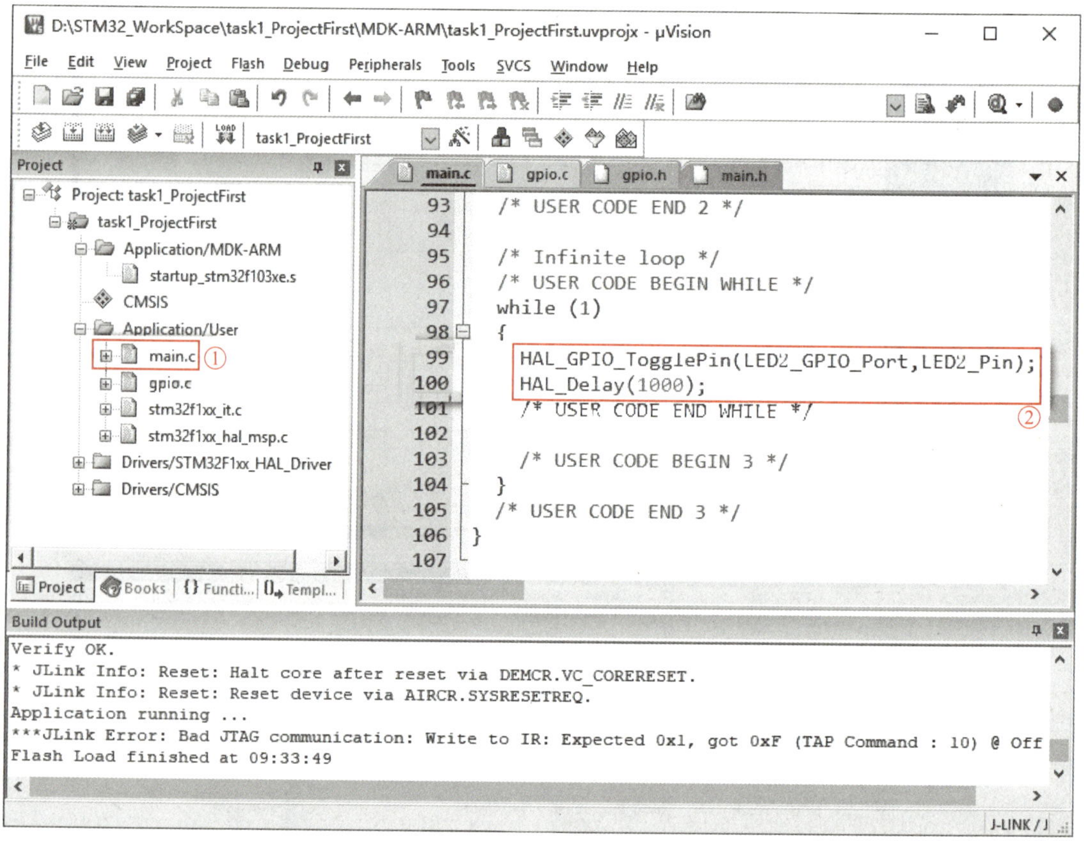

图2-22 为主函数添加代码

6. C代码工程配置

单击快捷工具栏中的 图标进行C代码工程的配置(见图2-23标号①处)。

切换到"Debug"选项卡(见图2-23标号②处),选择相应的调试工具,如:ST-Link Debugger(见图2-23标号③处)。

单击"Settings"按钮(见图2-23标号④处)进入"调试与下载配置"界面,将调试工具端口改为"SW",如图2-24a标号①所示。如果STM32微控制器连接正常,则会在右上角的"SW Device"窗口看到已连接的设备(见图2-24a标号②处)。

单击"Flash Download"标签切换到"下载配置"界面(见图2-24b标号③处),勾选"Reset and Run"选项(见图2-24b标号④处)。经过这样的配置以后,程序会下载到STM32开发板并自动重启运行。

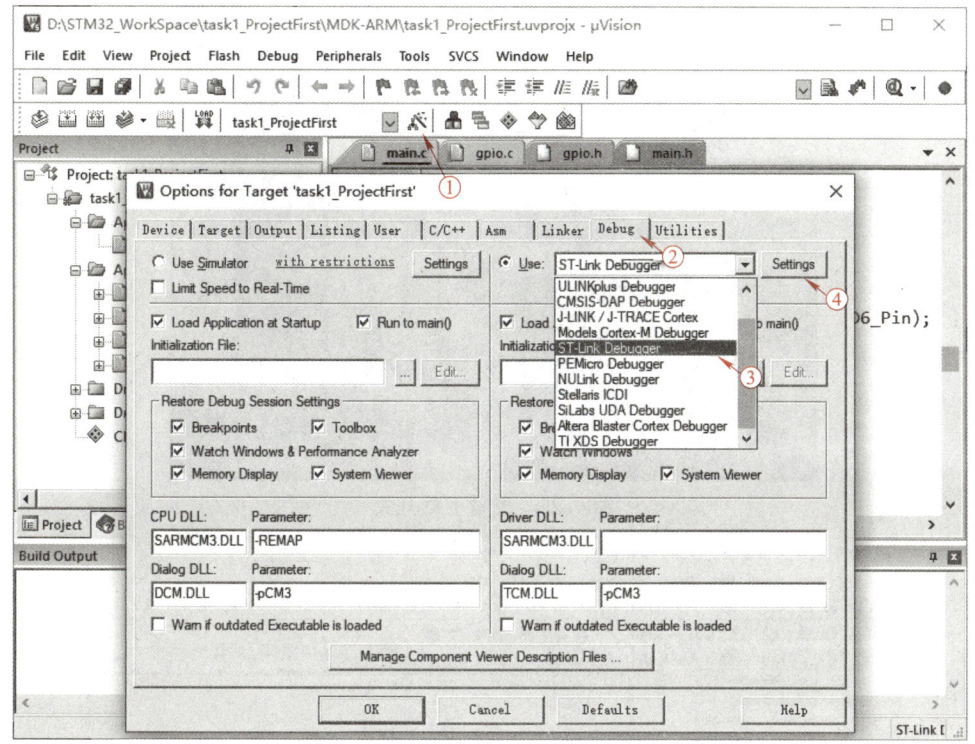

图2-23 调试工具的选择

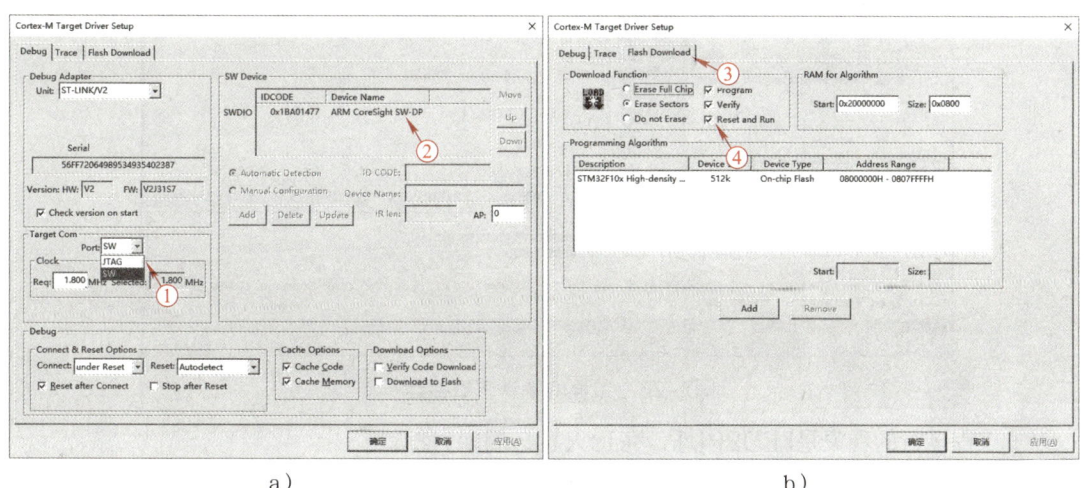

图2-24 调试工具端口选择与下载配置
a）Debug选项卡 b）Flash Download选项卡

7．编译工程、下载并运行

M3主控模块上的开关拨为NC位置（方向朝下），如图2-25所示。

工程编写完毕后，可单击工具栏中的"Build（F7）"按钮进行工程的编译。编译无误后，单击工具栏中的"DownLoad（F8）"按钮进行工程的下载并运行，如图2-26所示。

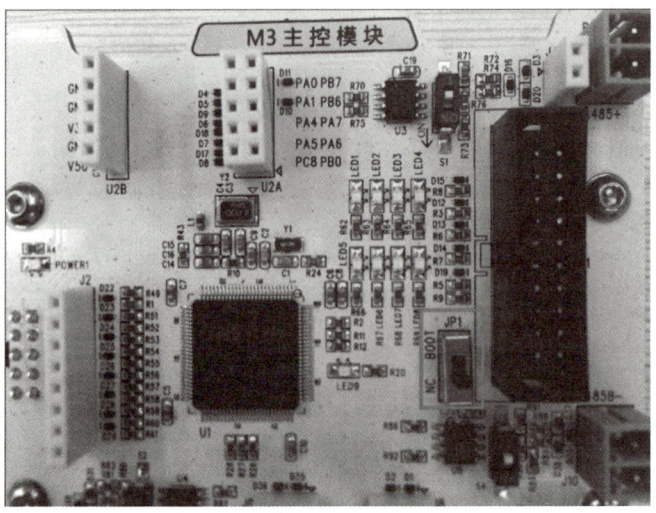

图2-25 配置下载开关

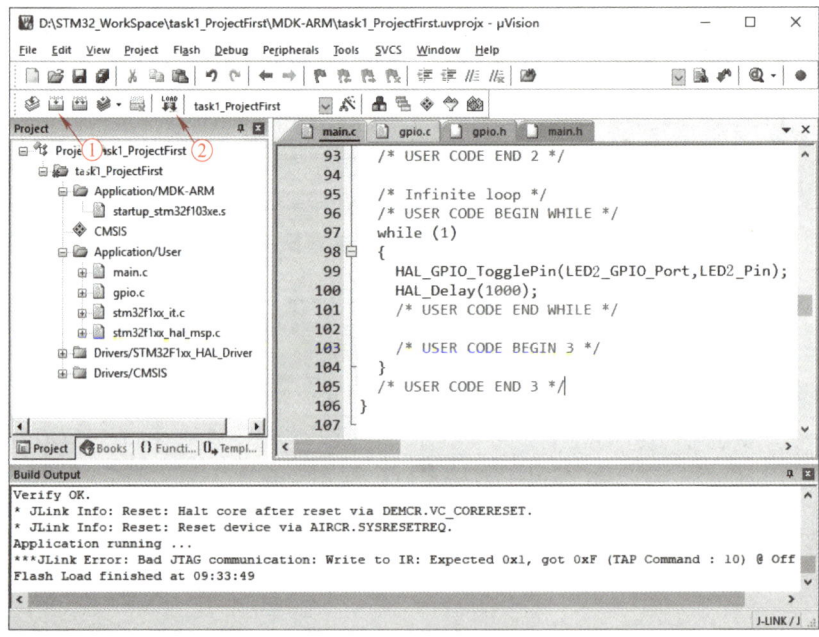

图2-26 工程的编译下载并运行

本工程运行的现象是LED2闪烁，亮1s灭1s，周期为2s。

2.3 任务2　LED流水灯应用开发

2.3.1 任务要求

本任务要求设计一个LED流水灯系统，具体要求如下：

- 系统中有8个LED，分别是LED1～LED8。系统上电时，8个LED默认为熄灭状态；
- 接下来8个LED依次点亮，即：LED1点亮1s后熄灭，然后LED2点亮1s后熄灭……最后LED8点亮1s后熄灭，并以此循环。

LED流水灯的电路图如图2-27所示。

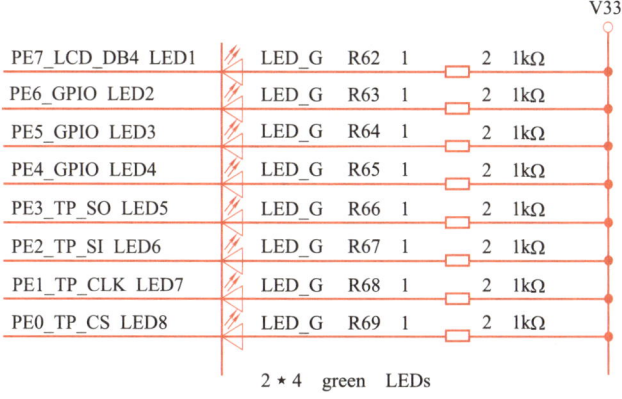

图2-27　LED流水灯电路图

2.3.2　知识链接

1．认识STM32Cube嵌入式软件包

接下来以STM32CubeF1为例，介绍STM32Cube嵌入式软件包的构成。

点击STM32CubeMX软件上方的"Help"菜单，选择"Updater Settings"选项，在弹出的设置框中可找到软件包的存放地址，如图2-28所示。

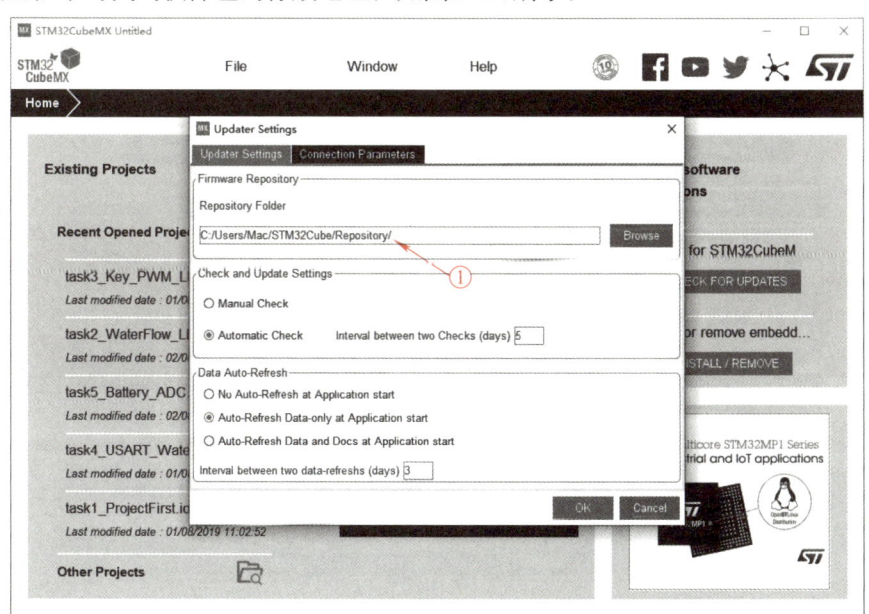

图2-28　STM32Cube嵌入式软件包的存放地址

进入STM32Cube嵌入式软件包的存放地址，可以看到软件包由6个文件夹和2个文件构成，如图2-29所示。

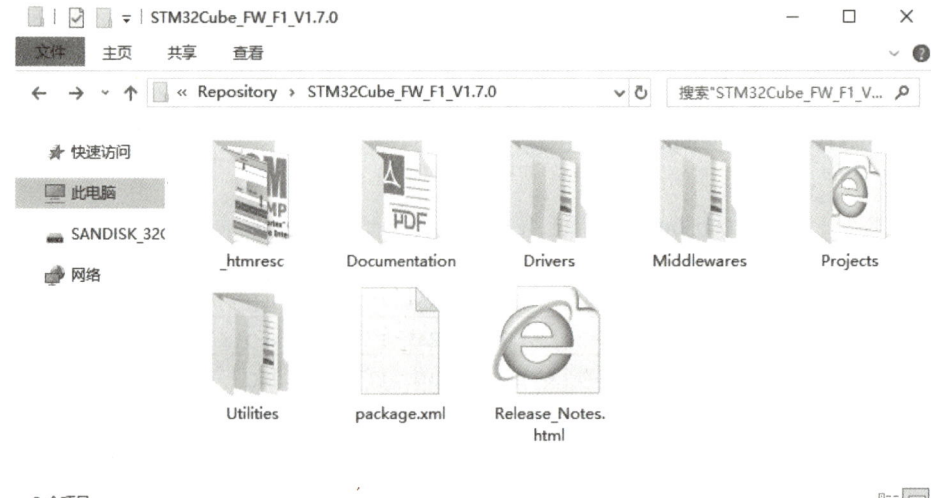

图2-29　STM32Cube嵌入式软件包的构成

在STM32Cube嵌入式软件包中，"_htmresc"文件夹、"package.xml"和"Release_Notes.html"文件是软件包发布记录及一些图标资源。其余5个文件夹的作用如下：

- Documentation文件夹：存放软件包的帮助文档，为".pdf"格式；
- Drivers文件夹：存放STM32Cube固件驱动函数库；
- Middlewares文件夹：存放中间件组件；
- Projects文件夹：存放实例（Examples）、应用程序（Applications）、演示案例（Demonstrations）。
- Utilities文件夹：存放一些工具类杂项。

图2-30展示了STM32Cube软件包的组件构成框架。

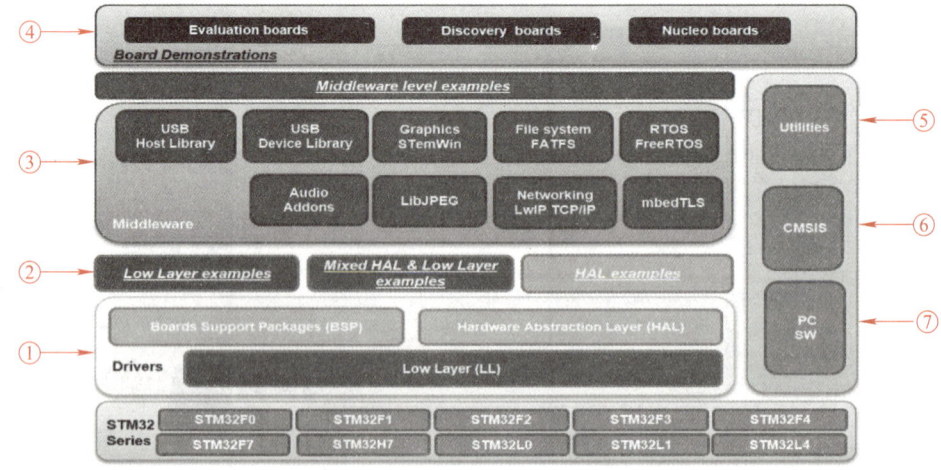

图2-30　STM32Cube软件包组件

图2-30中各组件对应的文件夹说明如下：

标号①：对应软件包中"Drivers\STM32F1xx_HAL_Driver"文件夹。

标号②：对应软件包中"Projects\开发板文件夹\Examples"文件夹。

标号③：对应软件包中"Middlewares"文件夹。
标号④：对应软件包中"Projects\开发板文件夹\Demonstrations"文件夹。
标号⑤：对应软件包中"Utilities"文件夹。
标号⑥：对应软件包中"Drivers\CMSIS"文件夹。
标号⑦：STM32CubeMX软件。

2. 工程架构分析

在进行应用开发之前，有必要对STM32CubeMX软件生成的初始C代码工程进行了解，包括：工程架构、主要的函数功能与执行过程。

打开2.2节建立的"task1_ProjectFirst"，如图2-31所示。

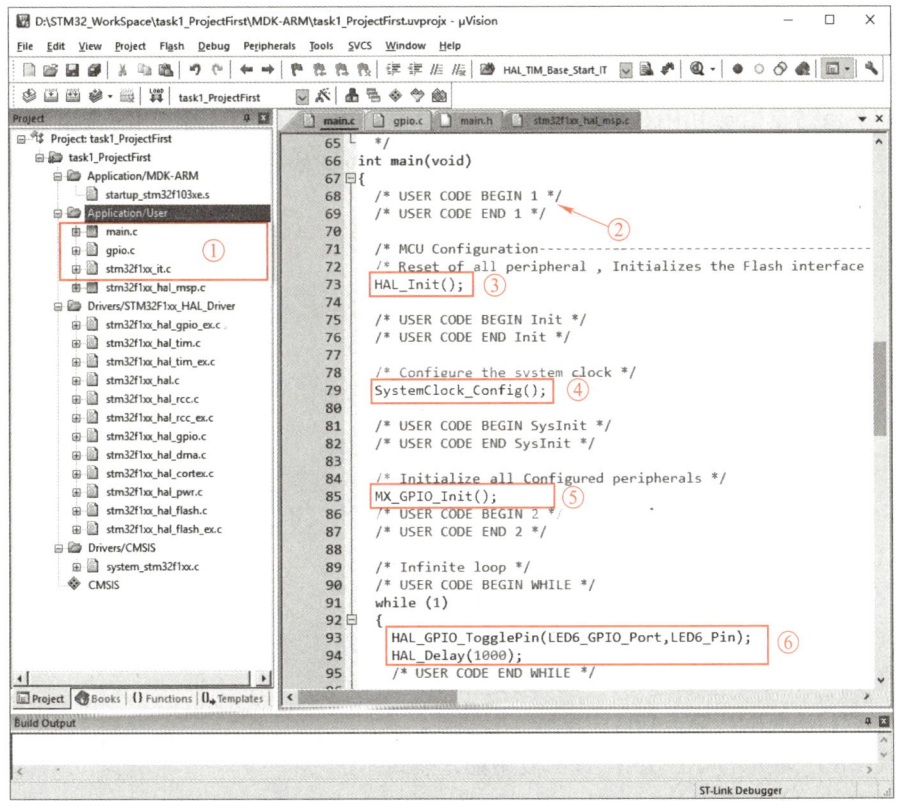

图2-31　初始C代码工程架构

整个工程的源文件被分为4个组，分别是"Application/MDK-ARM""Application/User""Drivers/STM32F1xx_HAL_Driver"和"Drivers/CMSIS"。用户需要编写的程序主要位于"Application/User"组中（见图2-31标号①处）。其中"main.c"为主程序所在文件，"gpio.c"主要包含GPIO初始化相关程序，"stm32f1xx_it.c"存放各种中断服务函数。

用户自编程序可添加于各个"USER CODE BEGIN"与"USER CODE END"标识之间（见图2-31标号②处）。

系统初始化与主循环函数功能说明见表2-4。

表2-4　系统初始化与主循环函数功能说明

编号	函数名	函数功能
标号③	HAL_Init()	系统外设初始化
标号④	SystemClock_Config()	系统时钟初始化
标号⑤	MX_GPIO_Init()	GPIO功能初始化
标号⑥	While(1)	主循环

3. GPIO工作模式配置

GPIO工作模式配置相关的函数API主要位于"stm32f1xx_hal_gpio.c"和"stm32f1xx_hal_gpio.h"文件中。利用HAL库进行应用开发时，各外设的初始化一般通过对初始化结构体的成员赋值来完成。某个GPIO端口的初始化函数如下：

void HAL_GPIO_Init(GPIO_TypeDef *GPIOx, GPIO_InitTypeDef *GPIO_Init)

第一个参数是需要初始化的GPIO端口，对于STM32F103VET6型号来说，取值范围是GPIOA～GPIOE。第二个参数是初始化参数的结构体指针，结构体类型为GPIO_InitTypeDef，其定义如下：

```
1.  typedef struct
2.  {
3.     uint32_t Pin;      //要初始化的GPIO引脚编号
4.     uint32_t Mode;     //GPIO引脚的工作模式
5.     uint32_t Pull;     //GPIO引脚的上拉/下拉形式
6.     uint32_t Speed;    //GPIO引脚的输出速度
7.  } GPIO_InitTypeDef;
```

接下来主要对GPIO引脚的工作模式这个成员进行介绍。GPIO的工作模式主要有以下几种：

- GPIO_MODE_INPUT：输入模式；
- GPIO_MODE_OUTPUT_PP：推挽输出模式；
- GPIO_MODE_OUTPUT_OD：开漏输出模式；
- GPIO_MODE_AF_PP：推挽复用模式；
- GPIO_MODE_AF_OD：开漏复用模式；
- GPIO_MODE_AF_INPUT：复用输入模式；
- GPIO_MODE_ANALOG：模拟量输入模式。

4. 定时器基本定时功能配置

（1）STM32F103VE型号MCU定时器概述

STM32F103VE型号MCU共有8个定时器，编号为TIM1～TIM8，其中包括2个高级控制定时器、4个通用定时器和2个基本定时器。

上述三种类型的定时器中，基本定时器功能最少，只有基本的定时功能和驱动数-模转换器DAC的功能，不具备外部通道。通用定时器和高级控制定时器的功能较强，如：具有独立的外部通道，可用于输入捕获、输出比较、PWM（Pulse Width Modulation）信号输出等，支持正交编码器与霍尔传感器等电路。表2-5对各定时器的功能特性进行了总结概括，注意区分三种类型定时器的功能差异。

表2-5　STM32F103VE型号MCU定时器功能特性

定时器类型	定时器编号	计数器位数	计数器类型	捕获/比较通道数	挂载总线/接口时钟（MHZ）	定时器时钟（MHZ）
高级控制定时器	TIM1、TIM8	16位	递增、递减、递增/递减	4	APB2/72	72
通用定时器	TIM2、TIM3 TIM4、TIM5	16位	递增、递减、递增/递减	4	APB1/36	72
基本定时器	TIM6、TIM7	16位	递增	无	APB1/36	72

（2）基本定时器功能框图

本任务需要用到定时器的基本定时功能，因此使用STM32F103VE微控制器的基本定时器即可，其功能框图如图2-32所示。

从图2-32中可以看到，基本定时器包含三部分：①时钟源、②控制器模块和③时基单元。时基单元包括以下三部分：

1）计数器寄存器（TIMx_CNT）。计数器寄存器中存储了定时器当前的计数值。

2）预分频器寄存器（TIMx_PSC）从图2-32中可以看到，预分频器的输入为CK_PSC（等于CK_INT），经分频后，输出为CK_CNT时钟，分频系数由16位预分频器寄存器（TIMx_PSC）中的值N决定，N取值为1～65536。CK_CNT的时钟频率f_{CK_CNT}与CK_PSC的时钟频率f_{CK_PSC}关系如下。

$$f_{CK\_CNT}=f_{CK\_PSC}/(N+1)$$

3）自动重载寄存器（TIMx_ARR）自动重载寄存器由两部分构成：预装载寄存器和影子寄存器，真正起作用的是影子寄存器。它支持预装载，每次尝试对它执行读写操作时，都会访问预装载寄存器。预装载寄存器的内容既可以直接传输到影子寄存器，也可以在每次发生更新事件（UEV）的时候传输到影子寄存器。

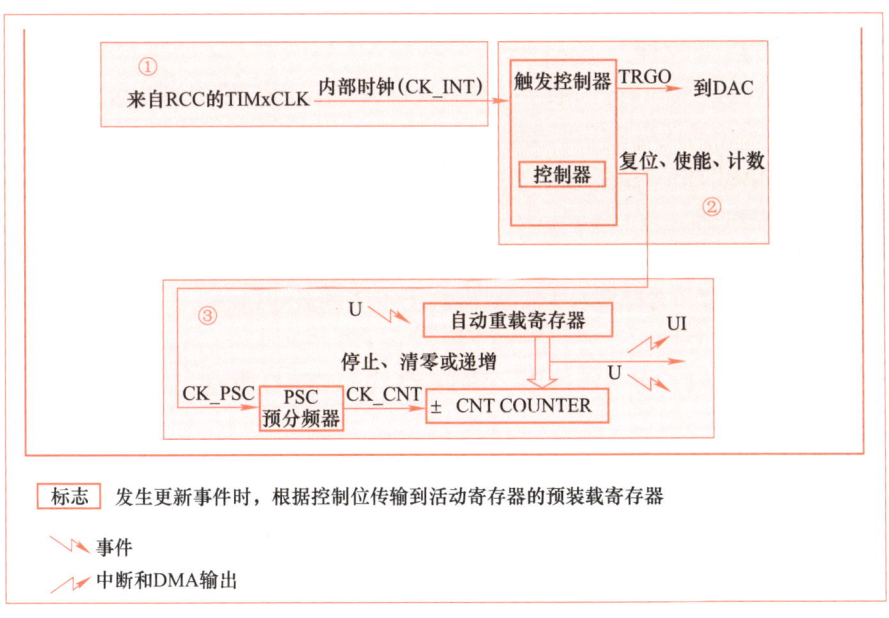

图2-32　基本定时器的功能框图

（3）定时器基本初始化结构体介绍

在基于HAL库的应用程序开发中，定时器工作参数的配置是通过"定时器基本初始化结构体"来完成的，其定义如下：

1. typedef struct
2. {
3.   uint32_t Prescaler;   //定时器时钟源分频系数
4.   uint32_t CounterMode;   //计数模式
5.   uint32_t Period;   //周期（自动重载值）
6.   uint32_t ClockDivision;   //定时器内部时钟分频系数
7.   uint32_t RepetitionCounter;   //重复计数值
8.   uint32_t AutoReloadPreload;   //是否启用预加载功能
9. } TIM_Base_InitTypeDef;

（4）配置定时器的工作参数

根据本任务的要求，LED流水灯每隔1s切换一次显示效果。因此可以使TIM6的更新中断，并将时间间隔配置为1s。

1）配置CK_CNT频率。TIM6挂载在APB1总线上，定时器时钟源频率（CK_INT=CK_PSC）为36MHz×2=72MHz。可将TIMx_PSC配置为7199，根据计算公式可得：

$$f_{CK\_CNT}=72\text{MHz}/(7199+1)=10000\text{Hz}（周期为100\mu s）$$

2）配置自动重载寄存器TIMx_ARR的值N。

$$1s \div 100\mu s=10000=(N+1)$$

即：N−1=9999

2.3.3 任务实施

1. 建立STM32CubeMX工程并生成初始C代码

（1）建立工程存放的文件夹

在"STM32_WorkSpace"文件夹下新建文件夹"task2_WaterFlow_LED"用于保存本任务工程。

（2）新建STM32CubeMX工程

参考2.2节相关内容。

（3）选择MCU型号

参考2.2节相关内容，选择型号为STM32F103VE的微控制器。

（4）配置调试端口

参考2.2节相关内容，将"PA13"引脚配置为SWDIO功能，"PA14"引脚配置为SWCLK功能。

（5）配置MCU时钟树

参考2.2节相关内容，将HCLK配置为72MHz，PCLK1配置为36MHz，PCLK2配置为72MHz。

（6）配置LED相关的GPIO功能

本任务的8个LED分别与MCU的PE0～PE7相连。在STM32CubeMX工具的配置主界面，分别用鼠标单击MCU的"PE0~PE7"引脚，选择功能"GPIO_Output"（见图2-33标号⑥标号处）。

图2-33中有关GPIO功能的其他配置说明如下：

标号①：MCU输出低电平时LED亮，因此将GPIO默认的输出电平配置为"High（高电平）"；

标号②：GPIO模式配置为"Output Push Pull（输出推挽功能）"；

标号③：GPIO上拉下拉功能配置为"No pull-up and no pull-down（无上拉下拉）"；

标号④：GPIO最大输出速度配置为"High（高速）"；

标号⑤：用户标签分别配置成"LED1~LED8"。

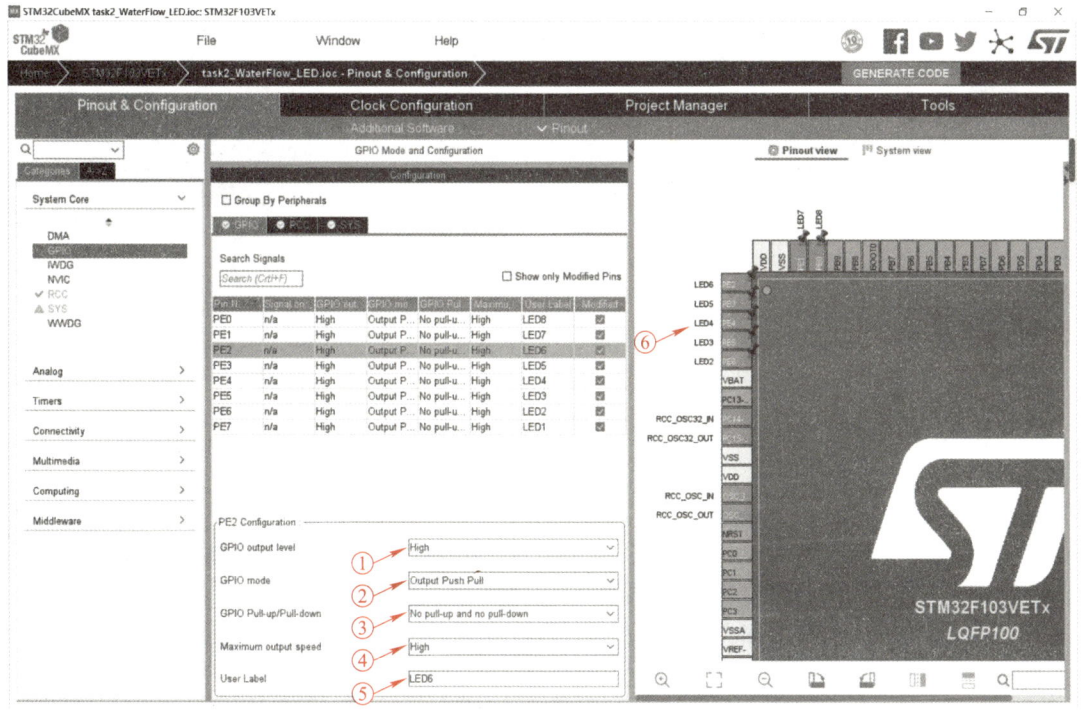

图2-33 GPIO功能配置

（7）配置定时器TIM6的参数与中断功能

展开"Pinout & Configuration"选项卡左侧的"Timers（定时器）"选项，选择"TIM6（定时器6）"选项（见图2-34标号①处）。

勾选"Activated（激活）"复选框（见图2-34标号②处）。将"Prescaler（分频系数）"配置为"72000000/10000-1"（见图2-34标号③处），即：将定时器6的时钟频率配置为10kHz。将"Counter Period（定时器周期，自动重载寄存器值）"配置为"10000-1"（见图2-34标号④处），即：定时器的更新周期为1s。

展开"Pinout & Configuration"标签页左侧的"System Core（系统内核）"选项，选择"NVIC"选项（图2-35中标号①处）。勾选使能"TIM6 global interrupt（定时器6全局中断）"，如图2-35中的标号②所示。然后将其抢占优先级配置为"2"级，如

图2-35中的标号③所示。

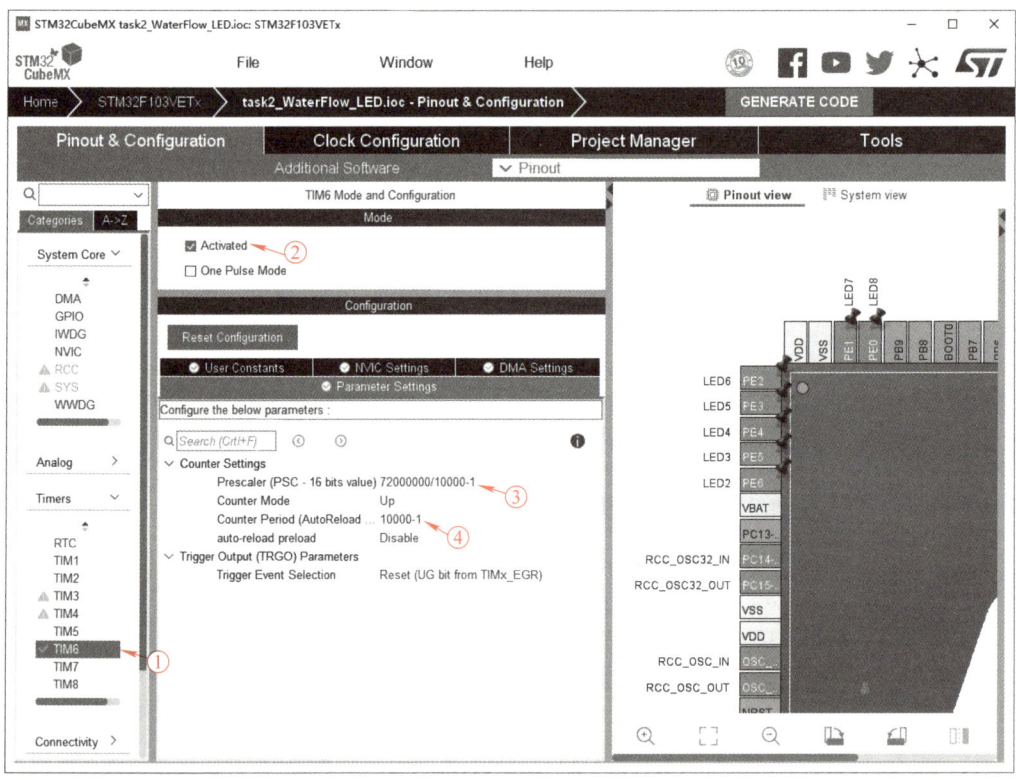

图2-34　定时器TIM6的配置

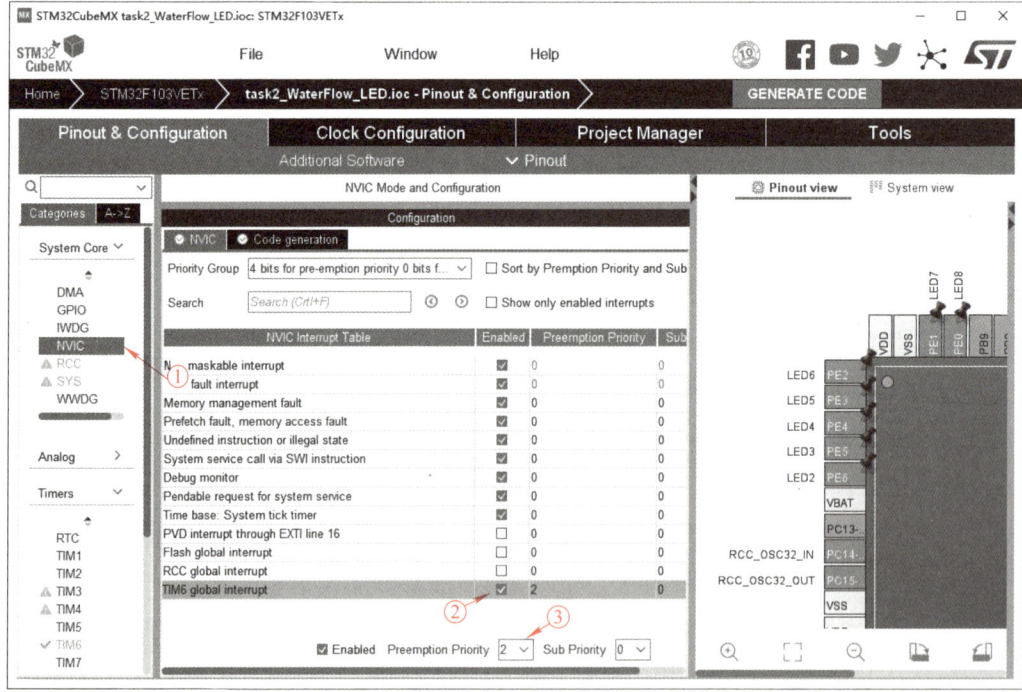

图2-35　定时器中断的配置

（8）保存STM32CubeMX工程

点击"File（文件）"菜单，选择"Save Project（保存工程）"选项。然后定位到文件夹"D:\STM32_WorkSpace\task2_WaterFlow_LED"，单击"确定"按钮保存STM32CubeMX工程。

（9）生成初始C代码工程

参考2.2节相关内容进行"C代码生成"与"工程保存"的配置，最后单击"GENERATE CODE（生成代码）"按钮，生成LED流水灯系统的初始C代码工程。

2．完善代码

（1）使能TIM6更新中断

在"main.c"中添加以下代码以使能TIM6的更新中断。

```
1.  /* USER CODE BEGIN 2 */
2.  if (HAL_TIM_Base_Start_IT(&htim6) != HAL_OK)
3.  {
4.      Error_Handler();
5.  }
6.  /* USER CODE END 2 */
```

（2）编写TIM6更新中断服务程序

在"main.c"中定义公共变量num：

```
1.  /* USER CODE BEGIN PV */
2.      uint16_t num = 0x100;
3.  /* USER CODE END PV */
```

添加TIM6中断服务程序：

```
1.  /* USER CODE BEGIN 4 */
2.  void HAL_TIM_PeriodElapsedCallback(TIM_HandleTypeDef *htim)
3.  {
4.      if(TIM6 == htim->Instance)
5.      {
6.          num = num>>1;
7.          if(num == 0)
8.              num = 0x80;
9.          HAL_GPIO_WritePin(GPIOE,0xff,GPIO_PIN_SET);
10.         HAL_GPIO_WritePin(GPIOE,num,GPIO_PIN_RESET);
11.     }
12. }
13. /* USER CODE END 4 */
```

编译程序并下载运行后的现象是：系统上电时，8个LED默认为熄灭状态，接下来8个LED依次点亮。

2.4 任务3　按键控制呼吸灯应用开发

2.4.1 任务要求

本任务要求设计一个可通过按键进行控制的呼吸灯系统，具体要求如下：
- 使用外部中断实现按键功能；
- LED的显示效果为"逐渐变亮"然后"逐渐变暗"；
- 系统刚上电时，LED为关闭状态。奇数次按下按键，LED显示呼吸灯效果；偶数次按下按键，LED关闭，并以此循环。

按键与呼吸灯的电路原理图如图2-36所示，其中按键的GPIO引脚为PC13，呼吸灯LED与GPIO引脚PB8相连。

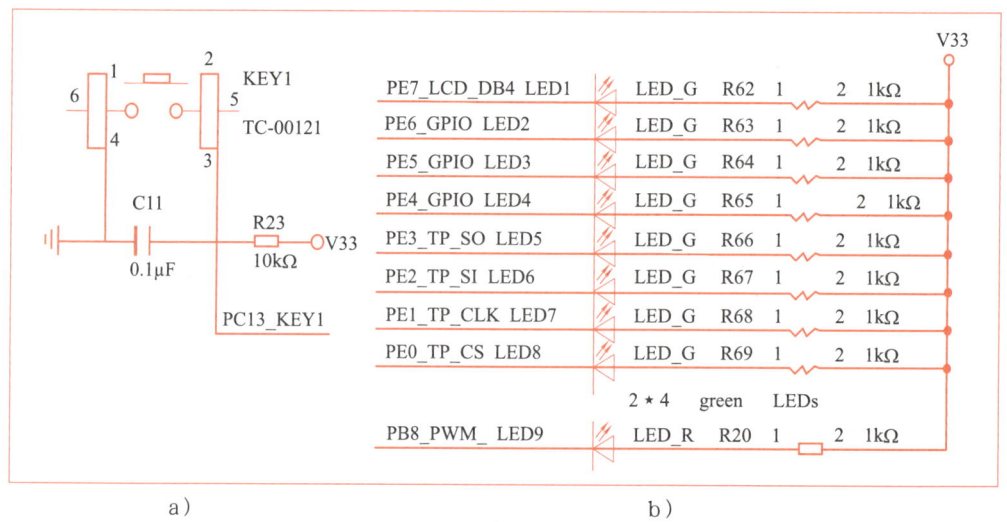

图2-36　按键与呼吸灯的电路原理图

2.4.2 知识链接

1. STM32F1的中断管理

STM32F1系列微控制器支持多个中断，互联型产品支持78个中断，其他产品支持70个中断。如：STM32F103VET6型号支持10个系统异常中断和60个可屏蔽中断。具有16级可编程序的中断优先级，用户在编程时主要对60个可屏蔽中断进行管理与配置。

嵌套向量中断控制器（Nested Vectored Interrupt Controller，NVIC）是Cortex-M3内核的外设，它控制MCU中与中断配置相关的功能。

STM32F1系列微控制器的中断优先级管理采取了分组的理念，将优先级分为"抢占优先级"与"子优先级"。优先级分组由系统控制基本寄存器组（System Control Base Registers，SCB）中的应用程序中断和复位控制寄存器（Application Interrupt and Reset Control Register，AIRCR）中的PRIGROUP[10:8]位段决定，共分为5个组别，具体分组情况见表2-6。

表2-6　STM32F1的中断优先级分组

组	SCB_AIRCR bit[10:8]	NVIC_IPRx寄存器 bit[7:4]	描述	
			抢占优先级	响应优先级
0	111	0:4	0位：0	4位：0~15
1	110	1:3	1位：0~1	3位：0~7
2	101	2:2	2位：0~3	2位：0~3
3	100	3:1	3位：0~7	1位：0~1
4	011	4:0	4位：0~15	0位：0

对"抢占优先级"和"子优先级"在程序执行过程中的判定规则说明如下：

1）若两个中断的"抢占优先级"与"子优先级"都相同，则哪个中断先发生就先执行谁。

2）"抢占优先级"高的中断可以打断"抢占优先级"低的中断。

3）若两个中断的"抢占优先级"相同，当两个中断同时发生时，"子优先级"高的中断先执行，且"子优先级"高的中断不能打断"子优先级"低的中断。

2．STM32F1的外部中断/事件控制器

STM32F1的外部中断/事件控制器（External Interrupt/Event Controller，EXTI）包含20个可用于产生中断/事件请求的边沿检测器。STM32F1的每个GPIO引脚都可以作为外部中断的输入口，且每个外部中断都设置了状态位，具备独立的触发和屏蔽设置。这20个外部中断或事件分别是：

EXTI线0~15：对应外部I/O口的输入中断。

EXTI线16：连接到PVD输出。

EXTI线17：连接到RTC闹钟事件。

EXTI线18：连接到USB唤醒事件。

EXTI线19：连接到以太网唤醒事件（只适用于互联型产品）。

从上述介绍中可知，STM32F1系列微控制器供GPIO引脚使用的中断线有16条，即：EXTI0~15。MCU本身的GPIO引脚数量大于16，因此需要制定GPIO引脚与中断线映射的规则。ST公司制定的规则如下：所有GPIO端口的引脚0共用EXTI0，引脚1共用EXTI1，以此类推，引脚15共用EXTI15，使用前再将某个GPIO引脚与中断线进行映射。例如：PA0、PB0、PC0、…、PI0共用EXTI0中断线，使用前将EXTI0中断线与某GPIO端口的引脚0进行映射。中断线与GPIO映射的示意图如图2-37所示。

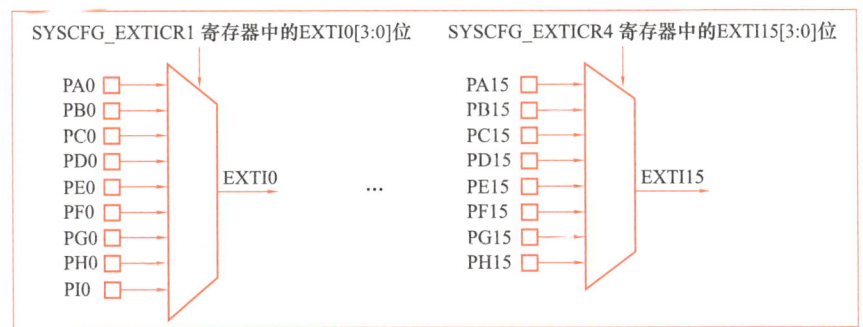

图2-37　中断线与GPIO映射示意图

3．STM32F1的高级控制和通用定时器

STM32F1的高级控制和通用定时器相对基本定时器来说，增加了外部通道引脚，支持输

入捕获、输出比较等功能，部分定时器还支持增量（正交）编码器和霍尔传感器电路接口。高级控制定时器相比通用定时器，又增加了可编程序死区互补输出、重复计数器和刹车（断路）等工业电机控制的高级功能。

以TIM4定时器为例，其外部通道号与引脚编号的映射关系见表2-7。

表2-7　TIM4复用功能重映射

通道号	TM4_CH1	TM4_CH2	TM4_CH3	TM4_CH4
引脚编号	PB6	PB7	PB8	PB9

根据本任务的要求，LED显示呼吸灯效果需要使用PWM信号作为控制信号。只有高级控制定时器或者通用定时器才具备比较输出通道，因此可选取通用定时器TIM4作为PWM信号输出的定时器。

通用定时器比基本定时器增加了外部通道和其他功能，因此其功能框图更加复杂，如图2-38、图2-39所示。

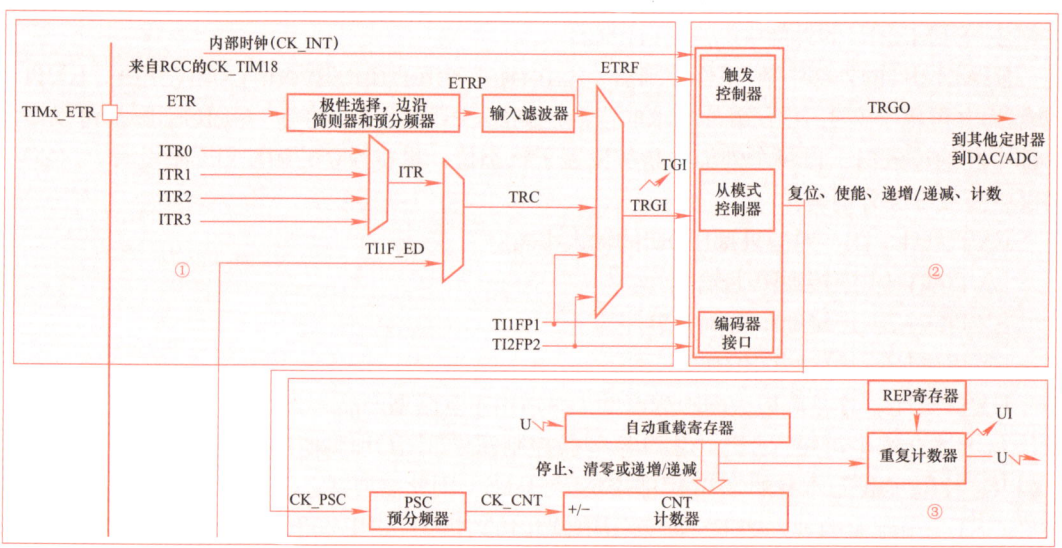

图2-38　通用定时器的功能框图1

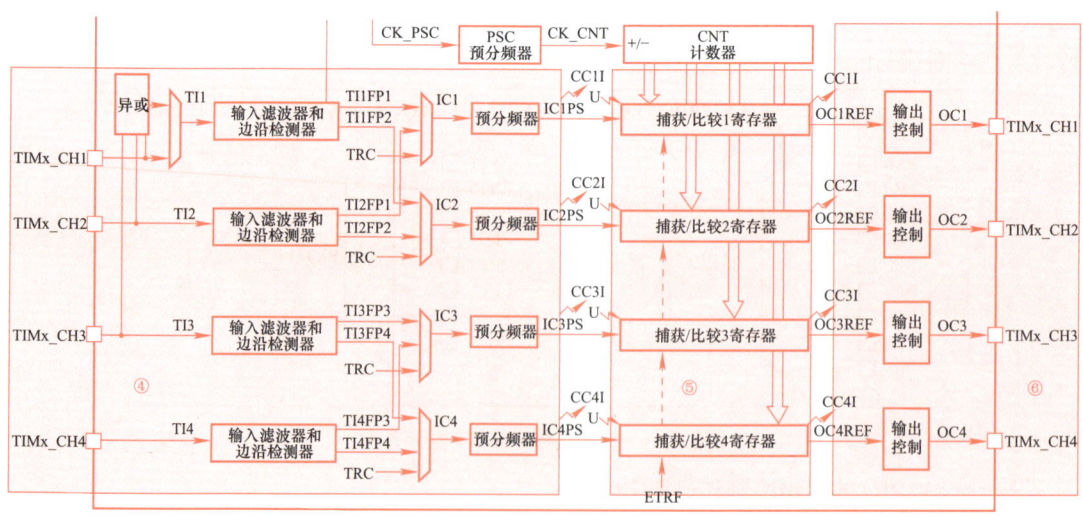

图2-39　通用定时器的功能框图2

由这两张图可知，通用定时器由6个部分构成，分别是：时钟源、控制器模块、时基单元、输入捕获模块、捕获/比较寄存器组和输出比较模块。

4. PWM介绍

脉冲宽度调制（Pulse Width Modulation，PWM）简称脉宽调制，它是一种利用微处理器的数字输出对模拟电路进行控制的技术，其被广泛应用于测量、通信、功率控制与变换等领域。

脉冲宽度调制可对模拟信号电平进行数字编码。通过使用高分辨率计数器来调制方波的占空比，可对一个具体模拟信号的电平进行编码。PWM信号是数字信号，因为在给定的任何时刻，满幅值的直流供电要么完全有（ON），要么完全无（OFF）。电压或电流源是以一种通（ON）或断（OFF）的重复脉冲序列被加到模拟负载上去的。通即是直流供电被加到负载上的时候，断即是供电被断开的时候。只要带宽足够，任何模拟值都可以使用PWM进行编码。

PWM采用调整脉冲占空比的方式达到调整电压与电流的效果。如：在1ms内，高电平占0.3ms，低电平占0.7ms。则LED通电0.3ms，断电0.7ms，这样的脉冲占空比为30%。

STM32微控制器的定时器可输出两种模式的PWM信号：PWM1和PWM2，分别如图2-40和图2-41所示。

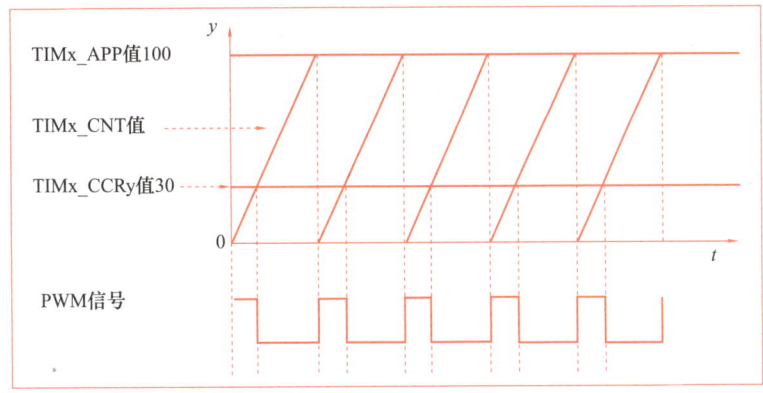

图2-40　PWM信号生成过程示意图（PWM1模式）

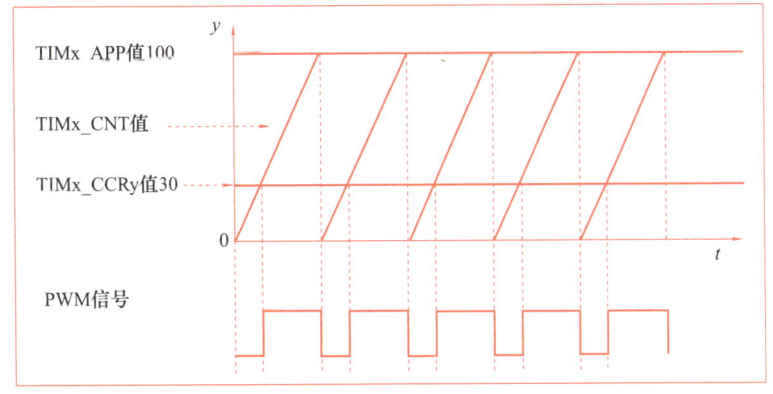

图2-41　PWM信号生成过程示意图（PWM2模式）

PWM信号的生成样式与计数器寄存器（TIMx_CNT）、自动重载寄存器（TIMx_ARR）以及捕获/比较寄存器（TIMx_CCRy）有关。

以图2-40为例，TIMx_ARR的值N_1被设置为100，TIMx_CCRy的值N_2被设置为30。设置定时器为递增计数模式，TIMx_CNT的值N从0开始计数。当N<N_2时，PWM输出有效；当N_2≤N<N_1时，PWM输出无效；当N=N_1时，TIMx_CNT又从0开始计数，如此循环。具体的PWM输出极性参数（高电平有效还是低电平有效）可根据应用需求进行配置。

综上所述，PWM信号的频率由TIMx_ARR寄存器的值N_1来决定，而占空比则由TIMx_CCRy寄存器的值N_2来决定。

2.4.3 任务实施

1．建立STM32CubeMX工程并生成初始C代码

（1）建立工程存放的文件夹

在"STM32_WorkSpace"文件夹下新建文件夹"task3_Key_PWM_LED"用于保存本任务工程。

（2）新建STM32CubeMX工程

参考2.2节相关内容。

（3）选择MCU型号

参考2.2节相关内容，选择型号为STM32F103VE的微控制器。

（4）配置调试端口

参考2.2节相关内容，将"PA13"引脚配置为SWDIO功能，"PA14"引脚配置为SWCLK功能。

（5）配置MCU时钟树

参考2.2节相关内容，将HCLK配置为72MHz，PCLK1配置为36MHz，PCLK2配置为72MHz。

（6）配置外部中断按键GPIO功能

在STM32CubeMX工具的配置主界面，单击MCU的"PC13"引脚，选择功能"GPIO_EXTI13"（见图2-42标号⑤处）。

对图2-42中其他标号的配置说明如下：

标号①：展开"Pinout & Configuration"选项卡左侧的"System Core"选项，选择"GPIO"选项。

标号②：GPIO模式配置为"External Interrupt Mode with Falling edge trigger detection（检测下降沿的外部中断模式）"。

标号③：GPIO上拉下拉功能配置为"Pull-up（上拉）"。

标号④：GPIO用户标签配置为"KEY1"。

（7）配置定时器TIM4输出PWM信号

在STM32CubeMX工具的配置主界面，用鼠标单击MCU的"PB8"引脚，选择功能"TIM4_CH3"，将PB8引脚功能配置为TIM4的CH3输出通道（见图2-43标号①处）。依次单击图2-43标号②、标号③和标号④处设置用户标签为"LED [Breathe]"。

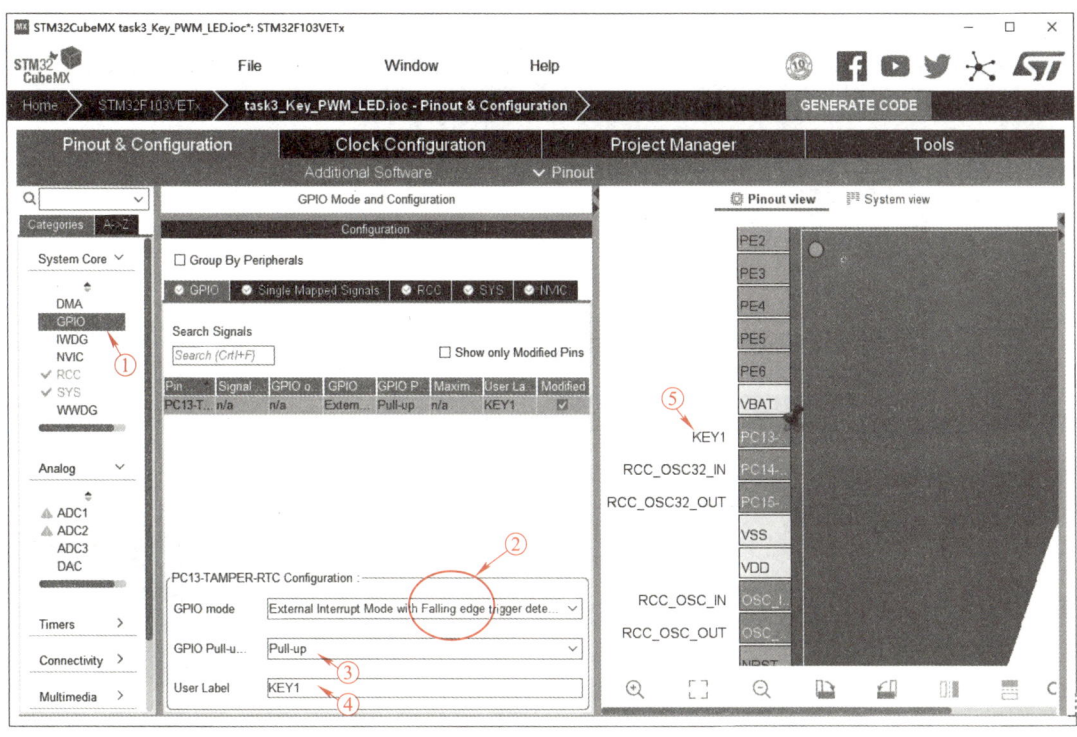

图2-42 按键外部中断的配置

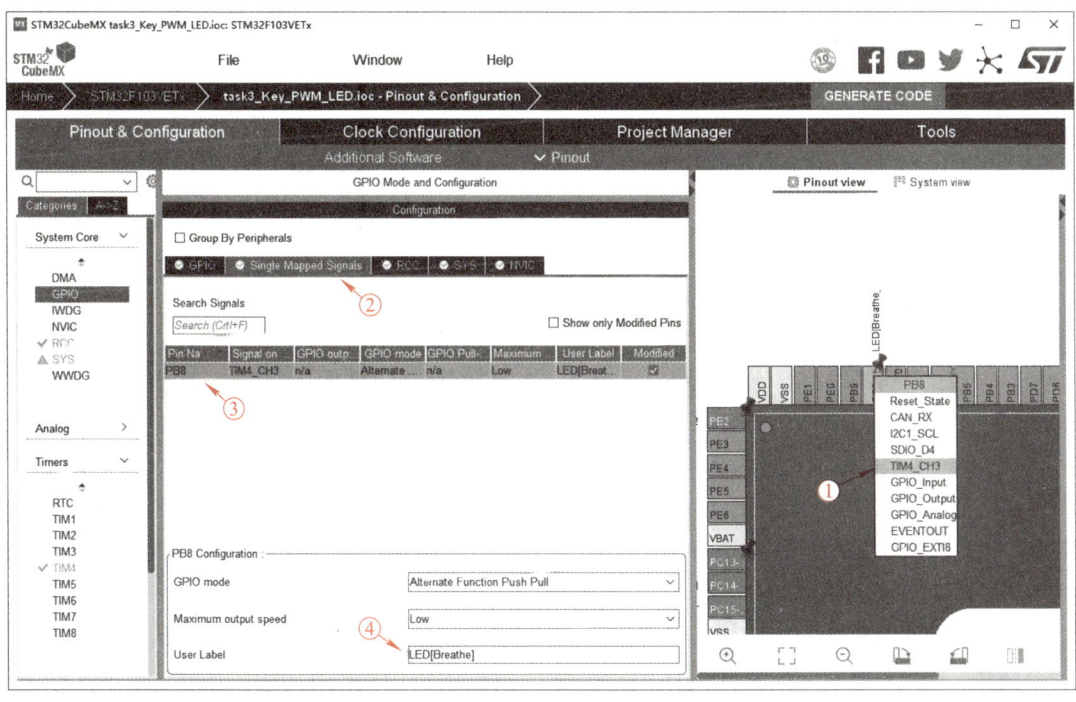

图2-43 TIM4输出通道的配置

配置TIM4输出PWM信号的过程如图2-44所示。

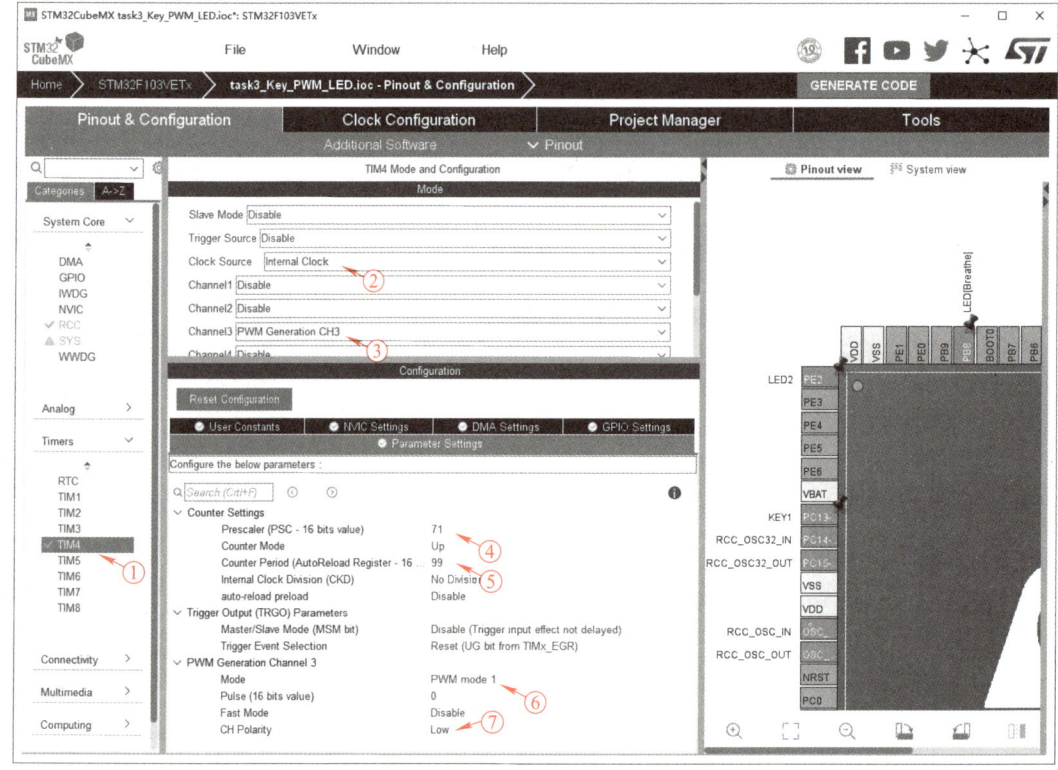

图2-44 TIM4输出PWM信号的配置

对图2-44中的配置过程说明如下：

标号①：展开"Pinout & Configuration"选项卡左侧的"Timers"选项，选择"TIM4"选项。

标号②：将TIM4的时钟源配置为"Internal Clock（内部时钟）"。

标号③：配置TIM4的通道3输出PWM信号PWM Generation CH3。

标号④：配置TIM4的分频系数为71。

标号⑤：配置自动重载值为99。

标号⑥：配置TIM4输出的PWM信号为PWM1模式。

标号⑦：配置PWM信号输出极性为"Low"，即：有效电平为低电平、无效电平为高电平。

（8）保存STM32CubeMX工程

点击"File（文件）"菜单，选择"Save Project（保存工程）"选项，然后定位到文件夹"D:\STM32_WorkSpace\task3_Key_PWM_LED"，单击"确定"按钮保存STM32CubeMX工程。

（9）配置按键NVIC

要使用外部中断实现按键功能，要在配置好按键所对应的GPIO功能以后进行NVIC的配置。

展开"Pinout & Configuration"选项卡左侧的"System Core"选项，单击图2-45标号①处的"NVIC"选项，然后勾选使能外部中断（见图2-45标号②处），最后配置中断的优先级（见图2-45标号③处）。

学习单元2 STM32微控制器基本外设应用开发

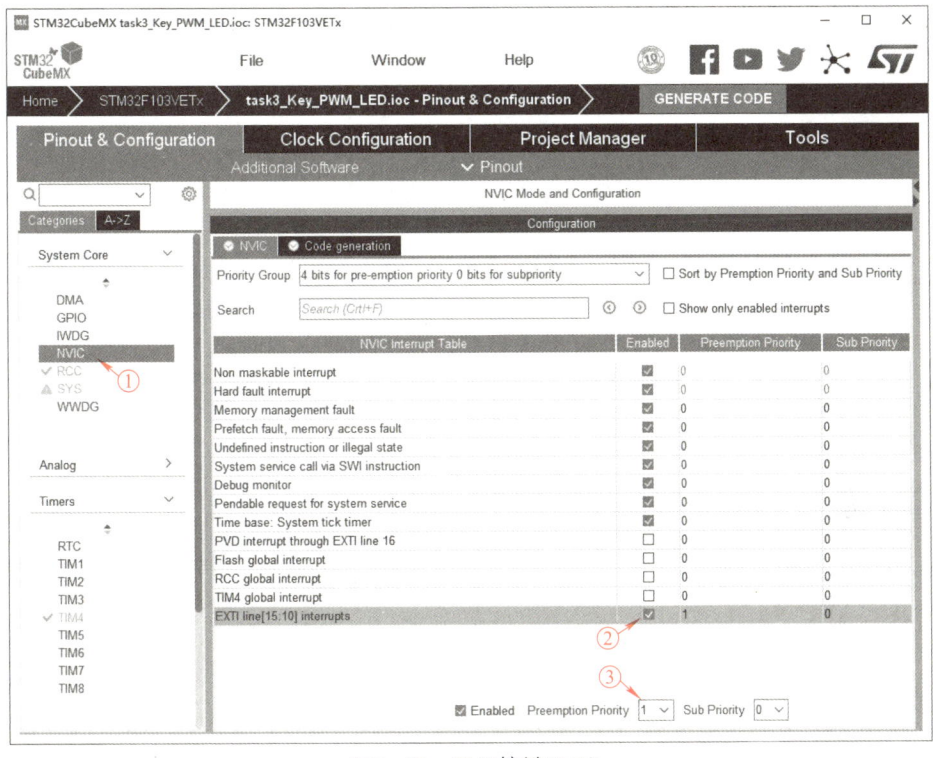

图2-45 配置按键NVIC

（10）生成初始C代码工程

参考2.2节相关内容进行"C代码生成"与"工程保存"的配置，最后单击"GENERATE CODE（生成代码）"按钮，生成按键控制呼吸灯系统的初始C代码工程。

2. 完善代码

（1）定义相关变量

在"main.c"中添加相关变量定义：

```
1.  /* USER CODE BEGIN PV */
2.  uint8_t keydown_flag = 0;
3.  uint16_t pwm_value = 0;
4.  uint8_t up_down_flag = 0;
5.
6.  /* USER CODE END PV */
```

（2）使能TIM4输出PWM信号

```
1.  /* USER CODE BEGIN 2 */
2.  HAL_TIM_PWM_Start(&htim4, TIM_CHANNEL_3);
3.  /* USER CODE END 2 */
```

（3）编写按键外部中断回调函数

在"main.c"中添加以下按键外部中断回调函数代码：

```
1.  /* USER CODE BEGIN 4 */
2.  void HAL_GPIO_EXTI_Callback(uint16_t GPIO_Pin)
3.  {
```

```
4.      if(GPIO_Pin & GPIO_PIN_13)
5.      {
6.          if(keydown_flag == 0)
7.          {
8.              keydown_flag = 1;
9.          }
10.         else
11.         {
12.             keydown_flag = 0;
13.         }
14.         pwm_value = 0;
15.     }
16. }
17.
18. /* USER CODE END 4 */
```

（4）编写主循环程序

```
1.  while (1)
2.  {
3.      /* USER CODE END WHILE */
4.      if(keydown_flag == 1)
5.      {
6.          HAL_Delay(20);
7.          if(pwm_value == 0)
8.          {
9.              up_down_flag = 0;
10.         }
11.
12.         if(pwm_value == 50)
13.         {
14.             up_down_flag = 1;
15.         }
16.
17.         if(up_down_flag == 0)
18.         {
19.             pwm_value++;
20.         }
21.         else
22.         {
23.             pwm_value--;
24.         }
25.
26.         __HAL_TIM_SET_COMPARE(&htim4,TIM_CHANNEL_3,pwm_value);
27.     }
```

```
28.         else
29.         {
30.             __HAL_TIM_SET_COMPARE(&htim4,TIM_CHANNEL_3,0);
31.         }
32.     /* USER CODE BEGIN 3 */
33. }
```

编译程序并下载运行后的现象是：系统刚上电时，LED灯为关闭状态。第奇数次按下按键，LED灯显示呼吸灯效果；第偶数次按下按键，LED灯关闭。

2.5 任务4 串行通信控制LED流水灯应用开发

2.5.1 任务要求

本任务要求设计一个LED流水灯系统，该系统与上位机之间通过串行通信接口相连。上位机可发送命令对LED流水灯系统进行控制，具体要求如下：

系统中有8个LED：LED1～LED8。系统上电时，8个LED默认为熄灭状态。系统运行时，8个LED依次点亮。

LED流水灯的工作模式有两种：

模式一：8个LED依次点亮，每个LED点亮1s后熄灭，然后切换为另一个，点亮顺序为LED0、LED1、……、LED7，并以此循环；

模式二：8个LED依次点亮，每个LED点亮1s后熄灭，然后切换为另一个，点亮顺序为LED7、LED6、……、LED0，并以此循环。

上位机以串行通信的方式发送命令至该系统进行LED流水灯工作模式的切换，命令"mode_1#"和"mode_2#"分别对应模式一和模式二的控制，命令"stop#"控制LED流水灯停止运行并全灭。

2.5.2 知识链接

1. 通用同步异步收发器概述

通用同步异步收发器的英文全称是Universal Synchronous Asynchronous Receiver and Transmitter，简称USART。STM32F1系列微控制器有多个收发器外设（俗称"串口"）可用于串行通信，包括3个USART和2个UART（通用异步收发器，Universal Asynchronous Receiver and Transmitter），它们分别是：USART1、USART2、USART3、UART4、UART5。UART与USART相比，去掉了同步通信的功能，只有异步通信功能。同步通信与异步通信的区别在于通信中是否需要发送器输出同步时钟信号USART_CK。实际应用中一般使用异步通信。

USART是MCU的重要外设,在程序设计的调试阶段可发挥重要作用。如:将开发板与PC通过串行通信接口相连后,可将调试信息"打印"到串口调试助手等工具中。开发者可借助这些信息了解程序运行情况。

STM32F1的各个收发器外设的工作时钟来源于不同的APB总线:USART1挂载在APB2总线上,最大频率为72MHz;其他4个收发器则挂载在APB1总线上,最大频率为36MHz。表2-8展示了STM32F103VET6芯片USART/UART的外部引脚分布:

表2-8 STM32F103VET6芯片USART/UART的外部引脚分布

引脚名称	APB2(最高72MHz)	APB1(最高36MHz)			
	USART1	USART2	USART3	UART4	UART5
TX	PA9/PB6	PA2/PD5	PB10/PD8/PC10	PA0/PC10	PC12
RX	PA10/PB7	PA3/PD6	PB11/PD9/PC11	PA1/PC11	PD2
sCLK	PA8	PA4/PD7	PB12/PD10/PC12	–	–
nCTS	PA11	PA0/PD3	PB13/PD11	–	–
nRTS	PA12	PA1/PD4	PB14/PD12	–	–

除了UART5之外,其他收发器外设的功能引脚都有多个选择,这给硬件电路PCB设计的布线提供了极大的方便。

2. USART的中断控制

STM32F1的USART支持多种中断事件,与发送有关的中断有:发送完成、清除以发送(CTS标志)和发送数据寄存器为空;与接收有关的中断有:接收数据寄存器不为空,检测到空闲线路,检测到上溢错误,奇偶校验错误,检测到LIN断路,多缓冲通信中的噪声标志、上溢错误和帧错误。以上各中断的事件标志和使能控制位见表2-9,常用的中断事件有TC、TXE、RXNE和IDLE。

表2-9 STM32F1的USART支持的中断事件

	中断事件	事件标志	使能控制位
发送期间	发送完成	TC	TEIE
	清除以发送(CTS标志)	CTS	CTSIE
	发送数据寄存器为空	TXE	TXEIE
接收期间	接收数据寄存器不为空(准备好读取接收到的数据)	RXNE	RXNEIE
	检测到上溢错误	ORE	
	检测到空闲线路	IDLE	IDLEIE
	奇偶校验错误	PE	PEIE
	检测到LIN断路	LBD	LBDIE
	多缓冲通信中的噪声标志、上溢错误和帧错误	NF/ORE/FE	EIE

2.5.3 任务实施

1. 建立STM32CubeMX工程并生成初始C代码

（1）建立工程存放的文件夹

在"STM32_WorkSpace"文件夹下新建文件夹"task4_USART_WaterFlow_LED"用于保存本任务工程。

（2）新建STM32CubeMX工程

参考2.2节相关内容。

（3）选择MCU型号

参考2.2节相关内容，选择型号为STM32F103VE的微控制器。

（4）配置调试端口

参考2.2节相关内容，将"PA13"引脚配置为SWDIO功能，"PA14"引脚配置为SWCLK功能。

（5）配置MCU时钟树

参考2.2节相关内容，将HCLK配置为72MHz，PCLK1配置为36MHz，PCLK2配置为72MHz。

（6）配置LED灯的GPIO功能

LED0～LED7共8个LED的GPIO引脚功能的配置可参考2.3节任务2中的相关内容。

（7）配置USART外设的工作参数

展开"Pinout & Configuration"选项卡左侧的"Connectivity"选项（见图2-46标号①处），选择"USART1"选项（见图2-46标号②处）。

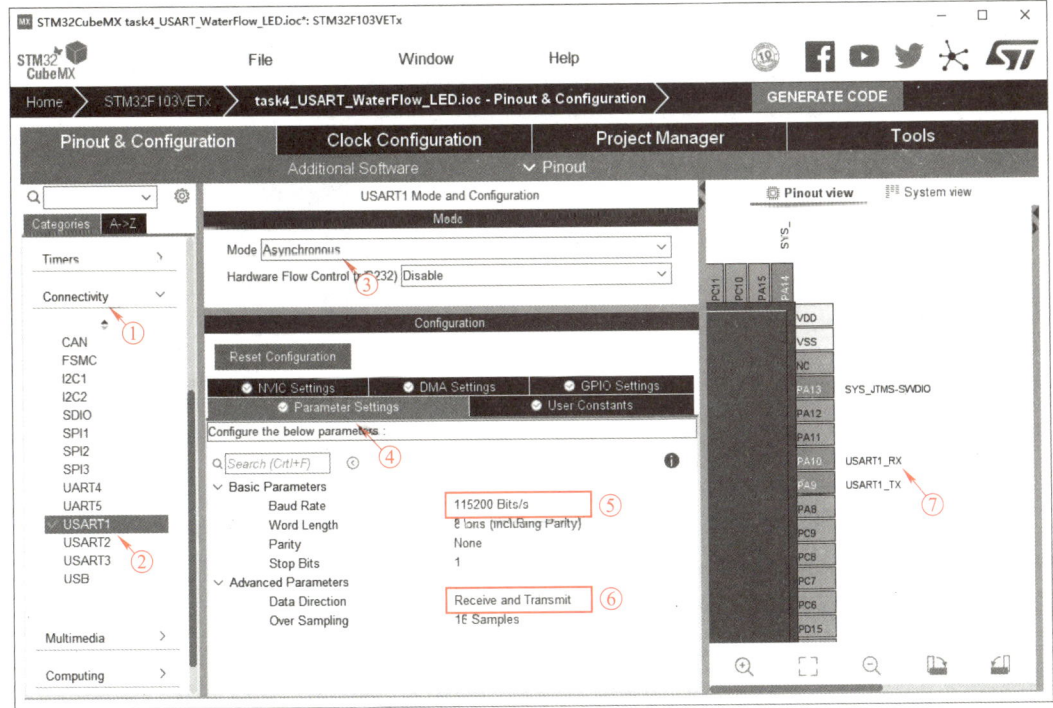

图2-46 USART1的参数配置

对图2-46中的其他配置过程说明如下：

标号③：将USART1的模式配置为"Asynchronous（异步）"。

标号④：单击"Parameter Settings（参数配置）"标签。

标号⑤：配置USART1的"Baud Rate（波特率）"为115200bits/s。

标号⑥：配置"Data Direction（数据方向）"为"Receive and Transmit（接收与发送）"。

标号⑦：已配置好功能的引脚显示。

USART1的NVIC配置步骤如图2-47所示。

单击"NVIC Settings"标签（见图2-47标号①处），勾选"Enabled"复选框（见图2-47标号②处）使能USART1的"global interrupt（全局中断）"。其中断优先级保留默认配置：抢占优先级"0"，子优先级"0"。

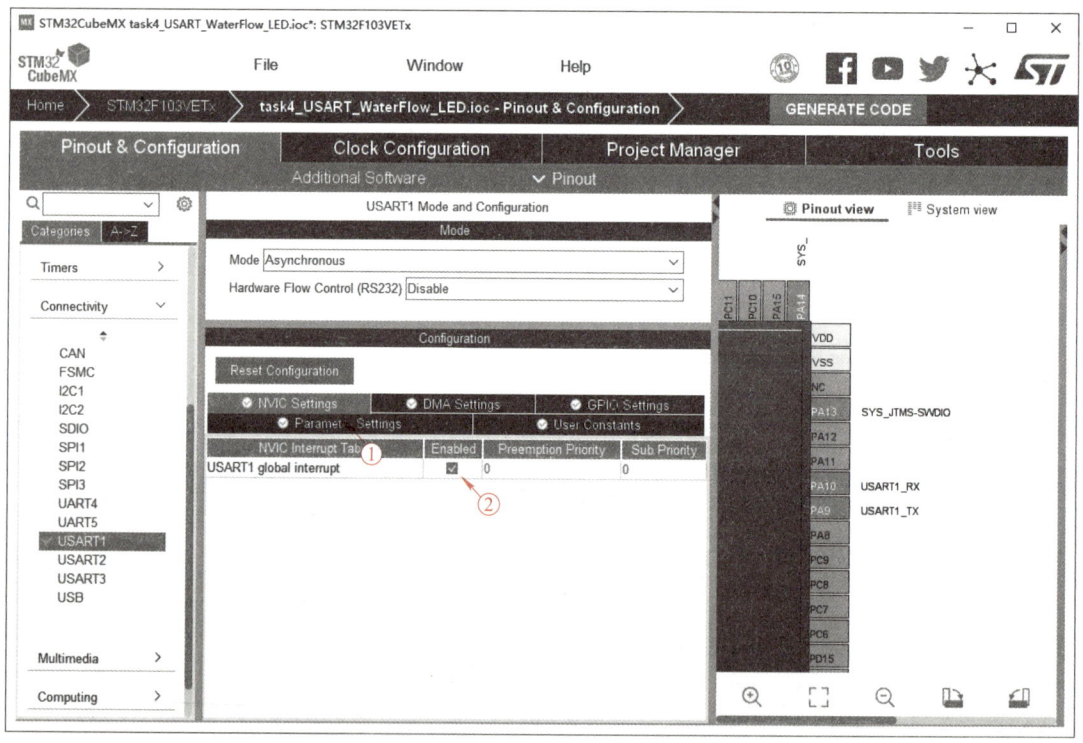

图2-47　USART1的NVIC配置

（8）保存STM32CubeMX工程

单击"File（文件）"菜单，选择"Save Project（保存工程）"选项。然后定位到文件夹"D:\STM32_WorkSpace\task4_USART_WaterFlow_LED"，单击"确定"按钮保存STM32CubeMX工程。

（9）生成初始C代码工程

参考2.2节相关内容进行"C代码生成"与"工程保存"的配置，最后单击"GENERATE CODE（生成代码）"按钮，生成串行通信控制LED灯系统的初始C代码工程。

2. 完善代码

（1）将USART发送函数重定向到printf()函数

为了方便USART发送数据，可将USART发送函数重定向到printf()函数。

在"usart.h"中输入以下代码：

```
1. /* USER CODE BEGIN Includes */
2. #include <stdio.h>
3. /* USER CODE END Includes */
```

在"usart.c"中输入以下代码：

```
1. /* USER CODE BEGIN 0 */
2. int fputc(int ch,FILE *f)
3. {
4.     HAL_UART_Transmit(&huart1,(uint8_t *)&ch,1,0xffff);
5.     return ch;
6. }
7.
8. /* USER CODE END 0 */
```

（2）修改中断服务程序

将"stm32f1xx_it.c"文件中的中断服务程序USART1_IRQHandler()中的"HAL_UART_IRQHandler(&huart1)"修改为"USER_UART_IRQHandler()"。修改后的代码如下：

```
1.  void USART1_IRQHandler(void)
2.  {
3.    /* USER CODE BEGIN USART1_IRQn 0 */
4.
5.    /* USER CODE END USART1_IRQn 0 */
6.
7.    /* USER CODE BEGIN USART1_IRQn 1 */
8.    USER_UART_IRQHandler( );
9.    /* USER CODE END USART1_IRQn 1 */
10. }
```

（3）编写用户自定义的USART接收中断服务函数

在"main.h"中输入以下代码：

```
1. /* USER CODE BEGIN EFP */
2.   void USER_UART_IRQHandler();
3. /* USER CODE END EFP */
```

在"main.c"中输入以下代码：

```
1.  /* USER CODE BEGIN PV */
2.  #include "string.h"
3.
4.  const char stringMode1[8] = "mode_1#";
5.  const char stringMode2[8] = "mode_2#";
6.  const char stringStop[8] = "stop#";
7.  int8_t ledMode = -1;
8.  uint16_t LED_value = 0;
9.  uint8_t uart1RxState = 0;
10. uint8_t uart1RxCounter = 0;
11. uint8_t uart1RxBuff[128] = {0};
12.
13. /* USER CODE END PV */
```

在main.c中编写USER_UART_IRQHandler的业务逻辑代码：

```
1.  /* USER CODE BEGIN 4 */
2.  void USER_UART_IRQHandler( )
3.  {
4.      if(__HAL_UART_GET_FLAG(&huart1,UART_FLAG_RXNE) != RESET)
5.      {
6.          __HAL_UART_ENABLE_IT(&huart1,UART_IT_IDLE);
7.          uart1RxBuff[uart1RxCounter] = (uint8_t)(huart1.Instance->DR & (uint8_t)0x00ff);
8.          uart1RxCounter++;
9.          __HAL_UART_CLEAR_FLAG(&huart1,UART_FLAG_RXNE);
10.     }
11.
12.     if((__HAL_UART_GET_FLAG(&huart1,UART_FLAG_IDLE) != RESET))
13.     {
14.         __HAL_UART_DISABLE_IT(&huart1,UART_IT_IDLE);
15.         uart1RxState = 1;
16.     }
17. }
18. /* USER CODE END 4 */
```

（4）编写LED流水灯显示程序

```
1.  int main(void)
2.  {
3.      /* USER CODE BEGIN 1 */
4.
5.      /* USER CODE END 1 */
6.
7.      /* MCU Configuration--------------------------------------------------------*/
```

```
8.
9.    /* Reset of all peripherals, Initializes the Flash interface and the Systick. */
10.   HAL_Init();
11.
12.   /* USER CODE BEGIN Init */
13.
14.   /* USER CODE END Init */
15.
16.   /* Configure the system clock */
17.   SystemClock_Config();
18.
19.   /* USER CODE BEGIN SysInit */
20.
21.   /* USER CODE END SysInit */
22.
23.   /* Initialize all configured peripherals */
24.   MX_GPIO_Init();
25.   MX_USART1_UART_Init();
26.   /* USER CODE BEGIN 2 */
27.   __HAL_UART_ENABLE_IT(&huart1,UART_IT_RXNE);
28.   printf("hello word.\r\n");
29.
30.   /* USER CODE END 2 */
31.
32.   /* Infinite loop */
33.   /* USER CODE BEGIN WHILE */
34.   while (1)
35.   {
36.       /* USER CODE END WHILE */
37.       if(uart1RxState == 1)
38.       {
39.           if(strstr((const char *)uart1RxBuff,stringMode1)!=NULL)
40.           {
41.               printf("I'm in mode_1!\r\n");
42.               ledMode = 1;
43.               LED_value = 0x80;
44.           }
45.           else if(strstr((const char *)uart1RxBuff,stringMode2)!=NULL)
46.           {
47.               printf("I'm in mode_2!\r\n");
48.               ledMode = 2;
```

```
49.                LED_value = 0x01;
50.            }
51.            else if(strstr((const char *)uart1RxBuff,stringStop)!=NULL)
52.            {
53.                printf("I'm stop!\r\n");
54.                ledMode = 0;
55.                LED_value = 0;
56.            }
57.
58.            uart1RxState = 0;
59.            uart1RxCounter = 0;
60.            memset(uart1RxBuff,0,128);
61.        }
62.
63.        HAL_GPIO_WritePin(GPIOE,0xff,GPIO_PIN_SET);
64.        HAL_GPIO_WritePin(GPIOE,LED_value,GPIO_PIN_RESET);
65.        HAL_Delay(1000);
66.        switch(ledMode)
67.        {
68.            case 1:
69.                LED_value = LED_value>>1;
70.                if(LED_value==0)
71.                    LED_value = 0x80;
72.                break;
73.            case 2:
74.                LED_value = LED_value<<1;
75.                if(LED_value==0x100)
76.                    LED_value=0x01;
77.                break;
78.            case 0:
79.                LED_value = 0;
80.                break;
81.        }
82.
83.
84.    /* USER CODE BEGIN 3 */
85.    }
86.    /* USER CODE END 3 */
87. }
```

代码编写好后，编译程序，下载程序到STM32开发板后MCU会自动重启并运行，一开始8个LED灯默认为熄灭状态。系统运行时，8个LED灯依次点亮。

打开串口助手，输入命令"mode_1#"，可以看到8个LED灯依次点亮，每个LED灯点亮1s后熄灭，然后切换为另一个，点亮顺序为LED1、LED2……LED8，并以此循环往复。输入"mode_2#"，8个LED灯依次点亮，每个LED灯点亮1s后熄灭，然后切换为另一个，点亮顺序为LED8、LED7……LED1，并以此循环往复。输入"stop#"控制LED流水灯停止运行并全灭。

2.6 任务5　电池电量监测应用开发

2.6.1 任务要求

本任务要求设计一个ADC电压采集应用程序，原理图如图2-48所示。

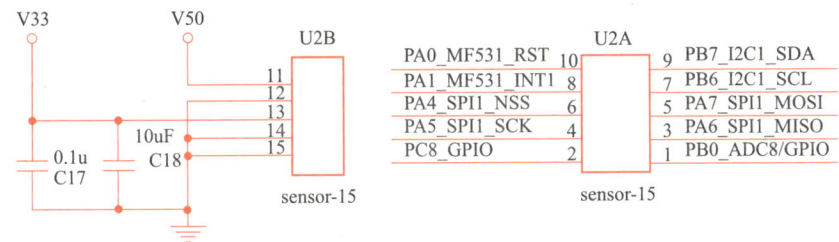

图2-48　ADC电压采集原理图

待测电压点的电压为3.3V，通过杜邦线与U2A的8号引脚相连，作为ADC电压采集输入。

要求每隔1s对电压进行采集，采集到的电压值通过串行通信的方式发送至上位机显示。

2.6.2 知识链接

1. ADC简介

ADC（Analog-to-Digital Converter，模-数转换器）是一种可将连续变化的模拟信号转换为离散的数字信号的器件，其可将温度、压力、声音或者图像等转换成更易存储、处理和发射的数字信号。

STM32F103VET6微控制器有3个ADC，可工作在独立、双重或三重模式下，以适应多种不同的应用需求。每个ADC都具有18个复用通道，可测量16个外部信号源、2个内部信号源，转换精度可配置为12bit、10bit、8bit或6bit，转换结果存储在一个可左对齐或右对齐的16位数据寄存器中。单个ADC的结构框图如图2-49所示。

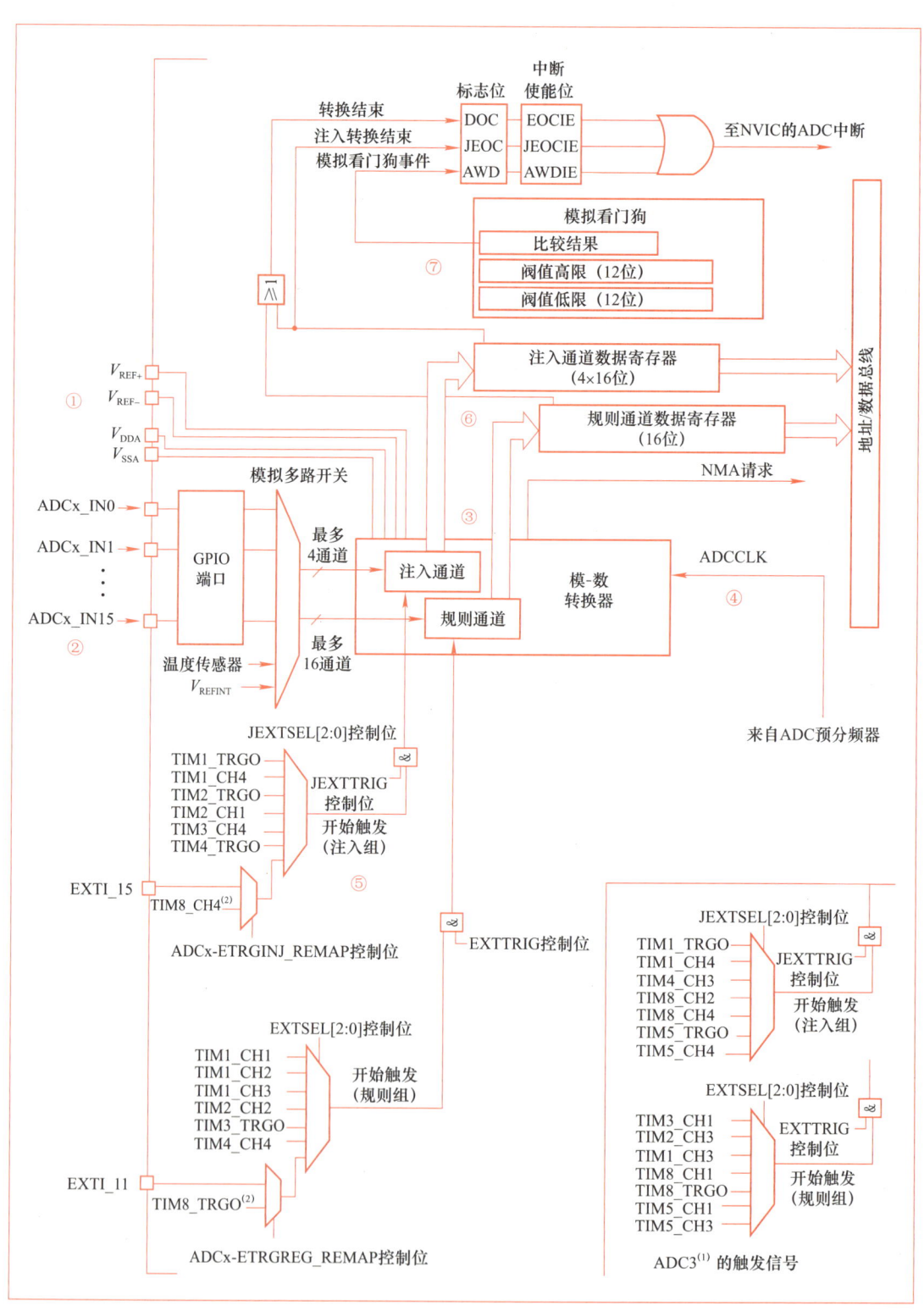

图2-49 STM32F1的ADC结构框图

2. ADC的功能分析

接下来对上述框图中的各部分功能进行分析。

（1）ADC的输入电压范围

如图2-49标号①处所示，ADC的输入电压V_{IN}的范围是：$V_{REF-} \leq V_{IN} \leq V_{REF+}$，由图中的$V_{REF-}$、$V_{REF+}$、$V_{DDA}$和$V_{SSA}$决定，输入电压范围见表2-10。

表2-10 ADC的输入电压范围

符号	信号类型	功能说明
V_{REF+}	正模拟参考电压输入	ADC高（正参考）电压，$1.8V \leq V_{REF+} \leq V_{DDA}$
V_{DDA}	模拟电源输入	模拟电源电压等于V_{DD} 全速运行时，$2.4V \leq V_{DDA} \leq V_{DD}$（3.6V） 低速运行时，$1.8V \leq V_{DDA} \leq V_{DD}$（3.6V）
V_{REF-}	负模拟参考电压输入	ADC低（负参考）电压，$V_{REF-} = V_{SSA}$
V_{SSA}	模拟电源接地输入	该引脚一般接地，电压等于V_{SS}

（2）ADC的输入通道

如图2-49标号②处所示，单个ADC的输入通道多达18个，其中包括16个外部通道，这16个外部通道分别连接着不同的GPIO口，见表2-11。表中还显示了内部通道16、17连接的资源。

表2-11 STM32F1微控制器ADC的输入通道连接情况

通道号	ADC1	ADC2	ADC3
外部通道0	PA0	PA0	PA0
外部通道1	PA1	PA1	PA1
外部通道2	PA2	PA2	PA2
外部通道3	PA3	PA3	PA3
外部通道4	PA4	PA4	PF6
外部通道5	PA5	PA5	PF7
外部通道6	PA6	PA6	PF8
外部通道7	PA7	PA7	PF9
外部通道8	PB0	PB0	PF10
外部通道9	PB1	PB1	PF3
外部通道10	PC0	PC0	PC0
外部通道11	PC1	PC1	PC1
外部通道12	PC2	PC2	PC2
外部通道13	PC3	PC3	PC3
外部通道14	PC4	PC4	
外部通道15	PC5	PC5	
通道16（内部）	片内温度传感器	内部V_{SS}	内部V_{SS}
通道17（内部）	内部参考电压V_{REFINT}	内部V_{SS}	内部V_{SS}

（3）ADC的转换顺序

如图2-49标号③处所示，STM32F1将ADC转换分为两个通道：规则通道和注入通道。规则通道相当于正常运行的程序，注入通道相当于中断。正如中断可以打断正常运行的程序，注入通道的ADC转换可以打断规则通道的转换，只有等注入通道转换完成后，规则通道的转换才能继续运行。

规则通道的转换顺序由规则序列寄存器SQR3、SQR2和SQR1控制，注入通道的转换顺序由注入序列寄存器JSQR控制。

（4）ADC的输入时钟与采样周期

如图2-49标号④处所示，STM32F1的ADC输入时钟ADCCLK由PCLK2经过ADC预分频器产生。根据数据手册显示，当V_{DDA}范围为2.4～3.6V时，ADCCLK最大值为14MHz。分频系数由ADC通用控制寄存器ADC_CCR中的"ADCPRE[1:0]"位段设置，可设置的值有2、4、6和8。当PCLK2为72MHz时，若设置ADC预分频器的分频系数为6，则ADCCLK的时钟频率为12MHz，对应一个时钟周期的时间T_p（1/ADCCLK）等于0.0833μs。

A-D转换需要若干个时钟周期才可完成采样，具体的采样时间可通过ADC采样时间寄存器ADC_SMPR1和ADC_SMPR2中的"SMP[2:0]"位段进行设置，允许设置为1.5个、7.5个或28.5个时钟周期等，数值越小代表采样时间越短，速度越快。

一次A-D转换所需的总时间T_{conv}=采样时间+数据处理时间（12.5T_p），因此当ADCCLK设置为12MHz，采样时间设置为1.5个时钟周期，可计算出最短的转换时间$T_{conv}=14×T_p=1.162$μs。

（5）ADC的触发方式

如图2-49标号⑤处所示，ADC支持多种外部事件触发方式，包括定时器触发和外部GPIO中断等。具体选择哪种触发方式，可通过ADC控制寄存器2（ADC_CR2）进行配置，即：对规则组和注入组分别进行配置。另外，该寄存器还可对触发极性进行配置，如：上升沿检测、下降沿检测等。

另外，ADC还支持软件触发，它由ADC_CR2寄存器的"SWSTART"位进行控制，控制的前提是"ADON"位先配置为1。一次转换结束后，硬件会自动将"SWSTART"位归零。

（6）ADC的数据寄存器

如图2-49标号⑥处所示，ADC转换完毕后，结果数据存放在相应的数据寄存器中。ADC的数据寄存器有两种：规则数据寄存器ADC_DR和注入数据寄存器ADC_JDRx。上述两种数据寄存器用于独立转换模式的结果存放，双重和三重转换模式的结果则存放于通用规则数据寄存器ADC_CDR中。

（7）ADC的中断控制

如图2-49标号⑦处所示，ADC转换结束后，支持产生四种中断：DMA溢出中断、规则转换结束中断、注入转换结束中断和模拟看门狗事件中断。它们的事件标志和使能控制位见表2-12。

表2-12　ADC中断的事件标志和使能控制位

中断事件	事件标志 （状态寄存器ADC_SR）	使能控制位 （控制寄存器1 ADC_CR1）
DMA溢出	OVR	OVRIE
规则转换结束	EOC	EOCIE
注入转换结束	JEOC	JEOCIE
模拟看门狗事件	AWD	AWDIE

规则转换和注入转换结束后,除了可通过产生中断方式处理转换结果之外,还可产生DMA请求,把转换好的数据直接转存至内存中。这对于独立模式的多通道转换、双重模式或三重模式而言非常必要,既可简化程序编程又可提高运行效率。

2.6.3 任务实施

1. 建立STM32CubeMX工程并生成初始C代码

(1)建立工程存放的文件夹

在"STM32_WorkSpace"文件夹下新建文件夹"task5_Battery_ADC"用于保存本任务工程。

(2)新建STM32CubeMX工程

参考2.2节相关内容。

(3)选择MCU型号

参考2.2节相关内容,选择型号为STM32F103VE的微控制器。

(4)配置调试端口

参考2.2节相关内容,将"PA13"引脚配置为SWDIO功能,"PA14"引脚配置为SWCLK功能。

(5)配置MCU时钟树

参考2.2节相关内容,将HCLK配置为72MHz,PCLK1配置为36MHz,PCLK2配置为72MHz。

(6)配置ADC外设的工作参数

本任务使用PA1引脚作为ADC1的输入端口,展开"Pinout & Configuration"选项卡左侧的"Analog"选项,选择"ADC1"选项,勾选"IN1"复选框(见图2-50标号①处)。

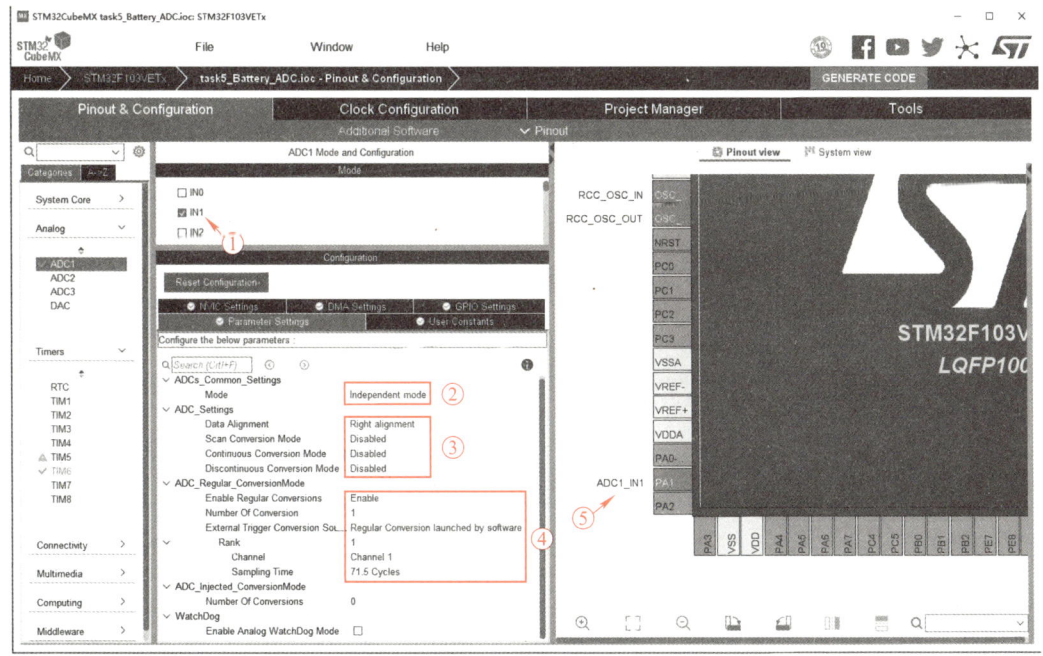

图2-50 ADC参数配置

标号②：将ADC工作模式配置为"Independent mode（独立模式）"。

对标号③处的配置说明如下：
- "Data Alignment（数据对齐）"配置为"Right alignment（右对齐）"；
- "Scan Conversion Mode（扫描转换模式）"配置为"Disabled（禁用）"；
- "Continuous Conversion Mode（连续转换模式）"配置为"Disabled（禁用）"；
- "Discontinuous Conversion Mode（非连续转换模式）"配置为"Disabled（禁用）"。

对标号④处的配置说明如下：
- "Enable Regular Conversions（使能规则转换）"配置为"Enabled（启用）"；
- "Number Of Conversion（转换次数）"配置为"1"；
- "External Trigger Conversion Source（外部触发源）"配置为"Regular Conversion launched by software（软件触发方式）"。
- "Channel（通道号）"配置为"Channel 1（通道1）"。
- "Sampling Time（采样时间）"配置为"71.5 Cycles（71.5个周期）"。

切换到"Clock Configuration（时钟配置）"选项卡，进行ADC时钟配置，如图2-51所示。

将"ADC Prescaler（ADC分频系数）"配置为"6"（见图2-51标号①处），则ADC的输入时钟为12MHz（见图2-51标号②处）。

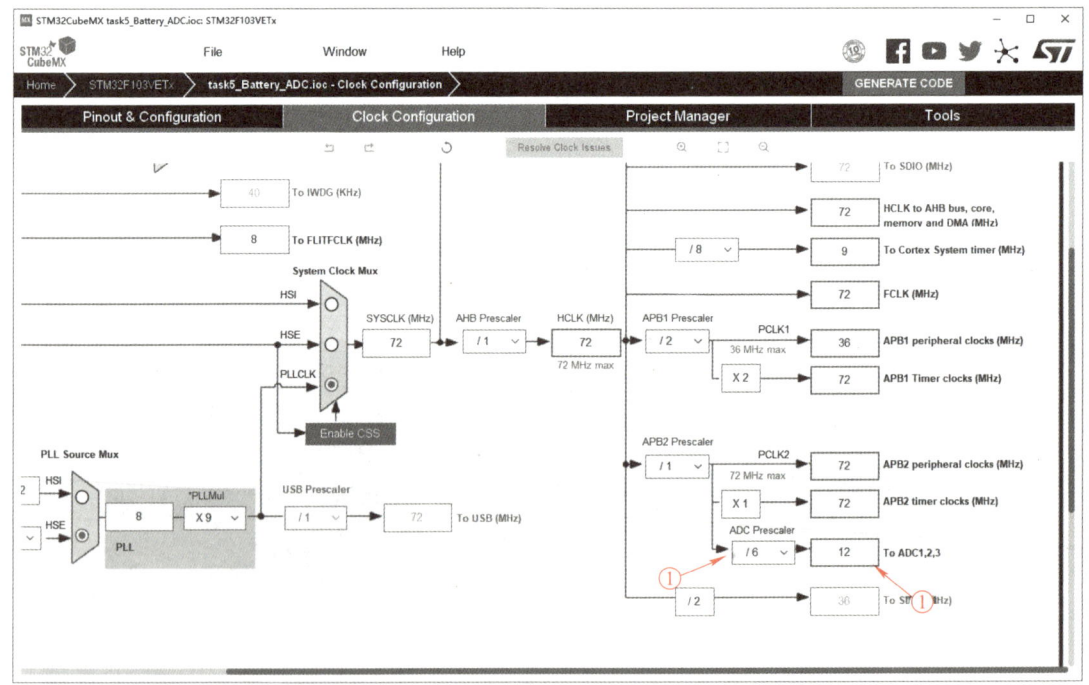

图2-51　ADC时钟配置

（7）配置USART外设的工作参数

展开"Pinout & Configuration"选项卡左侧的"Connectivity"选项（见图2-52标号①处），选择"USART1"选项（见图2-52标号②处）。

对图2-52中的其他配置过程说明如下：

标号③：将USART1的模式配置为"Asynchronous（异步）"。

标号④：点击"Parameter Settings（参数配置）"标签。

标号⑤：配置USART1的"Baud Rate（波特率）"为115200bits/s。

标号⑥：配置"Data Direction（数据方向）"为"Receive and Transmit（接收与发送）"。

标号⑦：已配置好功能的引脚显示。

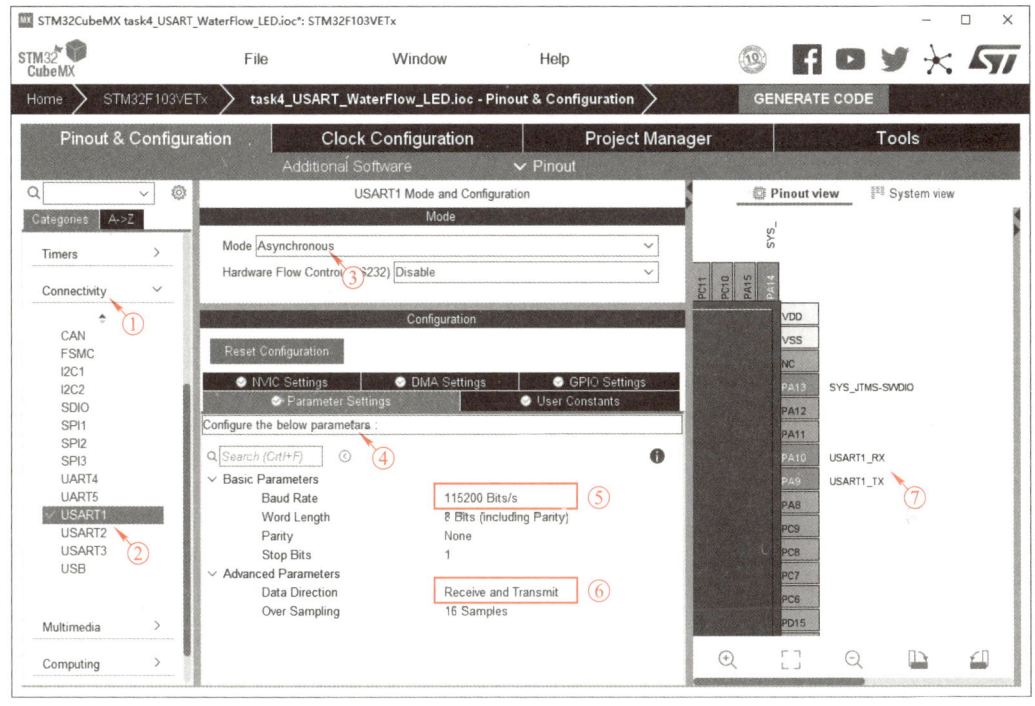

图2-52　USART1的参数配置

（8）保存STM32CubeMX工程

单击"File（文件）"菜单，选择"Save Project（保存工程）"选项。然后定位到文件夹"D:\STM32_WorkSpace\task5_Battery_ADC"，单击"确定"按钮保存STM32CubeMX工程。

（9）生成初始C代码工程

参考2.2节相关内容进行"C代码生成"与"工程保存"的配置，最后单击"GENERATE CODE（生成代码）"按钮，生成ADC电压采集的初始C代码工程。

2．完善代码

（1）定义ADC转换结果存放变量

在"main.c"中输入以下代码：

1. /* USER CODE BEGIN PV */
2. uint16_t adc_value = 0;   //定义ADC转换值存放
3. float voltage = 0.0;

```
4.    char voltString[50] = {0};            //电压值结果显示
5.    /* USER CODE END PV */
```

（2）编写电压采集与显示代码

在while(1)主循环中输入以下代码：

```
1.  while (1)
2.  {
3.      HAL_ADC_Start(&hadc1);
4.      HAL_ADC_PollForConversion(&hadc1, 100);
5.      adc_value = HAL_ADC_GetValue(&hadc1);
6.      voltage = (float)adc_value / 4096 * 3.3;
7.      sprintf(voltString, "采集到的电压值为: %.2f V", voltage);
8.      printf("%s\r\n", voltString);
9.      HAL_Delay(1000);
10. }
```

（3）USART.c中添加代码

```
1.  int fputc(int ch, FILE *f)
2.  {
3.      HAL_UART_Transmit(&huart1, (uint8_t *)&ch, 1, 0xFFFF);
4.      return ch;
5.  }
```

（4）USART.h中添加代码：#include <stdio.h>

```
1.  #include "main.h"
2.  #include <stdio.h>
```

3．系统接线与实验现象观察

1）将PC机与"M3主控模块"通过USART1相连，打开串口助手；

2）将"M3主控模块"开发板的"PA1"引脚通过杜邦线与实验平台上的电源"3.3V"接线端相连（见图2-53），即可在串口助手中查看采集到的电压值为3.3V左右；

3）将"M3主控模块"开发板的"PA1"引脚通过杜邦线与实验平台上的接地端"GND"相连，即可在串口助手中查看采集到的电压值为0V。

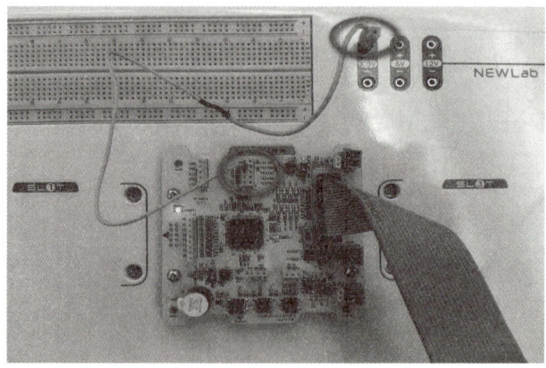

图2-53　ADC接线图

单元总结

本单元介绍了基于STM32Cube的STM32微控制器的基础知识，其中包括：STM32的概述、命名规则、主要特征、开发板的选择和应用领域。读者通过实例学习了基于STM32CubeMX和HAL库的开发环境搭建与工程建立的知识。

另外，本单元还讲解了GPIO、中断管理、通用同步异步收发器、定时器的基本定时与PWM信号输出功能以及模-数转换外设的工作原理。读者通过5个任务的实施，掌握了STM32微控制器最基本外设的应用开发技能。

UNIT 3

学习单元 ❸

RS-485总线通信应用

单元概述

本单元主要面向的工作领域是传感网应用开发中的RS-485总线通信应用，主要介绍在工业控制、智能仪表和嵌入式系统等领域常用的总线的基础知识，讲解RS-485标准的电气特性并将其与RS-422、RS-232标准进行对比。本单元还分析了RS-485收发器芯片的工作原理及其典型应用电路，并详细讲解了RS-485的应用层协议——Modbus通信协议。读者通过搭建智能安防系统、编写Modbus从机的数据解析、响应帧生成与发送函数，可掌握基于RS-485总线通信系统的构建与调试方法，并对Modbus通信协议的实际应用进行实践。

知识目标

- 掌握总线的基础知识；
- 掌握RS-485标准的电气特性及其与RS-422、RS-232标准的区别；
- 掌握RS-485通信的收发器芯片的功能及其典型应用电路；
- 了解Modbus通信协议的基础知识。

技能目标

- 能进行基于Modbus串行通信协议软件的开发；
- 能搭建RS-485总线并编程实现组网通信。

3.1 总线概述

在20世纪80年代中后期，随着工业控制、计算机、通信以及模块化集成等技术的发展，出现了现场总线控制系统。按照国际电工委员会IEC 61158标准的定义，现场总线是应用在制造或过程区域现场装置与控制室内自动控制装置之间的数字式、串行、多点通信的数据总线。它也被称为开放式、数字化、多点通信的底层控制网络。以现场总线为技术核心的工业控制系统，称为现场总线控制系统（Fieldbus Control System, FCS）。

在计算机领域，总线最早是指汇集在一起的多种功能的线路。经过深化与延伸之后，总线指的是计算机内部各模块之间或计算机之间的一种通信系统，涉及硬件（器件、线缆、电平）和软件（通信协议）。当总线被引入嵌入式系统领域后，主要用于嵌入式系统的芯片级、板级和设备级的互联。

在总线的发展过程中，有多种分类方式。

一是按照传输速率分类：可分为低速总线和高速总线。

二是按照连接类型分类：可分为系统总线、外设总线和扩展总线。

三是按照传输方式分类：可分为并行总线和串行总线。

本单元主要关注计算机与嵌入式系统领域的高速串行总线技术。

3.2 串行通信的基础知识

3.2.1 什么是串行通信

学习RS-485通信标准就不得不提串行通信，因为RS-485通信隶属于串行通信的范畴。在计算机网络与分布式工业控制系统中，设备之间经常通过各自配备的标准串行通信接口及合适的通信电缆实现数据交换。所谓"串行通信"是指外设和计算机之间，通过数据信号线、地线与控制线等，按位进行传输数据的一种通信方式。

目前常见串行通信接口标准有RS-232、RS-422和RS-485等。另外，SPI（Serial Peripheral Interface，串行外设接口）、I^2C（Inter-Integrated Circuit，内置集成电路）和CAN（Controller Area Network，控制器局域网）通信也属于串行通信。

3.2.2 常见的电平信号及其电气特性

在电子产品开发领域，常见的电平信号有TTL电平、CMOS电平、RS-232电平与USB电平等。由于它们对于逻辑"1"和逻辑"0"的表示标准有所不同，因此在不同器件之间进行通信时，要特别注意电平信号的电气特性。表3-1对常见电平信号的逻辑表示与电气特性进行了归纳。

表3-1 常见电平信号的逻辑表示与电气特性

电平信号名称	输入		输出		说明
	逻辑1	逻辑0	逻辑1	逻辑0	
TTL电平	≥2.0V	≤0.8V	≥2.4V	≤0.4V	噪声容限较低，约为0.4V。MCU芯片引脚都是TTL电平
CMOS电平	≥0.7V_{CC}	≤0.3V_{CC}	≥0.8V_{CC}	≤0.1V_{CC}	噪声容限高于TTL电平，V_{CC}为供电电压
	逻辑1		逻辑0		
RS-232电平	−15～−3V		3～15V		PC的COM口为RS-232电平
USB电平	($V_{D+}-V_{D-}$)≥200mV		($V_{D-}-V_{D+}$)≥200mV		采用差分电平，4线制：V_{CC}、GND、D+和D−

RS-232电平与TTL电平的逻辑表示对比如图3-1所示。

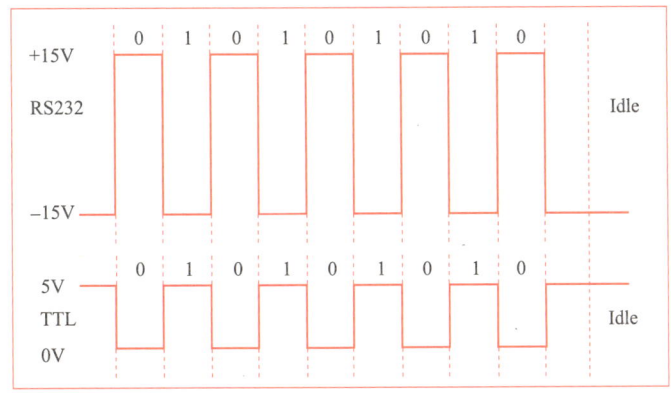

图3-1 RS-232电平与TTL电平的逻辑表示对比图

3.3 RS-485与RS-422/RS-232通信标准

RS-232、RS-422和RS-485标准最初都是由美国电子工业协会（Electronic Industries Association，EIA）制订并发布的。RS-232标准在1962年发布，它的缺点是通信距离短、速率低，而且只能点对点通信，无法组建多机通信系统。另外，在工业控制环境中，基于RS-232标准的通信系统经常会由于外界的电气干扰而导致信号传输错误。以上缺点决定了RS-232标准无法适用于工业控制现场总线。

RS-422标准是在RS-232的基础上发展而来的，它弥补了RS-232标准的一些不足。例如，RS-422标准定义了一种平衡通信接口，改变了RS-232标准的单端通信的方式，总线上使用差分电压进行信号的传输。这种连接方式将传输速率提高到10Mbit/s，并将传输距离延长到4000ft（速率低于100kbit/s时），而且允许在一条平衡总线上最多连接10个接收器。

为了扩展应用范围，EIA又于1983年发布了RS-485标准。RS-485标准与RS-422标准相比，增加了多点、双向的通信能力。

一条RS-485总线能并联多少台设备和芯片、所用电缆的品质相关，节点越多、传输距离越远、电磁环境越恶劣，所选的电缆要求就越高。

支持32个节点数的芯片有：SN75176、SN75276、SN75179、SN75180、MAX485、MAX488、MAX490。

支持64个节点数的芯片有：SN75LBC184。

支持128个节点数的芯片有：MAX487、MAX1487。

支持256个节点数的芯片有：MAX1482、MAX1483、MAX3080~MAX3089。

下面对RS-232、RS-422和RS-485标准的主要电气特性进行比较，比较结果见表3-2。

表3-2　RS-232、RS-422、RS-485标准比较

标准		RS-232	RS-422	RS-485
工作方式		单端（非平衡）	差分（平衡）	差分（平衡）
节点数		1收1发（点对点）	1发10收	1发32收
最大传输电缆长度		50ft	4000ft	4000ft
最大传输速率		20kbit/s	10Mbit/s	10Mbit/s
连接方式		点对点（全双工）	一点对多点（四线制，全双工）	多点对多点（两线制，半双工）
电气特性	逻辑1	-3~-15V	两线间电压差2~6V	两线间电压差2~6V
	逻辑0	3~15V	两线间电压差-2~-6V	两线间电压差-2~-6V

3.4　RS-485收发器

　　RS-485收发器（Transceiver）芯片是一种常用的通信接口器件，因此世界上大多数半导体公司都有符合RS-485标准的收发器产品线。例如，Sipex公司的SP307x系列芯片、Maxim公司的MAX485系列、TI公司的SN65HVD485系列、Intersil公司的ISL83485系列等。

　　接下来以Sipex公司的SP3072EEN芯片为例，讲解RS-485标准的收发器芯片的工作原理与典型应用电路。图3-2展示了RS-485收发器芯片的典型应用电路。

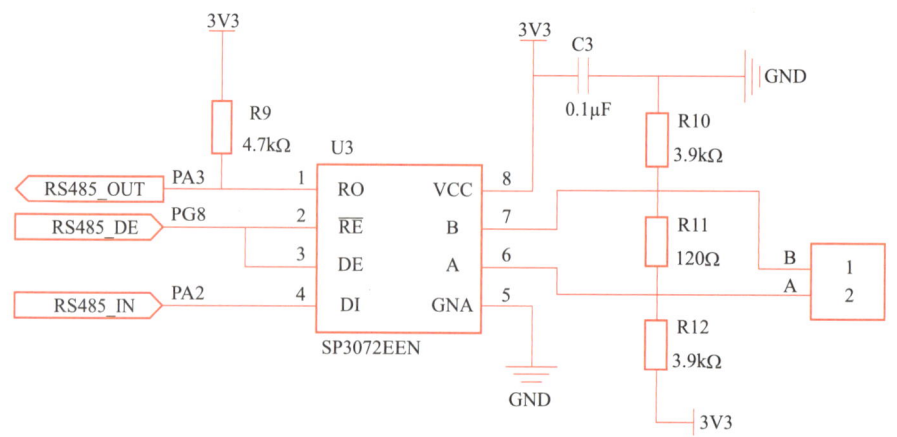

图3-2　RS-485收发器芯片的典型应用电路

在图3-2中，电阻R11为终端匹配电阻，其阻值为120Ω。电阻R10和R12为偏置电阻，

它们用于确保在静默状态时RS-485总线维持逻辑1高电平状态。SP3072EEN芯片的封装是SOP-8，RO与DI分别为数据接收与发送引脚，它们用于连接MCU的USART外设。$\overline{RE}$和DE分别为接收使能和发送使能引脚，它们与MCU的GPIO引脚相连。A、B两端用于连接RS-485总线上的其他设备，所有设备以并联的形式接在总线上。

目前市面上各个半导体公司生产的RS-485收发器芯片的引脚分布情况几乎相同，具体的引脚功能描述见表3-3。

表3-3 RS-485收发器芯片的引脚功能描述

引脚编号	名称	功能描述
1	RO	接收器输出（至MCU）
2	RE	接收允许（低电平有效）
3	DE	发送允许（高电平有效）
4	DI	发送器输入（来自MCU）
5	GND	接地
6	A	发送器同相输出/接收器同相输入
7	B	发送器反相输出/接收器反相输入
8	VCC	电源电压

3.5 Modbus通信协议

RS-485标准只对接口的电气特性做出相关规定，却并未对接插件、电缆和通信协议等进行标准化，所以用户需要在RS-485总线网络的基础上制订应用层通信协议。一般来说，各应用领域的RS-485通信协议都是指应用层通信协议。

在工业控制领域应用十分广泛的Modbus通信协议就是一种应用层通信协议，当其工作在ASCII或RTU模式时可以选择RS-232或RS-485总线作为基础传输介质。另外，在智能电表领域也有同样的案例，例如，多功能电能表通信规约（DL/T645—1997）也是一种基于RS-485总线的应用层通信协议。本节主要介绍Modbus通信协议。

3.5.1 Modbus概述

1．什么是Modbus通信协议

Modbus通信协议由Modicon（现为施耐德电气公司的一个品牌）在1979年开发，是全球第一个真正用于工业现场的总线协议。为了更好地普及和推动Modbus在以太网上的分布式应用，目前施耐德公司已将Modbus协议的所有权移交给IDA（Interface for Distributed Automation，分布式自动化接口）组织，并专门成立了Modbus-IDA组织。该组织的成立为Modbus未来的发展奠定了基础。

Modbus通信协议是应用于电子控制器上的一种通用协议，目前已成为一通用工业标准。通过此协议，控制器之间或者控制器经由网络（例如，以太网）与其他设备之间可以通信。Modbus使不同厂商生产的控制设备可以连成工业网络，进行集中监控。Modbus通信协议定义了一个消息帧结构，并描述了控制器请求访问其他设备的过程，控制器如何响应来自其

他设备的请求,以及怎样侦测错误并记录。

在Modbus网络上通信时,每个控制器必须知道它们的设备地址,识别按地址发来的消息,决定要做何种动作。如果需要响应,则控制器将按Modbus消息帧格式生成反馈信息并发出。

2. Modbus通信协议的版本

Modbus通信协议有多个版本:基于串行链路的版本、基于TCP/IP的网络版本以及基于其他互联网协议的网络版本,其中前面两者的实际应用场景较多。

基于串行链路的Modbus通信协议有两种传输模式,分别是Modbus RTU与Modbus ASCII,这两种模式在数值数据表示和协议细节方面略有不同。Modbus RTU是一种紧凑的、采用二进制数据表示的方式,而Modbus ASCII的表示方式更加冗长。在数据校验方面,Modbus RTU采用循环冗余校验方式,而Modbus ASCII采用纵向冗余校验方式。另外,配置为Modbus RTU模式的节点无法与Modbus ASCII模式的节点通信。

3.5.2 Modbus通信的请求与响应

Modbus是一种单主/多从的通信协议,即在同一段时间内总线上只能有一个主设备,但可以有一个或多个(最多247个)从设备。主设备是指发起通信的设备,从设备是接收请求并做出响应的设备。在Modbus网络中,通信总是由主设备发起,而从设备没有收到来自主设备的请求时不会主动发送数据。ModBus通信的请求与响应模型如图3-3所示。

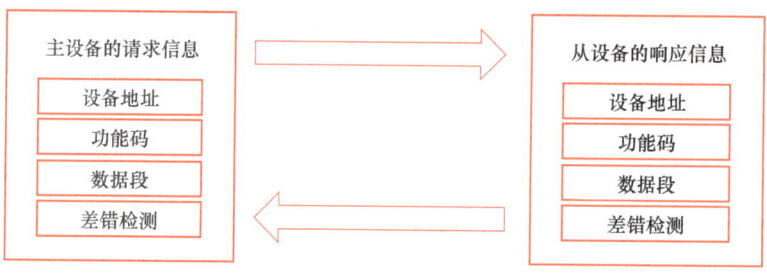

图3-3 Modbus通信的请求与响应模型

主设备发送的请求报文包括从设备地址、功能码、数据段以及差错检测字段。这几个字段的内容与作用如下:

- 设备地址:被选中的从设备地址;
- 功能码:告知被选中的从设备要执行何种功能;
- 数据段:包含从设备要执行功能的附加信息。例如,功能码"03"要求从设备读保持寄存器并响应寄存器的内容,则数据段必须包含要求从设备读取寄存器的起始地址及数量;
- 差错检测区:为从机提供一种数据校验方法,以保证信息内容的完整性。

从设备的响应信息也包含设备地址、功能码、数据段和差错检测区。其中设备地址为本机地址,数据段包含了从设备采集的数据:如寄存器值或状态。正常响应时,响应功能码与请求信息中的功能码相同;发生异常时,功能码将被修改以指出响应消息是错误的。差错检测区允许主设备确认消息内容是否可用。

在Modbus网络中,主设备向从设备发送Modbus请求报文的模式有两种:单播模式与广播模式。

单播模式:主设备寻址单个从设备。主设备向某个从设备发送请求报文,从设备接收并处理完毕后向主设备返回一个响应报文。

广播模式：主设备向Modbus网络中的所有从设备发送请求报文，从设备接收并处理完毕后不要求返回响应报文。广播模式请求报文的设备地址为0，且功能指令为Modbus标准功能码中的写指令。

3.5.3 Modbus寄存器

寄存器是Modbus通信协议的一个重要组成部分，它用于存放数据。

Modbus寄存器最初借鉴于PLC（Programmable Logical Controller，可编程控制器）。后来随着Modbus通信协议的发展，寄存器这个概念也不再局限于具体的物理寄存器，而是逐渐拓展到了内存区域范畴。根据存放的数据类型及其读写特性，Modbus寄存器被分为4种类型，见表3-4。

表3-4 Modbus寄存器的分类与特性

寄存器种类	特性说明	实际应用
线圈状态（Coil）	输出端口（可读可写），相当于PLC的DO（数字量输出）	LED显示、电磁阀输出等
离散输入状态（Discrete Input）	输入端口（只读），相当于PLC的DI（数字量输入）	接近开关、拨码开关等
保持寄存器（Holding Register）	输出参数或保持参数（可读可写），相当于PLC的AO（模拟量输出）	模拟量输出设定值、PID运行参数、传感器报警阈值等
输入寄存器（Input Register）	输入参数（只读），相当于PLC的AI（模拟量输入）	模拟量输入值

Modbus寄存器的地址分配见表3-5。

表3-5 Modbus寄存器地址分配

寄存器种类	寄存器PLC地址	寄存器Modbus协议地址	位/字操作
线圈状态	00001～09999	0000H～FFFFH	位操作
离散输入状态	10001～19999	0000H～FFFFH	位操作
保持寄存器	40001～49999	0000H～FFFFH	字操作
输入寄存器	30001～39999	0000H～FFFFH	字操作

3.5.4 Modbus的串行消息帧格式

在计算机网络通信中，帧（Frame）是数据在网络上传输的一种单位，帧一般由多个部分组合而成，各部分执行不同的功能。Modbus通信协议在不同的物理链路上的消息帧是有差异的，本节主要介绍串行链路上的Modbus消息帧格式，包括ASCII和RTU两种模式的消息帧。

1. ASCII消息帧格式

在ASCII模式中，消息以冒号（":"，ASCII码为3AH）字符开始，以回车换行符（ASCII码为0DH，0AH）结束。消息帧的其他域可以使用的传输字符是十六进制的0～F。

Modbus网络上的各设备都循环侦测起始位——冒号（":"）字符，当接收到起始位后，各设备都解码地址域并判断消息是否发给自己的。注意：两个消息帧之间的时间间隔最长不能超过1s，否则接收的设备将认为传输错误。一个典型的Modbus ASCII消息帧见表3-6。

表3-6 Modbus ASCII消息帧格式

起始位	地址	功能代码	数据	LRC校验	结束符
1个字符	2个字符	2个字符	n个字符	2个字符	2个字符CR,LF

2. RTU消息帧格式

在RTU模式中，消息的发送与接收以至少3.5个字符时间的停顿间隔为标志。

Modbus网络上的各设备都不断地侦测网络总线，计算字符间的间隔时间，判断消息帧的起始点。当侦测到地址域时，各设备都对其进行解码以判断该帧数据是否发给自己的。

另外，一帧报文必须以连续的字符流来传输。如果在帧传输完成之前有超过1.5个字符时间的间隔，则接收设备将认为该报文帧不完整。

一个典型的Modbus RTU消息帧见表3-7。

表3-7 Modbus RTU消息帧格式

起始位	地址	功能代码	数据	CRC校验	结束符
≥3.5字符	8位	8位	n个8位	16位	≥3.5个字符

3. 消息帧各组成部分的功能

（1）地址域

地址域存放了Modbus通信帧中的从设备地址。Modbus ASCII消息帧的地址域包含两个字符，Modbus RTU消息帧的地址域长度为1B。

在Modbus网络中，主设备没有地址，每个从设备都具备唯一的地址。从设备的地址范围为0~247，其中地址0作为广播地址，因此从设备实际的地址范围是1~247。

在下行帧中，地址域表明只有符合地址码的从机才能接收由主机发送来的消息。上行帧中的地址域指明了该消息帧发自哪个设备。

（2）功能码域

功能码指明了消息帧的功能，其取值范围为1~255（十进制）。在下行帧中，功能码告诉从设备应执行什么动作。在上行帧中，如果从设备发送的功能码与主设备发送的功能码相同，则表明从设备已响应主设备要求的操作；如果从设备没有响应操作或发送出错，则将返回的消息帧中的功能码最高位（MSB）置1（即：加上0x80）。例如，主设备要求从设备读一组保持寄存器时，消息帧中的功能码为0000 0011（0x03），从机正确执行请求的动作后，返回相同的值；否则，从机将返回异常响应信息，其功能码将变为1000 0011（0x83）。

（3）数据域

数据域与功能码紧密相关，存放功能码需要操作的具体数据。数据域以字节为单位，长度是可变的。

（4）差错校验

在基于串行链路的Modbus通信中，ASCII模式与RTU模式使用了不同的差错校验方法。

在ASCII模式的消息帧中，有一个差错校验字段。该字段由两个字符构成，其值是对全部报文内容进行纵向冗余校验（Longitudinal Redundancy Check，LRC）计算得到的，计算对象不包括开始的冒号及回车换行符。

与ASCII模式不同，RTU消息帧的差错校验字段由16bit共两个字节构成，其值是对全部报文内容进行循环冗余校验（Cyclical Redundancy Check，CRC）计算得到，计算对象包括差错校验域之前的所有字节。将差错校验码添加进消息帧时，先添加低字节然后高字节，因此最后一个字节是CRC校验码的高位字节。

3.5.5 Modbus功能码

1. 功能码分类

Modbus功能码是Modbus消息帧的一部分，它代表将要执行的动作。以RTU模式为例，见表3-7，RTU消息帧的Modbus功能码占用一个字节，取值范围为1～127。

Modbus标准规定了3类Modbus功能码：公共功能码、用户自定义功能码和保留功能码。

公共功能码是经过Modbus协会确认的，被明确定义的功能码，具有唯一性。部分常用的公共功能码见表3-8。

表3-8 部分常用的Modbus功能码

代码	功能码名称	位/字操作	操作数量
01	读线圈状态	位操作	单个或多个
02	读离散输入状态	位操作	单个或多个
03	读保持寄存器	字操作	单个或多个
04	读输入寄存器	字操作	单个或多个
05	写单个线圈	位操作	单个
06	写单个保持寄存器	字操作	单个
15	写多个线圈	位操作	多个
16	写多个保持寄存器	字操作	多个

用户自定义的功能码由用户自己定义，无法确保其唯一性，代码范围为65～72和100～110。本节主要讨论RTU模式的公共功能码。

2. 读线圈/离散量输出状态功能码01

该功能码用于读取从设备的线圈或离散量（DO，数字量输出）的输出状态（ON/OFF）。该功能码的使用案例如下。

（1）请求报文：06 01 00 16 00 21 1C 61（见表3-9）

表3-9 功能码01的请求报文

从设备地址	功能码	起始地址	寄存器个数	CRC校验
06	01	00 16	00 21	1C 61

从表3-9中可以看到，从设备地址为06，需要读取的Modbus起始地址为22（0x16），结束地址为54（0x36），共读取33（0x21）个状态值。

假设地址22～54的线圈寄存器的值见表3-10，则相应的响应报文见表3-11。

表3-10 线圈寄存器的值

地址范围	取值	字节值
22～29	ON-ON-OFF-OFF-OFF-ON-OFF-OFF	0x23
30～37	ON-ON-OFF-ON-OFF-OFF-OFF-ON	0x8B
38～45	OFF-OFF-ON-OFF-OFF-ON-OFF-OFF	0x24
46～53	OFF-OFF-ON-OFF-OFF-OFF-ON-ON	0xC4
54	ON	0x01

在表3-10中,状态"ON"与"OFF"分别代表线圈的"开"与"关"。

(2)响应报文:06 01 05 23 8B 24 C4 01 ED 9C

表3-11 功能码01的响应报文

从设备地址	功能码	数据域字节数	5个数据	CRC校验
06	01	05	23 8B 24 C4 01	ED 9C

3. 读离散量输入值功能码02

该功能码用于读取从设备的离散量(DI,数字量输入)的输入状态(ON/OFF)。该功能码的使用案例如下。

(1)请求报文:04 02 00 77 00 1E 48 4D(见表3-12)

表3-12 功能码02的请求报文

从设备地址	功能码	起始地址	寄存器个数	CRC校验
04	02	00 77	00 1E	48 4D

从表3-12中可以看到,从设备地址为04,需要读取的Modbus的起始地址为119(0X77),结束地址为148(0x94),共读取30(0x1E)个离散输入状态值。

假设地址119~148的线圈寄存器的值见表3-13,则相应的响应报文见表3-14。

表3-13 离散量寄存器的值

地址范围	取值	字节值
119~126	ON-OFF-ON-ON-OFF-ON-OFF-ON	0xAD
127~134	ON-ON-ON-OFF-ON-ON-OFF-ON	0xB7
135~142	ON-OFF-ON-OFF-OFF-OFF-OFF-OFF	0x05
143~148	OFF-OFF-OFF-ON-ON-ON	0x38

(2)响应报文:04 02 04 AD B7 05 38 3C EA

表3-14 功能码02的响应报文

从设备地址	功能码	数据域字节数	4个数据	CRC校验
04	02	04	AD B7 05 38	3C EA

4. 读保持寄存器值功能码03

该功能码用于读取从设备保持寄存器的二进制数据,不支持广播,使用案例如下。

(1)请求报文:06 03 00 D2 00 04 E5 87(见表3-15)

表3-15 功能码03的请求报文

从设备地址	功能码	起始地址	寄存器个数	CRC校验
06	03	00 D2	00 04	E5 87

从表3-15中可以看到,从设备地址为06,需要读取Modbus地址210(0xD2)~213(D5)共4个保持寄存器的内容。相应的响应报文见表3-16。

(2)响应报文:06 03 08 02 6E 01 F3 01 06 59 AB 1E 6A

表3-16 功能码03的响应报文

从设备地址	功能码	数据域字节数	4个数据	CRC校验
06	03	08	02 6E 01 F3 01 06 59 AB	1E 6A

注意：Modbus的保持寄存器和输入寄存器是以字为基本单位，即每个寄存器分别对应两个字节。请求报文连续读取4个寄存器的内容，将返回8个字节。

5．读输入寄存器值功能码04

该功能码用于读取从设备输入寄存器的二进制数据，不支持广播，使用案例如下。

（1）请求报文：06 04 01 90 00 05 30 6F（见表3-17）

表3-17　功能码04的请求报文

从设备地址	功能码	起始地址	寄存器个数	CRC校验
06	04	01 90	00 05	30 6F

从表3-17中可以看到，从设备地址为06，需要读取Modbus地址400（0x0190）～404（0x0194）共5个寄存器的内容。相应的响应报文见表3-18。

（2）响应报文：06 04 0A 1C E2 13 5A 35 DB 23 3F 56 E3 54 3F

表3-18　功能码04的响应报文

从设备地址	功能码	数据域字节数	5个数据	CRC校验
06	04	0A	1C E2 13 5A 35 DB 23 3F 56 E3	54 3F

6．写单个线圈或单个离散输出功能码05

该功能码用于将单个线圈或单个离散输出状态设置为"ON"或"OFF"。0xFF00对应状态"ON"，0x0000表示状态"OFF"，其他值对线圈无效。使用案例如下。

（1）请求报文：04 05 00 98 FF 00 0D 80（见表3-19）

例如，从设备地址为4，设置Modbus地址152（0x98）为ON状态。

表3-19　功能码05的请求报文

从设备地址	功能码	起始地址	变更数据	CRC校验
04	05	00 98	FF 00	0D 80

（2）响应报文：04 05 00 98 FF 00 0D 80

响应报文见表3-20。

表3-20　功能码05的响应报文

从设备地址	功能码	起始地址	变更数据	CRC校验
04	05	00 98	FF 00	0D 80

7．写单个保持寄存器功能码06

该功能码用于更新从设备单个保持寄存器的值，使用案例如下。

（1）请求报文：03 06 00 82 02 AB 68 DF（见表3-21）

表3-21　功能码06的请求报文

从设备地址	功能码	起始地址	变更数据	CRC校验
03	06	00 82	02 AB	68 DF

从表3-21中可以看到，从设备地址为03，要求设置从设备Modbus地址130（0x82）的内容为683（0x02AB）。相应的响应报文见表3-22。

(2)响应报文：03 06 00 82 02 AB 68 DF

表3-22 功能码06的响应报文

从设备地址	功能码	起始地址	寄存器数	CRC校验
03	06	00 82	02 AB	68 DF

8. 写多个线圈功能码15（0x0F）

该功能码用于将连续的多个线圈或离散输出设置为"ON"或"OFF"，支持广播模式。其使用案例如下。

(1)请求报文：03 0F 00 14 00 0F 02 C2 03 EE E1（见表3-23）

表3-23 功能码15的请求报文

从设备地址	功能码	起始地址	寄存器数	字节数	变更数据	CRC校验
03	0F	00 14	00 0F	02	C2 03	EE E1

从表3-23中可以看到，从设备地址为03，Modbus协议起始地址为20（0x14），需要将地址20~34共15个线圈寄存器的状态设定为表3-24中的值。

表3-24 线圈寄存器的值

地址范围	取值	字节值
20~27	OFF-ON-OFF-OFF-OFF-OFF-ON-ON	0xC2
28~34	ON-ON-OFF-OFF-OFF-OFF-OFF	0x03

(2)响应报文：03 0F 00 14 00 0F 54 29（见表3-25）

响应报文的内容见表3-25。

表3-25 功能码15的响应报文

从设备地址	功能码	起始地址	寄存器数	CRC校验
03	0F	00 14	00 0F	54 29

9. 写多个保持寄存器功能码16（0x10）

该功能码用于设置或写入从设备保持寄存器的多个连续的地址块，支持广播模式。数据字段保存需写入的数据，每个寄存器可存放两个字节。使用案例如下。

(1)请求报文：05 10 00 15 00 03 06 53 6B 05 F3 2A 08 3E 72（见表3-26）

表3-26 功能码16的请求报文

从设备地址	功能码	起始地址	寄存器数	字节数	变更数据	CRC校验
05	10	00 15	00 03	06	53 6B 05 F3 2A 08	3E 72

从表3-26中可以看到，从设备地址为05，Modbus协议起始地址为21（0x15），需要改变地址21~23共3个寄存器（6B数据）的内容，需要变更的数据为"53 6B 05 F3 2A 08"。相应的响应报文见表3-27。

(2)响应报文：05 10 00 15 00 03 90 48

表3-27 功能码16的响应报文

从设备地址	功能码	起始地址	寄存器数	CRC校验
05	10	00 15	00 03	90 48

3.6 应用案例：智能安防系统构建

3.6.1 任务1 案例分析

1. 系统构成

本案例要求搭建一个基于RS-485总线的智能安防系统，系统构成如下：

- PC一台（作为上位机）；
- 网关一个；
- RS-485通信节点三个（一个作为主机、两个作为从机）；
- 火焰传感器一个（安装在从机1上）；
- 可燃气体传感器一个（安装在从机2上）；
- USB转485调试器一个（需要调试RS-485网络数据时使用）。

智能安防系统拓扑图如图3-4所示。整个系统由两个RS-485网络构成，RS-485网络1含一个主机节点、两个从机节点，使用Modbus通信协议作为应用层协议。主机节点与网关之间的连接基于RS-485网络2，网关通过以太网连接到云平台。

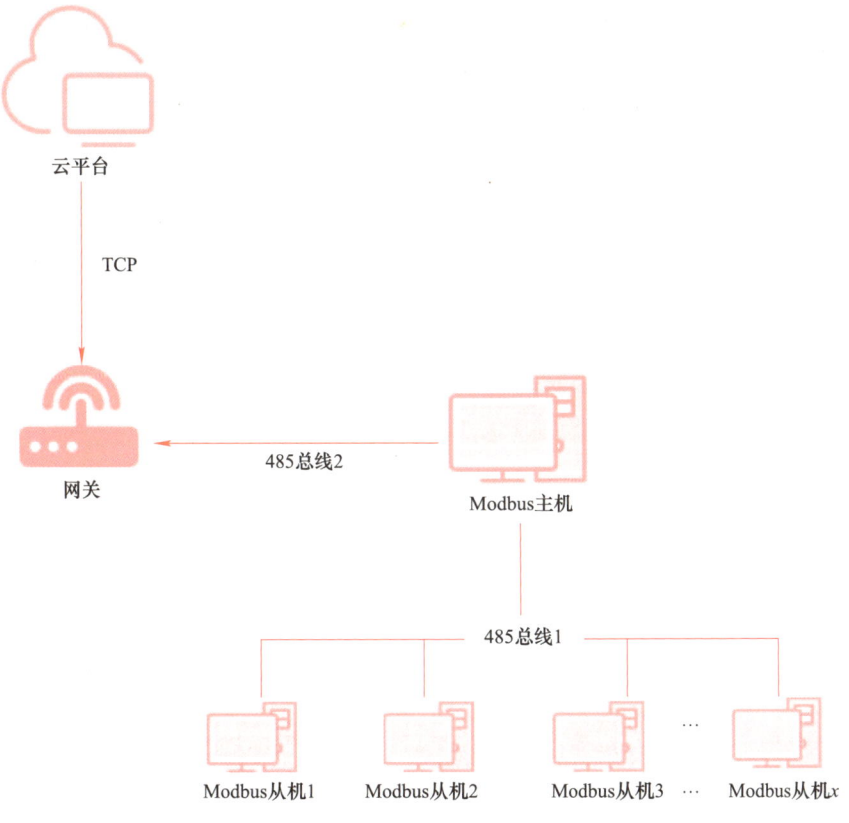

图3-4　智能安防系统拓扑图

2. 系统数据通信协议分析

（1）RS-485网络1的数据帧

在RS-485网络1中，从机节点可连接三种类型的传感器：开关量、模拟量和数字量。另外，需要对从机节点的地址与传感器类型编号进行配置，它们的数据类型为数字量。

根据3.5.5节Modbus功能码的相关基础知识，可规划本系统的功能码、寄存器地址与传感器的对应关系，见表3-28。

传感器类型代号定义见表3-29。

传感器类型在本地485组网系统中，定义为三类：模拟量、数字量、开关量。获取功能码分别为0x04、0x03、0x02。其中人体红外、红外、声音传感器为开关量，温湿度、心率传感器为数字量（温湿度传感器在本书中仅从其数据输出类型归类为数字量），光照、空气质量、火焰传感器、可燃气体传感器为模拟量，见表3-28。

表3-28 功能码、寄存器地址与传感器的对应关系表

功能码	寄存器地址	传感器（数据）类型	传感器（数据）名称
0x02 读离散输入状态	0x0000	开关量	人体红外传感器
	0x0001		声音传感器
	0x0002		红外传感器
0x03 读保持寄存器	0x0000	数字量	温湿度传感器
	0x0001		本节点地址
	0x0002		节点连接的传感器类型
0x04 读输入寄存器	0x0000	模拟量	光敏传感器
	0x0001		空气质量传感器
	0x0002		火焰传感器
	0x0003		可燃气体传感器
0x06 写单个保持寄存器	0x0001	数字量	配置（写）节点地址
	0x0002		配置（写）传感器类型

表3-29 传感器类型代号定义

传感器类型	温湿度	人体检测	火焰	可燃气体	空气质量	光敏	声音传感器	红外传感器	心率传感器
代号	1	2	3	4	5	6	7	8	9

本案例的RS-485通信采用Modbus RTU模式。接下来对几种常用的主机请求与从机响应的通信帧进行介绍。

① 温湿度数据采集（数字量，功能码0x03）。

如果主机需要读取从机1的温湿度数据，主机发送请求帧，见表3-30。

表3-30 读取温湿度数据请求帧格式

地址 1个字节	功能码 1个字节	寄存器地址 2个字节	寄存器数量 2个字节	CRC校验 2个字节
0x01	0x03	0x0000	0x0001	0x840A

从机1收到Modbus通信帧后，假设温度值为25℃，湿度值为25%，则响应帧见

表3-31。

表3-31 读取温湿度从机响应帧格式

地址 1个字节	功能码 1个字节	返回字节数 1个字节	寄存器值 2个字节	CRC校验 2个字节
0x01	0x03	0x02	0x1919	0x721E

② 可燃气体传感器数据采集（模拟量，功能码0x04）。

如果主机需要读取从机1的可燃气体传感器数据，主机发送请求帧，见表3-32。

表3-32 读取可燃气体数据请求帧格式

地址 1个字节	功能码 1个字节	寄存器地址 2个字节	寄存器数量 2个字节	CRC校验 2个字节
0x01	0x04	0x0003	0x0001	0xC1CA

从机1收到Modbus通信帧后，响应帧见表3-33，返回ADC的值为300（0x012C）。

表3-33 读取可燃气体数据从机响应帧格式

地址 1个字节	功能码 1个字节	返回字节数 1个字节	寄存器值 2个字节	CRC校验 2个字节
0x01	0x04	0x02	0x012C	0xB97D

③ 火焰传感器数据采集（模拟量，功能码0x04）。

如果主机需要读取从机1的火焰传感器数据，主机发送请求帧，见表3-34。

表3-34 读取火焰传感器数据请求帧格式

地址 1个字节	功能码 1个字节	寄存器地址 2个字节	寄存器数量 2个字节	CRC校验 2个字节
0x01	0x04	0x0002	0x0001	0x900A

从机1收到Modbus通信帧后，响应帧见表3-35，返回ADC的值为200（0x00C8）。

表3-35 读取火焰传感器数据从机响应帧格式

地址 1个字节	功能码 1个字节	返回字节数 1个字节	寄存器值 2个字节	CRC校验 2个字节
0x01	0x04	0x02	0x00C8	0xB8A6

④ 声音传感器数据采集（开关量，功能码0x02）。

如果主机需要采集从设备1的声音传感器数据，主机发送请求帧，见表3-36。

表3-36 读取声音传感器数据请求帧格式

地址 1个字节	功能码 1个字节	寄存器地址 2个字节	寄存器数量 2个字节	CRC校验 2个字节
0x01	0x02	0x0001	0x0001	0xE80A

从机1收到Modbus通信帧后，响应帧见表3-37，返回值为1。

表3-37 读取声音传感器数据从机响应帧格式

地址 1个字节	功能码 1个字节	返回字节数 1个字节	寄存器值 2个字节	CRC校验 2个字节
0x01	0x02	0x0001	0x01	0x8878

⑤ 配置从机传感器类型（数字量，功能码0x06）。

如果主机需要配置从机1的传感器类型为可燃气体传感器，主机发送请求帧，见表3-38。

表3-38　配置传感器类型请求帧指令

地址 1个字节	功能码 1个字节	寄存器地址 2个字节	寄存器值 2个字节	CRC校验 2个字节
0x01	0x06	0x0002	0x0004	0x29C9

从机1收到Modbus通信帧后，修改本机的传感器类型，发送响应帧，见表3-39。

表3-39　配置传感器类型从机响应帧格式

地址 1个字节	功能码 1个字节	寄存器地址 2个字节	寄存器值 2个字节	CRC校验 2个字节
0x01	0x06	0x0002	0x0004	0x29C9

⑥ 配置从机节点地址（数字量，功能码0x06）。

如果主机需要将从机的节点地址由"0x01（一号节点）"配置为"0x02（二号节点）"，主机发送请求帧，见表3-40。

表3-40　配置从机节点地址请求帧指令

地址 1个字节	功能码 1个字节	寄存器地址 2个字节	寄存器值 2个字节	CRC校验 2个字节
0x01	0x06	0x0001	0x0002	0x59CB

从机1收到Modbus通信帧后，修改本机的传感器类型，发送响应帧，见表3-41。

表3-41　配置传感器类型从机响应帧格式

地址 1个字节	功能码 1个字节	寄存器地址 2个字节	寄存器值 2个字节	CRC校验 2个字节
0x01	0x06	0x0001	0x0002	0x59CB

（2）通过RS-485网络上传到网关的数据帧

RS-485网络1的主机需要将采集到的传感器数据通过网关节点上报至云平台。根据本案例的需求，制订表3-42的数据帧格式。RS-485网络2数据通信的应用层没有采用Modbus通信协议，而是使用了自定义的通信协议。

表3-42　通过RS-485网络上传到网关的数据帧格式

组成部分 （缩写）	帧起始符 （START）	地址域 （ADDR）	命令码域 （CMD）	数据长度域 （LEN）	传感器类型 （TYPE）	数据域 （DATA）	校验码域 （CS）
长度/B	1	2	1	1	1	2	1
内容	固定为 0xDD	DstAddr	见本表格 说明	Length	见本表格 说明	Data	CheckSum
举例	0xDD	0x0002	0x02	0x09	0x01	0x18 0x40	0x43

对表3-42中各字段说明如下：
- 帧起始符：固定为0xDD；

学习单元3 RS-485总线通信应用

- 地址域：为发送节点的地址；
- 命令码域：0x01代表上报CAN网络的数据，0x02代表上报RS-485网络的数据；
- 数据长度域：固定为0x09，即：9B；
- 传感器类型：1为温湿度传感器，2为人体检测传感器，3为火焰传感器，4为可燃气体传感器，5为空气质量传感器，6为光电二极管，7为声音传感模块，8为红外传感模块，9为心率传感器，10为其他；
- 数据域：占两个字节，高8位和低8位。例如，对应温湿度传感器，高8位为温度值，低8位为湿度值，则温度24℃对应0x18，湿度64%对应0x40；
- 校验码域：采用和校验方式，计算从"帧起始符"到"数据域"之间所有数据的累加和，并将该累加和与0xFF按位与而保留低8位，将此值作为CS的值。

3. 系统工作流程分析

系统的工作流程如下：

1）RS-485网络1的主机每隔0.5s发送一次查询从机传感器数据的Modbus通信帧。

2）RS-485网络1中的从机收到通信帧后，解析其内容，判断是否是发给自己的，然后根据功能码要求采集相应的传感器数据至主机。

3）主机收到从机的传感器数据后，通过RS-485网络2上报至网关。

4）网关通过TCP/IP将传感器数据上传至云平台。

3.6.2 任务2 完善工程代码

打开资源包里的RS-485从机基础工程（路径为"…\RS-485总线通信应用\485从机\MDK-ARM\RS485_slave.uvprojx"）。

1. 定义Modbus帧与Modbus协议管理器的结构体

在"protocol.h"中核对以下代码：

```
1.  //modbus帧定义
2.  __packed typedef struct {
3.      u8 address;         //设备地址：0，广播地址；1~255，设备地址。
4.      u8 function;        //帧功能，0~255
5.      u8 count;           //帧编号
6.      u8 datalen;         //有效数据长度
7.      u8 *data;           //数据存储区
8.      u16 chkval;         //校验值
9.  } m_frame_typedef;
10.
11. //modbus协议管理器
12. typedef struct {
13.     u8* rxbuf;          //接收缓存区
14.     u16 rxlen;          //接收数据的长度
15.     u8 frameok;         //一帧数据接收完成标记：0，还没完成；1，完成了一帧
16.     u8 checkmode;       //校验模式：0,校验和;1,异或;2,CRC8;3,CRC16
17. } m_protocol_dev_typedef;
```

2. 编写Modbus通信帧解析函数

在"protocol.c"中输入以下代码：

```
1.   m_result mb_unpack_frame(m_frame_typedef *fx)
2.   {
3.       u16 rxchkval=0;                              //接收到的校验值
4.       u16 calchkval=0;                             //计算得到的校验值
5.       u8 cmd = 0 ;                                 //计算功能码
6.       u8 datalen=0;                                //有效数据长度
7.       u8 address=0;
8.       u8 res;
9.       if(m_ctrl_dev.rxlen>M_MAX_FRAME_LENGTH||m_ctrl_dev.rxlen<M_MIN_FRAME_LENGTH)
10.      {
11.          m_ctrl_dev.rxlen=0;                      //清除rxlen
12.          m_ctrl_dev.frameok=0;                    //清除frameok标记，以便下次可以正常接收
13.          return MR_FRAME_FORMAT_ERR;              //帧格式错误
14.      }
15.      datalen=m_ctrl_dev.rxlen;
16.      DBG_B_INFO("当前数据长度 %d",m_ctrl_dev.rxlen);
17.
18.      switch(m_ctrl_dev.checkmode) {
19.      case M_FRAME_CHECK_SUM:                      //校验和
20.          calchkval=mc_check_sum(m_ctrl_dev.rxbuf,datalen+4);
21.          rxchkval=m_ctrl_dev.rxbuf[datalen+4];
22.          break;
23.      case M_FRAME_CHECK_XOR:                      //异或校验
24.          calchkval=mc_check_xor(m_ctrl_dev.rxbuf,datalen+4);
25.          rxchkval=m_ctrl_dev.rxbuf[datalen+4];
26.          break;
27.      case M_FRAME_CHECK_CRC8:                     //CRC8校验
28.          calchkval=mc_check_crc8(m_ctrl_dev.rxbuf,datalen+4);
29.          rxchkval=m_ctrl_dev.rxbuf[datalen+4];
30.          break;
31.      case M_FRAME_CHECK_CRC16:                    //CRC16校验
32.          calchkval=mc_check_crc16(m_ctrl_dev.rxbuf,datalen-2);
33.          rxchkval=((u16)m_ctrl_dev.rxbuf[datalen-2]<<8)+m_ctrl_dev.rxbuf[datalen-1];
34.          break;
35.      }
36.
37.      m_ctrl_dev.rxlen=0;                          //清除rxlen
38.      m_ctrl_dev.frameok=0;                        //清除frameok标记，以便下次可以正常接收
39.
40.                                                   //如果校验正常
41.      if(calchkval==rxchkval)
42.      {
43.          address=m_ctrl_dev.rxbuf[0];
```

```
44.         if (address!= SLAVE_ADDRESS) {
45.             return MR_FRAME_SLAVE_ADDRESS;    //从机功能错误
46.         }
47.         cmd=m_ctrl_dev.rxbuf[1];
48.         if ((cmd > 0x06 )||(cmd < 0x01)) {
49.             return MR_FRANE_ILLEGAL_FUNCTION;  //命令帧错误
50.         }
51.
52.         switch (cmd)
53.         {
54.         case 0x02:
55.             res = ReadDiscRegister();          //读取离散量（重要）
56.             break;
57.         case 0x03:
58.             res = ReadHoldRegister();          //读取保持寄存器（重要）
59.             break;
60.         case 0x04:
61.             res = ReadInputRegister();         //读取输入寄存器（重要）
62.             break;
63.         case 0x06:
64.             res = WriteHoldRegister();         //写保持寄存器（重要）
65.             break;
66.         }
67.     }
68.     else
69.     {
70.         return MR_FRAME_CHECK_ERR;
71.     }
72.     return MR_OK;
73. }
```

3. 编写读取传感器数据并回复响应帧的函数

在本案例中，两个从机节点分别连接火焰传感器和可燃气体传感器。根据表3-28 功能码、寄存器地址与传感器的对应关系，这两种传感器都是模拟量传感器，主机将使用功能码04来读取从机的传感器数据。因此，从机在解析完主机的请求帧以后，应编写读取传感器数据并回复响应帧的函数。

在基础工程的"inputregister.c"中输入以下代码：

```
1. u8 ReadInputRegister(void)
2. {
3.     u16 regaddress;
4.     u16 regcount;
5.     u16 * input_value_p;
6.
7.     u16 iregindex;
8.
```

```
9.      u8 sendbuf[20];                                    //发送缓冲区
10.     u8 send_cnt=0;
11.
12.     u16 calchkval=0;                                   //计算得到的校验值
13.
14.     regaddress=(u16)(m_ctrl_dev.rxbuf[2]<<8);          //取出主机请求帧中的寄存器地址
15.     regaddress|=(u16)(m_ctrl_dev.rxbuf[3]);
16.
17.     regcount =(u16)(m_ctrl_dev.rxbuf[4]<<8);           //取出主机请求帧中的寄存器数量
18.     regcount |= (u16)(m_ctrl_dev.rxbuf[5]);
19.
20.     input_value_p = inbuf;
21.
22.                                                        //组建响应帧
23.     if((1<=regcount)&&(regcount<4)) {
24.         if((regaddress>=0)&&(regaddress<=3)) {
25.             sendbuf[send_cnt]=SLAVE_ADDRESS;           //从机地址
26.             send_cnt++;
27.             sendbuf[send_cnt]=0x04;                    //功能码0x04
28.             send_cnt++;
29.             sendbuf[send_cnt]=regcount*2;              //字节长度
30.             send_cnt++;
31.
32.             iregindex=regaddress-0;
33.                                                        //将寄存器内容赋值给响应帧
34.             while(regcount>0) {
35.                 sendbuf[send_cnt]=(u8)(input_value_p[iregindex]>>8);
36.                 send_cnt++;
37.                 sendbuf[send_cnt]=(u8)(input_value_p[iregindex]& 0xFF);
38.                 send_cnt++;
39.                 iregindex++;
40.                 regcount--;
41.             }
42.             switch(m_ctrl_dev.checkmode)
43.             {
44.             case M_FRAME_CHECK_SUM:                    //校验和
45.                 calchkval=mc_check_sum(sendbuf,send_cnt);
46.                 break;
47.             case M_FRAME_CHECK_XOR:                    //异或校验
48.                 calchkval=mc_check_xor(sendbuf,send_cnt);
49.                 break;
50.             case M_FRAME_CHECK_CRC8:                   //CRC8校验
51.                 calchkval=mc_check_crc8(sendbuf,send_cnt);
52.                 break;
53.             case M_FRAME_CHECK_CRC16:                  //CRC16校验
```

```
54.                 calchkval=mc_check_crc16(sendbuf,send_cnt);
55.                 break;
56.             }
57.
58.             if(m_ctrl_dev.checkmode==M_FRAME_CHECK_CRC16)
59.             {
60.                 sendbuf[send_cnt]=(calchkval>>8)&0XFF;      //高字节在前
61.                 send_cnt++;
62.                 sendbuf[send_cnt]=calchkval&0XFF;           //低字节在后
63.             }
64.             RS4851_Send_Buffer(sendbuf,send_cnt+1);          //发送这一帧数据
65.         }
66.     } else {
67.         return 1;
68.     }
69.     return 0;
70. }
```

代码编写完成后编译，编译成功后将生成用于下载的从机固件文件（扩展名为.hex）。

3.6.3 任务3 系统搭建

1. 硬件接线

智能安防系统需要使用一个RS-485主机节点和两个RS-485从机节点。把主机与从机节点的485A端子连接在一起、485B端子连接在一起。

两个RS-485从机节点分别连接可燃气体传感器与火焰传感器。另外，网关WAN口通过网线连接外网，LAN口通过网线连接PC，PC需开启DHCP或与网关处于同一网段。如图3-5所示。

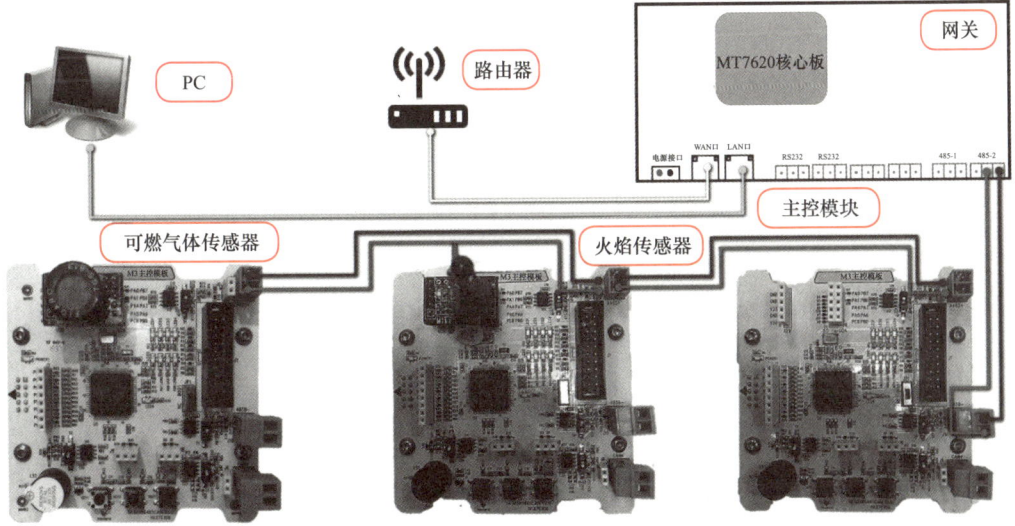

图3-5 智能安防系统硬件连线图

2. 节点固件下载

选取两个"M3主控模块",下载"从机节点"固件,文件使用任务2编译生成的从机固件。选取一个"M3主控模块",下载"主机节点"固件,路径为"..\RS-485总线通信应用\485主机"。

(1)主控模块板设置

将M3主控模块板的JP1拨码开关拨向"boot"模式,如图3-6所示。

图3-6 M3主控模块板烧写设置

(2)配置串行通信与Flash参数

使用ST官方发布的ISP(In-System Programming,在线编程)工具"Flash Loader Demonstrator"进行固件下载。

打开该工具后,需要配置串行通信口及其通信波特率,如图3-7a所示。软件读到硬件设备后,选择MCU型号为"STM32F1_High-density-512K",单击"Next"按钮,如图3-7b所示。

(3)选择需要下载的固件

配置好串行通信与Flash参数之后,还应对需要下载的固件文件进行选择,如图3-8所示。

单击图3-8中标号①处的按钮,选取需要下载的固件文件(扩展名为.hex),然后单击"Next"按钮即可开始下载。

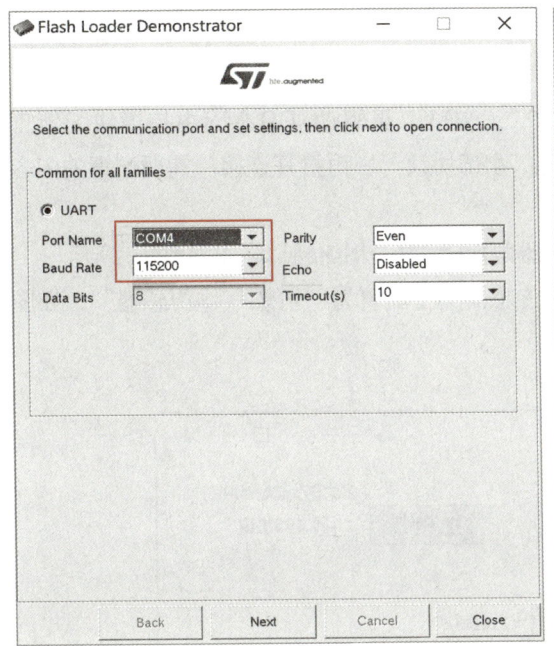
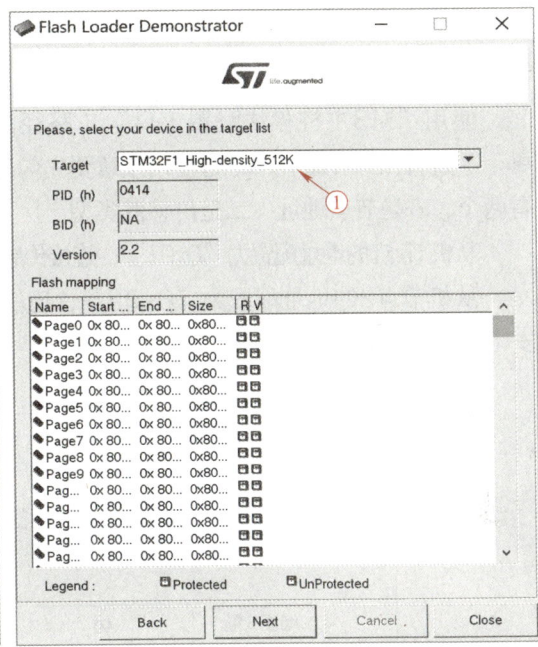

a)　　　　　　　　　　　　　　　b)

图3-7　配置串行通信与Flash参数

图3-8　选取合适的固件文件

按照上述步骤，分别下载另外两个节点的固件。

3．节点配置

使用"M3主控模块配置工具"（路径为"..\01工具驱动\09 M3主控模块配置工具"）进行RS-485节点的配置，注意要先勾选"485协议"，再打开连接。需要配置的内容有两个，一是节点地址，二是传感器类型。

从机节点1的地址配置为"0x01"，连接传感器类型配置为"火焰传感器"，如图3-9所示。

从机节点2的地址配置为"0x02"，连接传感器类型配置为"可燃气体传感器"，如图3-10所示。

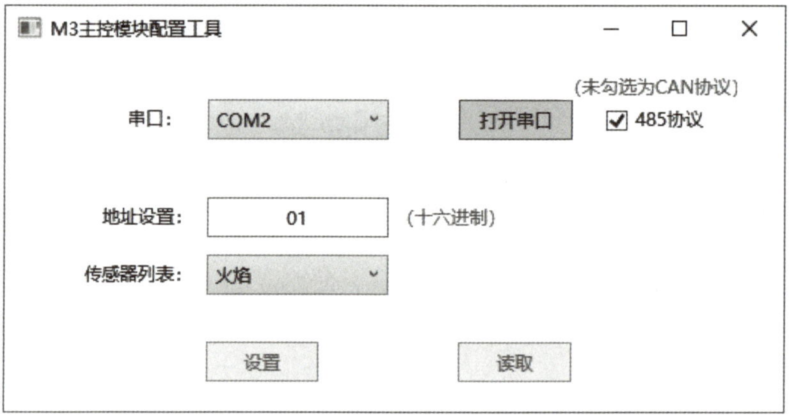

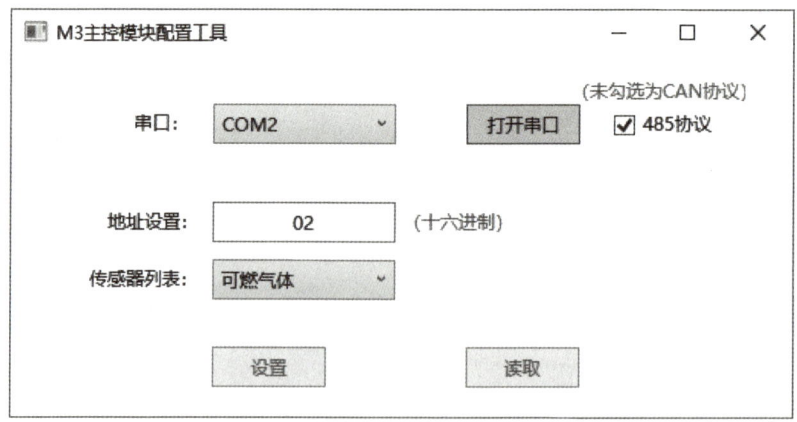

图3-9　配置RS-485节点1的地址和传感器类型

图3-10　配置RS-485节点2的地址和传感器类型

3.6.4　任务4　在云平台上创建项目

1．新建项目

登录云平台http://www.nlecloud.com，单击"开发者中心"→"开发设置"，确认APIKey有没有过期，如果已过期则重新生成APIKey，如图3-11所示。

学习单元3
RS-485总线通信应用

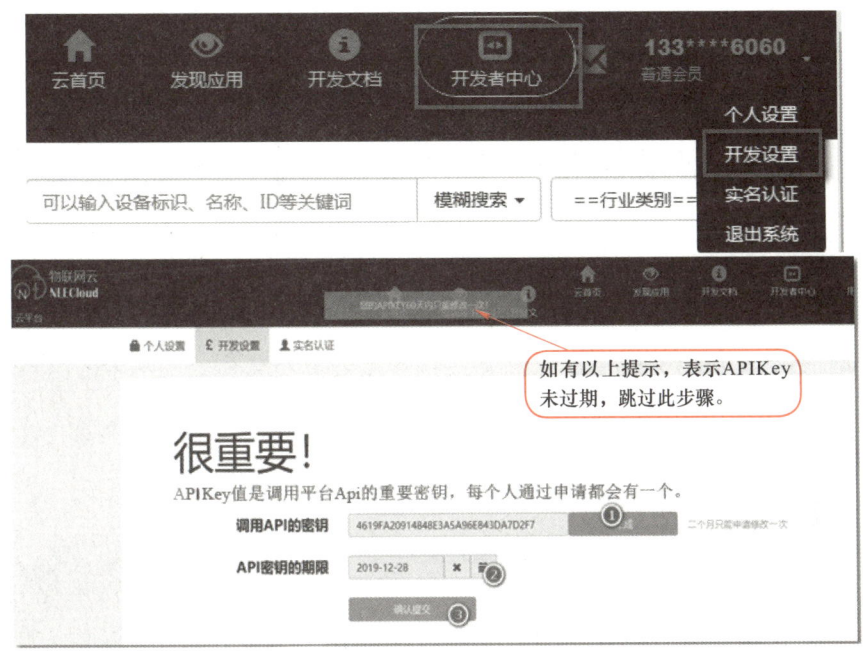

图3-11　生成APIKey

先单击"开发者中心"按钮（图3-12标号①处），然后单击"新增项目"（图3-12标号②处）。

图3-12　云平台新建项目

在弹出的"添加项目"对话框中，可对"项目名称""行业类别"以及"联网方案"等信息进行填充（图3-12中的标号③处）。

在本案例中，设置"项目名称"为"智能安防系统"，"行业类别"选择"工业物联"，"联网方案"选择"以太网"。

2．添加设备

项目新建完毕后，可为其添加设备，如图3-13所示。

图3-13　云平台添加设备

从图3-13中可以看到，需要对"设备名称"（标号①处）、"通讯协议"（标号②处）和"设备标识"（标号③处，可以随便输入，只要不重复即可）进行设置。

单击"确定添加设备"按钮，添加设备完成后如图3-14所示。

图3-14　添加设备完成效果

将图3-14中标号②处的"设备标识"和标号③处的"传输密钥"记下，网关配置时需要用到这些信息。

3．配置网关接入云平台

将网关的LAN口与PC通过网线相连，WAN口与外网相连。

确认网关与ＰＣ处于同一网段后，打开ＰＣ上的浏览器，在地址栏中输入"192.168.14.200:8400"（以从网关获取的实际IP地址为准，这里仅供参考）进入配置界面。

单击图3-15中的"云平台接入",将出现图3-15所示的网关配置界面。在此界面的标号①~⑥处填写好对应的内容,单击标号⑦处的"设置"按钮即可完成网关的配置。

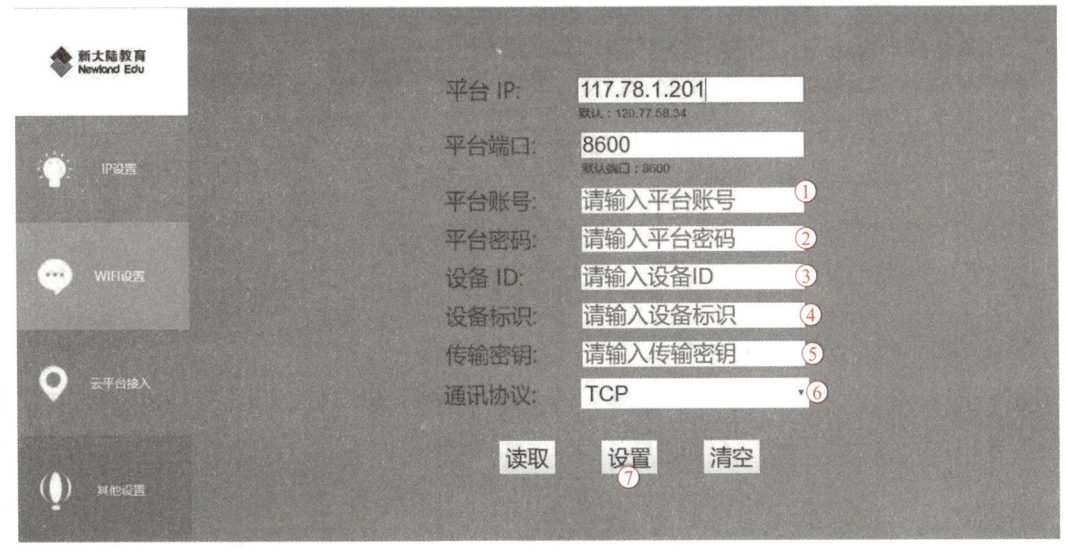

图3-15 网关配置界面

物联网网关配置参数填写完毕,单击⑧处的"设置"按钮,物联网网关系统自动重启,20s左右,网关系统初始化完毕。刷新网页,可以看到网关上线了,并且自动识别到了Modbus总线上接的传感器设备,如图3-16所示。

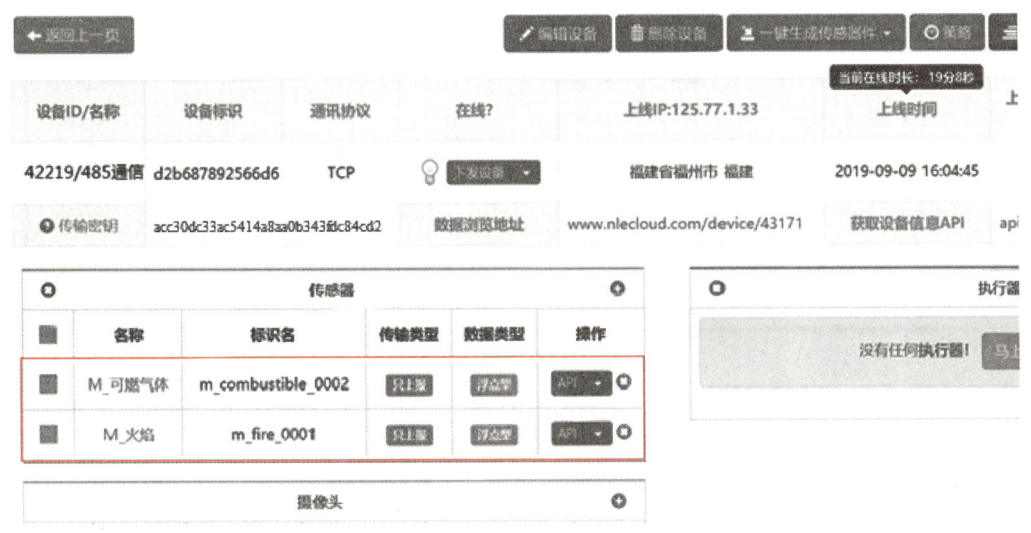

图3-16 自动识别到的传感器

4. 系统运行情况分析

用户可查看实时上报的数据,如图3-17所示,单击①处打开实时数据显示开关,可以看到实时数据显示在②处,并且每隔5s刷新一次。

用户也可以查看历史数据,如图3-18所示。

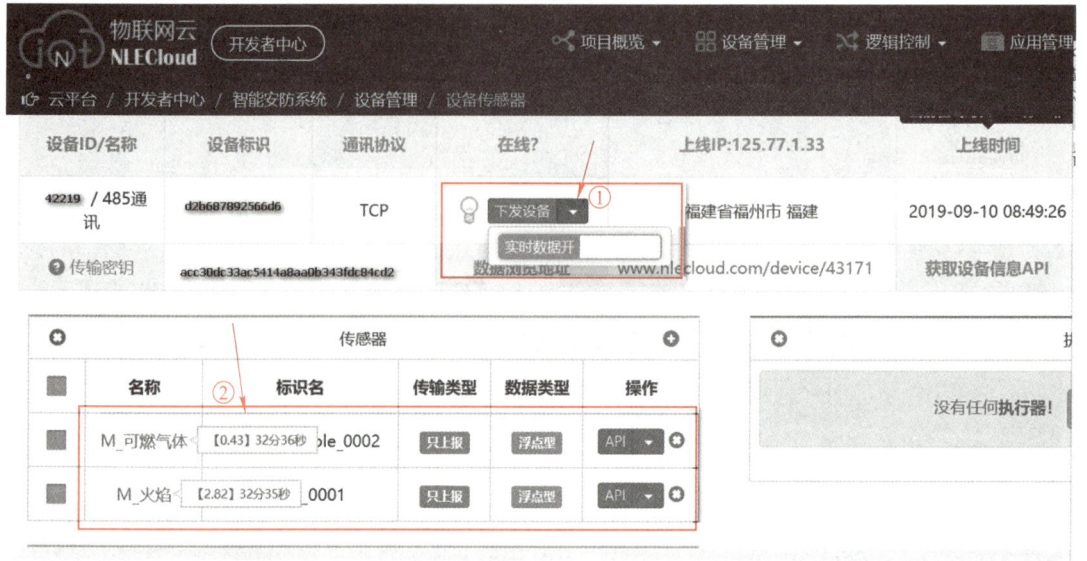

图3-17 实时数据显示的效果

图3-18 查看历史数据

单元总结

  本单元介绍了串行通信与RS-485标准的基础知识,详细讲解了Modbus通信协议的内容,最后以智能安防系统为载体,向读者展示了RS-485网络与Modbus通信协议在实际中的应用。

  通过对本单元的学习,读者可掌握RS-485网络的搭建方法、Modbus通信主机与从机的配置过程以及在云平台上创建项目的步骤。同时,可掌握Modbus通信从机的"解析请求帧"与"生成响应帧并发送"相关函数代码的编写细节。另外,通过实施智能安防系统的构建案例,读者可进一步提升其软硬件联调的能力。

UNIT 4

学习单元 ④
CAN总线通信应用

单元概述

本单元主要面向的工作领域是传感网应用开发中的CAN总线通信应用，介绍了CAN总线相关的基础知识，其中包括CAN总线概述、CAN技术规范与标准、CAN总线的报文信号电平、CAN总线的网络拓扑与节点硬件构成、CAN总线的传输介质、CAN通信帧等。本单元还讲解了CAN控制器与CAN收发器的工作原理，给出了CAN收发器的典型应用电路，还专门分析了STM32F1系列MCU的CAN控制器。读者通过实施本单元的案例——生产线环境监测系统的搭建，可掌握基于CAN总线的通信系统的构建与调试方法。

知识目标

- 掌握CAN总线相关的基础知识；
- 理解CAN控制器与CAN收发器芯片的接口方式与典型应用电路；
- 掌握CAN总线通信系统的接线方式。

技能目标

- 能进行基于CAN总线协议应用程序的开发；
- 能搭建CAN总线网络并编程实现组网通信。

4.1 CAN总线基础知识

4.1.1 CAN总线概述

CAN（Controller Area Network，控制器局域网）由德国Bosch公司于1983年开发出来，最早被应用于汽车内部控制系统的监测与执行机构间的数据通信，目前是国际上应用最广泛的现场总线之一。

近年来，由于CAN总线具备高可靠性、高性能、功能完善和成本较低等优势，其应用领域已从最初的汽车工业慢慢渗透进航空工业、安防监控、楼宇自动化、工业控制、工程机械、医疗器械等领域。例如，酒店客房管理系统集成了门禁、照明、通风、加热和各种报警安全监测等设备，这些设备通过CAN总线连接在一起，形成各种执行器和传感器的联动，这样的系统架构为用户提供了实时监测各单元运行状态的可能性。

CAN总线具有以下主要特性：

- 数据传输距离远（最远10km）；
- 数据传输速率高（最高数据传输速率1Mbit/s）；
- 具备优秀的仲裁机制；
- 使用筛选器实现多地址的数据帧传递；
- 借助遥控帧实现远程数据请求；
- 具备错误检测与处理功能；
- 具备数据自动重发功能；
- 故障节点可自动脱离总线且不影响总线上其他节点的正常工作。

4.1.2 CAN技术规范与标准

1991年9月，Philips半导体公司制定并发布了CAN技术规范V2.0版本。这个版本的CAN技术规范包括A和B两部分，其中2.0A版本技术规范只定义了CAN报文的标准格式，而2.0B版本同时定义了CAN报文的标准与扩展两种格式。1993年11月，ISO正式颁布了CAN国际标准ISO 11898与ISO 11519。ISO 11898标准的CAN通信数据传输速率为125kbit/s～1Mbit/s，适合高速通信应用场景；而ISO 11519标准的CAN通信数据传输速率为125kbit/s以下，适合低速通信应用场景。

CAN技术规范主要对OSI基本参照模型中的物理层（部分）、数据链路层和传输层（部分）进行了定义。ISO 11898与ISO 11519标准则对数据链路层及物理层的一部分进行了标准化，OSI基本参照模型与CAN标准如图4-1所示。

ISO组织并未对CAN技术规范的网络层、会话层、表示层和应用层等部分进行标准化，而美国汽车工程师学会（Society of Automotive Engineers，SAE）等其他组织、团体和企业则针对不同的应用领域对CAN技术规范进行了标准化。这些标准对ISO标准未涉及的部分进行了定义，它们属于CAN应用层协议。常见的CAN标准及其详情见表4-1。

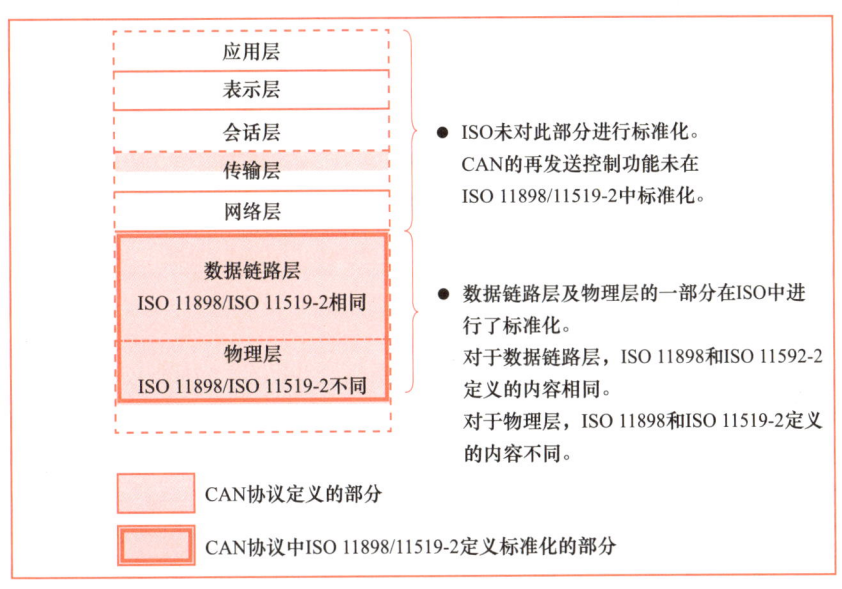

图4-1　OSI基本参照模型与CAN标准

表4-1　常见的CAN标准

序号	标准名称	制定组织	波特率/（bit/s）	物理层线缆规格	适用领域
1	SAE J1939-11	SAE	250k	双线式、屏蔽双绞线	卡车、大客车
2	SAE J1939-12	SAE	250k	双线式、屏蔽双绞线	农用机械
3	SAE J2284	SAE	500k	双线式、双绞线（非屏蔽）	汽车（高速：动力、传动系统）
4	SAE J24111	SAE	33.3k、83.3k	单线式	汽车（低速：车身系统）
5	NMEA-2000	NEMA	62.5k、125k、250k、500k、1M	双线式、屏蔽双绞线	船舶
6	DeviceNet	ODVA	125k、250k、500k	双线式、屏蔽双绞线	工业设备
7	CANopen	CIA	10k、20k、50k、125k、250k、500k、800k、1M	双线式、双绞线	工业设备
8	SDS	Honeywell	125k、250k、500k、1M	双线式、屏蔽双绞线	工业设备

4.1.3　CAN总线的报文信号电平

总线上传输的信息被称为报文，总线规范不同，其报文信号电平标准也不同。ISO 11898和ISO 11519标准在物理层的定义有所不同，两者的信号电平标准也不尽相同。CAN总线上的报文信号使用差分电压传送。图4-2展示了ISO 11898标准的CAN总线信号电平标准。

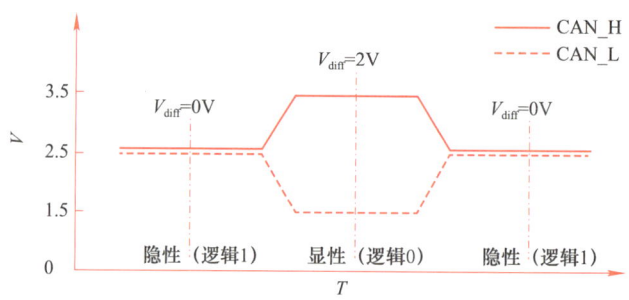

图4-2 ISO 11898标准的CAN总线信号电平标准

图4-2中的实线与虚线分别表示CAN总线的两条信号线CAN_H和CAN_L。静态时两条信号线上电平电压均为2.5V左右（电位差为0V），此时的状态表示逻辑1（或称"隐性电平"状态）。当CAN_H上的电压值为3.5V且CAN_L上的电压值为1.5V时，两线的电位差为2V，此时的状态表示逻辑0（或称"显性电平"状态）。

4.1.4　CAN总线的网络拓扑与节点硬件构成

CAN总线的网络拓扑结构如图4-3所示。

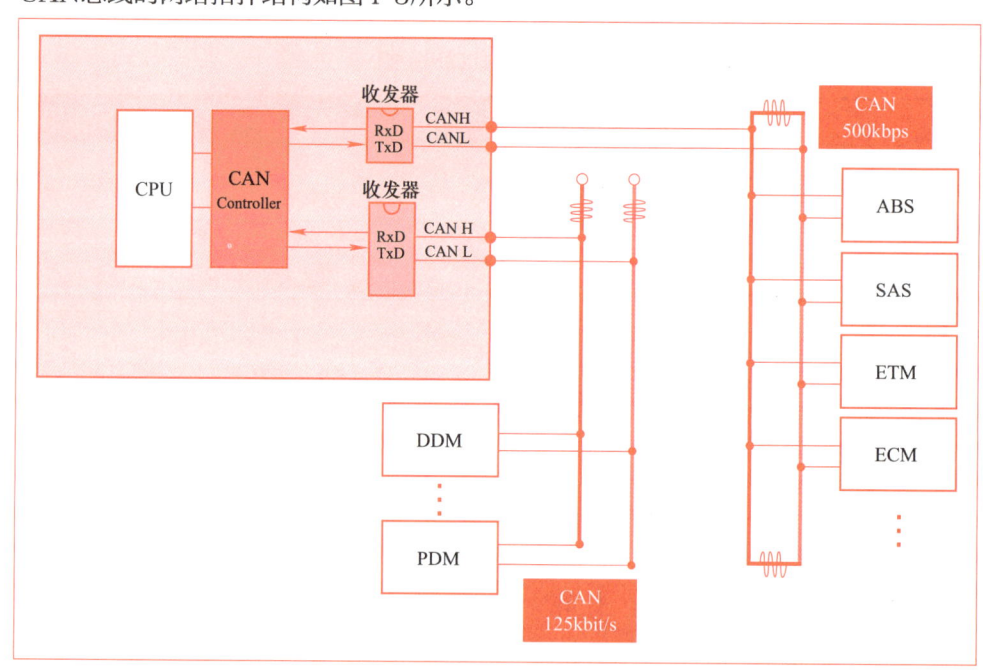

图4-3　CAN总线网络拓扑图

图4-3展示的CAN总线网络拓扑包括两个网络：其中一个是遵循ISO 11898标准的高速CAN总线网络（传输速率为500kbit/s），另一个是遵循ISO 11519标准的低速CAN总线网络（传输速率125kbit/s）。高速CAN总线网络被应用在汽车动力与传动系统，它是闭环网络，总线最大长度为40m，要求两端各有一个120Ω的电阻。低速CAN总线网络被应用在汽车车身系统，它的两根总线是独立的，不形成闭环，要求每根总线上各串联一个2.2kΩ的电阻。

4.1.5　CAN总线的传输介质

CAN总线可以使用多种传输介质，常用的有双绞线、同轴电缆和光纤。

1. 传输介质选择的注意事项

通过对"CAN总线的报文信号电平"小节的学习，了解到CAN总线上的报文信号使用差分电压传送，有两种信号电平，分别是"隐性电平"和"显性电平"。

因此，在选择CAN总线的传输介质时，需要关注以下几个注意事项：

- 物理介质必须支持"显性"和"隐性"状态，同时在总线仲裁时，"显性"状态可支配"隐性"状态；
- 双线结构的总线必须使用终端电阻抑制信号反射，并且采用差分信号传输以减弱电磁干扰的影响；
- 使用光学介质时，隐性电平通过状态"暗"表示，显性电平通过状态"亮"表示；
- 同一段CAN总线网络必须采用相同的传输介质。

2. 双绞线

双绞线目前已在很多CAN总线分布式系统中得到广泛应用，例如，汽车电子、电力系统、电梯控制系统和远程传输系统等。双绞线具有以下特点：

1）双绞线采用抗干扰的差分信号传输方式；
2）技术上容易实现，造价比较低廉；
3）对环境电磁辐射有一定的抑制能力；
4）随着频率的增长，双绞线线对的衰减迅速增高；
5）最大总线长度可达40m；
6）适合传输速率为5kbit/s～1Mbit/s的CAN总线网络。

ISO 11898标准推荐的电缆参数见表4-2。

表4-2 ISO 11898标准的推荐电缆与参数

总线长度/m	电缆		终端电阻/Ω（精度1%）	最大位速率
	直流电阻/（mΩ/m）	导线截面积		
0～40	70	0.25～0.34mm² AWG23，AWG22	124	1Mbit/s at 40m
40～300	<60	0.34～0.60mm² AWG22，AWG20	127	>500kbit/s at 100m
300～600	<40	0.50～0.60mm² AWG20	127	>100kbit/s at 500m
600～1000	<26	0.75～0.80mm² AWG18	127	>50kbit/s at 1km

使用双绞线构成CAN网络时的注意事项如下：

1）网络的两端必须各有一个120Ω左右的终端电阻；
2）支线尽可能短；
3）确保不在干扰源附近部署CAN网络；
4）所用的电缆电阻越小越好，以避免线路压降过大；
5）CAN总线的波特率取决于传输线的延时，通信距离随着波特率减小而增加。

3. 光纤

光纤CAN网络可选用石英光纤或塑料光纤，其拓扑结构有以下几种类型：

- 总线型：由一根用于共享的光纤总线作为主线路，各个节点使用总线耦合器和站点耦合器实现与主线路的连接；
- 环形：每个节点与相邻的节点进行点对点相连，所有节点形成闭环；
- 星形：网络中有一个中心节点，其他节点与中心节点进行点对点相连。

光纤与双绞线、同轴电缆相比，有以下优点：

- 光纤的传输损耗低，中继距离大大增加；
- 光纤具有不辐射能量、不导电、没有电感的优点；
- 光纤不存在串扰或光信号相互干扰的影响；
- 光纤不存在线路接头的感应耦合而导致的安全问题；
- 光纤具有强大的抗电磁干扰的能力。

4.1.6 CAN通信帧介绍

1. CAN通信帧类型

CAN总线上的数据通信基于以下5种类型的通信帧，它们的名称与用途见表4-3。

表4-3 CAN总线的帧类型和用途

序号	帧类型	帧用途
1	数据帧	用于发送单元向接收单元传送数据
2	遥控帧	用于接收单元向具有相同ID的发送单元请求数据
3	错误帧	用于当检测出错误时向其他单元通知错误
4	过载帧	用于接收单元通知发送单元其尚未做好接收准备
5	帧间隔	用于将数据帧及遥控帧与前面的帧分离开

2. 数据帧

数据帧由7个段构成，如图4-4所示。图中深灰色底的位为"显性电平"，浅色底的位为"显性或隐性电平"，白色底的位为"隐性电平"（下同）。

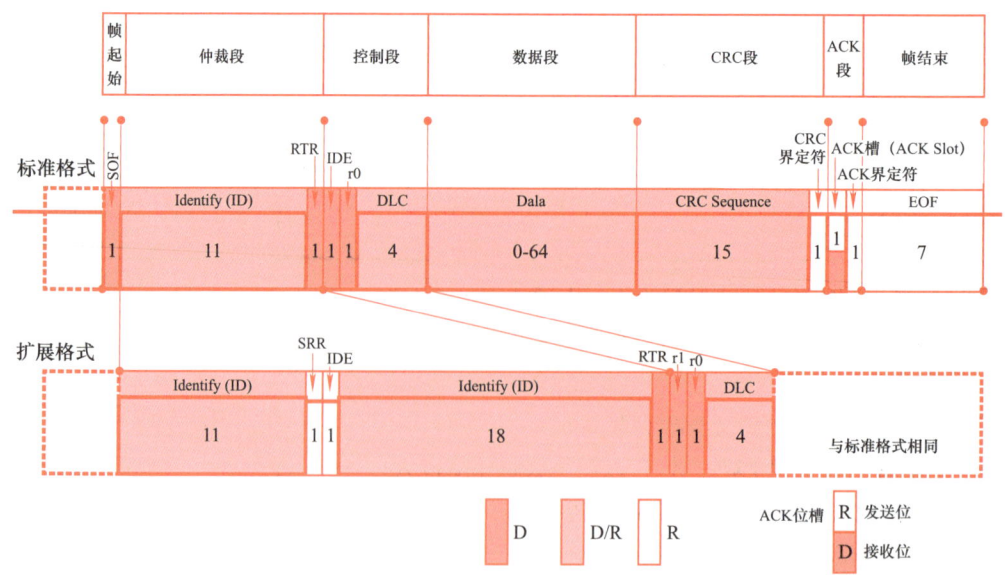

图4-4 数据帧的构成

（1）帧起始（Start of Frame）

帧起始（SOF）表示数据帧和远程帧的起始，它仅由一个"显性电平"位组成。CAN总线的同步规则规定，只有当总线处于空闲状态（总线电平呈现隐性状态）时，才允许站点开始发送信号。

（2）仲裁段（Arbitration Field）

仲裁段是表示帧优先级的段。标准帧与扩展帧的仲裁段格式有所不同：标准帧的仲裁段由11bit的标识符ID和RTR（Remote Transmission Request，远程发送请求）位构成；扩展帧的仲裁段由29bit的标识符ID、SRR（Substitute Remote Request，替代远程请求）位、IDE位和RTR位构成。

RTR位用于指示帧类型，数据帧的RTR位为"显性电平"，而遥控帧的RTR位为"隐性电平"。

SRR位只存在于扩展帧中，与RTR位对齐，为"隐性电平"。因此当CAN总线对标准帧和扩展帧进行优先级仲裁时，在两者的标识符ID部分完全相同的情况下，扩展帧相对标准帧而言处于失利状态。

（3）控制段（Control Field）

控制段是表示数据的字节数和保留位的段，标准帧与扩展帧的控制段格式不同。标准帧的控制段由IDE（Identifier Extension，标志符扩展）位、保留位r0和4bit的数据长度码DLC构成。扩展帧的控制段由保留位r1、r0和4bit的数据长度码DLC构成。IDE位用于指示数据帧为标准帧还是扩展帧，标准帧的IDE位为"显性电平"。数据长度码与字节数的关系见表4-4，其中，"D"为显性电平（逻辑0），"R"为隐性电平（逻辑1）。

表4-4 数据长度码与字节数的关系

数据字节数	数据长度码			
	DLC3	DLC2	DLC1	DLC0
0	D(0)	D(0)	D(0)	D(0)
1	D(0)	D(0)	D(0)	R(1)
2	D(0)	D(0)	R(1)	D(0)
3	D(0)	D(0)	R(1)	R(1)
4	D(0)	R(1)	D(0)	D(0)
5	D(0)	R(1)	D(0)	R(1)
6	D(0)	R(1)	R(1)	D(0)
7	D(0)	R(1)	R(1)	R(1)
8	R(1)	D(0)	D(0)	D(0)

（4）数据段（Data Field）

数据段用于承载数据的内容，它可包含0～8B的数据，从MSB（最高有效位）开始输出。

（5）CRC段（CRC Field）

CRC段是用于检查帧传输是否错误的段，它由15bit的CRC序列和1bit的CRC界定符（用于分隔）构成。CRC序列是根据多项式生成的CRC值，其计算范围包括帧起始、仲裁段、控制段和数据段。

（6）ACK段（Acknowledge Field）

ACK段是用于确认接收是否正常的段，它由ACK槽（ACK Slot）和ACK界定符（用于分隔）构成，长度为2bit。

（7）帧结束（End of Frame）

帧结束（EOF）用于表示数据帧的结束，它由7bit的隐性位构成。

3．遥控帧

遥控帧的构成如图4-5所示。

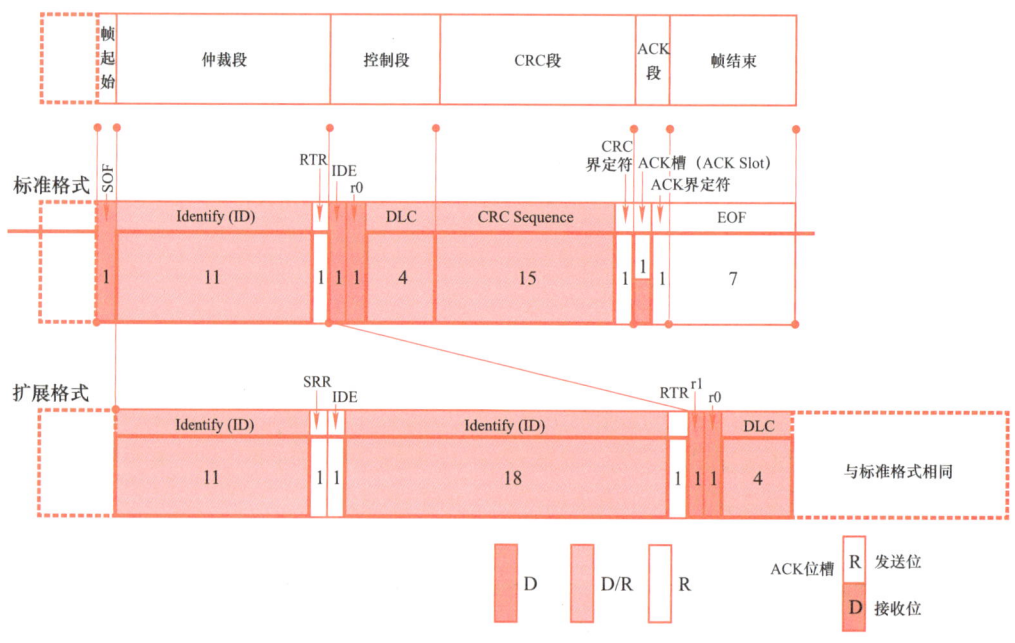

图4-5 遥控帧的构成

从图4-5中可以看到，遥控帧与数据帧相比，除了没有数据段之外，其他段的构成均与数据帧完全相同。如前所述，RTR位的极性指明了该帧是数据帧还是遥控帧，遥控帧中的RTR位为"隐性电平"。

4．错误帧

错误帧用于在接收和发送消息时检测出错误并通知错误，它的构成如图4-6所示。

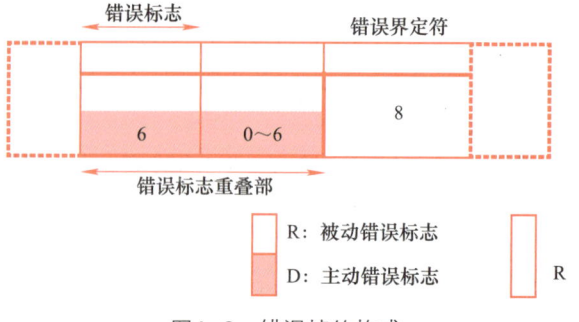

图4-6 错误帧的构成

从图4-6可知，错误帧由错误标志和错误界定符构成。错误标志包括主动错误标志和被动错误标志，前者由6bit的显性位构成，后者由6bit的隐性位构成。错误界定符由8bit的隐性位构成。

5．过载帧

过载帧是接收单元用于通知发送单元尚未完成接收准备的帧，它的构成如图4-7所示。

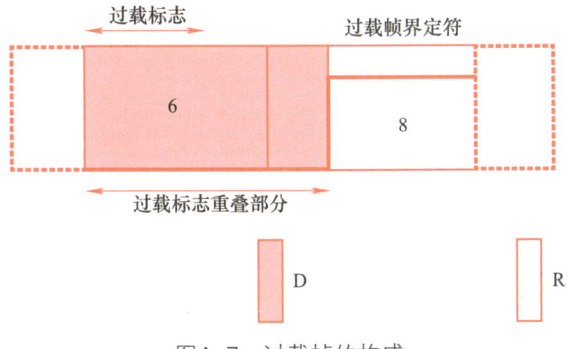

图4-7　过载帧的构成

从图4-7可知，过载帧由过载标志和过载界定符构成。过载标志的构成与主动错误标志的构成相同，由6bit的显性位构成。过载界定符的构成与错误界定符的构成相同，由8bit的隐性位构成。

6．帧间隔

帧间隔是用于分隔数据帧和遥控帧的帧。数据帧和遥控帧可通过插入帧间隔将本帧与前面的任何帧（数据帧、遥控帧、错误帧或过载帧等）隔开，但错误帧和过载帧前不允许插入帧间隔。帧间隔的构成如图4-8所示。

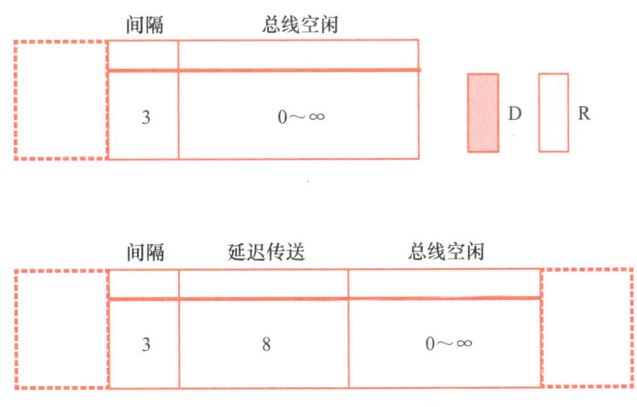

图4-8　帧间隔的构成

帧间隔的构成元素有三个：

一是间隔，它由3bit的隐性位构成。

二是总线空闲，它由隐性电平构成，且无长度限制。只有在总线处于空闲状态下，要发送的单元才可以开始访问总线。

三是延迟传送，它由8bit的隐性位构成。

4.2 CAN控制器与收发器

4.2.1 CAN节点的硬件构成

在学习CAN控制器与收发器之前，先了解CAN总线上单个节点的硬件架构，如图4-9所示。

从图4-9中可以看到，CAN总线上单个节点的硬件架构有两种方案：

第一种硬件架构由MCU、CAN控制器和CAN收发器组成。这种方案采用了独立的CAN控制器，优点是程序可以方便地移植到其他使用相同CAN控制器芯片的系统，缺点是需要占用MCU的I/O资源且硬件电路更复杂一些。

第二种硬件架构由集成了CAN控制器的MCU和CAN收发器组成。这种方案优点是硬件电路简单，缺点是用户编写的CAN驱动程序只适用某个系列的MCU（如，ST公司的STM32F103、TI的TMS320LF2407等），可移植性较差。

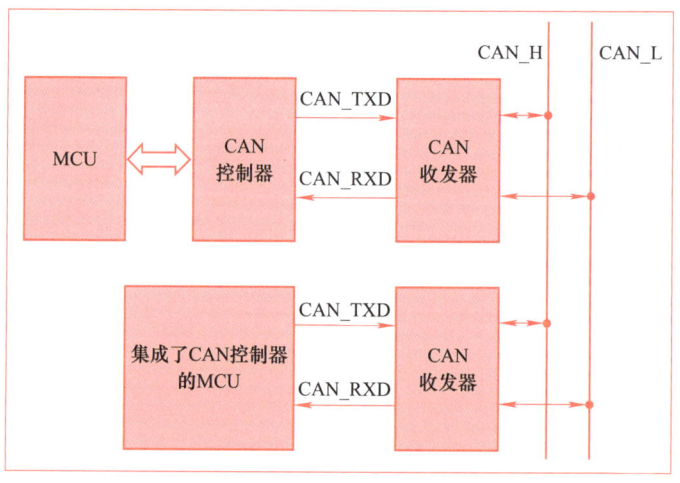

图4-9　CAN总线上节点的硬件架构

4.2.2 CAN控制器

CAN控制器是一种实现"报文"与"符合CAN规范的通信帧"之间相互转换的器件，它与CAN收发器相连，以便在CAN总线上与其他节点交换信息。

1. CAN控制器的分类

CAN控制器主要分为两类：一类是独立的控制器芯片，如，NXP半导体的MCP2515、SJA1000等；另一类与微控制器集成在一起，如，NXP半导体的P87C591和LPC11Cxx系列微控制器、ST公司的STM32F103系列和STM32F407系列等。

2．CAN控制器的工作原理

CAN控制器内部的结构示意图如图4-10所示。

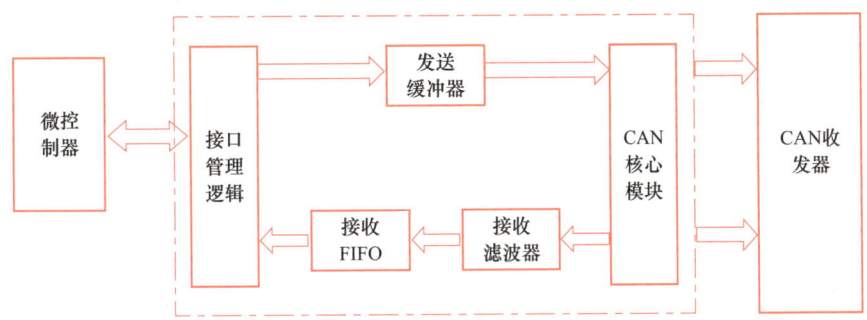

图4-10　CAN控制器结构示意图

（1）接口管理逻辑

接口管理逻辑用于连接微控制器，解释微控制器发送的命令，控制CAN控制器寄存器的寻址，并向微控制器提供中断信息和状态信息。

（2）CAN核心模块

接收数据时，CAN核心模块用于将接收到的报文由串行流转换为并行数据。发送数据时则相反。

（3）发送缓冲器

发送缓冲器用于存储完整的报文。需要发送数据时，CAN核心模块从发送缓冲器中读取CAN报文。

（4）接收滤波器

接收滤波器可根据编程配置过滤掉无需接收的报文。

（5）接收FIFO

接收FIFO是接收滤波器与微控制器之间的接口，用于存储从CAN总线上接收的所有报文。

3．STM32F1系列MCU的CAN控制器介绍

STM32F1系列微控制器内部集成了CAN控制器，名为BxCAN（Basic Extended CAN）。

（1）BxCAN的主要特性

BxCAN支持CAN技术规范V2.0A和V2.0B，通信速率高达1Mbit/s，支持时间触发通信方案。

数据发送相关的特性有：BxCAN含三个发送邮箱，其发送优先级可配置，帧起始段支持发送时间戳。

在数据接收方面的特性有：BxCAN含两个具有三级深度的接收FIFO，其上溢参数可配置，并具有可调整的筛选器组，帧起始段支持接收时间戳。

（2）BxCAN的工作模式与测试模式

BxCAN有三种主要的工作模式：初始化、正常和睡眠。硬件复位后，BxCAN进入睡眠模式以降低功耗。当硬件处于初始化模式时，可以进行软件初始化操作。一旦初始化完成，软件必须向硬件请求进入正常模式，这样才能在CAN总线上进行同步，并开始接收和发送。

同时为了方便用户调试，BxCAN提供了测试模式，包括静默、环回与静默环回组合。用户通过配置位时序寄存器CAN_BTR的"SILM"与"LBKM"位段可以控制BxCAN在正常模式与三种测试模式之间进行切换。各种模式的工作示意图如图4-11所示。

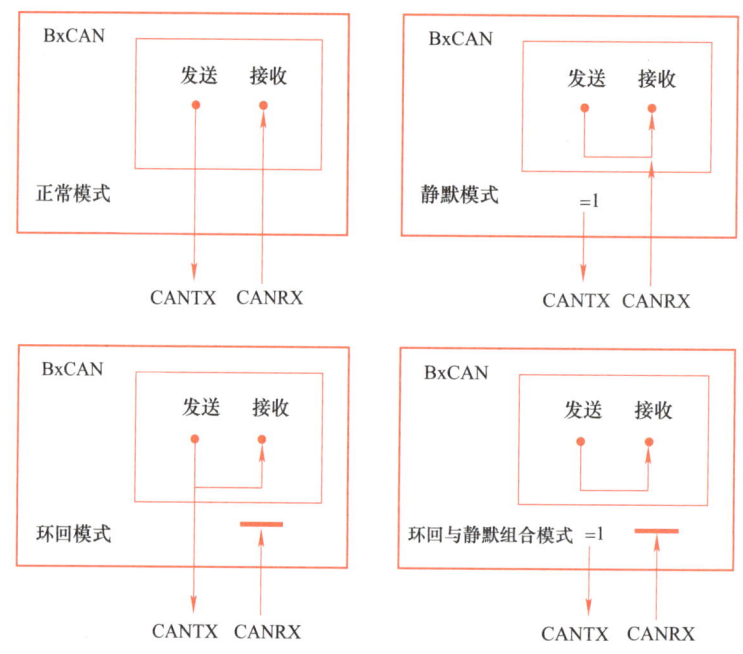

图4-11　BxCAN的正常模式与测试模式

正常模式：可正常地向CAN总线发送数据或从总线上接收数据。

静默模式：只能向CAN总线发送数据1（隐性电平），不能发送数据0（显性电平），但可以正常地从总线上接收数据。由于这种模式发送的隐性电平不会影响总线的电平状态，故称为静默模式。

环回模式：向CAN总线发送的所有内容会同时直接传到接收端，但无法接收总线上的任何数据。这种模式一般用于自检。

环回与静默组合模式：这种模式是静默模式与环回模式的组合，同时具有两种模式的特点。

（3）BxCAN的组成

STM32F1系列MCU的BxCAN有两组CAN控制器：CAN1（主）和CAN2（从），它的组成框图如图4-12所示。

从图4-12中可以看到，BxCAN主要由CAN控制核心、CAN发送邮箱、CAN接收FIFO

和筛选器构成。

① CAN控制核心。

CAN控制核心包括CAN 2.0B主动内核与各种控制、状态和配置寄存器，应用程序使用这些寄存器可完成以下操作：

- 配置CAN参数，如，波特率等；
- 请求发送；
- 处理接收；
- 管理中断；
- 获取诊断信息。

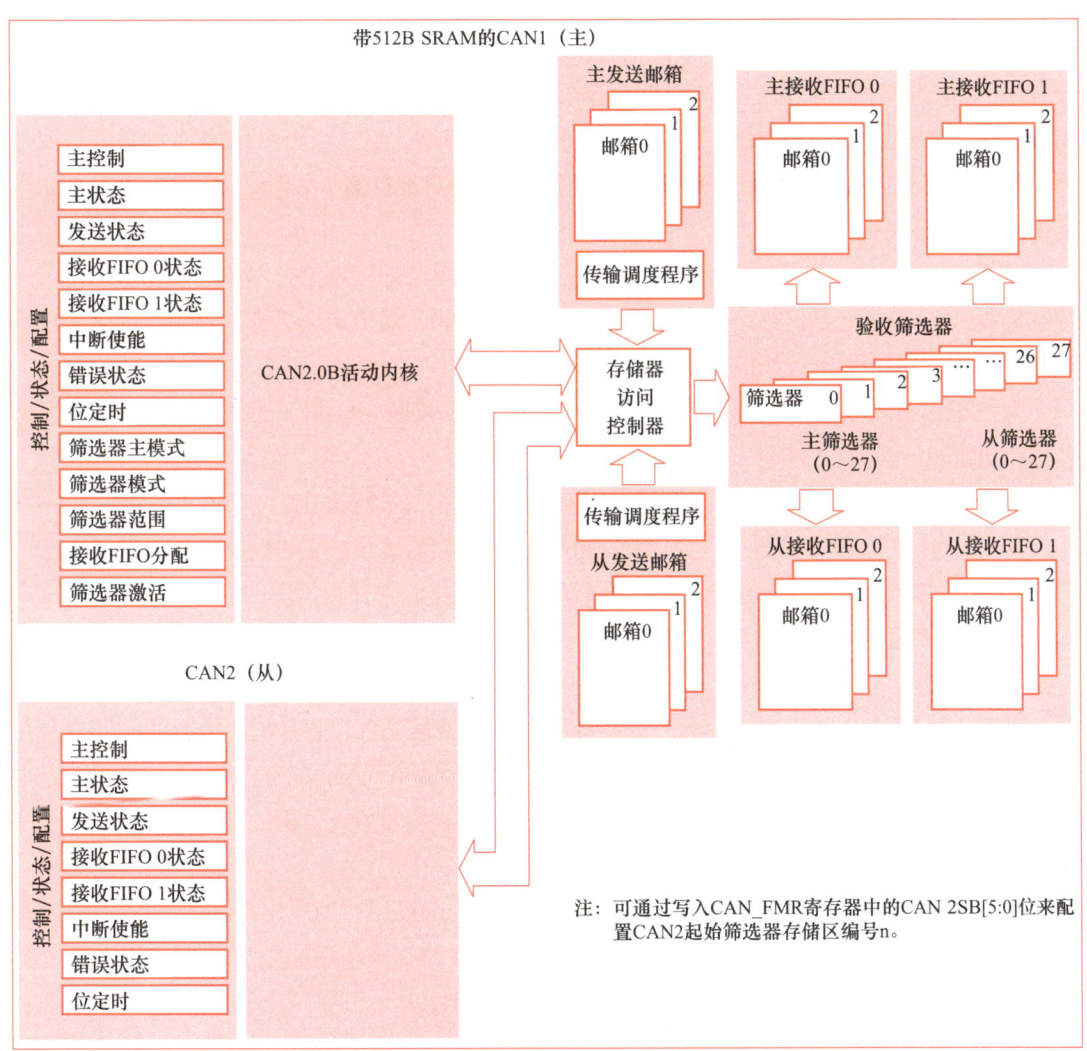

图4-12 BxCAN的组成框图

② CAN发送邮箱。

BxCAN有3个发送邮箱，可缓存3个待发送的报文，并由发送调度程序决定先发送哪个邮箱的内容。

每个发送邮箱都包含4个与数据发送功能相关的寄存器，它们的具体名称与功能如下。
- 标识符寄存器（CAN_TIxR）：用于存储待发送报文的标准ID、扩展ID等信息；
- 数据长度控制寄存器（CAN_TDTxR）：用于存储待发送报文的数据长度DLC段信息；
- 低位数据寄存器（CAN_TDLxR）：用于存储待发送报文数据段的低4B的内容；
- 高位数据寄存器（CAN_TDHxR）：用于存储待发送报文数据段的高4B的内容。

用户使用STM32F1标准外设库编写BxCAN数据发送函数时，先将报文的各段内容分离出去，然后分别存入相应的寄存器中，最后使能发送即可将数据通过CAN总线发送出去。

③ CAN接收FIFO。

BxCAN有两个接收FIFO，分别具有3级深度。即每个FIFO中有3个接收邮箱，共可以缓存6个接收到的报文。为了节约CPU负载、简化软件设计并保证数据的一致性，FIFO完全由硬件进行管理。接收到报文时，FIFO的报文计数器自增。反之，FIFO中缓存的数据被取走后，报文计数器自减。应用程序通过查询CAN接收FIFO寄存器（CAN_RFxR）可以获知当前FIFO中挂起的消息数。

根据CAN主控制寄存器CAN_MCR的相关介绍，用户配置该寄存器的"RFLM"位可以控制接收FIFO上溢后是否锁定。FIFO工作在锁定模式时，溢出后会丢弃新报文。反之，在非锁定模式下，FIFO溢出后新报文将覆盖旧报文。

与发送邮箱类似，每个接收FIFO也包含4个与数据接收功能相关的寄存器，它们的具体名称和功能如下。
- 标识符寄存器（CAN_RIxR）：用于存储接收报文的标准ID、扩展ID等信息；
- 数据长度控制寄存器（CAN_RDTxR）：用于存储接收报文的数据长度DLC段信息；
- 低位数据寄存器（CAN_RDLxR）：用于存储接收报文数据段的低4B的内容；
- 高位数据寄存器（CAN_RDHxR）：用于存储接收报文数据段的高4B的内容。

④ 筛选器。

根据CAN技术规范，报文消息的标识符ID与节点地址无关，它是消息内容的一部分。在CAN总线上，发送单元将消息广播给所有接收单元，接收单元根据标识符ID的值来判断是否需要该消息。若需要则存储该消息，反之则丢弃该消息。接收单元方面的整个流程应在无软件干预的情况下完成。

为了满足这一要求，STM32F103系列微控制器的BxCAN为应用程序提供了14个可配置可调整的硬件筛选器组（编号13~0），进而节省软件筛选所需的CPU资源。每个筛选器组包含两个32位寄存器，分别是CAN_FxR0和CAN_FxR1。

筛选器参数配置涉及的寄存器有：CAN筛选器主寄存器（CAN_FMR）、模式寄存器（CAN_FM1R）、尺度寄存器（CAN_FS1R）、FIFO分配寄存器（CAN_FFA1R）和激活寄存器（CAN_FA1R）。在使用过程中，需要对筛选器作以下配置。

一是配置筛选器的模式（Filter Mode）。用户通过配置模式寄存器（CAN_FM1R）可将筛选器配置成"标识符掩码"模式或"标识符列表"模式。

标识符掩码模式将允许接收的报文标识符ID的某几位作为掩码。筛选时，只需将掩码与待收报文的标识符ID中相应的位进行比较，若相同则接收该报文。标识符掩码模式也可以理解成"关键字搜索"。

标识符列表模式将所有允许接收的报文标识符ID制作成一个列表。筛选时，如果待收报文的标识符ID与列表中的某一项完全相同，则筛选器接收该报文。标识符列表模式也可以理解成"白名单管理"。

二是配置筛选器的尺度（Filter Scale Configuration）。用户通过配置尺度寄存器（CAN_FS1R）可将筛选器尺度配置为"双16位"或"单32位"。

三是配置筛选器的FIFO关联情况（FIFO Assignment for Filter x）。用户通过配置FIFO分配寄存器（CAN_FFA1R）可将筛选器与"FIFO0"或"FIFO1"相关联。

不同的筛选器模式与尺度的组合构成了4种筛选器工作状态，如图4-13所示。

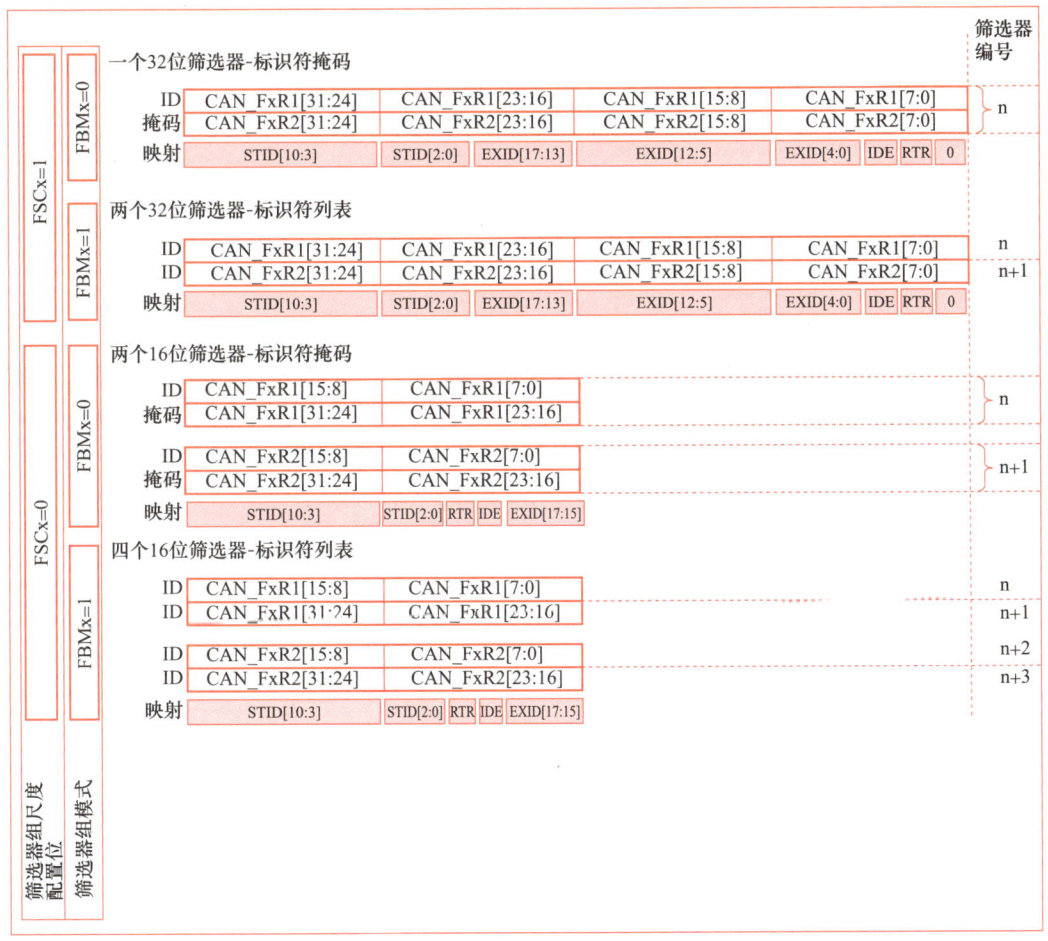

图4-13 筛选器的4种工作状态

图4-13中的"x"代表筛选器组编号，"ID"代表标识符。

图4-13中筛选器的4种工作状态的说明见表4-5。

表4-5 筛选器的4种工作状态说明

序号	工作状态	模式	尺度	说明
1	一个32位筛选器	标识符掩码	32位	CAN_FxR1存储ID，CAN_FxR2存储掩码，两个寄存器表示1组待筛选的ID与掩码。可适用于标准ID和扩展ID
2	两个32位筛选器	标识符列表	32位	CAN_FxR1和CAN_FxR2各存储1个ID，两个寄存器表示两个待筛选的位ID。可适用于标准ID和扩展ID
3	两个16位筛选器	标识符掩码	16位	CAN_FxR1高16位存储ID，低16位存储相应的掩码，CAN_FxR2高16位存储ID，低16位存储相应掩码，两个寄存器表示两组待筛选的16位ID与掩码。只适用于标准ID
4	四个16位筛选器	标识符列表	16位	CAN_FxR1存储两个ID，CAN_FxR2存储两个ID，两个寄存器表示4个待筛选的16位ID。只适用于标准ID

根据ISO 11898标准定义，标准ID的长度为11位，扩展ID的长度为29位，因此筛选器的16位尺度只能适用于标准ID的筛选，32位尺度则可适用于标准ID或扩展ID的筛选。表4-6对标识符列表和标识符掩码模式的优缺点及其适用场景进行了分析。

表4-6 标识符列表和标识符掩码模式的优缺点及其适用场景

筛选器模式	优点	缺点	适用场景
标识符列表	可精确地筛选每个指定的标识符ID	由于筛选器组硬件数量有限，因此可筛选的标识符ID有限	待筛选的标识符ID数量较少，且要求精确适配的应用场景
标识符掩码	可筛选的标识符ID数量上限取决于掩码的配置，最多无上限（当掩码配置为全0时）	无法精确到每一个标识符ID，会出现部分不期望的标识符ID通过筛选器的情况	待筛选的标识符ID数量较多的应用场景

4.2.3 CAN收发器

CAN收发器是CAN控制器与CAN物理总线之间的接口，它将CAN控制器的"逻辑电平"转换为"差分电平"，并通过CAN总线发送出去。

根据CAN收发器的特性，可将其分为以下四种类型。

一是通用CAN收发器，常见型号有NXP半导体公司的PCA82C250芯片。

二是隔离CAN收发器。隔离CAN收发器的特性是具有隔离、ESD保护及TVS管防总线过压的功能，常见型号有CTM1050系列、CTM8250系列等。

三是高速CAN收发器。高速CAN收发器的特性是支持较高的CAN通信速率，常见型号有NXP半导体公司的SN65HVD230、TJA1050、TJA1040等。

四是容错CAN收发器。容错CAN收发器可以在总线出现破损或短路的情况下保持正常运行，对于易出故障领域的应用具有至关重要的意义，常见型号有NXP半导体公司的TJA1054、TJA1055等。

接下来以NXP半导体公司的SN65HVD230为例，讲解CAN收发器芯片的工作原理与典型应用电路。图4-14展示了基于CAN总线的多机通信系统接线图。

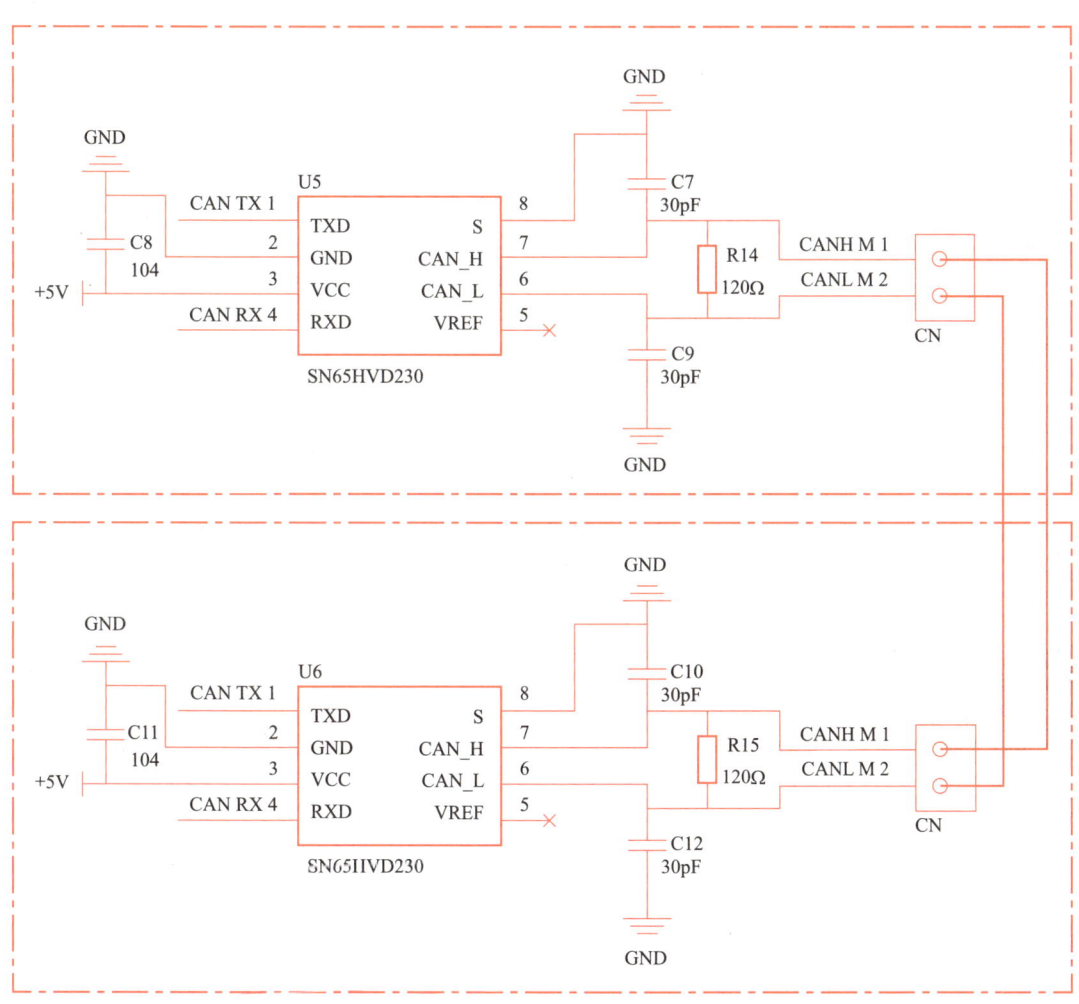

图4-14　基于CAN总线的多机通信系统接线图

在图4-14中，电阻R14与R15为终端匹配电阻，其阻值为120Ω。SN65HVD230芯片的封装类型是SOP-8，RXD与TXD分别为数据接收与发送引脚，它们用于连接CAN控制器的数据收发端。CAN_H、CAN_L两端用于连接CAN总线上的其他设备，所有设备以并联的形式接在CAN总线上。

目前市面上各个半导体公司生产的CAN收发器芯片的引脚分布情况几乎相同，具体的引脚功能描述见表4-7。

表4-7 CAN收发器芯片的引脚功能描述

引脚编号	名称	功能描述
1	TXD	CAN发送数据输入端（来自CAN控制器）
2	GND	接地
3	VCC	接3.3V供电
4	RXD	CAN接收数据输出端（发往CAN控制器）
5	S	模式选择引脚 拉低接地：高速模式 ● 拉高接VCC：低功耗模式 ● 10～100KΩ拉低接地：斜率控制模式
6	CAN_H	CAN总线高电平线
7	CAN_L	CAN总线低电平线
8	VREF	VCC/2参考电压输出引脚，一般留空

4.3 应用案例：生产线环境监测系统的构建

4.3.1 任务1 案例分析

1. 系统构成

本案例要求搭建一个基于CAN总线的生产线环境监测系统，系统构成如下：
- PC一台（作为上位机）；
- 网关一个；
- CAN节点三个（一个CAN网关节点、两个CAN终端节点）；
- 温湿度光敏传感器两个；
- 火焰传感器一个；
- USB接口CAN调试器一个。

生产线环境监测系统的拓扑图如图4-15所示。

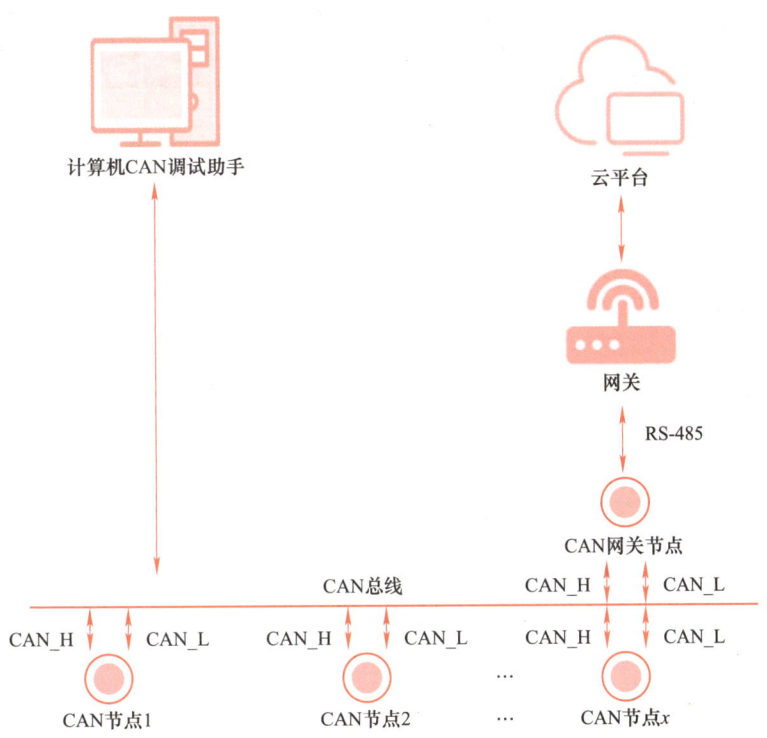

图4-15 生产线环境监测系统拓扑图

2. 系统数据通信协议分析

（1）CAN网络数据帧

本案例的CAN通信采用标准格式的数据帧，其格式见图4-4，主要内容见表4-8。

表4-8 标准格式数据帧的构成

段类型	帧ID	帧类型RTR	标识符ID类型IDE	保留位	数据长度DLC	数据段Data[8]
长度	11 bit（标准帧）	1 bit	1 bit	1 bit	4 bit	8 Byte
内容	标准帧ID	0：数据帧 1：远程帧	0：标准帧 1：扩展帧	r0	DLC	Data
举例	0x12	0	0	0	0x08	Data[0]～Data[7]

（2）通过RS-485网络上报网关的数据帧

网关节点需要通过RS-485网络将采集到的传感器数据上报至网关。根据本案例需求，制订的数据帧格式见表4-9。

表4-9 RS-485网络数据帧格式

组成部分（缩写）	帧起始符（START）	地址域（ADDR）	命令码域（CMD）	数据长度域（LEN）	传感器类型（TYPE）	数据域（DATA）	校验码域（CS）
长度/B	1	2	1	1	1	2	1
内容	固定为0xDD	DstAddr	见本表格说明	Length	见本表格说明	Data	CheckSum
举例	0xDD	0x3412	0x01	0x09	0x01	0x18 0x40	0x86

各字段说明如下：

- 帧起始符（START）：固定为0xDD；
- 地址域（ADDR）：为发送节点的地址，低位在前，高位在后；如地址为0x3412，则DstAddr0=0x12，DstAddr1=0x34；
- 命令码域（CMD）：0x01代表上报CAN网络的数据，0x02代表上报RS-485网络的数据；
- 数据长度域（LEN）：固定为0x09；
- 传感器类型（TYPE）：1—温湿度传感器，2—人体红外传感器，3—火焰传感器，4—可燃气体传感器，5—空气质量传感器，6—光敏传感器，7—声音传感器，8—红外传感器，9—心率传感器，10—其他；
- 数据域（DATA）：占两个字节，高8位和低8位。如：对应温湿度传感器，高8位为温度值，低8位为湿度值。则温度24℃对应0x18，湿度64%对应0x40；
- 校验码域（CS）：采用和校验方式，计算从"帧起始符"到"数据域"之间所有数据的累加和，并将该累加和与0xFF按位与而保留低8位，将此值作为CS的值。

3．系统工作流程分析

网络中的CAN终端节点每隔1.5s上传一次数据至CAN网关节点。

CAN网关节点收到传感器数据后，通过RS-485网络将其上报至网关。同时，CAN网关节点每隔1.5s也将自身采集的温湿度数据上报给网关。

网关收到传感器数据后，将通过TCP协议上传至云平台。

4.3.2 任务2 完善工程代码

打开资源包里的CAN基础工程（路径：..\CAN总线通信应用\CAN_BASE\MDK-ARM\CAN_BASE.uvprojx）。

在user_can.c的void CAN_User_Config(CAN_HandleTypeDef* hcan)函数中添加如下粗体代码。

```
1.  void CAN_User_Config(CAN_HandleTypeDef* hcan )
2.  {
3.      CAN_FilterTypeDef sFilterConfig;
4.      HAL_StatusTypeDef HAL_Status;
5.      sFilterConfig.FilterBank = 0;                              //过滤器0
6.      sFilterConfig.FilterMode = CAN_FILTERMODE_IDMASK;          //屏蔽位模式
```

```
7.      sFilterConfig.FilterScale = CAN_FILTERSCALE_32BIT;        //32位宽
8.      sFilterConfig.FilterIdHigh = 0x0000;                       //32位ID
9.      sFilterConfig.FilterIdLow  = 0x0000;
10.     sFilterConfig.FilterMaskIdHigh = 0x0000;                   //32位MASK
11.     sFilterConfig.FilterMaskIdLow  = 0x0000;
12.     sFilterConfig.FilterFIFOAssignment = CAN_RX_FIFO0;         //接收到的报文放入到FIFO0中
13.     sFilterConfig.FilterActivation = ENABLE;                   //激活过滤器
14.     sFilterConfig.SlaveStartFilterBank  = 0;
15.     HAL_Status=HAL_CAN_ConfigFilter(hcan, &sFilterConfig);
16.     HAL_Status=HAL_CAN_Start(hcan);                            //开启CAN
17.     if(HAL_Status!=HAL_OK)
18.     {
19.         printf("开启CAN失败\r\n");
20.     }
21.     HAL_Status=HAL_CAN_ActivateNotification(hcan, CAN_IT_RX_FIFO0_MSG_PENDING);
22.     if(HAL_Status!=HAL_OK)
23.     {
24.         printf("开启挂起中断允许失败\r\n");
25.     }
26. }
```

在user_can.c的void can_start(void)函数中添加如下粗体代码。

```
1. void can_start(void)
2. {
3.     HAL_CAN_Start(&hcan);
4. }
```

在user_can.c的void can_stop (void)函数中添加如下粗体代码。

```
1. void can_stop(void)
2. {
3.     HAL_CAN_Stop(&hcan);
4. }
```

在user_can.c的uint8_t Can_Send_Msg_StdId(uint16_t My_StdId, uint8_t len, uint8_t Type_Sensor)函数中添加如下粗体代码。

```
1.  uint8_t Can_Send_Msg_StdId(uint16_t My_StdId,uint8_t len,uint8_t Type_Sensor)
2.  {
3.      CAN_TxHeaderTypeDef  TxMeg;
4.      ValueType ValueType_t;
5.      uint8_t vol_H,vol_L;
6.      uint16_t i=0;
7.      uint8_t data[8];
8.
9.      TxMeg.StdId=My_StdId;              //标准标识符
10.     TxMeg.ExtId=0x00;                  //设置扩展标示符
11.     TxMeg.IDE=CAN_ID_STD;              //标准帧
```

```
12.     TxMeg.RTR=CAN_RTR_DATA;                    //数据帧
13.     TxMeg.DLC=len;                              //要发送的数据长度
14.     for(i=0;i<len;i++)
15.     {
16.         data[i]=0;
17.     }
18.
19.     data[0] =  Sensor_Type_t;
20.     data[4] =  (uint8_t)My_StdId;
21.     printf("Can_Send_Msg_StdId >>My_StdId 标准帧ID= %x  \r\n",My_StdId);
22.     printf("Can_Send_Msg_StdId >>Sensor_Type_t %d \r\n",data[0]);
23.     ValueType_t=ValueTypes(Type_Sensor);
24.     printf("Can_Send_Msg_StdId >>ValueType_t %d \r\n",ValueType_t);
25.
26.
27.     switch(ValueType_t)
28.     {
29.         case Value_ADC:
30.
31.             vol_H = (vol&0xff00)>>8;
32.             vol_L = vol&0x00ff;
33.             data[1]=vol_H;
34.             data[2]=vol_L;
35.             printf("Can_Send_Msg_StdId >> Value_ADC TxMessage.Data[1]=%d \r\n", data[1]);
36.             printf("Can_Send_Msg_StdId >> Value_ADC TxMessage.Data[2]=%d \r\n", data[2]);
37.             break;
38.         case Value_Switch:
39.             data[1]=switching;
40.             data[2]=0;
41.             break;
42.         case Value_I2C:
43.             data[1]=sensor_tem;
44.             data[2]=sensor_hum;
45.             printf("Can_Send_Msg_StdId >> Value_I2C TxMessage.Data[1]=%d \r\n", data[1]);
46.             printf("Can_Send_Msg_StdId >> Value_I2C TxMessage.Data[2]=%d \r\n", data[2]);
47.             break;
48.         default:
49.             break;
50.     }
51.
52.     if (HAL_CAN_AddTxMessage(&hcan, &TxMeg, data, &TxMailbox) != HAL_OK)
```

```
53.     {
54.         printf("Can send data error\r\n");
55.     }
56.     else
57.     {
58.         printf("Can send data success\r\n");
59.     }
60.
61.     return 0;
62. }
```

在user_can.c的HAL_CAN_RxFifo0MsgPendingCallback(CAN_HandleTypeDef * hcan)函数中添加如下粗体代码。

```
1.  void HAL_CAN_RxFifo0MsgPendingCallback(CAN_HandleTypeDef *hcan)
2.  {
3.
4.      CAN_RxHeaderTypeDef RxMeg;
5.      uint8_t  Data[8] = {0};
6.      HAL_StatusTypeDef   HAL_RetVal;
7.      int i;
8.
9.      RxMeg.StdId=0x00;
10.     RxMeg.ExtId=0x00;
11.     RxMeg.IDE=0;
12.     RxMeg.DLC=0;
13.
14.     HAL_RetVal=HAL_CAN_GetRxMessage(hcan, CAN_RX_FIFO0, &RxMeg, Data);
15.     if ( HAL_OK==HAL_RetVal)
16.     {
17.         for(i=0;i<RxMeg.DLC;i++)
18.         {
19.             Can_data[i]= Data[i];
20.             printf("%02X ",Data[i]);
21.
22.         }
23.         printf("\r\n");
24.         flag_send_data=1;
25.     }
26.
27. }
```

将该工程配置为网关节点工程，在main.c的int main(void)函数中添加如下粗体代码。

```
1.  int main(void)
2.  {
3.      ……
```

```
4.    while (1)
5.    {
6.
7.        /* USER CODE END WHILE */
8.            if(1)
9.            {
10.                Value_Type=ValueTypes(Sensor_Type_t);
11.                switch(Value_Type)
12.                {
13.                    ……
14.                }
15.                //把本块板子的传感数据发送到网关
16.                Master_To_Gateway((uint8_t)Can_STD_ID, Value_Type, vol, switching, sensor_hum, sensor_tem );
17.            }
18.            HAL_Delay(1500);
19.            //发送从CAN总线接收的其他节点数据至网关
20.            if(flag_send_data==1)
21.            {
22.                CAN_Master_To_Gateway( Can_data,3);
23.                flag_send_data=0;
24.            }
25.            ……
26.        /* USER CODE BEGIN 3 */
27.    }
28.    /* USER CODE END 3 */
29. }
```

填写完成后编译代码，编译成功后，在该工程目录（CAN_BASE\MDK-ARM\CAN_BASE）中找到CAN_BASE.hex。打开资源包：…\"网关节点固件"，将CAN_BASE.hex剪切到"网关节点固件"文件夹中，并重命名为网关节点（此处用剪切防止下一步出错）。

将该工程配置为终端节点工程，在main.c的int main(void)函数中将上一步添加的代码删除，添加新的代码，见粗体部分。

```
1.  int main(void)
2.  {
3.      ……
4.      while (1)
5.      {
6.
7.          /* USER CODE END WHILE */
8.              if(1)
9.              {
10.                 Value_Type=ValueTypes(Sensor_Type_t);
```

```
11.         switch(Value_Type)
12.         {
13.             ......
14.         }
15.         //CAN节点发送传感器数据至CAN总线
16.         Can_Send_Msg_StdId(Can_STD_ID,8,Sensor_Type_t);
17.     }
18.     HAL_Delay(1500);
19.
20.     ......
21.     /* USER CODE BEGIN 3 */
22. }
23. /* USER CODE END 3 */
24. }
```

填写完成后编译代码，编译成功后，在该工程目录（CAN_BASE\MDK-ARM\CAN_BASE）中找到CAN_BASE.hex，在资源包："..\CAN总线通信应用\"目录下新建文件夹"终端节点固件"，将CAN_BASE.hex复制到"终端节点固件"文件夹中，并重命名为终端节点。

4.3.3 任务3 系统搭建

1. 硬件接线

参照图4-15所示的系统拓扑图，在上位机安装"USB转CAN"调试硬件。分别连接调试硬件与三个CAN节点的CAN_H与CAN_L端子，使其构成一个CAN通信网络。

两个CAN终端节点分别连接温湿度光敏传感器与火焰传感器，CAN网关节点连接温湿度光敏传感器。网关WAN口通过网线接外网，LAN口通过网线连接PC，PC需开启DHCP或与网关处于同一网段。

硬件接线如图4-16所示。

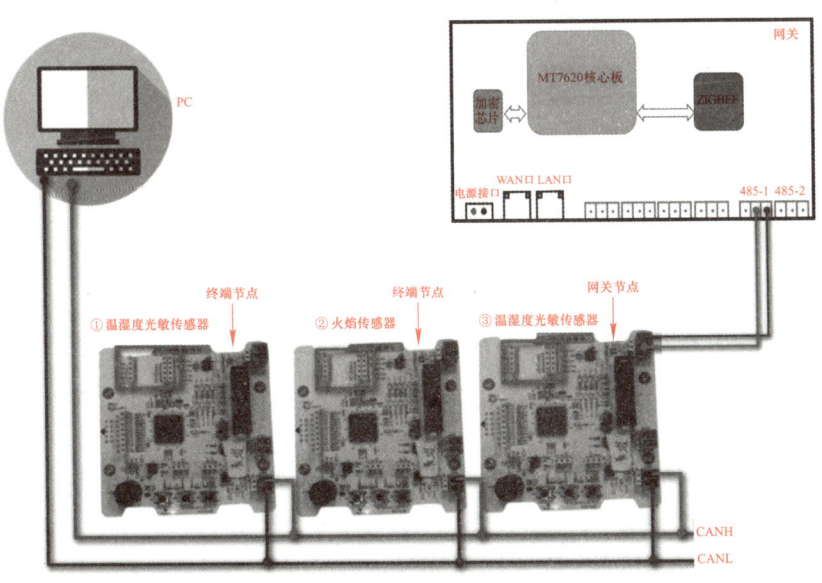

图4-16 生产线环境监测系统硬件连线图

2. 节点固件下载

选取两个"M3主控模块",下载"节点"固件,路径"..\CAN总线通信应用\节点固件"。选取一个"M3主控模块",下载"网关节点"固件,路径"..\CAN总线通信应用\网关节点固件"。

(1)配置串行通信口及其通信波特率

将M3主控模块拨到BOOT状态(见图4-17),按一下复位键。烧写时只允许一个M3主控模块上电。

图4-17 M3主控模块拨到BOOT状态

使用ST官方出品的在线编程(In-System Programming,ISP)工具"Flash Loader Demonstrator"进行固件的下载。

打开该工具后,需要配置串行通信口及其通信波特率,如图4-18所示。

(2)选择需要下载的固件

配置好串行通信口及其通信波特率之后,还应对需要下载的固件文件进行选择,如图4-19所示。

单击图4-19标号①处的按钮,选取需要下载的固件文件(扩展名为.hex),然后单击"Next"按钮即可开始下载。

烧写完成后,拨到NC状态,按一下复位键。

按照上述步骤,分别下载另外两个节点的固件。

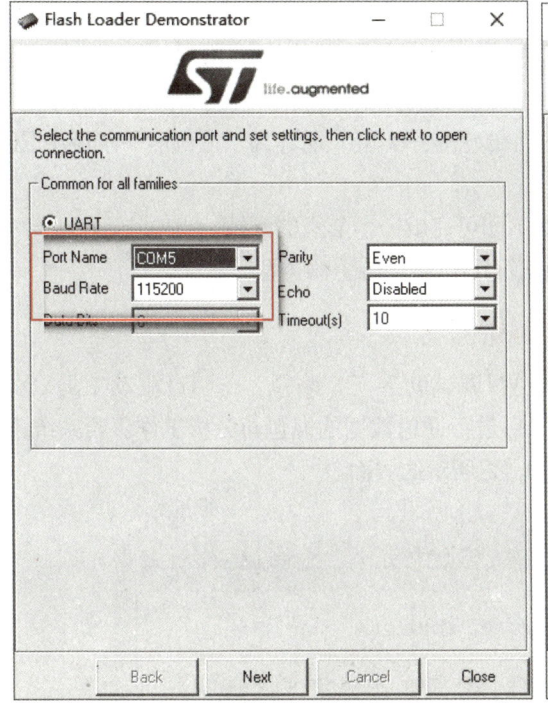

图4-18 下载工具的配置

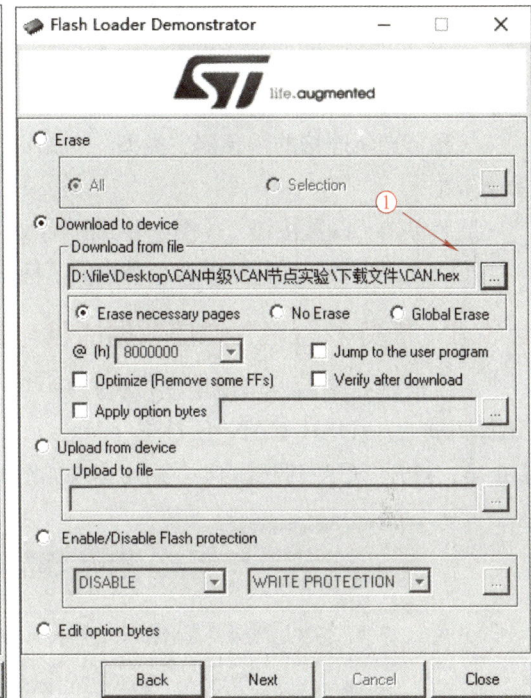

图4-19 选取合适的固件文件

3．节点配置

使用"M3主控模块配置工具"（路径：..\01工具驱动\09 M3主控模块配置工具）进行CAN节点的配置，如图4-20、图4-21、图4-22所示。

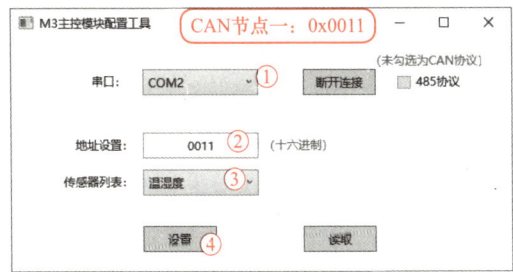

图4-20 M3主控模块配置工具截图（一）

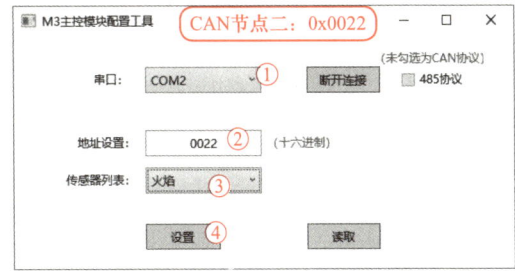

图4-21 M3主控模块配置工具截图（二）

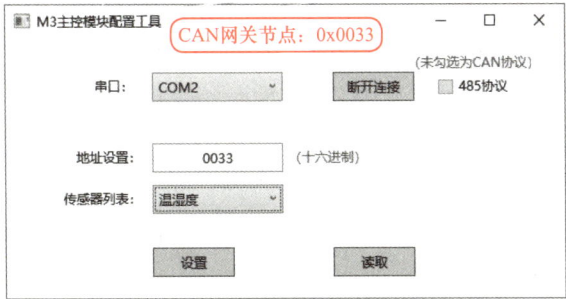

图4-22 M3主控模块配置工具截图（三）

单击图4-20标号①进行串行通信口的配置。另外，还有两项需要配置的内容：

一是节点发送数据的"标识符ID"，如：将"标识符ID"配置为0x0011（见图4-20标号②处）。

二是节点所连接的传感器"类型"，如：将传感器"类型"配置为"温湿度"（图4-20标号③处）。

最后单击"设置按钮"（图4-20标号④处）即可完成一个节点的配置。

按照上述步骤，配置另外两个节点的"标识符ID"和"传感器类型"。

4.3.4　任务4　CAN通信数据抓包与解析

系统搭建完毕后，可使用上位机打开"CAN调试助手"（路径：..\01驱动工具\04 CAN调试工具\USB_CAN_6.0.2_r.exe）工具进行通信数据的抓包与分析工作。若系统连接正常，打开"CAN调试助手"后可出现如图4-23所示的界面。

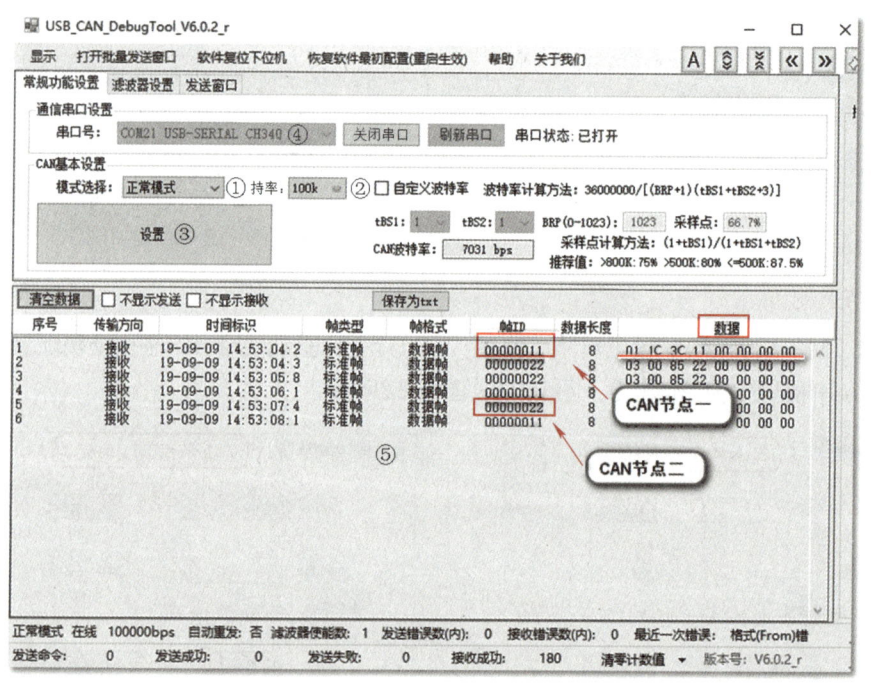

图4-23　CAN调试助手界面

1. CAN通信基本参数配置

点击图4-23标号①处的下拉菜单选择"正常模式"，然后点击图4-23标号②处的下拉菜单选择"100k"通信速率，最后单击图4-23标号③处的"设置"按钮即可完成CAN通信的基本参数配置。

2. 通信串口配置

点击图4-23标号④处的下拉菜单选择"串口号"，可完成通信串口的配置。

3. 数据解析

"CAN调试助手"工具的下半部展示了抓取的通信数据帧的解析情况，每一行为一条数据。从图4-23标号⑤处可以看到通信数据帧的"帧类型""帧格式""帧ID""数据长度"和"数据",这为分析CAN通信的数据收发情况提供了便利。

选取图中的一条数据(01 1C 3C 11 00 00 00 00)进行分析如下:
- 01:传感器类型,01代表温湿度传感器;
- 1C:温度值为28℃;
- 3C:湿度值为60%。

4.3.5 任务5 在云平台上创建工程

1. 新建项目

登录云平台http://www.nlecloud.com,单击"开发者中心"→"开发设置",确认APIKey是否过期,如果已过期则重新生成APIKey,如图4-24所示。

图4-24 生成APIKey

单击"开发者中心"按钮,然后单击"新增项目"按钮即可新建一个项目,如图4-25所示。

在弹出的"添加项目"对话框中,可填写"项目名称""行业类别"以及"联网方案"等信息(图4-25中的标号③处)。

在本案例中,设置"项目名称"为"生产线环境监测系统","行业类别"选择"工业物联","联网方案"选择"以太网"。

图4-25 云平台新建项目

项目建立完成的效果如图4-26所示。

图4-26 云平台项目建立完成

2．添加设备

项目新建完毕后可为其添加设备，如图4-27所示。

从图4-27中可以看到，需要对"设备名称"（标号①处）、"通讯协议"（标号②处）和"设备标识"（标号③处）进行设置。

图4-27 云平台添加设备

设备添加完成的效果如图4-28所示。

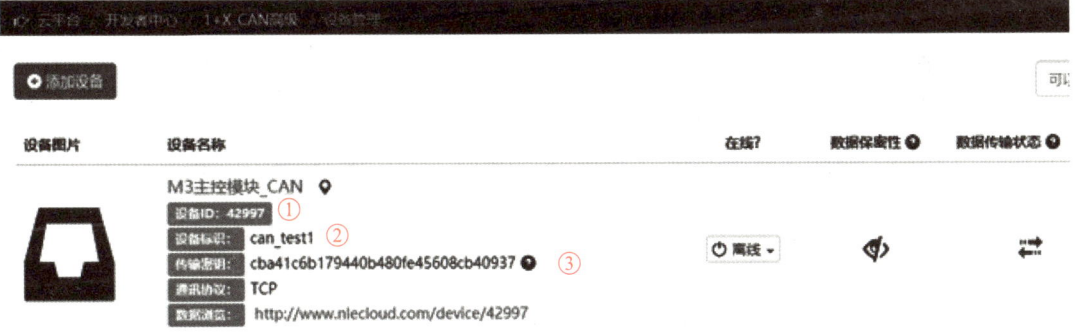

图4-28 设备添加完成效果

将图4-28中标号①处的"设备ID"，②处的"设备标识"和标号③处的"传输密钥"记下，网关配置时需用到这些信息。至此云平台配置完毕。

3. 配置物联网网关接入云平台

登录物联网网关系统管理界面192.168.14.200:8400（IP地址可自行设置，端口号固定），如图4-29所示。

单击"云平台接入"按钮，按实际情况输入①～⑥处的信息后单击"设置"按钮，如图4-30所示。

物联网网关配置参数完毕，单击⑦处的"设置"按钮，物联网网关系统自动重启，20s左右，网关系统初始化完毕，刷新网页，可以看到网关上线并自动识别出接入设备的标识，如图4-31所示。

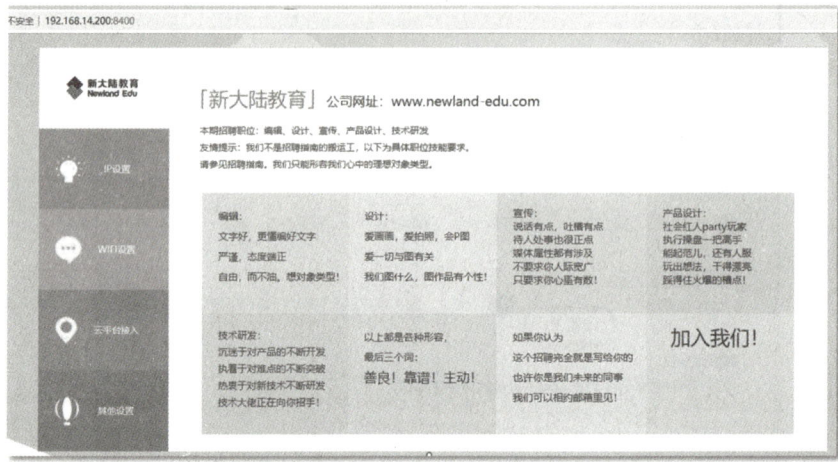

图4-29　网关管理系统界面

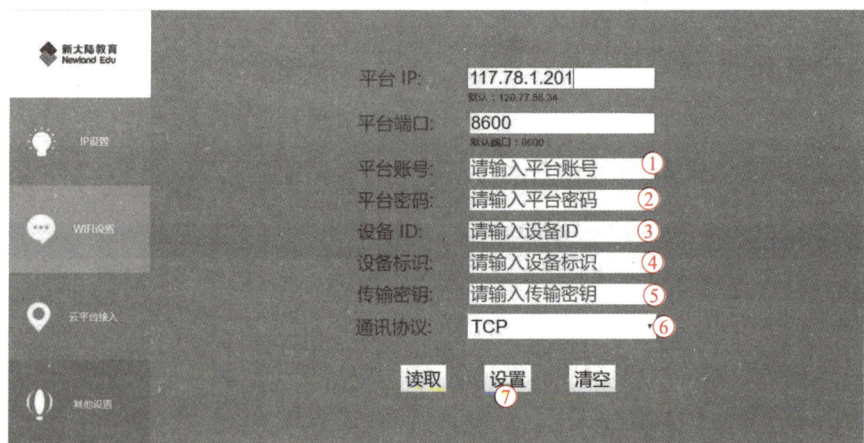

图4-30　网关参数填写

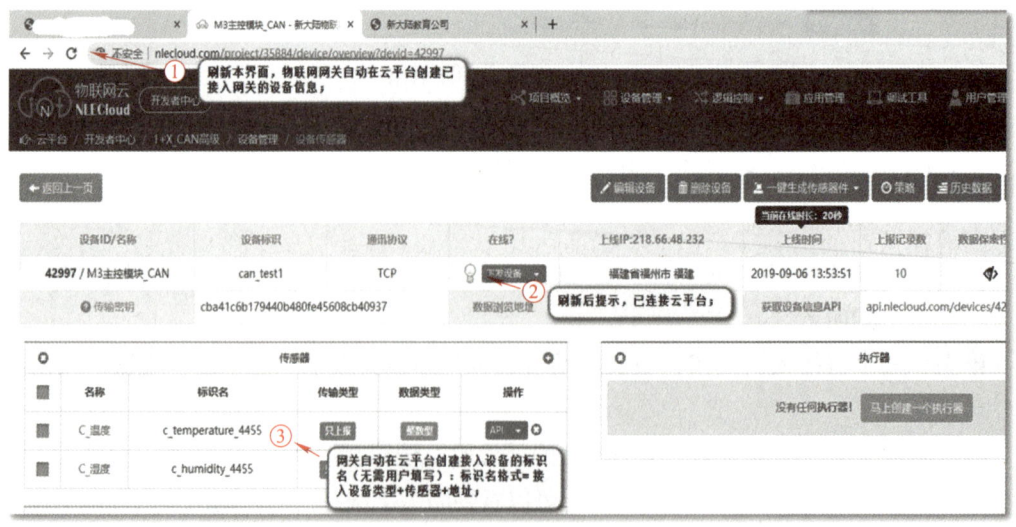

图4-31　网关上线

4. 系统运行情况分析

用户可查看实时上报的数据，如图4-32所示，单击①处的"下发设备"按钮打开实时数据显示开关，可以看到实时数据显示在②处，并且每隔5s刷新一次。

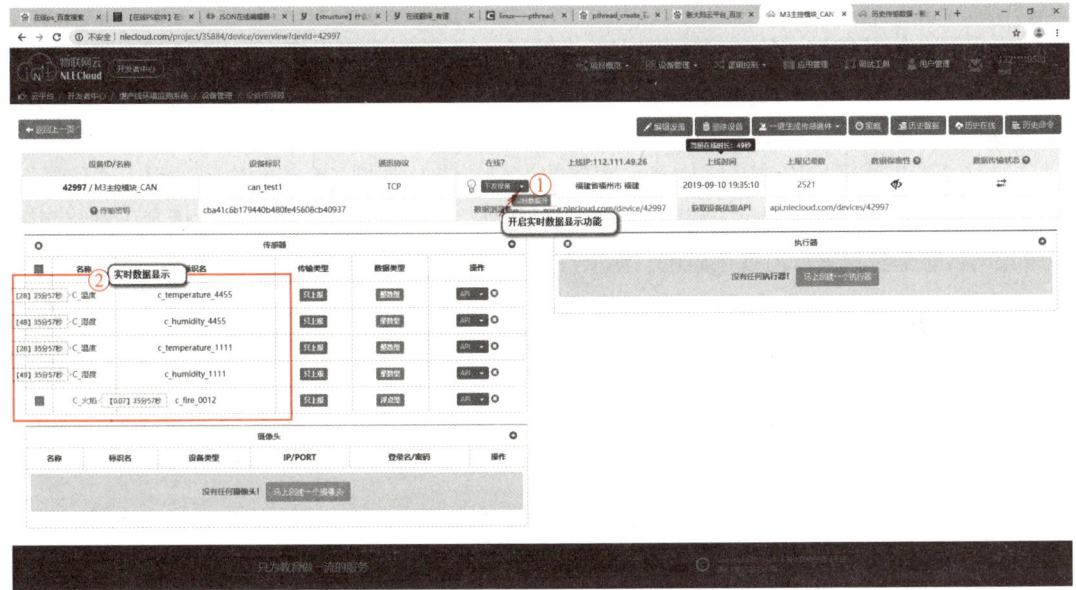

图4-32 查看实时数据

用户也可以查看历史数据，如图4-33所示。

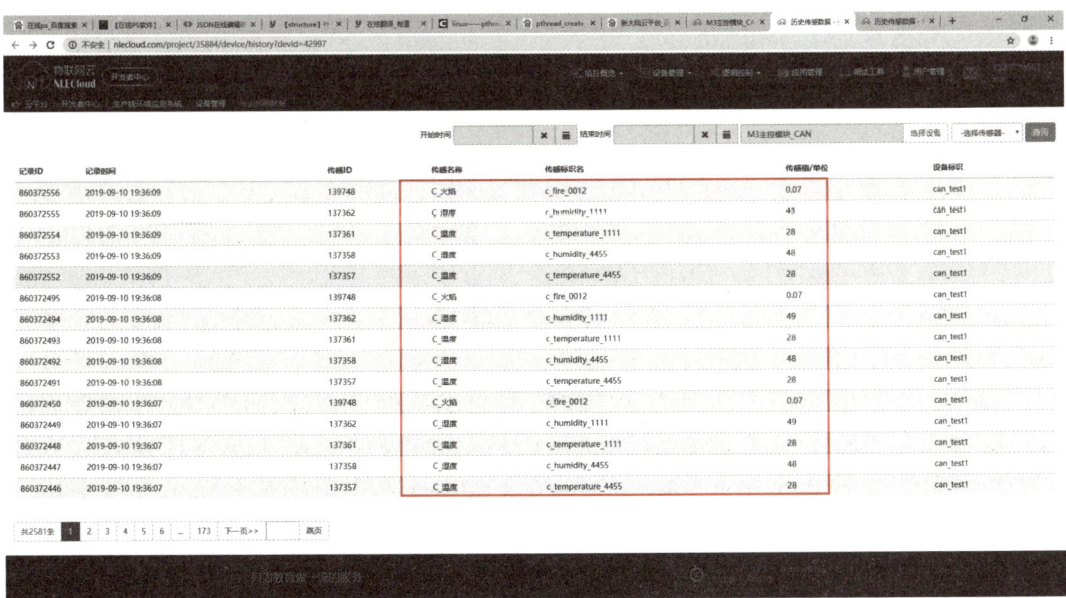

图4-33 历史数据显示

至此生产线环境监测系统的构建完毕，并成功通过物联网网关接入云平台。

本单元介绍了CAN总线的基础知识,讲解了CAN控制器的工作原理以及CAN收发器的典型应用,对CAN总线的各种通信帧进行了分析。分析了STM32F1系列MCU的BxCAN外设的构成,着重讲解了筛选器的工作原理与配置方法。

通过"生产线环境监测系统构建"案例的学习,读者掌握了系统的构建过程、通信数据的抓包与解析方法,并掌握了工程的关键代码。另外,借助云平台上的应用,读者可对监测系统采集的传感器数据进行可视化显示,便于开展数据分析等相关工作。

UNIT 5

学习单元 ⑤

基于BasicRF的无线通信应用

单元概述

本单元主要面向的工作领域是传感网应用开发中的短距离无线通信领域中的ZigBee组网通信（无线射频），介绍了BasicRF通信应用的开发，以"仓储环境监测"项目为基础，以NEWLab为开发平台，将温湿度光敏传感器、火焰传感器组成BasicRF无线传感网络实现数据采集和数据汇聚。

本单元包含五个任务，分别为工程创建、温湿度节点数据采集、火焰节点数据采集、传感网节点组网和传输数据汇聚。

知识目标

- 了解BasicRF Layer工作机制；
- 熟悉无线发送和接收函数；
- 理解发送地址和接收地址、PAN_ID、RF_CHANNEL等概念；
- 了解BasicRF、board、common等驱动文件的作用；
- 掌握ADC、中断等函数；
- 理解串口读写函数；
- 掌握基于无线射频通信技术的点对点和点对多点通信开发。

技能目标

- 能熟练搭建开发环境并使用仿真器进行调试下载；
- 能熟练进行参数设置和调试；
- 能熟练操作串口进行数据通信；
- 能熟练配置定时/计数器进行定时、计数、生成PWM波；
- 能熟练操作A-D转换器进行模-数转换，实现数据采集；

- 能编程实现IO口、定时器、串口等中断事务处理；
- 能运用无线射频通信技术进行点对点通信的系统调试；
- 能运用无线射频通信技术进行多节点通信的系统调试。

5.1　BasicRF基础知识

5.1.1　BasicRF概述

TI公司提供了基于CC253x芯片的BasicRF软件包，其包括硬件层（Hardware layer）、硬件抽象层（Hardware Abstraction layer）、基本无线传输层（BasicRF layer）和应用层（Application）。虽然该软件包还没有用到Z-Stack协议栈，但是其包含了IEEE 802.15.4标准数据包的发送和接收，采用了与IEEE 802.15.4 MAC兼容的数据包结构及ACK包结构。其功能限制如下：

- 不具备"多跳""设备扫描"功能；
- 不提供多种网络设备，如协调器、路由器等。所有节点设备同一级，只能实现点对点数据传输；
- 传输时会等待信道空闲，但不按IEEE 802.15.4 CSMA-CA要求进行两次CCA检测；
- 不重复传输数据。

因此，BasicRF是简单无线点对点传输协议，可用来进行Z-Stack协议栈无线数据传输的入门学习。

5.1.2　BasicRF无线通信初始化

初始化ZigBee模块的硬件外设，配置I/O端口，设置无线通信的网络ID、信道、接收和发送模块地址、安全加密等参数。

1）创建basicRfCfg_t数据结构。在basic_rf.h文件中可以找到basicRfCfg_t数据结构的定义，代码如下。

```
1.  typedef struct {
2.  uint16 myAddr;           //本机地址，取值范围为0x0000～0xffff，作为识别本模块的地址
3.  uint16 panId;            //网络ID，取值范围为0x0000～0xffff，要建立通信此参数必须一致
4.  uint8 channel;           //通信信道，取值范围为11~26，要建立通信此参数必须一致
5.  uint8 ackRequest;        //应答信号
6.  #ifdef SECURITY_CCM      //是否加密，预定义时取消了加密
7.  uint8* securityKey;
8.  uint8* securityNonce;
9.  #endif
10. }basicRfCfg_t;
```

程序分析：首先要确定两个通信模块的"网络ID"和"通信信道"要一致，其次设置各模块的识别地址，即模块的地址或编号。

2）为basicRfCfg_t型结构体变量basicRfConfig填充部分参数。在main主函数中中有如下3行代码：

1. basicRfConfig.panId = PAN_ID;   //宏定义：#define PAN_ID 0x2007
2. basicRfConfig.channel = RF_CHANNEL;   //宏定义：#define RF_CHANNEL 25
3. basicRfConfig.ackRequest = TRUE;   //宏定义：#define TRUE 1

3）调用halBoardInit()函数，对硬件外设和I/O端口进行初始化，halBoardInit()函数在hal_board.c文件中。

4）调用halRfInit()函数，打开射频模块，设置默认配置选项，允许自动确认和允许随机数产生。

5.1.3　BasicRF关键函数分析

1）初始化函数basicRfInit，该函数的原型格式：

basicRfInit(basicRfCfg_t* pRfConfig)
参数含义：pRfConfig：basicRfCfg_t型结构体变量。

2）发送函数basicRfSendPacket，该函数原型格式：

basicRfSendPacket(uint16 destAddr, uint8* pPayload, uint8 length)，各参数含义如下：
destAddr：发送的目标地址，即接收模块的地址。
pPayload：指向发送缓冲区的地址，该地址的内容是将要发送的数据。
length：发送数据长度，单位是字节。

3）接收函数basicRfReceive，该函数原型格式：

basicRfReceive(uint8* pRxData, uint8 len, int16* pRssi)，如参数含义如下：
pRxData：接收数据缓冲区。
len：接收数据长度。
pRssi：无线信号强度，它与模块的发送功率以及天线的增益有关。

5.2　自定义协议应用

传感器节点采集到温湿度、火焰等数据将信息发送给汇聚节点，节点之间通信格式见表5-1。

表5-1　传感器节点上传采集信息通信协议格式

START	CMD	LEN	Count	TYPE	DATA0～DATAN	CHK
起始位	命令类型	数据长度	传感器个数	传感器类型	数据域	校验位

协议各个字段解释如下:

1) START: 起始位,取值0xCC。
2) CMD: 命令类型,1表示获取采集数据。
3) LEN: 数据总长度,从START字节开始到CHK字节之前的长度。
4) Count: 传感器个数,依据传感器种类决定。如采集温湿度传感器时,个数为2。
5) TYPE: 传感器类型,1表示温度传感器,2表示湿度传感器,3表示火焰传感器。
6) DATA0~DATAN: 数据域。
7) CHK: 校验位,从START字节开始到CHK字节之前的累加和,该累加和与0xFF按位与运算(保留低8位),得到的结果就是CHK的值了。

5.3 仓储环境监测项目分析

某企业为了提高生产管理效率,利用传感网技术对企业的管理实现集成化、统一化。本开发项目围绕仓库的传感网进行组网开发。仓库是工厂存放生产材料、成品的地方,要注意仓库区域的温湿度,保持通风良好、干燥,利用温湿度光敏传感器采集温湿度数据,同时还要对仓库进行防火检查,利用传感器检测是否有明火,通过这些传感器实现仓储环境监测功能。

根据任务需求,首先在NEWLab实训平台上模拟实现仓储环境监测功能。采用温湿度光敏传感器和ZigBee模块组成数字量采集节点A;火焰传感器和ZigBee模块组成开关量采集节点B;A、B两个节点实时采集传感器的数据,每隔2s将采集的传感器数据通过无线网络传给汇聚节点模块(该节点通过串口与PC相连),并在PC串口调试软件上显示采集的数据。连接关系如图5-1所示。

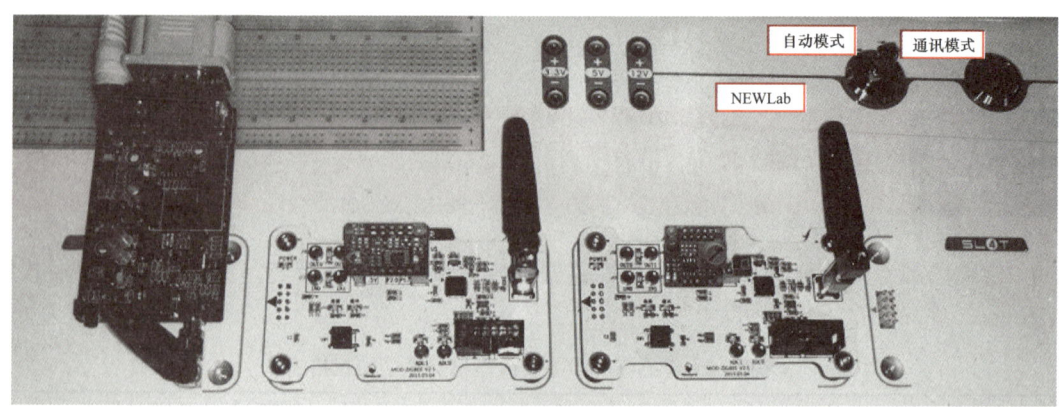

图5-1 模块连接图

5.4 任务1 创建工程项目

5.4.1 任务要求

搭建BasicRF开发环境，创建并配置工程。

5.4.2 任务实施

1. 新建工程和程序文件，添加头文件。

1）复制库文件。新建工程文件夹"D:\zigbee\Env"（可以是其他路径），将CC2530_lib文件夹和sensor_drv文件夹复制到该工程文件夹内。在该工程文件夹内新建一个Project文件夹，用于存放工程文件。sensor_drv文件夹中有传感器数据采集的相关源码。

2）新建IAR工程，保存workspace工作空间名为demo.eww。在工程中新建app、basicrf、board、common、mylib、sensor_drv、utils等7个组，把board、common、mylib、utils、sensor_drv中各文件夹中的"xx.c"文件添加到对应的文件夹中，把basicrf目录下的basic_rf.r51也添加进来。

3）新建源程序文件，将其命名为sensor.c，保存在D:\zigbee\Env\Project文件夹中。并将该文件添加到工程中的app文件夹中。

4）为工程添加头文件。点击IAR菜单中的"Project->Options…"，在弹出对话框中选择"C/C++ Compiler"，然后选择"Preprocessor"选项卡，并在"Additional include directories：（one per line）"中输入头文件的路径，将资源包的CC2530_lib下子目录和sensor_drv目录加入到搜索路径中，如图5-2所示，然后单击"OK"按钮。

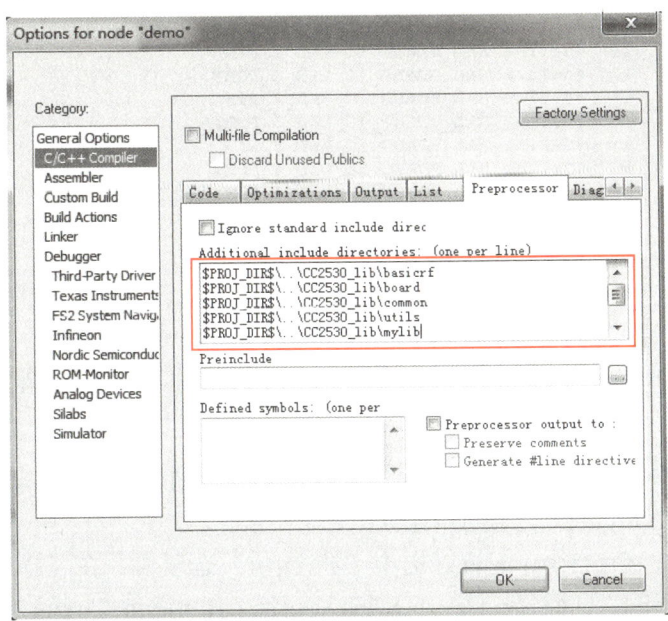

图5-2 工程添加头文件

注意：

1）$PROJ_DIR$\ 代表当前工程文件所在的workspace的目录。

2）..\表示对应目录的上一层。

例如：$TOOLKIT_DIR$\INC\和$TOOLKIT_DIR$\INC\CLIB\，都表示当前工作的workspace的目录。$PROJ_DIR$\..\INC表示workspace目录上一层的INC目录。

2．修改程序

ZigBee模块上有2个按键和4个LED，其中按键SW1和SW2分别由P1.2和P1.6控制，LED1~LED4分别由P1.0、P1.1、P1.3和P1.4控制，如图5-3所示。这些接口与TI官网发布的开发板有所差别，所以需要修改一下，操作方法如下：

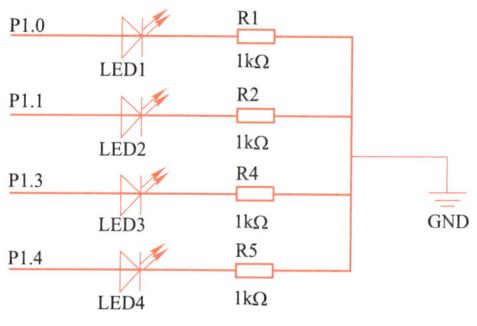

图5-3　LED与P1引脚连接图

1）打开"hal_board.h"头文件，单击左边workspace栏中的"board/hal_board.c"的"+"号，在展开的文件列表中找到"hal_board.h"头文件，双击打开该文件。

2）在"hal_board.h"头文件找到如图5-4所示的代码，查看下面宏是否正确，如果不正确，按照如下要求修改它。

```
40  #define HAL_BOARD_IO_LED_1_PORT    1
41  #define HAL_BOARD_IO_LED_1_PIN     0
42  #define HAL_BOARD_IO_LED_2_PORT    1
43  #define HAL_BOARD_IO_LED_2_PIN     1
44  #define HAL_BOARD_IO_LED_3_PORT    1
45  #define HAL_BOARD_IO_LED_3_PIN     3
46  #define HAL_BOARD_IO_LED_4_PORT    1
47  #define HAL_BOARD_IO_LED_4_PIN     4
```

图5-4　按键与LED接口修改

其中：

① HAL_BOARD_IO_LED_x_PORT表示端口：x端口（x可以是0、1、2）；

② HAL_BOARD_IO_LED_y_PIN表示引脚：x.y引脚（x端口的第y个引脚，y可以是0~7）。

3．配置工程

单击IAR菜单中的"Project->Options…"，分别对"General Options"、"Linker"和"Debugger"三项进行配置。

1）General Options配置。选中"Target"选项卡，在"Device"栏内选择"CC2530F256.i51"（路径：C:\…\8051\config\devices\Texas Instruments）。其他设置如图5-5所示。

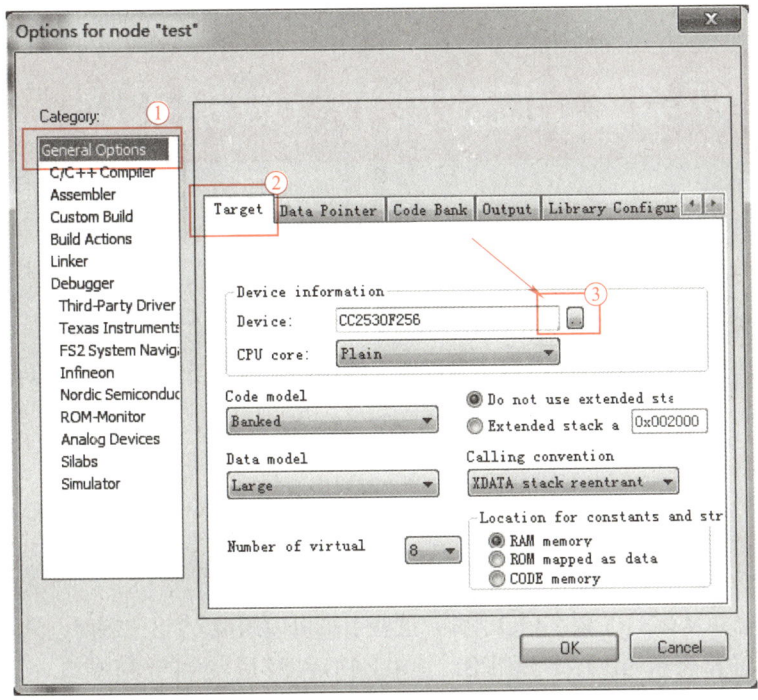

图5-5 General Options配置

2）Linker配置。选中"Config"选项卡，勾选"Override default"，并在该栏内选择"lnk51ew_CC2530F256_banked.xcl"配置文件（路径：C:\…\8051\config\devices\Texas Instruments），如图5-6所示。

3）Debugger配置。选中"Setup"选项卡，在"Driver"栏内选择"Texas Instruments"；在"Device Description file"栏内，勾选"Overide default"，并在该栏内选择"io8051.ddf"配置文件，其路径：C:\…\8051\config\devices_generic。如图5-6所示。

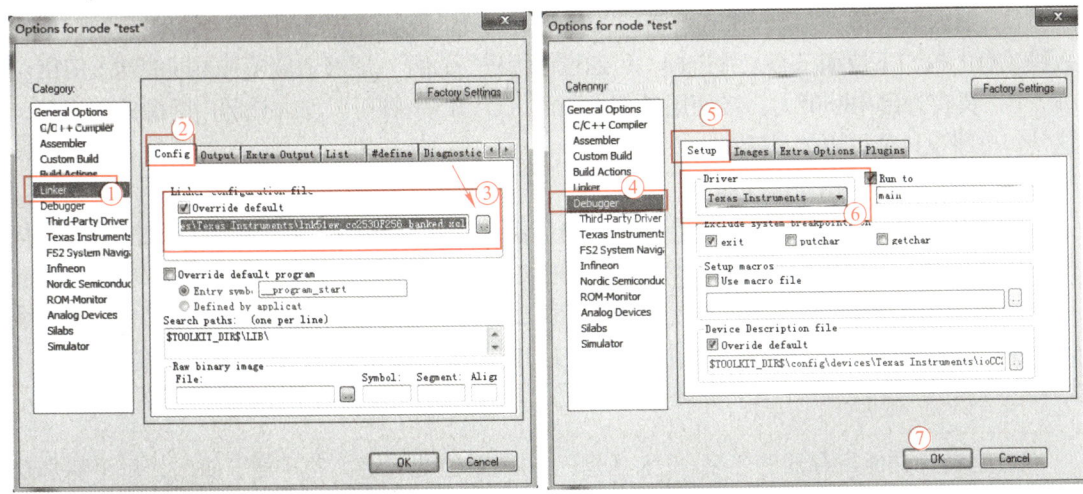

图5-6 Linker和Debugger配置

5.5　任务2　温湿度节点数据采集

5.5.1　任务要求

采用温湿度光敏传感器和ZigBee模块组成一个数字量传感器采集节点，实现温湿度传感器数据的采集，并将采集数据通过自定义协议无线传输至汇聚节点。发送节点有数据发送时，LED1亮100ms。

5.5.2　知识链接

1. 通用I/O口知识介绍

（1）CC2530的I/O引脚

CC2530总共具有21个数字I/O引脚，这些引脚可以组成3个8位端口，分别为端口0、端口1和端口2，通常表示为P0、P1和P2。其中，P0和P1是完全的8位端口，而P2仅有5位可以使用。21个I/O引脚具有以下特性，可以通过编程进行配置。

1）可配置为通用I/O端口。通用I/O端口是指可以对外输出逻辑值0（低电平）或1（高电平），也可读取从I/O引脚输入的逻辑值（低电平为0，高电平为1）。可以通过编程来将I/O端口设置成输出模式或输入模式。

2）可配置为外部设备I/O端口。CC2530内部除了含有8051CPU外，还具有其他功能模块，如ADC、定时器和串行通信模块，这些功能模块也称为外设。可通过编程将I/O口与这些外设建立起连接关系，以便这些外设与CC2530芯片外界电路进行信息交换。需要注意的是，不能随意指定某个I/O口连接到某个外设，它们之间有一定的对应关系，具体知识将在后续任务中学习。

3）输入口具备3种输入模式。当CC2530的I/O口被配置成通用输入端口时，端口的输入模式有上拉、下拉和三态三种选择，可通过编程进行选择，能够适应多种不同的输入应用。

4）具有外部中断能力。当使用外部中断时，I/O口引脚可以作为外部中断源的输入口，这使得电路设计变得更加灵活。

（2）I/O端口的相关寄存器

在单片机内部，有一些具有特殊功能的存储单元，这些存储单元用来存放控制单片机内部器件的命令、数据或是运行过程中的一些状态信息。这些寄存器统称"特殊功能寄存器（SFR）"，操作单片机本质上就是对这些特殊功能寄存器进行读写操作，并且某些特殊功能寄存器可以位寻址。例如通过已配置好的P1_1口向外输出高电平，可用以下代码实现：

P1 = 0x02; 或者 P1_1 = 1;

P1是特殊功能寄存器的名字，P1_1是P1中一个位的名字，为了便于使用，每个特殊功能寄存器都会起一个名字。这里主要介绍这些I/O作为通用数字I/O端口的寄存器及其配置方法，见表5-2。

表5-2 通用数字I/O接口相关寄存器

位	名称	复位	读/写	描述
	P0 (0x80) - Port 0
7:0	P0[7:0]	0xFF	R/W	可用作GPIO或外设I/O，8位，可位寻址
	P1 (0x90) - Port 1
7:0	P1[7:0]	0xFF	R/W	可用作GPIO或外设I/O，8位，可位寻址
	P2 (0xA0) - Port 2
7:5	-	000	R0	高3位（P2_7~P2_5）没有使用
4:0	P2[4:0]	0x1F	R/W	可用作GPIO或外设I/O，低5位（P2_4~P2_0），可位寻址
	P0SEL (0xF3) - P0端口功能选择（Port 0 Function Select）
7:0	SELP0_[7:0]	0x00	R/W	P0.7~P0.0功能选择位：0 为GPIO，1为外设I/O
	P1SEL (0xF4) - P1端口功能选择（Port 1-Function Select）
7:0	SELP1_[7:0]	0x00	R/W	P1.7~P1.0功能选择位：0 为GPIO，1为外设I/O
	P2SEL (0xF5) - P2端口功能选择和P1端口外设优先级控制 （Port 2 Function Select and Port 1 peripheral priority control）
7	-	0	R0	没有使用
6	PRI3P1	0	R/W	P1口外设优先级控制位。当PERCFG同时分配USART0和USART1到同一引脚时，该位决定其优先级顺序 0为USART0优先；1为USART1优先
5	PRI2P1	0	R/W	P1口外设优先级控制位。当PERCFG同时分配USART1和Timer3到同一引脚时，该位决定其优先级顺序 0为USART1优先；1为Timer3优先
4	PRI1P1	0	R/W	P1口外设优先级控制位。当PERCFG同时分配Timer1和Timer4到同一引脚时，该位决定其优先级顺序 0为Timer1优先；1为Timer4优先
3	PRI0P1	0	R/W	P1口外设优先级控制位。当PERCFG同时分配USART0和Timer1到同一引脚时，该位决定其优先级顺序 0为USART0优先；1为Timer1优先
2	SELP2_4	0	R/W	P2.4功能选择位：0 为GPIO，1为外设I/O
1	SELP2_3	0	R/W	P2.3功能选择位：0 为GPIO，1为外设I/O
0	SELP2_0	0	R/W	P2.0功能选择位：0 为GPIO，1为外设I/O

（续）

位	名称	复位	读/写	描述
	P0DIR (0xFD) – P0端口方向（Port 0 Direction）			
7:0	DIRP0_[7:0]	0x00	R/W	P0.7~P0.0方向选择位：0为输入，1为输出
	P1DIR (0xFE) – P1端口方向（Port 1 Direction）			
7:0	DIRP1_[7:0]	0x00	R/W	P1.7~P1.0方向选择位：0为输入，1为输出
	P2DIR (0xFF) – P2口方向和P0口外设优先级控制 （Port 2 Direction and Port 0 peripheral priority control）			
7:6	PRIP0[1:0]	00	R/W	P0口外设优先级控制位。当PERCFG同时分配几个外设到同一引脚时，该两位决定其优先级顺序 00为USART0高于USART1 01为USART1高于Timer1 10为Timer1通道0、1高于USART1 11为Timer1通道2高于USART0
5	-	0	R0	没有使用
4:0	DIRP2_[4:0]	00000	R/W	P2.4~P2.0方向选择位：0为输入，1为输出
	P0INP (0x8F) – P0端口输入模式（Port 0 Input Mode）			
7:0	MDP0_[7:0]	0x00	R/W	P0.0~P0.7输入选择位：0为上拉/下拉，1为三态
	P1INP (0xF6) – P1端口输入模式（Port 1 Input Mode）			
7:2	MDP1_[7:2]	000000	R/W	P1.7~P1.2输入选择位：0为上拉/下拉，1为三态
1:0	-	00	R0	没有使用
	P2INP (0xF7) – P2端口输入模式（Port 2 Input Mode）			
7	PDUP2	0	R/W	对所有P2口设置上拉/下拉输入：0为上拉，1为下拉
6	PDUP1	0	R/W	对所有P1口设置上拉/下拉输入：0为上拉，1为下拉
5	PDUP0	0	R/W	对所有P0口设置上拉/下拉输入：0为上拉，1为下拉
4:0	MDP2_[4:0]	0000	R/W	P2.4~P2.0输入选择位：0为上拉/下拉，1为三态

2. 定时器相关知识介绍

定时/计数器是一种能够对时钟信号或外部输入信号进行计数，当计数值达到设定要求时便向CPU提出处理请求，从而实现定时或计数功能的外设。在单片机中，一般使用Timer表示定时/计数器。

无论使用定时/计数器的哪种功能，其最基本的工作原理是进行计数。定时/计数器的核心是一个计数器，可以进行加1或减1计数，每出现一个计数信号，计数器就自动加1或自动减1，当计数值从最大值变成0或从0变成最大值溢出时定时/计数器便向CPU提出中断请求。计数信号的来源可选择周期性的内部时钟信号（如定时功能）或非周期性的外界输入信号（如计数功能）。

一个典型单片机的内部8位减1计数器工作过程见图5-7。

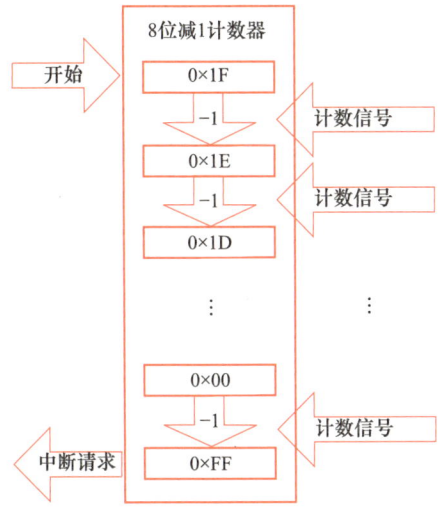

图5-7　8位减1计数器工作过程

（1）CC2530定时/计数器

CC2530中共包含了5个定时/计数器，分别是定时器1、定时器2、定时器3、定时器4和睡眠定时器，各自具有如下特点：

● T1为16位定时/计数器，支持输入采样、输出比较（PWM）功能，具有5个独立的输入采样/输出比较通道，每一个通道对应一个I/O口。

● T2为MAC定时器。

● T3和T4为8位定时/计数器，支持输出比较和PWM功能，具有2个独立的输出比较通道，每一个通道对应一个I/O口。

● 睡眠定时器是一个24位正计数定时器，运行在32kHz的时钟频率下，支持捕获/比较功能，能够产生中断请求和DMA触发。睡眠定时器主要用于设置系统进入和退出低功耗睡眠模式之间的周期，还用于低功耗睡眠模式时维持定时器2的定时。

（2）CC2530定时/计数器工作模式

CC2530的定时器1、定时器3和定时器4虽然使用的计数器计数位数不同，但它们都具备"自由运行""模"和"正计数/倒计数"三种不同的工作模式。此处以定时器1为例进行介绍。定时器1有三种工作模式，具体如下：

1）自由运行模式（Free—Running Mode）。在该模式下，计数器从0x0000开始计数，每个分频后的时钟边沿增加1，当计数器达到0xFFFF时（溢出），计数器载入0x0000，继续递增它的值，如图5-8所示。当达到最终计数值0xFFFF时，IRCON.T1IF和T1STAT.OVFIF两个标志位被置为1，此时如果设置了相应的中断使能位T1MIF.OVFIM和IEN1.T1IE，将产生中断请求。自由运行模式可以用于产生独立的时间间隔，输出信号频率。

2）模模式（Module Mode）。在该模式下，计数器从0x0000开始计数，每个分频后的时钟边沿增加1，当计数器达到T1CC0（由T1CC0H:T1CC0L组合）时（溢出），计数器重新载入0x0000，继续递增它的值，如图5-9所示。当达到最终计数值T1CC0时，IRCON.T1IF

和T1STAT.OVFIF两个标志位被置为1，此时如果设置了相应的中断使能位T1MIF.OVFIM和IEN1.T1IE，将产生中断请求。如果定时器1的计数器开始于T1CC0以上的一个值，当达到最终计数值（0xFFFF）时，上述相应标志位被置为1。模模式常被用于周期不是0xFFFF的场合。

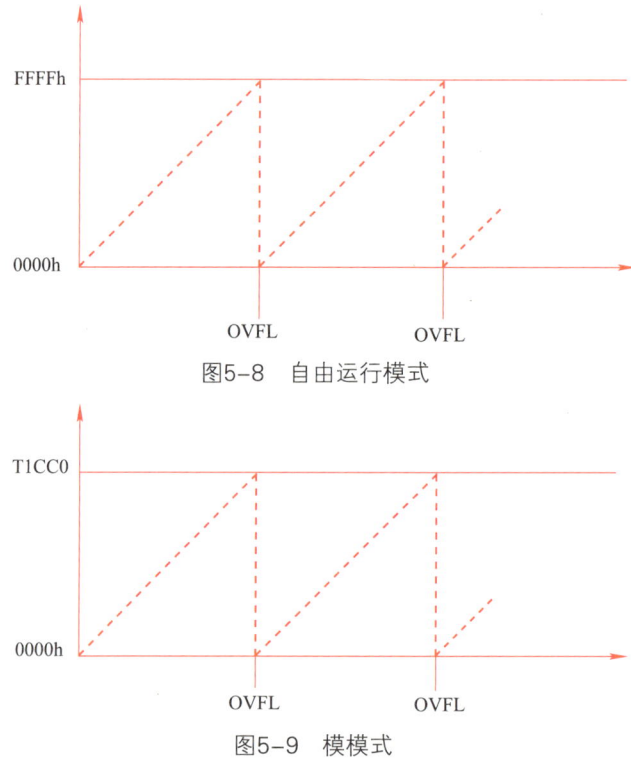

图5-8 自由运行模式

图5-9 模模式

3）正计数/倒计数模式（Up/Down Mode）。在该模式下，计数器反复从0x0000开始计数，正向计数直到T1CC0值时，然后计数器将倒向计数直到0x0000，如图5-10所示。当达到最终计数0x0000时，IRCON.T1IF和T1STAT.OVFIF两个标志位被置为1，此时如果设置了相应的中断使能位T1MIF.OVFIM和IEN1.T1IE，将产生中断请求。这种模式被用于周期为对称输出脉冲或允许中心对齐的PWM输出应用，而非周期为0xFFFF的场合。

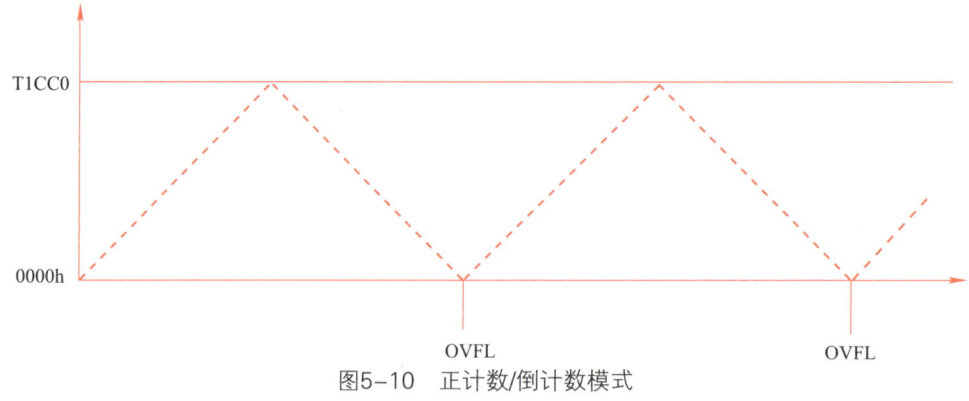

图5-10 正计数/倒计数模式

（3）T4定时器相关寄存器

定时器4具有定时、输入采样、输出比较（PWM）三大功能，在这里主要介绍与定时相关的寄存器，具体描述见表5-3。

表5-3 定时器4定时相关寄存器

位	名称	复位	读/写	描述
	T4CTL (0xEB) – 定时器 4 控制				
7:5	DIV [2:0]	000	R/W	定时器时钟分频值 000：1分频 001：2分频 010：4分频 011：8分频 100：16分频 101：32分频 110：64分频 111：128分频
4	START	0	R/W	启动定时器 0：定时器暂停运行 1：定时器正常运行
3	OVFIM	1	R/W0	计数器溢出中断屏蔽 0：中断禁止 1：中断使能
2	CLR	0	R0/W1	清除计数器，写1到CLR复位计数器到0x00，并初始化相关通道所有的输出引脚
1:0	MODE[1:0]	00	R/W	定时器工作模式选择 00：自由运行模式 01：倒计数模式 10：模模式 11：正计数/倒计数模式
	TIMIF (0xD8) – 定时器 1/3/4 中断屏蔽/标志（Timer 1/3/4 Interrupt Mask/Flag）|			
位	名称	复位	读/写	描述
7	–	0	R0	没有使用
6	OVFIM	1	R/W	定时器1溢出中断使能（注：复位后，处于使能状态） 0中断禁止；1中断使能
5	T4CH1IF	0	R/W0	定时器4通道1中断标志 0没有中断等待；1中断正在等待
4	T4CH0IF	0	R/W0	定时器4通道0中断标志 0没有中断等待；1中断正在等待
3	T4OVFIF	0	R/W0	定时器4溢出中断标志 0没有中断等待；1中断正在等待
2	T3CH1IF	0	R/W0	定时器3通道1中断标志 0没有中断等待；1中断正在等待
1	T3CH0IF	0	R/W0	定时器3通道0中断标志 0没有中断等待；1中断正在等待
0	T3OVFIF	0	R/W0	定时器3溢出中断标志 0没有中断等待；1中断正在等待

5.5.3 任务实施

1. 打开5.4.2创建的工程

2. 编写程序

（1）在sensor.c中增加头文件

```
1.   #include "hal_defs.h"
2.   #include "hal_cc8051.h"
3.   #include "hal_int.h"
4.   #include "hal_mcu.h"
5.   #include "hal_board.h"
6.   #include "hal_led.h"
7.   #include "hal_adc.h"
8.   #include "hal_rf.h"
9.   #include "basic_rf.h"
10.  #include "hal_uart.h"
11.  #include "TIMER.h"
12.  #include "get_adc.h"
13.  #include "sht.h"
14.  #include "UART_PRINT.h"
15.  #include "util.h"
16.  #include <stdlib.h>
17.  #include <string.h>
18.  #include <stdio.h>
19.  #include <math.h>
```

（2）新增宏定义，定义点对点通信地址设置、消息格式宏、各数组的大小及LED闪烁宏。

```
1.   /*点对点通信地址设置*/
2.   #define RF_CHANNEL        16              // 频道 11~26
3.   #define PAN_ID            0xD0C2          //网络id
4.   #define MY_ADDR           0xC2BD          //本机模块地址
5.   #define SEND_ADDR         0xB4F3          //发送地址
6.   /* 自定义消息格式 */
7.   #define START_HEAD   0xCC                 //帧头
8.   #define CMD_READ     0x01                 //读传感器数据
9.   #define SENSOR_TEMP  0x01                 //温度
10.  #define SENSOR_RH    0x02                 //湿度
11.  #define SENSOR_FIRE  0x03                 //火焰
12.  /*   LED n 闪烁 time 毫秒 宏 */
13.  #define FlashLed(n,time) do{\
14.            halLedSet(n);\
15.            halMcuWaitMs(time);\
16.            halLedClear(n);\
```

学习单元5 基于BasicRF的无线通信应用

```
17.              }while(0)
18.  /*数组大小*/
19.  #define MAX_SEND_BUF_LEN  128        //无线数据最大发送长度
20.  #define MAX_RECV_BUF_LEN  128        //无线数据最大接收长度
```

（3）定义变量和数组

定义basicRfCfg_t变量、无线接收和发送缓存数组、定时器超时标志的变量。

```
1.  static basicRfCfg_t basicRfConfig;
2.  static uint8 pTxData[MAX_SEND_BUF_LEN];    //定义无线发送缓冲区的大小
3.  static uint8 pRxData[MAX_RECV_BUF_LEN];    //定义无线接收缓冲区的大小
4.  uint8  APP_SEND_DATA_FLAG;
```

（4）新增计算校验和函数CheckSum()

```
1.  /**********************************************************************
2.  *函数：uint8 CheckSum(uint8 *buf, uint8 len)
3.  *功能：计算校验和
4.  *输入：uint8 *buf-指向输入缓存区, uint8 len输入数据字节个数
5.  *输出：无
6.  *返回：返回校验和
7.  *特殊说明：无
8.  **********************************************************************/
9.  uint8 CheckSum(uint8 *buf, uint8 len)
10. {
11.    uint8 temp = 0;
12.    while(len--)
13.    {
14.       temp += *buf;
15.       buf++;
16.    }
17.    return (uint8)temp;
18. }
```

（5）关键函数

1）定时器初始化函数，主要通过设置T4CTL和T4IE寄存器完成初始化工作，定时器相关的函数已经定义在mylib文件夹下的TIMER.c中。

```
1.  void Timer4_Init(void)
2.  {
3.     // Set prescaler divider value to 128 (32M/128 = 250KHZ)
4.     T4CTL |= 0xE0;
5.     T4CTL &= ~(0x10);           // Stop timer
6.     T4CTL &= ~(0x08);           // 禁止溢出中断
7.     T4CTL |= 0x04;              // 计数器清零
```

```
8.      T4IE = 0;                           // 禁止中断
9. }
```

- 第4行设置定时器的分频值为128分频。
- 第5行暂停定时器。
- 第6行禁止计数器溢出中断。
- 第7行清除计数器。
- 第8行禁止定时器4中断。

在TIMER.c定义了变量SEND_DATA_FLAG和NUM，这里需要计时2s用于定时采集传感数据，Timer4经过上述函数初始化后，定时器一个节拍是(1/250000)s，8位定时器的溢出周期为256个节拍，每进一次定时器中断就经历：256*(1/250000)s=0.001024s，这是进一次中断所需要的时间，进1953次中断大约是0.001024*1953≈2s。因此NUM在中断函数中由0累加到1953，则时间经过了2s，此时将SEND_DATA_FLAG置为1，由此得出中断函数如下。

```
1. HAL_ISR_FUNCTION(T4_ISR, T4_VECTOR)
2. {
3.      T4OVFIF = 0;
4.      T4IF = 0;
5.      NUM ++;
6.      if(NUM == 1953)                      //计时2s
7.      {
8.          NUM = 0;
9.          SEND_DATA_FLAG = 1;
10.         Timer4_Off();
11.     }
12.     else
13.     {
14.         SEND_DATA_FLAG = 0;
15.     }
16. }
```

2）在sensor.c中定义BasicRF初始化函数。

```
1. void ConfigRf_Init(void)
2. {
3.      basicRfConfig.panId       = PAN_ID;          //zigbee的ID号设置
4.      basicRfConfig.channel     = RF_CHANNEL;      //zigbee的频道设置
5.      basicRfConfig.myAddr      = MY_ADDR;         //设置本机地址
6.      basicRfConfig.ackRequest  = TRUE;            //应答信号
7.      while(basicRfInit(&basicRfConfig) == FAILED); //检测zigbee的参数是否配置成功
8.      basicRfReceiveOn();                          // 打开RF
9. }
```

（6）主函数

Main函数是程序运行的起始位置，运行传感数据采集应用程序前，需要先初始化各个功能模块，halBoardInit()初始化了LED、串口、开启总中断，ConfigRf_Init()初始化了无线收发器的初始参数，Timer4_Init()对定时器4进行初始化，完成初始化后用Timer4_On()打开定时器4。

初始化完成后需要执行无限循环任务，这个任务就是每隔2s采集传感数据并通过无线通信功能和串口发送出去，basicRfSendPacket()用来发送无线数据，uart_printf()用来往串口打印调试信息，uart_printf()的用法和printf()一样。用GetSendDataFlag()查询APP_SEND_DATA_FLAG的值，每当APP_SEND_DATA_FLAG为1的时候，系统经历了2s的时间。call_sht11()用来采集温湿度数据，变量sensor_val、sensor_tem分别存放相对湿度和温度。工程源码中使用宏定义"CC2530_DEBUG"来控制是否在串口上打印调试信息。

针对上述功能在sensor.c编写出如下main函数功能代码。

```
1.   void main(void)
2.   {    halBoardInit();                                  //模块相关资源的初始化
3.        ConfigRf_Init();                                 //无线收发参数的配置初始化
4.        Timer4_Init();                                   //定时器初始化
5.        Timer4_On();                                     //打开定时器
6.        SHT_Init();
7.        while(1)
8.        {   APP_SEND_DATA_FLAG = GetSendDataFlag();
9.            if(APP_SEND_DATA_FLAG == 1)                  //定时时间到
10.           {  /*【传感器采集、处理】开始*/
11.               unit8 sensor_tem;
12.               unit8 sensor_val;
13.               SHT_SmpSnValue ((int8*)(&sensor_tem),(unit8*)(&sensor_val));
14.               #ifdef CC2530_DEBUG       //把采集数据转化成字符串，以便于在串口上显示观察
15.               uart_printf(" 温湿度传感器，温度：%d°C,湿度：%d%%\r\n", sensor_tem, sensor_val);
16.               #endif /*CC2530_DEBUG*/
17.               memset(pTxData, '\0', MAX_SEND_BUF_LEN);
18.               pTxData[0]=START_HEAD;                   //帧头
19.               pTxData[1]=CMD_READ;                     //命令
20.               pTxData[2]=8;                            //长度
21.               pTxData[3]=2;                            //2组传感数据
22.               pTxData[4]=SENSOR_TEMP;                  //传感类型
23.               pTxData[5]=sensor_tem;
24.               pTxData[6]=SENSOR_RH;                    //传感类型
25.               pTxData[7]=sensor_val;
26.               pTxData[8]=CheckSum((uint8 *)pTxData, pTxData[2]);
27.               //把数据通过zigbee发送出去
```

```
28.         basicRfSendPacket((unsigned short)SEND_ADDR, (unsigned char *)
            pTxData, pTxData[2]+1);
29.         FlashLed(1,100);                    //无无线发送指示，LED1亮100ms
30.         Timer4_On();                        //打开定时
31.       } /*【传感器采集、处理】结束*/
32.     }
33. }
```

代码分析：

第13行，条件编译，通过SHT_SmpSnValue()函数读取温湿度数据。

第15行，条件编译，用来控制是否编译打印调试信息功能。

第18～26行，将采集的值获取通过自定义协议数据封装。

第28行，把采集数据通过basicRfSendPacket函数发送出去。

第30行，打开定时器。

3. 建立与配置模块设备

（1）建立模块设备

将sensor.c从workspace下的app组中移除，复制Project文件夹下的sensor.c为副本，并将这个副本重命名为temprh_sensor.c，最后重新添加到workspace下的app组中。

选择菜单"Project→Edit Configurations"命令，弹出项目的配置对话框，如图5-11所示，系统会检测出项目中存在的模块设备。

单击"New"按钮，在弹出的对话框中输入模块名称为："temprh_sensor"，基于Deubg模块进行配置，然后单击"OK"按钮完成模块设备的建立，如图5-12所示。在项目配置对话框中就可以自动检测出刚才建立的模块设备"temprh_sensor"。

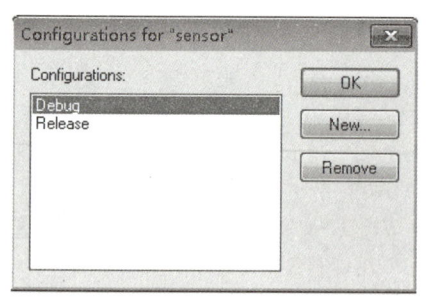
图5-11 项目配置对话框

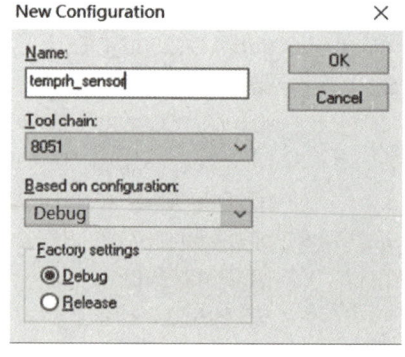
图5-12 温湿度采集节点配置对话框

为了给模块设备设置对应的条件编译参数，需要进行如下设置：

在项目工作组中选择"temprh_sensor"模块，单击鼠标右键选择"Options"，在弹出的对话框中选择"C/C++ Compile"类别，在右边的窗口中选择"Preprocessor"选项中的"Defined symbols:"，输入"CC2530_DEBUG"，具体设置如图5-13所示。

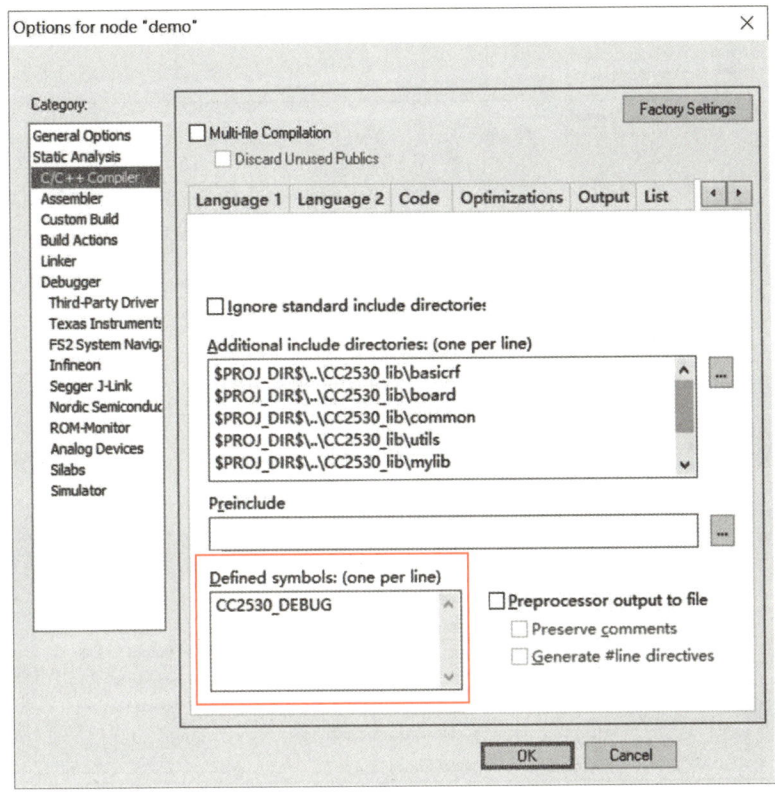

图5-13 温湿度采集节点"Options"设置

4．编译和下载程序

将插有温湿度光敏传感器的ZigBee模块固定在NEWLab平台，在Workspace中选择"temprh_sensor"模块，编译程序无误后，给NEWLab平台上电，下载程序到ZigBee模块中。

打开串口调试助手，设置波特率为115200后点击 打开 ，可以看到采集到的温湿度数据显示出来了，如图5-14所示。

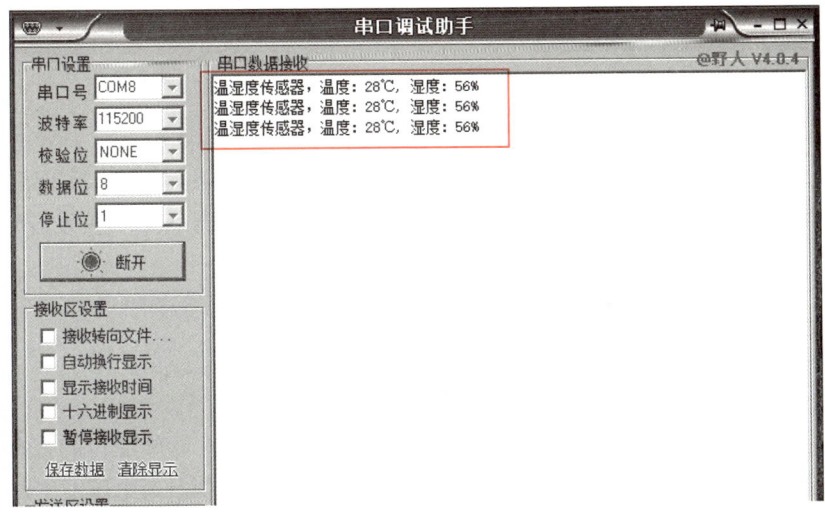

图5-14 程序运行结果

验证通过后，需要把条件编译选项中的"CC2530_DEBUG"去掉，变成"xCC2530_DEBUG"，如图5-15所示。

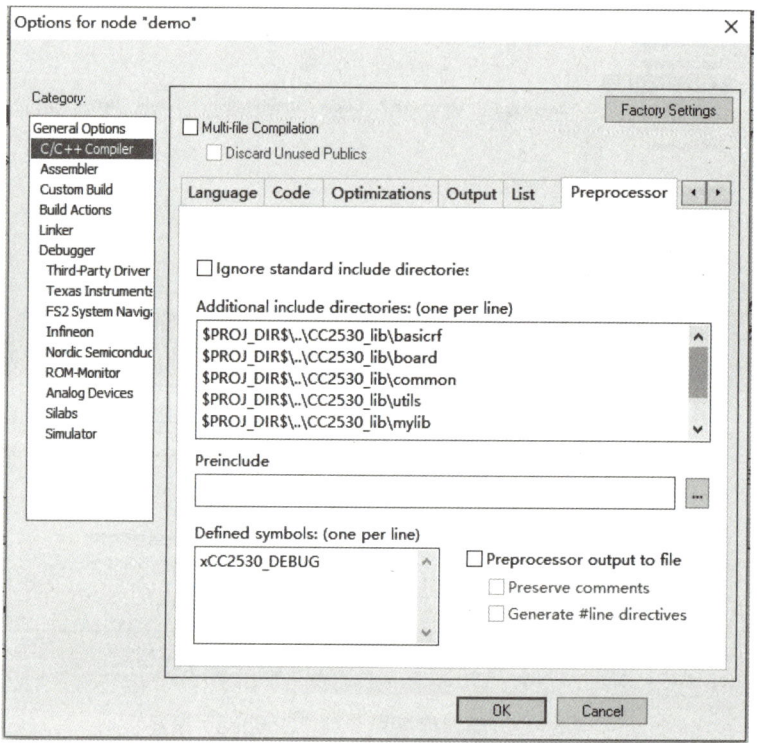

图5-15　去掉CC2530_DEBUG条件编译选项

5.6　任务3　火焰节点数据采集

5.6.1　任务要求

采用火焰传感器模块和ZigBee模块组成一个开关量传感器采集节点，实现火焰传感器的采集，并将采集数据通过自定义协议无线传输至汇聚节点。发送节点有数据发送时，LED1亮100ms。

5.6.2　知识链接

1. CC2530的ADC模块

CC2530的ADC模块支持最高14位二进制的模拟数字转换，具有12位的有效数据位。它包括一个模拟多路转换器，具有8个各自可配置的通道；以及一个参考电压发生器。转换结果通过DMA写入存储器，还具有多种运行模式。ADC模块结构如图5-16所示。

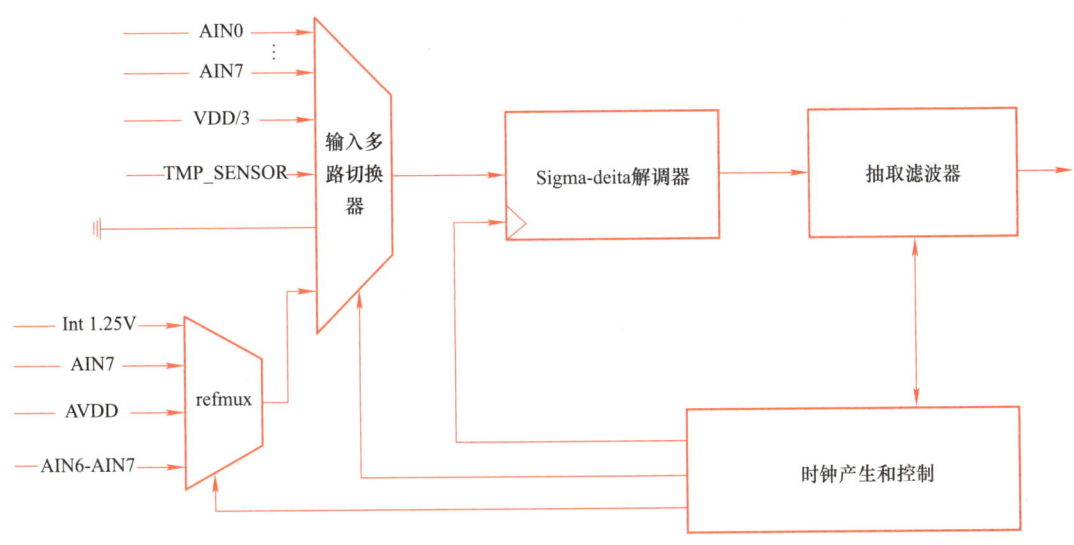

图5-16　ADC模块结构图

CC2530的ADC模块有如下主要特征：

1）可选的抽取率，设置分辨率（7到12位）。

2）8个独立的输入通道，可接收单端或差分信号。

3）参考电压可选为内部单端、外部单端、外部差分或AVDD5。

4）转换结束产生中断请求。

5）转换结束时可发出DMA触发。

6）可以将片内温度传感器作为输入。

7）电池电压测量功能。

（1）ADC工作模式

1）ADC输入。对于CC2530的ADC模块，P0口引脚可以配置为ADC输入端，依次为AIN0~AIN7。可以把输入配置为单端或差分输入。在选择差分输入的情况下，差分输入包括输入对AIN0~AIN1、AIN2~AIN3、AIN4~AIN5和AIN6~AIN7。除了输入引脚AIN0~AIN7，片上温度传感器的输出也可以选择作为ADC的输入用于温度测量；还可以输入一个对应AVDD5/3的电压作为一个ADC输入，在应用中利用这个输入可以实现一个电池电压监测器的功能。特别提醒，负电压和大于VDD（未调节电压）的电压都不能用于这些引脚。它们之间的转换结果是在差分模式下每对输入端之间的电压差值。

2）序列ADC转换与单通道ADC转换。CC2530的ADC模块可以按序列进行多通道的ADC转换，并把结果通过DMA传送到存储器，而不需要CPU任何参与。

转换序列可以由APCFG寄存器设置，8位模拟输入来自I/O引脚，不必经过编程变为模拟输入。如果一个通道是模拟I/O输入，它就是序列的一个通道，如果相应的模拟输入在APCFG中禁用，那么此I/O通道将被跳过。当使用差分输入，处于差分对的两个引脚都必须在APCFG寄存器中设置为模拟输入引脚。

2. ADC相关寄存器

CC2530 ADC相关寄存器包括控制寄存器（ADCCON1、ADCCON2和ADCCON3）、转换数据寄存器（ADCH:ADCL）、端口配置寄存器（APCFG）、温度测试寄存器（TR0）、模拟测控制（ATEST），见表5-4。

表5-4　ADC相关寄存器

位	名称	复位	读/写	描述
	ADCL (0xBA) – ADC数据低位（ADC Data, Low）
7:2	ADC[5:0]	000000	R	ADC转换结果的低位部分
1:0	–	00	R0	没有使用。读出来一直是0

ADCH (0xBB) – ADC数据高位（ADC Data, High）

位	名称	复位	读/写	描述
7:0	ADC[13:6]	0x00	R	ADC转换结果的高位部分

ADCCON1 (0xB4) – ADC控制1（ADC Control 1）

位	名称	复位	读/写	描述
7	EOC	0	R/H0	转换结束。当ADCH被读取的时候清除。如果读取前一数据之前，完成一个新的转换，EOC位仍然为高 0：转换没有完成；1：转换完成
6	ST	0	R/W	开始转换。读为1，直到转换完成 0：没有转换正在进行 1：如果 ADCCON1.STSEL = 11 并且没有序列正在运行就启动一个转换序列
5:4	STSEL[1:0]	11	R/W1	启动选择。选择该事件，将启动一个新的转换序列 00：P2.0引脚的外部触发 01：全速。不等待触发器 10：定时器1通道0比较事件 11：ADCCON1.ST = 1
3:2	RCTRL[1:0]	00	R/W	控制 16 位随机数发生器。当写 01 时，当操作完成时设置将自动返回到 00 00：正常运行 01：LFSR 的时钟一次 10：保留 11：停止。关闭随机数发生器
1:0	–	11	R/W	保留。一直设为 11

（续）

位	名称	复位	读/写	描述
	ADCCON2 (0xB5) - ADC控制2（ADC Control 2）
7:6	SREF[1:0]	00	R/W	选择参考电压用于序列转换 00：内部参考电压 01：AIN7引脚上的外部参考电压 10：AVDD5引脚 11：AIN6 - AIN7差分输入外部参考电压
5:4	SDIV[1:0]	01	R/W	为包含在转换序列内的通道设置抽取率。抽取率也决定完成转换需要的时间和分辨率 00：64抽取率（7位ENOB） 01：128抽取率（9位ENOB） 10：256抽取率（11位ENOB） 注：CC2530手册是10位 11：512抽取率（13位ENOB） 注：CC2530手册是12位

位	名称	复位	读/写	描述
3:0	SCH[3:0]	0000	R/W	序列通道选择 0000：AIN0 0001：AIN1 0010：AIN2 0011：AIN3 0100：AIN4 0101：AIN5 0110：AIN6 0111：AIN7 1000：AIN0-AIN1 1001：AIN2-AIN3 1010：AIN4-AIN5 1011：AIN6-AIN7 1100：GND 1101：正电压参考 1110：温度传感器 1111：VDD/3

位	名称	复位	读/写	描述
	ADCCON3 (0xB6) - ADC控制3（ADC Control 3）
7:6	EREF[1:0]	00	R/W	选择用于额外转换的参考电压 00：内部参考电压 01：AIN7引脚上的外部参考电压 10：AVDD5引脚 11：在AIN6-AIN7差分输入的外部参考电压
5:4	EDIV[1:0]	00	R/W	设置用于额外转换的抽取率。抽取率也决定了完成转换需要的时间和分辨率 00：64抽取率（7位ENOB） 01：128抽取率（9位ENOB） 10：256抽取率（11位ENOB） 注：CC2530手册是10位 11：512抽取率（13位ENOB） 注：CC2530手册是12位

（续）

位	名称	复位	读/写	描述
3:0	ECH[3:0]	0000	R/W	单个通道选择。选择写ADCCON3触发的单个转换所在的通道号码。当单个转换完成，该位自动清除 0000：AIN0 0001：AIN1 0010：AIN2 0011：AIN3 0100：AIN4 0101：AIN5 0110：AIN6 0111：AIN7 1000：AIN0–AIN1 1001：AIN2–AIN3 1010：AIN4–AIN5 1011：AIN6–AIN7 1100：GND 1101：正电压参考 1110：温度传感器 1111：VDD/3

APCFG (0Xf2) - 模拟外设端口配置寄存器（Analog peripheral I/O comfiguration）

位	名称	复位	读/写	描述
7:0	APCFG[7:0]	0x00	R/W	模拟外设端口配置寄存器，选择P0.0～P0.7作为模拟外设端口。0：GPIO；1：模拟端口

TR0 (0x624B) - 温度测试寄存器（Test Register）

位	名称	复位	读/写	描述
7:1	—	0000 000	R0	保留位，读为0
0	ACTM	0	R/W	设置1时，连接温度传感器到SOC_ADC。也可参见ATEST寄存器来使能。

ATEST (0x61BD) - 模拟测控制（Analog Test Control）

位	名称	复位	读/写	描述
7:6	—	00	R0	保留位，读为0
5:0	ATEST_CTRL[5:0]	00 0000	R/W	控制模拟测试模式： 00 0001：使有温度传感器，其他其保留

5.6.3 任务实施

1. 新建fire_sensor.c

打开5.5.3创建的工程，复制Project文件夹下的sensor.c为副本，并将这个副本重命名为fire_sensor.c。在IAR窗口中，将fire_sensor.c添加到的workspace下的app组中。

2. 编写程序

1）宏定义，打开文件fire_sensor.c，在原温湿度传感器应用程序代码的基础上，修改

MY_ADDR为0xBDCC，修改后的宏如下。

```
1.  ...//此处省略无关代码
2.  #define MY_ADDR   0xBDCC          //本机模块地址
3.  ...//此处省略无关代码
```

2）读取A-D转换值函数get_adc()，该函数读取A-D转换的电压值，定义在文件get_adc.c中，函数原型如下。

```
1.  uint16 get_adc(void)
2.  {
3.      uint32 value;
4.      hal_adc_Init();                  // ADC初始化
5.      ADCIF = 0;                       //清ADC 中断标志
6.      //采用基准电压avdd5:3.3V，通道0，启动A-D转换
7.      ADCCON3 = (0x80 | 0x10 | 0x00);
8.      while ( !ADCIF )
9.      {
10.         ;   //等待A-D转换结束
11.     }
12.     value = ADCL;                    //ADC转换结果的低位部分存入value中
13.     value |= (((uint16)ADCH)<< 8);   //取得最终转换结果存入value中
14.     value = value * 330;
15.     value = value >> 15;             //根据计算公式算出结果值
16.     return (uint16)value;
17.
18. }
```

代码分析：

第5行清除ADC中断标志位。

第7行表示采用单通道的ADC转换，只需将控制字写入ADCCON3即可。采用基准电压avdd5：3.3V，通道0。

第8～11行表示ADCCON3控制寄存器一旦写入控制字，A-D转换就会启动，使用while语句查询ADC中断标志位ADCIF，等待转换结束。

第12～15行读取ADCH、ADCL并进行电压值的计算。

3）对fire_sensor.c文件的主函数main进行修改，该函数的原有功能是温湿度数据采集，需要改为采集火焰传感器电压的功能代码，修改后的main()函数代码如下（修改部分已用下划线标记并加粗）。

```
1.  void main(void)
2.  {
3.      halBoardInit();                              //模块相关资源的初始化
4.      ConfigRf_Init();                             //无线收发参数的配置初始化
5.      Timer4_Init();                               //定时器初始化
6.      Timer4_On();                                 //打开定时器
7.      while(1)
8.      {   APP_SEND_DATA_FLAG = GetSendDataFlag();
```

```
9.          if(APP_SEND_DATA_FLAG == 1)              //定时时间到
10.         {   /*【传感器采集、处理】开始*/
11.            uint16 FireAdc;
12.            FireAdc = get_adc();                   //取红外光(火焰)数据
13.      #ifdef CC2530_DEBUG
14.            //把采集数据转化成字符串，以便于在串口上显示观察
15.            uart_printf("火焰传感器,红外线(火焰)数字量：%dmV\r\n", FireAdc*10);
16.      #endif /*CC2530_DEBUG*/
17.            memset(pTxData, '\0', MAX_SEND_BUF_LEN);
18.            pTxData[0]=START_HEAD;                 //帧头
19.            pTxData[1]=CMD_READ;                   //命令
20.            pTxData[2]=7;                          //长度
21.            pTxData[3]=1;                          //1组传感数据
22.            pTxData[4]=SENSOR_FIRE;                //传感类型
23.            pTxData[5]=(uint8)((FireAdc*10)>>8);   //单位：mV
24.            pTxData[6]=(uint8)((FireAdc*10));      //单位：mV
25.            pTxData[7]=CheckSum((uint8 *)pTxData, pTxData[2]);
26.            //产生一个随机延时，减少信道冲突
27.            srand1(FireAdc);
28.            halMcuWaitMs(randr( 0, 3000 ));
29.            //把数据通过zigbee发送出去
30.            basicRfSendPacket((unsigned short)SEND_ADDR, (unsigned char *)pTxData, pTxData[2]+1);
31.            FlashLed(1,100);                       //无无线发送指示，LED1亮100ms
32.            Timer4_On();                           //打开定时
33.         } /*【传感器采集、处理】结束*/
34.      }
35. }
```

代码分析：

第11～12行，通过get_adc()函数用来读取火焰电压值，电压值为FireAdc*10mV。

第13行，条件编译，用来控制打印调试信息。

第18～25行，将采集的值通过自定义协议数据封装。

第27～28行，用FireAdc作为随机数种子，调用randr()产生一个0～3s的随机延时，减少信道冲突。

第30行，把采集数据通过BasicRF发送函数发送数据。

第32行，打开定时器。

3. 建立配置模块设备

选择菜单"Project→Edit Configurations"，弹出项目的配置对话框，如图5-11项目配置对话框所示，系统会检测出项目中存在的模块设备。

单击"New"按钮，在弹出的对话框中输入模块名称为："fire_sensor"，基于Deubg模块进行配置，然后单击"OK"按钮完成模块设备的建立，对话框如图5-17所示。在项目配置对话框中就可以自动检测出刚才建立的模块设备"fire_sensor"。

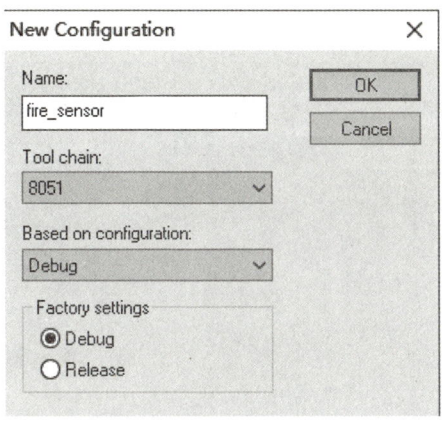

图5-17 火焰传感器模块配置对话框

为了给模块设备设置对应的条件编译参数，需要进行如下设置。

在项目工作组中选择"fire_sensor"模块，单击鼠标右键选择"Options"，在弹出的对话框中选择"C/C++ Compile"类别，在右边的窗口中选择"Preprocessor"选项中的"Defined symbols:"中输入"CC2530_DEBUG"，具体设置如图5-18所示，最后单击"OK"按钮保存。

在IAR中，展开app组，如图5-19所示，workspace下选择"temprh_sensor"，单击鼠标左键选择"fire_sensor.c"，然后右击"fire_sensor.c"，在弹出的菜单中单击"Option..."。在弹出的窗口中，勾选"Exclude from build"如图5-20所示，最后单击"OK"按钮保存。

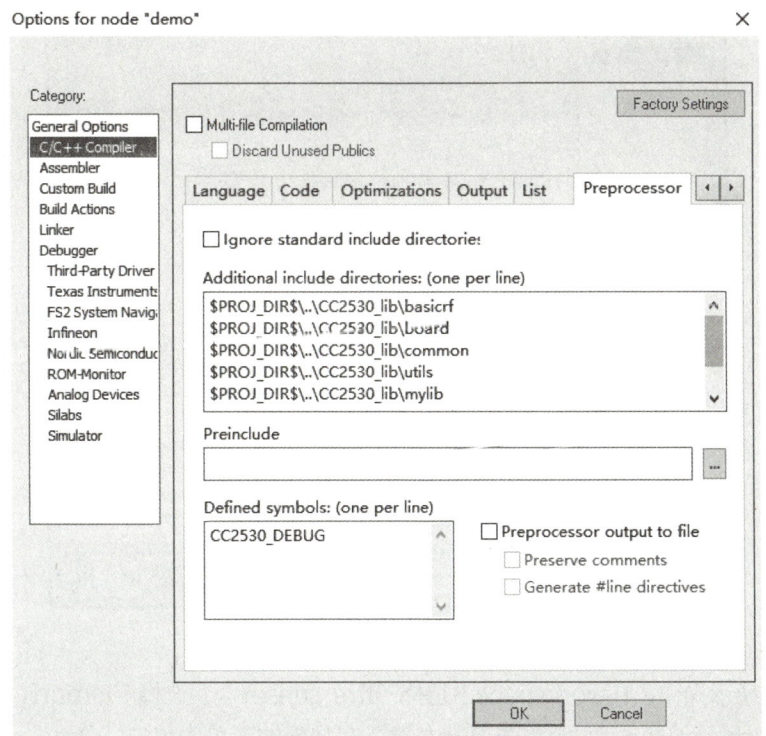

图5-18 火焰传感器模块"Options"设置

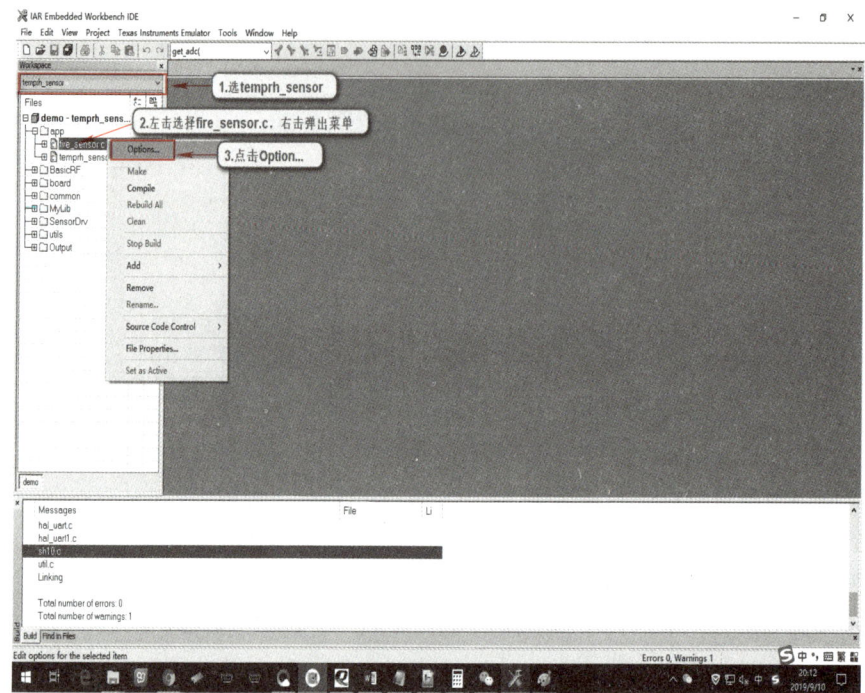

图5-19 在temprh_sensor工作空间中排除编译"fire_sensor.c"

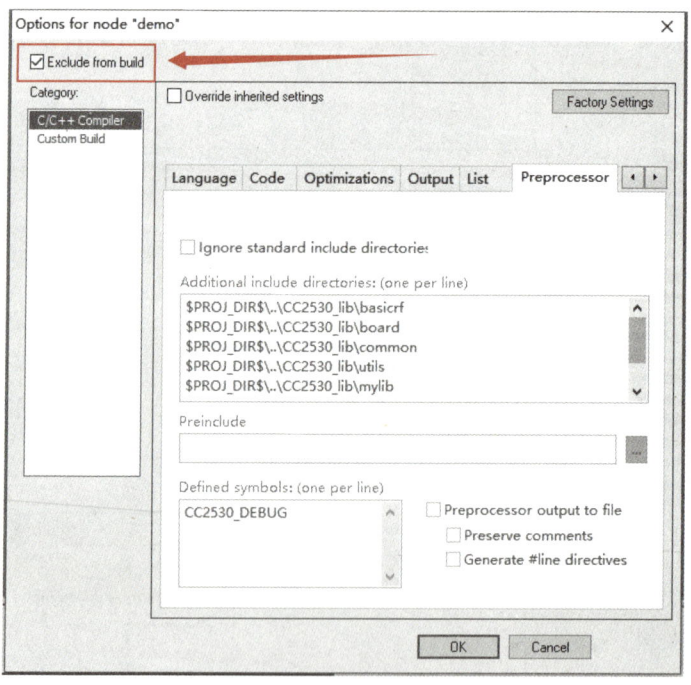

图5-20 勾选"Exclude from build"

按图5-21所示操作,在workspace下选择"fire_sensor",选择"temprh_sensor.c",然后在"temprh_sensor.c"上单击鼠标右键,在弹出的菜单中单击"Option…"。在弹出的窗口中,勾选"Exclude from build",最后单击"OK"按钮保存。

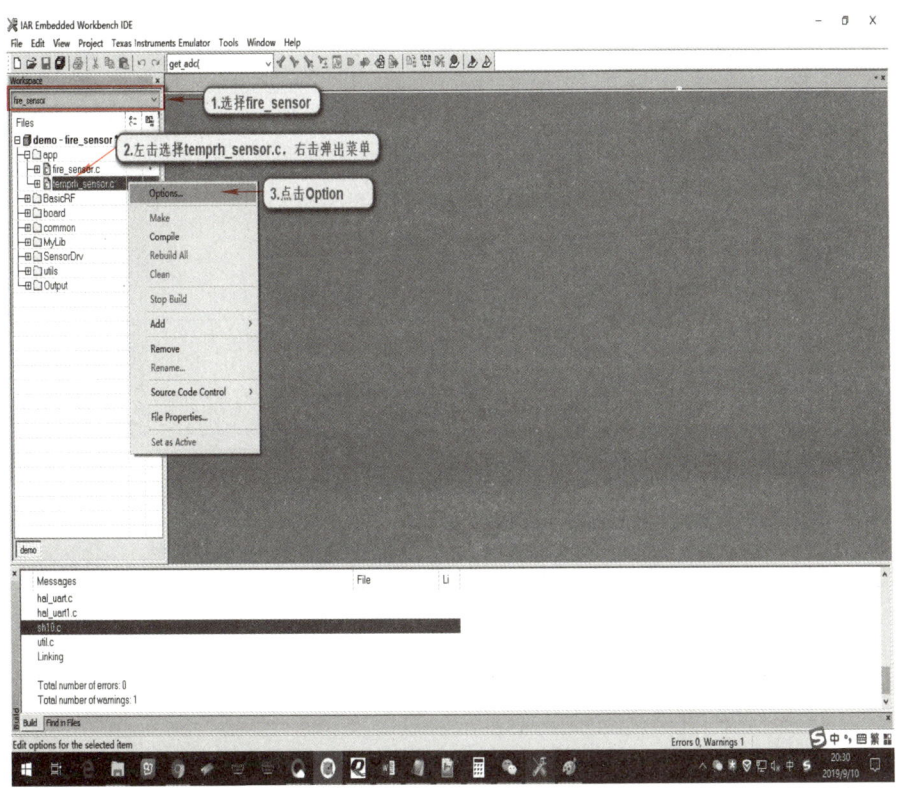

图5-21 在fire_sensor工作空间中编译排除"temprh_sensor.c"

4. 编译和下载程序

将插有火焰传感器模块的ZigBee模块固定在NEWLab平台，选择"fire_sensor"模块，编译程序无误后，给NEWLab平台上电，下载程序到ZigBee模块中。

打开串口调试助手，设置波特率为115200后点击 打开 ，可以看到采集到的温湿度数据显示出来了，如图5-22所示。

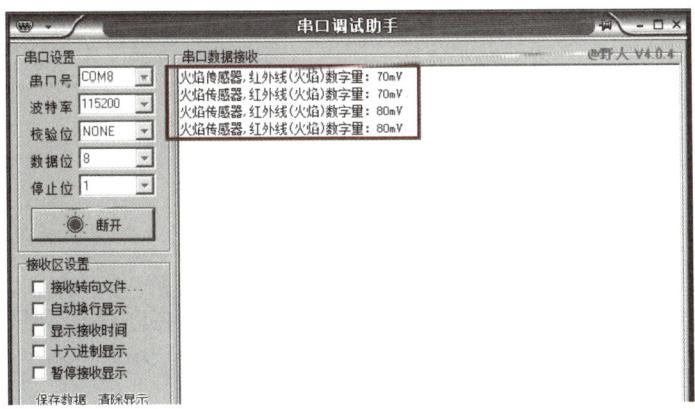

图5-22 程序运行结果

验证通过后，需要把条件编译选项中的"CC2530_DEBUG"去掉，变成"xCC2530_DEBUG"，如图5-23所示。

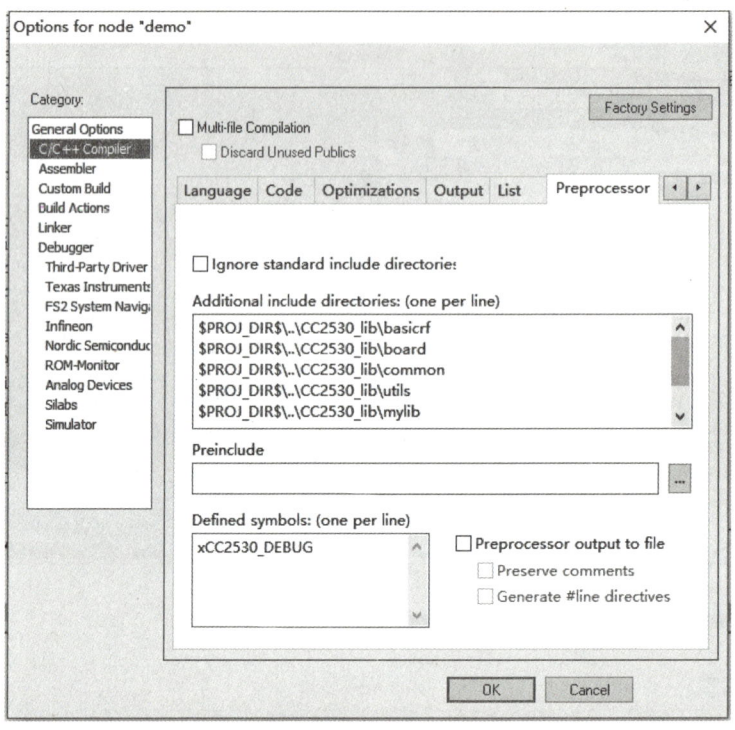

图5-23　去掉CC2530_DEBUG条件编译选项

5.7 任务4　传感器节点组网

5.7.1 任务要求

汇聚节点通过BasicRF点对点无线通信协议正确地接收温湿度和火焰传感节点采集的数据。接收到数据后，LED2亮100ms。

5.7.2 任务实施

1. 打开5.6.3创建的工程

2. 编写程序

在工程源码文件夹..\Project下新建collect.c文件。在IAR中，将collect.c添加到workspace下的app组中，打开 collect.c，并在文件中进行汇聚节点的代码的编写。

1）增加头文件

```
1.   #include "hal_defs.h"
2.   #include "hal_cc8051.h"
3.   #include "hal_int.h"
```

学习单元 5 基于BasicRF的无线通信应用

```
4.  #include "hal_mcu.h"
5.  #include "hal_board.h"
6.  #include "hal_led.h"
7.  #include "hal_rf.h"
8.  #include "basic_rf.h"
9.  #include "hal_uart.h"
10. #include "hal_pwm.h"
11. #include "UART_PRINT.h"
12. #include <stdlib.h>
13. #include <string.h>
14. #include <stdio.h>
```

2）宏和变量定义。定义点对点通信地址、无线数据缓存数组、无线参数结构体及LED闪烁的宏。

```
1.  /*****点对点通信地址设置******/
2.  #define RF_CHANNEL          16                //频道 11~26
3.  #define PAN_ID              0xD0C2            //网络ID
4.  #define MY_ADDR             0xB4F3            //本机模块地址
5.  /********无线数据缓存********/
6.  #define MAX_SEND_BUF_LEN  128
7.  #define MAX_RECV_BUF_LEN  128
8.  static uint8 pTxData[MAX_SEND_BUF_LEN];       //定义无线发送缓冲区的大小
9.  static uint8 pRxData[MAX_RECV_BUF_LEN];       //定义无线接收缓冲区的大小
10. /***********************************************************/
11. static basicRfCfg_t basicRfConfig;
12. //使LEDn 闪烁 time 毫秒
13. #define FlashLed(n,time) do{\
14.         halLedSet(n);\
15.         halMcuWaitMs(time);\
16.         halLedClear(n);\
17.     }while(0)
```

3）无线初始化函数ConfigRf_Init()，参考传感节点。

4）新增生成数组的16进制形式的字符串格式函数GetHexStr()。

```
1.  /**********************************************************
2.  *函数：uint8 GetHexStr(uint8 *input, uint8 len, uint8 *output)
3.  *功能：生成数组的16进制形式的字符串格式,成员间以空格隔开
4.  *      例如:由{0xA1,0xB2,0xC3}生成"A1 B2 C3"
5.  *输入：uint8 *input- 指向输入缓存区, uint8 len- 输入数据的字节长度
6.  *输出：uint8 *output- 指向输出缓存区
7.  *返回：返回生成字符串的长度
```

```
8.  *特殊说明：无
9.  ******************************************************************/
10. uint8 GetHexStr(uint8 *input, uint8 len, uint8 *output)
11. {
12.     char str[128];
13.     memset(str, '\0', 128);
14.     for(uint8 i=0; i<len; i++)
15.     {
16.         sprintf(str+i*3,"%02X ", *input);   //注意，字符串间的空格隔开，"%02X "双引号中有一个空格
17.         input++;
18.     }
19.     strcpy((char *)output, (const char *)str);
20.     return strlen((const char *)str);
21. }
```

5）初始化定时器1输出PWM，使PWM波的周期和占空比可调。根据前面的定时器知识编写出函数TIM1_PwmInit()，用于控制输出的PWM波，函数原型定义在hal_pwm.c中，源代码如下。

```
1.  /******************************************************************
2.  *函数：void TIM1_PwmInit(uint16 period, uint8 ration)
3.  *功能：输出PWM波，周期period毫秒，占空比为百分之ration
4.  *输入：uint16 period-周期，单位：毫秒, uint8 ration-占空比，单位：%
5.  *输出：无
6.  *返回：无
7.  *特殊说明：无
8.  ******************************************************************/
9.  void TIM1_PwmInit(uint16 period, uint8 ration)
10. {
11.     uint16 TimPeriod = 0;
12.     uint16 TimComp = 0;
13.     CLKCONCMD |= 0x38;              //定时器标记输出为250kHz
14.     //定时器通道设置
15.     P1SEL |= 0x01;                  //定时器1通道2映射至P1_0，功能选择
16.     PERCFG |= 0x40;                 //备用位置2，说明信息
17.     P2SEL &= ~0x10;                 //相对于Timer4，定时器1优先
18.     P2DIR |= 0xC0;                  //定时器通道2-3具有第一优先级
19.     P1DIR |= 0x01;
20.     //定时器模式设置
21.     T1CTL = 0x02;                   //250kHz不分频，模模式
22.     //此处P1_0口必须装定时器1通道2进行比较
23.     T1CCTL2 = 0x24;                 //在向上比较清除输出。在0设置，到达比较值时清除输出
24.     //装定时器通道0初值
```

```
25.     TimPeriod = period*250;         //周期TimPeriod，单位：ms
26.     T1CC0H = (uint8)(TimPeriod>>8);
27.     T1CC0L = (uint8)TimPeriod;      //PWM信号周期为1ms，频率为1kHz
28.     //装定时器通道2比较值
29.     TimComp = ration*TimPeriod/100; //由占空比生成比较值
30.     T1CC2H = (uint8)(TimComp>>8);
31.     T1CC2L = (uint8)TimComp;
32. }
```

6）main函数，运行应用程序前，需要先初始化各个功能模块，halBoardInit()初始化了LED、串口、开启总中断，ConfigRf_Init()初始化了无线收发器的初始参数。初始化完成后需要执行无限循环任务，在这里面编写一个呼吸灯程序，I/O口P1_0输出PWM波控制LED灯亮灭，PWM占空比周期性渐变，从而实现LED的渐变，达到呼吸灯的效果。 basicRfReceive()用来接收无线数据，uart_printf()用来往串口打印调试信息，uart_printf()的用法和printf()一样。basicRfPacketIsReady()用来查询无线数据是否接收完成。

按上述描述实现代码如下。

```
1.  void main(void)
2.  {
3.      uint16 len = 0;
4.      uint32 TimCnt = 0;
5.      int8 brightness = 0;
6.      uint8 flag = 0;                 //0-向下渐变暗，1-向上渐变亮
7.      halBoardInit();                 //模块相关资源的初始化
8.      ConfigRf_Init();                //无线收发参数的配置初始化
9.      while(1)
10.     {
11.         /*********************呼吸灯进程*********************/
12.         if(TimCnt++>1024)
13.         {
14.             TimCnt = 0;
15.             if(flag)
16.             {
17.                 brightness ++;
18.                 if(brightness >= 90)
19.                 {flag = 0;}          //向下渐变暗
20.             }
21.             else
22.             {
23.                 brightness --;
24.                 if(brightness <= 10)
25.                 {flag = 1;}//向上渐变亮
26.             }
27.             TIM1_PwmInit(1,brightness);
```

```
28.        }
29.        /*********************无线数据接收处理进程****************/
30.        if(basicRfPacketIsReady())   //查询有没收到无线信号
31.        {
32.            FlashLed(2,100);         //无线接收指示，LED2亮100ms
33.            //接收无线数据
34.            len = basicRfReceive(pRxData, MAX_RECV_BUF_LEN, NULL);
35.            char DebugOutput[256];
36.            memset(DebugOutput, '\0', 256);
37.            GetHexStr((uint8 *)pRxData, len, (uint8 *)DebugOutput);
38.            uart_printf("接收到原始无线RF数据：%s\r\n",DebugOutput);
39.        }
40.    }
41. }
```

代码分析：

第11-28行，程序启动时，实现LED1呼吸灯，指示CC2530启动正常。

第30行，检查是否收到新的数据包，若有新数据，才进行后续数据接收处理。

第34行，调用basicRfReceive函数接收数据。

第35-38，调试代码，将接收到的原始数据显示在串口调试助手上。

3. 建立配置模块设备

选择菜单"Project→Edit Configurations"命令，弹出项目的配置对话框，系统会检测出项目中存在的模块设备。单击"New"按钮，在弹出的对话框中输入模块名称为："collect"，基于Deubg模块进行配置，然后单击"OK"按钮完成模块设备的建立，如图5-24所示。在项目配置对话框中就可以自动检测出刚才建立的模块设备"collect"。

在IAR中，展开app组，workspace下选择"collect"，参考图5-19和图5-20所示的"Exclude from build"操作，对"temprh_sensor.c"和"fire_sensor.c"执行"Exclude from build"的操作。同样的，在workspace下分别选择选择"temprh_sensor"和"fire_sensor"，依次对"collect.c"执行"Exclude from build"的操作，并将"collect.c"从编译中排除。"collect"、"temprh_sensor"、"fire_sensor"的app组下的最终代码包含关系如图5-25和图5-26所示。

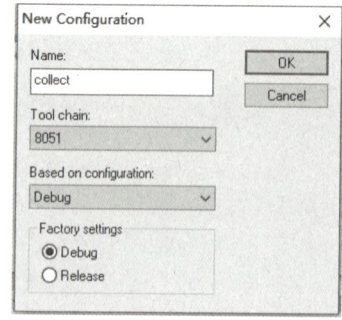

图5-24 传感数据汇集模块配置对话框

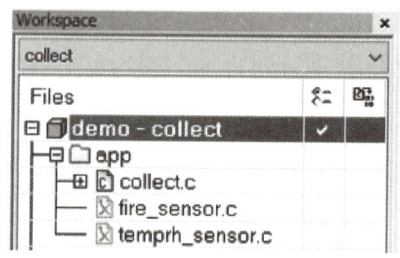

图5-25 app组下的代码包含关系1

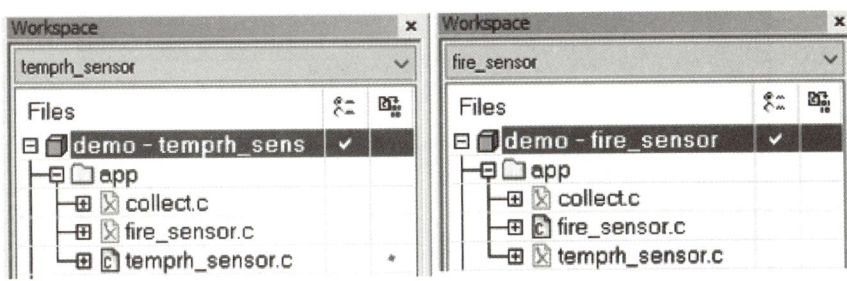

图5-26 app组下的代码包含关系2

4．模块连接与下载程序

（1）温湿度光敏传感器

将插有温湿度光敏传感器的ZigBee模块固定在NEWLab平台，在Workspace栏下选择"temprh_sensor"模块，重新编译程序无误后，给NEWLab平台上电，下载程序到ZigBee模块中。

（2）火焰传感器

将插有火焰传感器模块的ZigBee模块固定在NEWLab平台，在Workspace栏下选择"fire_sensor"模块，重新编译程序无误后，给NEWLab平台上电，下载程序到ZigBee模块中。

（3）汇聚节点

选用黑色的ZigBee版模块，并为其接通5V直流电源适配器，作为汇聚节点，在Workspace栏下选择"collect"模块，重新编译程序无误后，下载程序到汇聚节点中。

5．运行程序

1）将NEWLab平台的通信模开关按钮旋转到通信模式，给NEWLab平台通电。

2）将设备按图5-27所示放在NEWLab平台上，程序运行输出结果如图5-28所示，当发送和接收到数据时有相应的LED闪烁，指示有数据发送和接收。

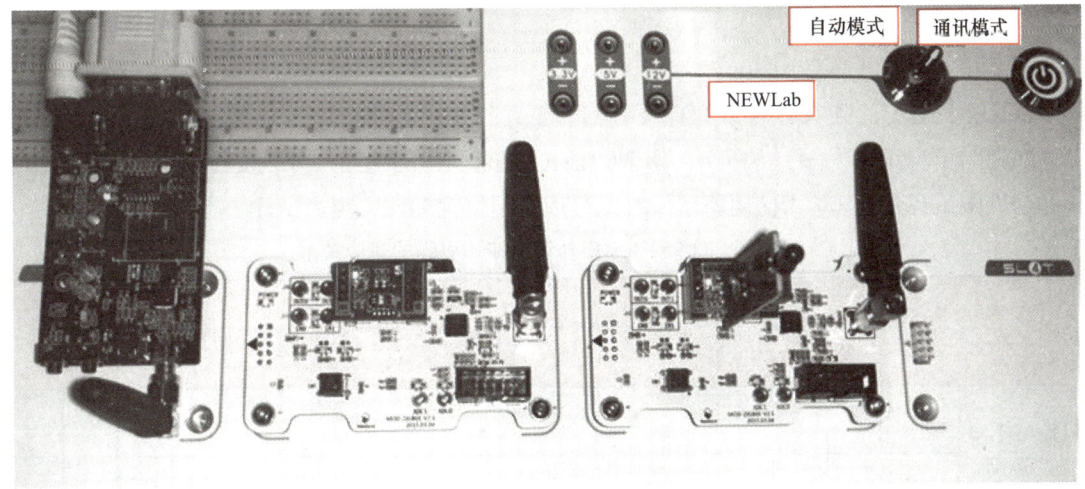

图5-27 设备图

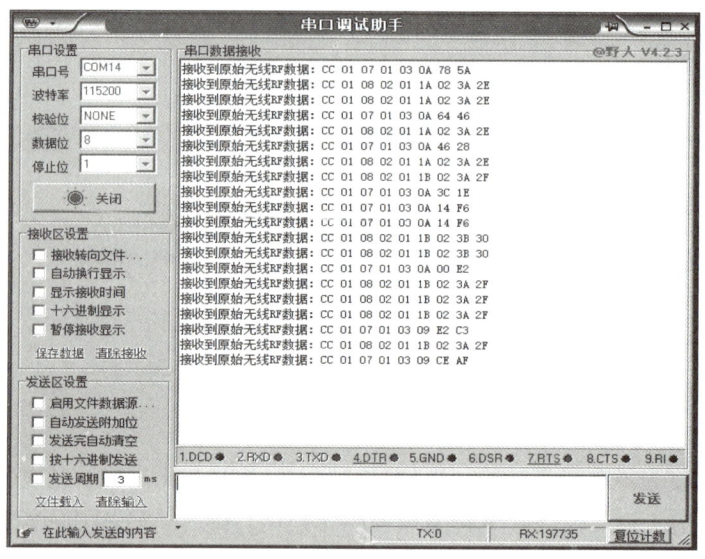

图5-28 程序运行输出结果图

5.8 任务5 传感数据汇聚

5.8.1 任务要求

在定义宏CC2530_DEBUG的情况下，汇聚节点接收到自定义协议后，对协议数据进行解析后显示在PC串口调试助手上。温度显示格式为："当前温度：xx℃"。湿度显示格式为："当前相对湿度为：xx %"，火焰显示格式："当前红外线（火焰）强度为：xxmV"。汇聚节点与串口调试助手的波特率是115200，8位数据位，1位停止位。当关闭宏定义CC2530_DEBUG的情况下，汇聚节点将数据透传到串口上。

5.8.2 知识链接

1. CC2530串行通信相关知识介绍

CC2530芯片共有USART0和USART1两个串行通信接口，它能够运行于异步模式（UART）或者同步模式（SPI）。两个USART具有同样的功能，可以设置单独的I/O引脚，USART0和USART1是否使用备用位置Alt1或备用位置Alt2，见表5-5。

表5-5 CC25330串口外设与GPIO引脚的对应关系

外设功能		P0								P1							
		7	6	5	4	3	2	1	0	7	6	5	4	3	2	1	0
USART-0 USART	Alt1			RT	CT	TX	RX										
	Alt2											TX	RX	RT	CT		

（续）

外设功能		P0								P1						
		7	6	5	4	3	2	1	0	7	6	5	4	3	2	1	0
USART-1 USART	Alt1				RX	TX	RT	CT									
	Alt2									RX	TX	RT	CT				

在UART模式中，可以使用双线连接方式（包括RXD、TXD）或四线连接方式（包括RXD、TXD、RTS和CTS），其中RTS和CTS引脚用于硬件流量控制。

2．串行通信接口寄存器

对于每个USART，都有控制和状态寄存器（UxCSR）、UART控制寄存器（UxUCR）、通用控制寄存器（UxGCR）、接收/发送数据缓冲寄存器（UxDBUF）、波特率控制寄存器（UxBAUD）5个寄存器。其中，x是USART的编号，为0或者1。串口通信接口相关寄存器见表5-6。

表5-6　串口通信接口相关寄存器

UxCSR –USART x 控制和状态（USART x Control and Status）			
位	名称	复位	读/写	描述
---	---	---	---	---
7	MODE	0	R/W	USART模式选择。0：SPI模式；1：UART模式
6	RE	0	R/W	UART接收器使能。注意在UART完全配置之前不使能接收 0：禁用接收器；1：接收器使能
5	SLAVE	0	R/W	SPI主或者从模式选择 0：SPI主模式；1：SPI从模式
4	FE	0	R/W0	UART帧错误状态 0：无帧错误检测；1：字节收到不正确停止位级别
3	ERR	0	R/W0	UART奇偶错误状态 0：无奇偶错误检测；1：字节收到奇偶错误
2	RX_BYTE	0	R/W0	接收字节状态。URAT模式和SPI从模式。当读U0DBUF时，该位自动清除；也可以通过写0清除它，都可有效丢弃U0DBUF中的数据 0：没有收到字节；1：准备好接收字节
1	TX_BYTE	0	R/W0	传送字节状态。URAT模式和SPI主模式 0：字节没有被传送 1：写到数据缓存寄存器的最后字节被传送
0	ACTIVE	0	R	USART传送/接收主动状态。在SPI从模式下，该位等于从模式选择位 0：USART空闲；1：在传送或者接收模式USART忙碌

（续）

UxUCR – USART x UART 控制（USART x UART Control）

位	名称	复位	读/写	描述
7	FLUSH	0	R0/W1	清除单元。当设置时，该事件将会立即停止当前操作并且返回单元的空闲状态
6	FLOW	0	R/W	UART硬件流使能。用RTS和CTS引脚选择硬件流控制的使用 0：流控制禁止；1：流控制使能
5	D9	0	R/W	UART奇偶校验位。当使能奇偶校验，写入D9的值决定发送的第9位的值，如果收到的第9位不匹配收到字节的奇偶校验，接收时报告ERR。如果奇偶校验使能，那么该位设置以下奇偶校验级别 0：奇校验；1：偶校验
4	BIT9	0	R/W	UART 9位数据使能。当该位是1时，使能奇偶校验位传输（即第9位）。如果通过PARITY使能奇偶校验，第9位的内容是通过D9给出的 0：8位传送；1：9位传送
3	PARITY	0	R/W	UART奇偶校验使能。除了为奇偶校验设置该位用于计算，必须使能9位模式 0：禁用奇偶校验；1：奇偶校验使能
2	SPB	0	R/W	UART停止位的位数。选择要传送的停止位的位数 0：1位停止位；1：2位停止位
1	STOP	1	R/W	UART停止位的电平必须不同于开始位的电平 0：停止位低电平；1：停止位高电平
0	START	0	R/W	UART起始位电平。闲置线的极性采用选择的起始位级别的电平的相反的电平 0：起始位低电平；1：起始位高电平

U0GCR – USART x 通用控制（USART x Generic Control）

位	名称	复位	读/写	描述
7	CPOL	0	R/W	SPI的时钟极性。0：负时钟极性；1：正时钟极性
6	CPHA	0	R/W	SPI时钟相位 0：当SCK从CPOL倒置到CPOL时，数据输出到MOSI端口；当SCK从CPOL到CPOL倒置时，对MISO端口数据采样输入 1：当SCK从CPOL到CPOL倒置时，数据输出到MOSI端口；当SCK从CPOL倒置到CPOL时，对MISO端口数据采样输入
5	ORDER	0	R/W	传送位顺序。0：LSB先传送；1：MSB先传送
4:0	BAUD_E[4:0]	00000	R/W	波特率指数值。BAUD_E和BAUD_M决定了UART波特率和SPI的主SCK时钟频率

（续）

位	名称	复位	读/写	描述
	UxDBUF – USART x 接收/传送数据缓存（USART x Receive/Transmit Data Buffer）			
7:0	DATA[7:0]	0x00	R/W	USART接收和传送数据。当写这个寄存器的时候数据被写到内部，传送数据寄存器。当读取该寄存器的时候，数据来自内部读取的数据寄存器

位	名称	复位	读/写	描述
	UxBAUD – USART x 波特率控制（USART x Baud-Rate Control）			
7:0	BAUD_M[7:0]	0x00	R/W	波特率小数部分的值。BAUD_E和BAUD_M决定了UART的波特率和SPI的主SCK时钟频率

3．串行通信接口寄存器波特率

当运行在UART模式时，内部的波特率发生器设置UART波特率。当运行在SPI模式时，内部的波特率发生器设置SPI主时钟频率。由寄存器UxBAUD.BAUD_M[7：0]和UxGCR.BAUD_E[4：0]定义波特率。该波特率用于UART传送，也用于SPI传送的串行时钟速率。波特率由下式给出：

$$波特率 = \frac{(256 + BAUD\_M) * 2^{BAUD\_E}}{2^{28}} * f$$

式中，f是系统时钟频率，等于16MHz RCOSC或者32MHz XOSC。

标准波特率所需的寄存器值见表5-7。该表适用于典型的32MHz系统时钟。真实波特率与标准波特率之间的误差，用百分数表示。

表5-7 32MHz系统时钟常用的波特率设置

波特率/(bit/s)	UxBAUD.BAUD_M	UxGCR.BAUD_E	误差(%)
2400	59	6	0.14
4800	59	7	0.14
9600	59	8	0.14
14400	216	8	0.03
19200	59	9	0.14
28800	216	9	0.03
38400	59	10	0.14
57600	216	10	0.03
76800	59	11	0.14
115200	216	11	0.03
230400	216	12	0.03

5.8.3 任务实施

1．打开5.7.2创建的工程，并打开collect.c的源码

2．在collect.c的合适位置新增通信协议相关的宏定义

```
1. /******通信协议相关*******/
2. #define START_HEAD    0xCC        //帧头
3. #define CMD_READ      0x01        //读传感器数据
4. #define SENSOR_TEMP   0x01        //温度
5. #define SENSOR_RH     0x02        //湿度
6. #define SENSOR_FIRE   0x03        //火焰
```

3．在collect.c中编写程序

1）新增计算校验和函数CheckSum()。

```
1.  /*****************************************************************
2.  *函数：uint8 CheckSum(uint8 *buf, uint8 len)
3.  *功能：计算校验和
4.  *输入：uint8 *buf-指向输入缓存区, uint8 len输入数据字节个数
5.  *输出：无
6.  *返回：返回校验和
7.  *特殊说明：无
8.  *****************************************************************/
9.  uint8 CheckSum(uint8 *buf, uint8 len)
10. {
11.     uint8 temp = 0;
12.     while(len--)
13.     {
14.         temp += *buf;
15.         buf++;
16.     }
17.     return (uint8)temp;
18. }
```

2）汇聚节点的collect.c文件中的main()函数，该函数新增数据解析和输出到串口代码，主要完成数据解析和显示功能。

汇聚节点接收到无线数据后，对协议数据进行解析，温度显示格式为："当前温度：xx℃"。湿度显示格式为："当前相对湿度：xx %"，火焰显示格式为："当前红外线（火焰）强度：xxmV"。当关闭宏定义CC2530_DEBUG后，无线数据透传到串口，代码实现如下：

```
1.  void main(void)
2.  {
3.      uint16 len = 0;
```

```
4.      uint32 TimCnt = 0;
5.      int8 brightness = 0;
6.      uint8 flag = 0;
7.      halBoardInit();                    //模块相关资源的初始化
8.      ConfigRf_Init();                   //无线收发参数的配置初始化
9.      while(1)
10.     {
11.        /***********************呼吸灯进程*********************/
12.        if(TimCnt++>1024)
13.        {
14.          TimCnt = 0;
15.          if(flag)
16.          {
17.            brightness ++;
18.            if(brightness >= 90)
19.            {flag = 0;}                  //向下渐变暗
20.          }
21.          else
22.          {
23.            brightness --;
24.            if(brightness <= 10)
25.            {flag = 1;}                  //向上渐变亮
26.          }
27.          TIM1_PwmInit(1,brightness);
28.        }
29.        /*******************无线数据接收处理进程****************/
30.        if(basicRfPacketIsReady())  //查询有没收到无线信号
31.        {
32.          FlashLed(2,100);           //无线接收指示，LED2亮100ms
33.          //接收无线数据
34.          len = basicRfReceive(pRxData, MAX_RECV_BUF_LEN, NULL);
35. #ifdef CC2530_DEBUG
36.          uint8 pos = 0;
37.          char DebugOutput[256];
38.          memset(DebugOutput, '\0', 256);
39.          GetHexStr((uint8 *)pRxData, len, (uint8 *)DebugOutput);
40.          uart_printf("接收到原始无线RF数据：%s\r\n",DebugOutput);
41.          //数据解析
42.          uint8 check = 0;
43.          if((pRxData[2]+1) > MAX_RECV_BUF_LEN)//数据长度不符合规则
44.          {
45.            continue;
```

```
46.        }
47.        check = CheckSum((uint8 *)pRxData, pRxData[2]);
48.        if((pRxData[0] == START_HEAD) && (check == pRxData[pRxData[2]]))//帧头正确且校验
           通过
49.        {
50.          if(pRxData[3]==1)        //一个传感数据
51.          {
52.            switch(pRxData[4])
53.            {
54.              case(SENSOR_TEMP):
55.                uart_printf("当前温度：%d℃\r\n",pRxData[5]);
56.                break;              //温度
57.              case(SENSOR_RH):
58.                uart_printf("当前相对湿度：%d%%\r\n",pRxData[5]);
59.                break;              //湿度
60.              case(SENSOR_FIRE):
61.                uart_printf("当前红外线(火焰)强度：%dmV\r\n",(((uint16)pRxData[5])
                   <<8)+pRxData[6]);
62.              break;//火焰
63.                default:break;
64.            }
65.          }
66.          else if(pRxData[3]==2)    //2个传感数据
67.          {
68.            pos=0;
69.            //第一组传感数据
70.            uart_printf("第一组：");
71.            switch(pRxData[4])
72.            {
73.              case(SENSOR_TEMP):
74.                uart_printf("当前温度：%d℃\r\n",pRxData[5]);
75.                break;//温度
76.              case(SENSOR_RH):
77.                uart_printf("当前相对湿度：%d%%\r\n",pRxData[5]);
78.                break;//湿度
79.              case(SENSOR_FIRE):
80.                uart_printf("当前红外线(火焰)强度：%dmV\r\n",(((uint16)pRxData[5])<<8)
                   +pRxData[6]);
81.                pos=1;
82.                break;              //火焰
83.                default:break;
84.            }
```

```
85.            //第二组传感数据
86.            uart_printf("第二组: ");
87.            switch(pRxData[6+pos])
88.            {
89.              case(SENSOR_TEMP):
90.                uart_printf("当前温度: %d℃\r\n",pRxData[7+pos]);
91.                break;//温度
92.              case(SENSOR_RH):
93.                uart_printf("当前相对湿度: %d%%\r\n",pRxData[7+pos]);
94.                break;//湿度
95.              case(SENSOR_FIRE):
96.                uart_printf("当前红外线(火焰)强度: %dmV\r\n",(((uint16)pRxData[7+pos])<<8)+pRxData[8+pos]);
97.                break;//火焰
98.              default:break;
99.            }
100.          }
101.        }
102.        else
103.        {
104.          continue;
105.        }
106. #else
107.        halUartWrite((uint8 *)pRxData, len);//串口透传
108. #endif /*CC2530_DEBUG*/
109.      }
110.    }
111. }
```

代码分析:

第47行,调用CheckSum计算接收数据的校验和。

第48行,判断帧头和校验和的合法性检查,只有通过检查才进行后续处理。

第50~100行,解析火焰传感器、温湿度传感器采集到的数据,并将数据打印到串口上。重新编译程序无误后,下载程序到汇聚节点中。

4. 系统测试

1)首先按照图5-27安装连接设备,然后将NEWLab平台的通信模式开关按钮旋转到"通信模式",给NEWLab平台通电。

2)将汇聚节点的串口连接到PC上,打开串口调试助手,将串口的波特率设置为115200。单击"连接"按钮进行连接。在PC的串口调试软件上会定时显示接收到温湿度传感器的数据和火焰传感器的电压信息,运行效果如图5-29所示。

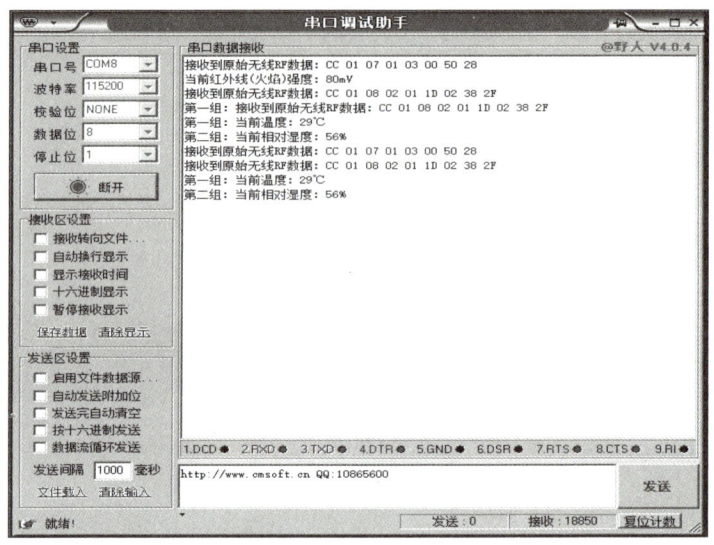

图5-29 基于BasicRF的无线传感网络应用系统测试效果

5．传感数据通过物联网网关上报到云平台

在IAR工程中选择汇聚节点的工程源码，在预编译中可以看到定义了符号"CC2530_DEBUG"，如图5-30所示。若定义了"CC2530_DEBUG"，汇聚节点将打印调试信息，方便用户通过串口调试助手观察数据；若将符号"CC2530_DEBUG"改为"xCC2530_DEBUG"，汇聚节点将透传传感数据到串口上。

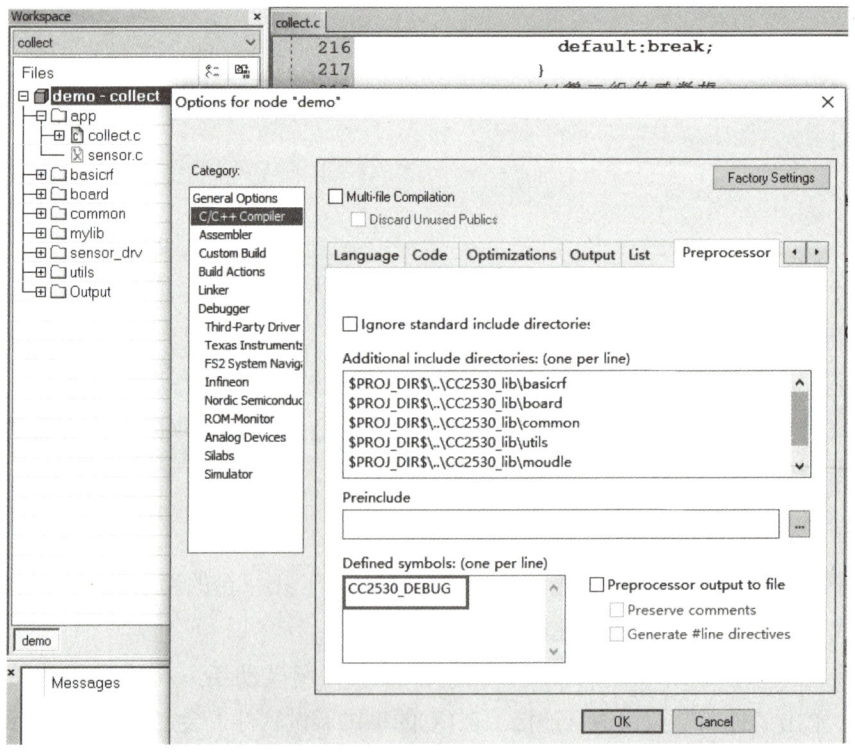

图5-30 预编译相关设置

在汇聚节点的工程源码配置中，将预编译宏定义"CC2530_DEBUG"改为"xCC2530_DEBUG"，重新编译并下载到黑色ZigBee模块的板子上。然后将汇聚节点的串口连接到232转485转换器，将转换后的485信号接到物联网网关的RS-485接口上。网关连接图如图5-31所示。

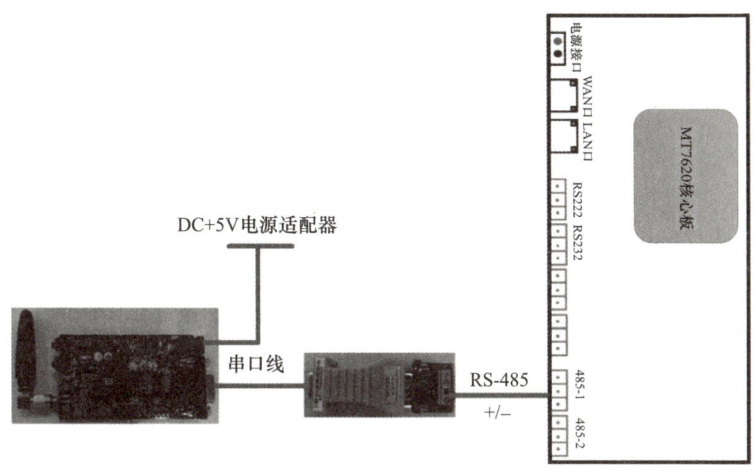

图5-31 物联网网关连接图

（1）新建项目

登录云平台后，先单击"开发者中心"按钮，然后单击"新增项目"按钮即可新建一个项目，如图5-32所示。

图5-32 云平台新建项目

在弹出的"添加项目"对话框中，可对"项目名称""行业类别"以及"联网方案"

等信息进行填充（见图5-32标号③处）。在本案例中，设置"项目名称"为"仓储环境监测"，"行业类别"选择"工业物联"，"联网方案"选择"以太网"。最后单击"下一步"按钮。

（2）添加设备

项目新建完毕后，可为其添加设备。设备标识名末尾加一串随机数字，防止和其他人重复，如图5-33所示，"设备名称"处填入"仓储环境监测"、勾选"通讯协议"的"TCP"、"设备标识"处填入"BasicRFxxxxx"，最后单击"确定添加设备"按钮。在设备管理界面，如图5-34所示，记录下设备ID、设备标识、传输密钥，后续需要用到这3个参数。

图5-33 云平台添加设备

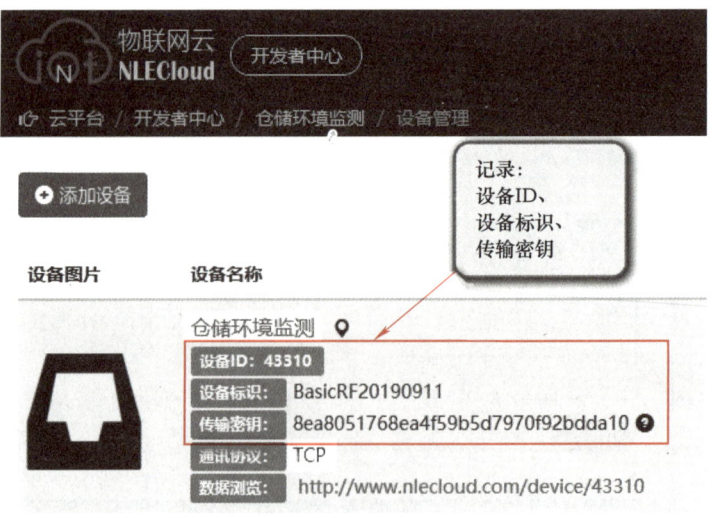

图5-34 设备管理界面

确认ApiKey是否生成或有效，若未生成ApiKey，则按图5-35生成ApiKey。

学习单元5
基于BasicRF的无线通信应用

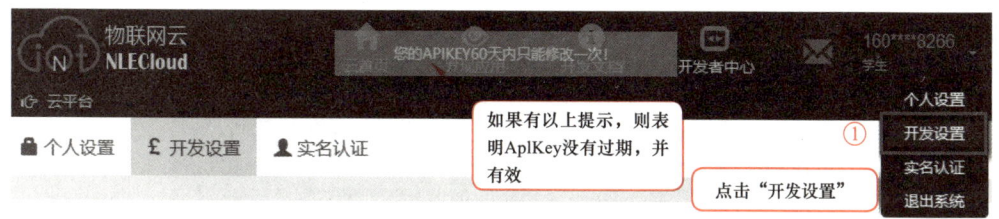

图5-35 生成ApiKye

（3）配置物联网网关接入云平台

登录物联网网关系统管理界面192.168.14.200:8400（IP可自行设置+端口号固定），如图5-36所示。

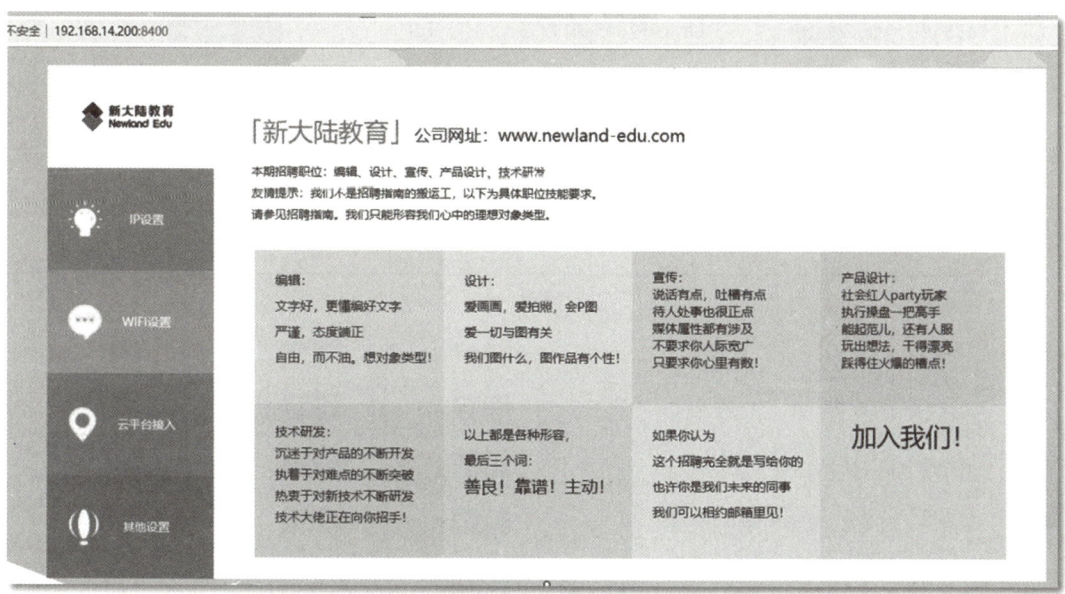

图5-36 网关首页

将前面记录的设备ID、设备标识、传输密钥填入到图5-37标号③～⑤；

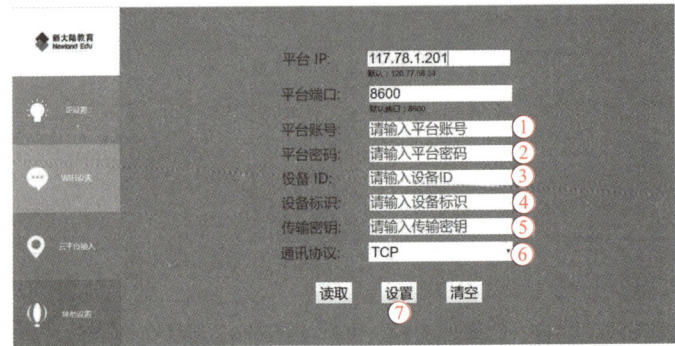

图5-37 云平台接入配置界面

物联网网关配置参数配置完毕，单击图5-37标号⑦处的"设置"按钮，物联网网关系统自动重启，20s左右，系统初始化完毕。

6．系统运行情况分析

设置图5-38标号①、②处的选项，可让网页实时显示数据，查看数据上传情况。

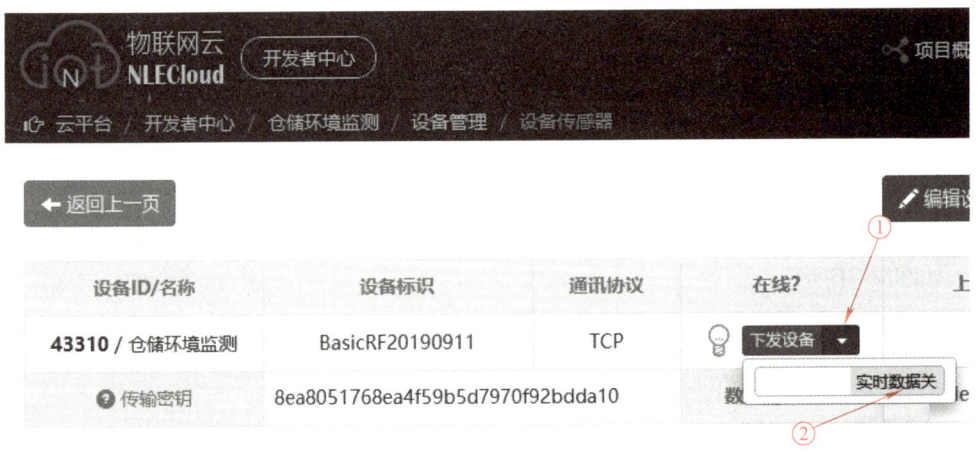

图5-38 开启实时显示

实时显示如图5-39所示，网页每间隔5s刷新一次。

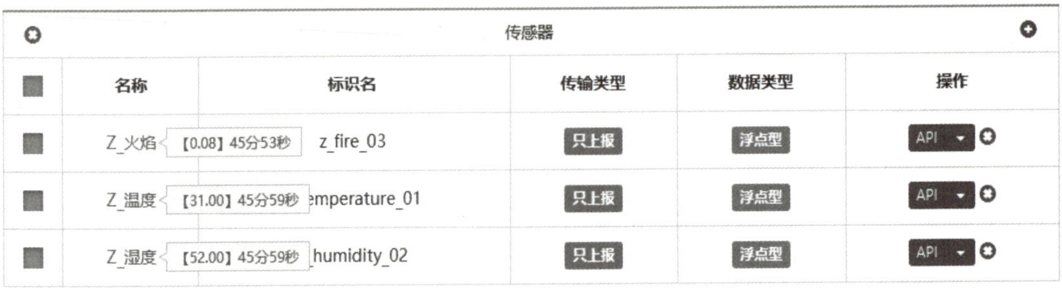

图5-39 实时显示

单击图5-40标号①处所指位置可跳转到历史数据页面。

学习单元5
基于BasicRF的无线通信应用

图5-40　显示历史数据

单元总结

　　本单元利用模拟量、开关量传感器、CC2530，组成BasicRF无线传感网络，实现了一个仓储环境监测项目。通过本单元的学习，能更好地掌握和理解BasicRF的模拟量、开关量无线通信应用，以及在一个项目中建立多个设备的配置方法和编程技巧，为进一步学习ZigBee协议栈打好基础。开发者可以根据需要进行适当修改或者添加其他功能，使系统更加完善，提升编程能力。

UNIT 6

学习单元 ❻

Wi-Fi数据通信

单元概述

本单元主要面向的工作领域是传感网应用开发中的短距离无线通信领域中的Wi-Fi数据通信,以"Wi-Fi接入云平台"项目为案例介绍Wi-Fi数据通信的过程,项目中使用ESP8266 Wi-Fi通信模块将"M3主控模块"接入物联网云平台。本单元包含四个任务,分别为配置Wi-Fi soft-AP工作模式、配置Wi-Fi station工作模式、配置Wi-Fi soft-AP+station工作模式、Wi-Fi接入云平台。

知识目标

- 了解Wi-Fi技术;
- 掌握ESP8266 Wi-Fi工作模式;
- 掌握ESP8266 Wi-Fi通信模块AT指令;
- 掌握TCP连接方法和数据传输。

技能目标

- 能根据Wi-Fi AT指令手册掌握串口通信技术,理解soft-AP工作模式并进行AP热点功能验证;
- 能根据Wi-Fi AT指令手册掌握串口通信技术,理解station工作模式并进行功能验证;
- 能根据Wi-Fi AT指令手册掌握串口通信技术,理解soft-AP+station工作模式并进行AP热点功能验证;
- 能根据Wi-Fi AT指令手册掌握串口通信技术,了解AT指令集,运用Wi-Fi进行无线数据传输。

6.1 基础知识

6.1.1 Wi-Fi技术简介

Wi-Fi（Wireless Fidelity，无线保真）在无线局域网中是指"无线兼容性认证"，实质上是一种商业认证，同时也是一种无线联网技术，与蓝牙技术一样，同属于在办公室和家庭中使用的短距离无线技术。同蓝牙技术相比，它具备更高的传输速率，更远的传播距离，已经广泛应用于笔记本电脑、手机、汽车等产品中。

1. Wi-Fi的前身

Wi-Fi是无线局域网（WLAN）的一个标准。最早的无线局域网可以追溯到20世纪70年代，基于ALOHA协议的UHF无线网络连接了夏威夷岛，是现在无线局域网的一个最初版本。在1985年美国联邦通信委员会规定了现在广泛使用的免费Wi-Fi频段，和微波炉的工作频率相同。1991年NCR公司和AT&T公司发明了现在广泛使用的Wi-Fi标准802.11的前身，用在收银系统中，命名为WaveLAN。澳大利亚的天文学家John O'sullivan和他的同事开发了Wi-Fi技术的关键专利，起初使用在CSIRO（公共健康科学和工业研究组织）的项目上。1997年发布了基于802.11协议的第一个版本，提供2Mbit/s的传输速率，在1999年提高到11Mbit/s，使用价值大大提高，随后Wi-Fi得以快速发展。

2. Wi-Fi的标准和速率

主流的Wi-Fi标准是802.11b（1999年）、802.11g（2003年）、802.11n（2009年）、802.11ac（2013年）和802.11ax（2017年）。它们之间是向下兼容的，旧协议的设备可以连接到新协议的AP，新协议的设备也可以连接到旧协议的AP，只是传输速率会降低。802.11b和802.11g都是较早的标准，802.11b的传输速率最快只能到11Mbit/s，802.11g的传输速率最快能达到54Mbit/s。802.11n的传输速率理论上最快可以达到600Mbit/s，802.11ac的传输速率理论上最快可以达到6.9Gbit/s，802.11ax理论上的最大传输速率为10Gbit/s左右，单用户速率提高不多，它的优势是在多用户、高并发场合提高传输速率。以上传输速率是理论的物理层传输速率，必须满足最大传输频道带宽下发射接收都达到最大空间流数（多天线输入输出），这个条件一般情况下是达不到的。另外，Wi-Fi的速率是包含上下行的，即上下行加起来的速率，这和有线全双工以太网还是有区别的。

3. Wi-Fi的组网结构

Wi-Fi有两种组网结构：一对多（Infrastructure模式）和点对点（Ad-hoc模式，也叫IBSS模式）。最常用的Wi-Fi是一对多结构的。一个AP（接入点），多个接入设备，无线路由器就是路由器+AP（一对多结构）。Wi-Fi还可以采用点对点结构，比如，两个笔记本电脑可以不经过无线路由器用Wi-Fi直接连接起来。

4．Wi-Fi的频道

2.4G的Wi-Fi划为14个频道，每个频道的带宽为20～22MHz，不同的调制方式带宽稍微不同。每个频道的间隔为5MHz，很明显，相邻的多个频道是有干扰的，相互没有干扰的只有1、6、11、14或者1、5、9、13，如图6-1所示。这也是为什么在有多个Wi-Fi热点的地方会上不了网或者网速非常慢。现在无线路由器都有手动设置频道的功能，如果在家使用无线路由器最好设置到一个和附近的其他Wi-Fi信号不同的最好是间隔比较远的频道。

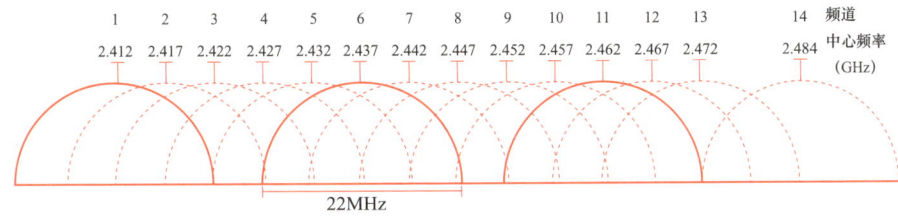

图6-1　Wi-Fi频道

5．Wi-Fi的安全性

常用的Wi-Fi加密方式有WEP、WPA、WPA2。WEP加密方式的安全性太差，已基本上被淘汰了。目前WPA2被业界认为是最安全的加密方式。WPA加密是WEP加密的改进版，包含两种方式：预共享密钥（PSK）和Radius密钥。其中预共享密钥（PSK）有两种密码方式：TKIP和AES。相比TKIP，AES具有更好的安全系数。WPA2加密是WPA加密的升级版，建议优先选用WPA2-PSK AES模式。WPA/WPA2加Radius密钥是一种最安全的加密类型，不过由于此加密类型需要安装Radius服务器，一般用户不容易用到。

6.1.2　ESP8266 Wi-Fi通信模块简介

Wi-Fi通信模块使用的是ESP8266芯片，该芯片最大特点是性价比高。ESP8266芯片方案是一个完整且自成体系的Wi-Fi网络解决方案，能够搭载软件应用或通过另一个应用处理器卸载所有Wi-Fi网络功能。

ESP8266芯片强大的片上处理和存储能力，使其可通过GPIO口集成传感器及其他应用的特定设备，实现了最低的前期开发和运行中最少地占用系统资源。ESP8266高度片内集成，包括天线开关balun、电源管理转换器，因此仅需极少的外部电路，且包括前端模块在内的整个解决方案在设计时可以将所占PCB空间降到最低。

ESP8266配套有一套软件开发工具包（SDK），该SDK为用户提供了一套数据接收、发送的函数接口，用户不必关心底层网络，如Wi-Fi、TCP/IP等的具体实现，只需要专注于物联网上层应用程序的开发，利用相应接口完成网络数据的收发即可。

6.1.3　ESP8266 Wi-Fi通信模块工作模式

ESP8266支持三种工作模式分别为：station、soft-AP、station+soft-AP模式。

ESP8266工作于soft-AP模式时，相当于一个路由器，其他的Wi-Fi设备可以连接到该AP进行通信，这种设备模式用在主从设备通信的场景中，被配置为AP热点的Wi-Fi通信模块作为主机。

ESP8266工作于station模式时，相当于一个客户端，此时Wi-Fi通信模块会连接到无线路由器，从而实现通信。这种模式主要用在网络通信中。

ESP8266工作于station+soft-AP模式时，Wi-Fi通信模块既当作无线AP，又可当作客户端，结合上面两种模式的综合应用，一般可应用在需要网络通信且在主从关系中的主机，从而实现组网通信。

6.1.4 AT指令简介

AT即Attention，AT 指令集是从终端设备（Terminal Equipment，TE）或数据终端设备（Data Terminal Equipment，DTE）向终端适配器（Terminal Adapter，TA）或数据电路终端设备（Data Circuit Terminal Equipment，DCE）发送的。如ESP8266 Wi-Fi通信模块，TE发送 AT 指令来控制ESP8266 Wi-Fi通信模块切换到AP模式。

6.2 项目分析

本项目中使用ESP8266 Wi-Fi通信模块将M3主控模块接入物联网云平台，首先需要在物联网云平台创建项目、添加Wi-Fi通信模块；再通过M3发送AT指令配置好Wi-Fi通信模块的工作模式；最后通过TCP协议接入物联网云平台。本项目中包含配置Wi-Fi soft-AP工作模式、配置Wi-Fi station工作模式、配置Wi-Fi soft-AP模式+station工作模式、Wi-Fi接入云平台四个任务。

6.3 任务1 配置Wi-Fi AP工作模式

6.3.1 任务要求

准备一块ESP8266 Wi-Fi模块，能通过串口调试助手发送AT指令实现Wi-Fi模块AP工作模式的设置。

6.3.2 知识链接

AT指令是以AT开头、回车（<CR>）结尾的特定字符串，AT后面紧跟的字母和数字表明AT指令的具体功能。几乎所有的AT指令（除了"A/"及"+++"两个指令外）都以一个特定的命令前缀开始，以一个命令结束标志符结束。命令前缀一般由AT两个字符组成，命令结束符通常为回车（<CR>）。模块的响应通常紧随其后，格式为：<回车><换行><响应内容><回车><换行>。

soft-AP工作模式下涉及AT指令如下：
（1）AT+CWMODE=2
该指令用于将ESP8266设置到soft-AP工作模式，如果该指令返回：OK，则表明设置

soft-AP工作模式成功，返回其他值，则设置失败。

（2）AT+CWDHCP=0,1

该指令用于将ESP8266的soft-AP工作模式下的DHCP功能开启，如果该指令返回：OK，则表明设置成功，返回其他值，则设置失败。

（3）AT+RST

该指令用于重启ESP8266模块，如果该指令返回：OK，则表明重启成功，返回其他值，则重启失败。

（4）AT+CWSAP_CUR="AP热点名称","AP密码",信道号,加密方式

该指令用于设置ESP8266模块的AP热点SSID名称，登录密码，信道和加密方式。如果该指令返回：OK，则表明设置成功，返回其他值，则设置失败。

注：加密方式的对应关系如下：

0：OPEN

1：WEP

2：WPA_PSK

3：WPA2_PSK

4：WPA_WPA2_PSK

（5）AT+CWSAP?

该指令用于查看当前ESP8266在AP工作模式下的配置信息，如果该指令返回：

+CWSAP:"热点名称","热点密码",信道号,加密方式,最大连接数,是否广播ssid（0:不广播，1:广播）

OK

则表明配置AP信息成功，返回其他值，则配置失败。

（6）AT+CIPAP="xxx.xxx.xxx.xxx"

该指令用于设置AP热点的IP地址，如果该指令返回：OK，则表明设置成功，返回其他值，则设置失败。

（7）AT+CIPAP?

该指令返回网关的IP信息，如果该指令返回：

+CIPAP:ip:"xxx.xxx.xxx.xxx"

+CIPAP:gateway:"xxx.xxx.xxx.xxx"

+CIPAP:netmask:"xxx.xxx.xxx.xxx"

OK

则表示读取成功，返回其他值，则读取失败。

（8）AT+CIPMUX=1

该指令用于，启动多连接，ESP8266的soft-AP工作模式最多支持5个客户端的连接，

ID分配顺序是0～4。如果该指令返回OK，则表明设置成功，如果连接已存在，则返回ALREAD CONNECT；返回其他值，则设置失败。

（9）AT+CIPSERVER=1,8080

该指令用于开启ESP8266的服务器模式，端口号8080。如果该指令返回OK，则表明设置成功；返回其他值，则设置失败。

（10）AT+CIFSR

该指令用于查看ESP8266的IP和MAC地址，如果该指令返回：

+CIFSR:APIP,"192.168.2.1"

+CIFSR:APMAC,"de:4f:22:55:6f:59"

OK

则表明读取成功；返回其他值，则读取失败。（注：ESP8266 station IP 需连接上AP才可以查询）

6.3.3 任务实施

1）搭建ESP8266Wi-Fi通信模块与PC串口通信电路，并烧写Wi-Fi模块固件。

将串口线连接到NEWLab平台，并将NEWLab平台设置为"通讯模式"。将ESP8266 Wi-Fi通讯模块安装到NEWLab平台上，然后开启电源。下载前将ESP8266 "Wi-Fi通讯模块"的JP2拨到左边（此时Wi-Fi模块连接到NEWlab平台的串口），JP1拨到右边，如图6-2、图6-3所示。

2）在配套资源包 "..\01工具驱动\06 Wi-Fi数据通信" 文件夹中找到 "FLASH_DOWNLOAD_TOOLS_V2.4_150924.rar" 烧写工具，解压后执行 "ESP_DOWNLOAD_TOOL_V2.4.exe"，如图6-4所示。

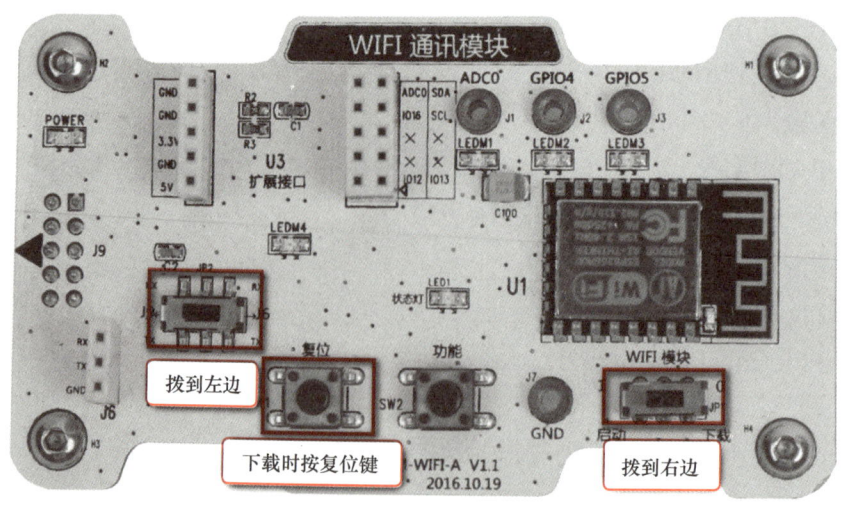

图6-2 "Wi-Fi通讯模块"设置

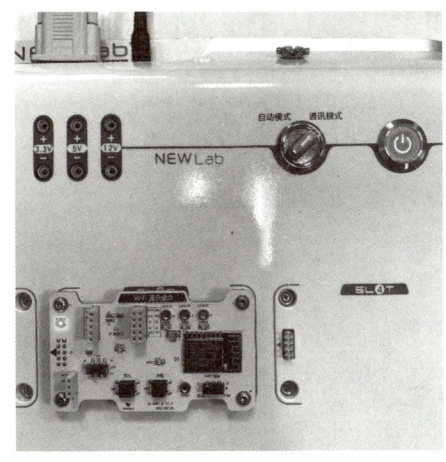

图6-3 搭建硬件平台

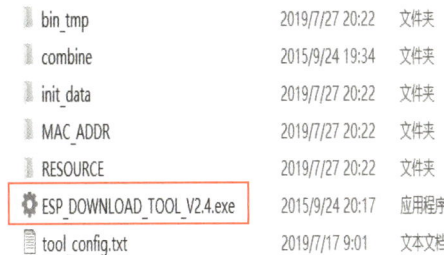

图6-4 下载工具目录

3)打开烧写工具,在配套资源包"..\02配套工程文件\Wi-Fi数据通信\Wi-Fi模块固件"中找到烧写固件Ai-Thinker_ESP8266_DOUT_8Mbit_V1.5.4.1-a_20171130.bin、user1.bin、user2.bin,按图6-5所示烧写参数设置后,先按下模块的复位键,然后单击"START"烧写按钮进行烧写。

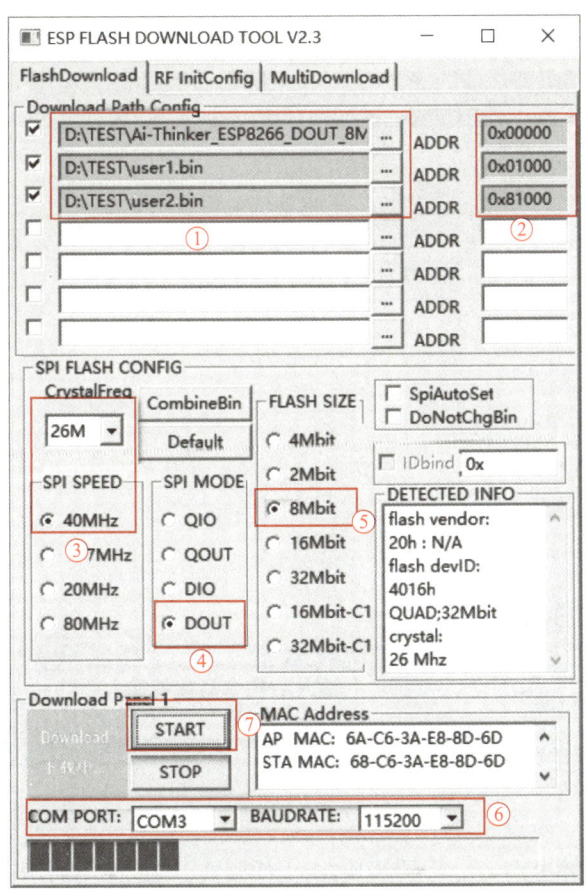

图6-5 设置烧写参数

4）等待2min左右，"Wi-Fi通讯模块"程序下载完毕，将JP1拨到左边，设置"Wi-Fi通讯模块"为启动模式，按下复位按钮，重启模块，如图6-6所示。

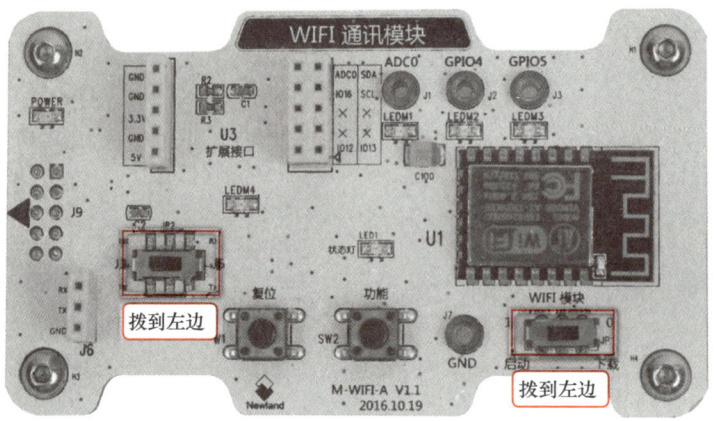

图6-6　设置运行模式

5）打开串口调试助手UartAssist.exe，选择正确的COM号，然后设置波特率为115200，数据位为8，校验位为None，停止位为1，流控为无，在发送输入框中输入"AT"，单击"发送"按钮返回"OK"，说明此模块工作正常，如图6-7所示。

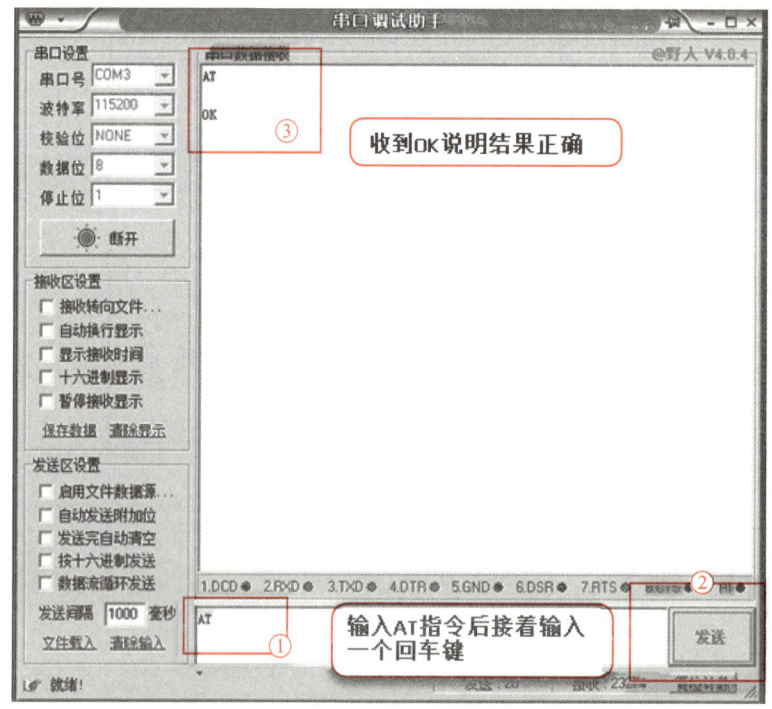

图6-7　基本AT指令

6）发送AT+CWMODE=2，设置模块AP工作模式，如图6-8所示。

7）发送AT+CWDHCP=0,1，设置模块打开AP工作模式下的DHCP功能，如图6-9所示。

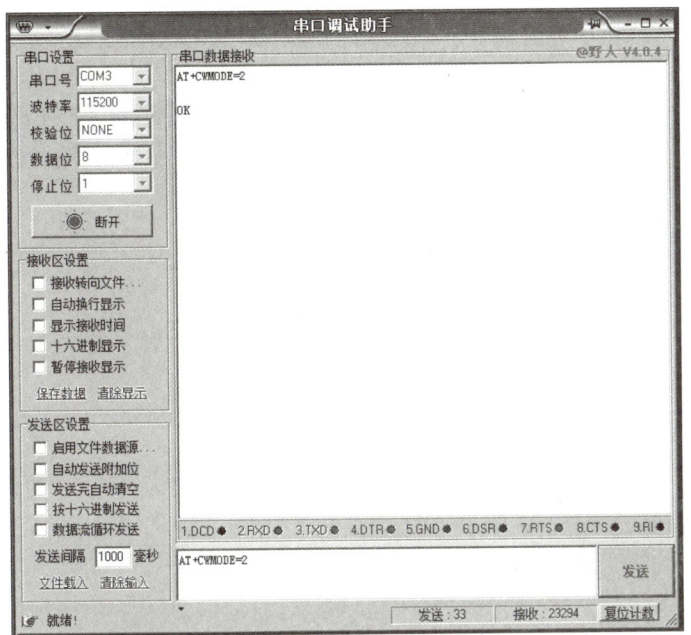

图6-8 设置工作模式

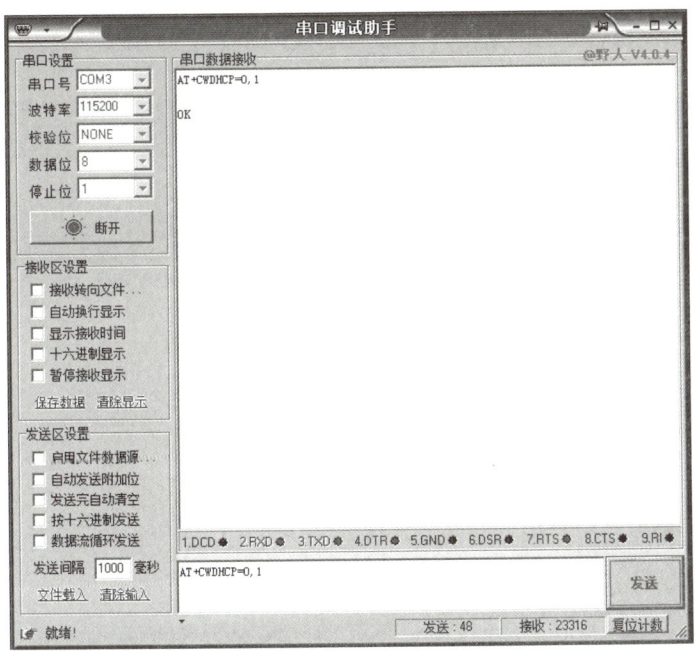

图6-9 打开AP工作模式下的DHCP功能

8）发送AT+RST，设置让ESP8266模块重启，如图6-10所示。

9）发送AT+CWSAP_CUR="热点名称"，"热点密码"，热点信道，热点加密方式。配置ESP8266的热点信息，如图6-11所示。参数具体如下。

热点名称：tim4chou

热点密码：12345678

热点信道：5
热点加密方式：3

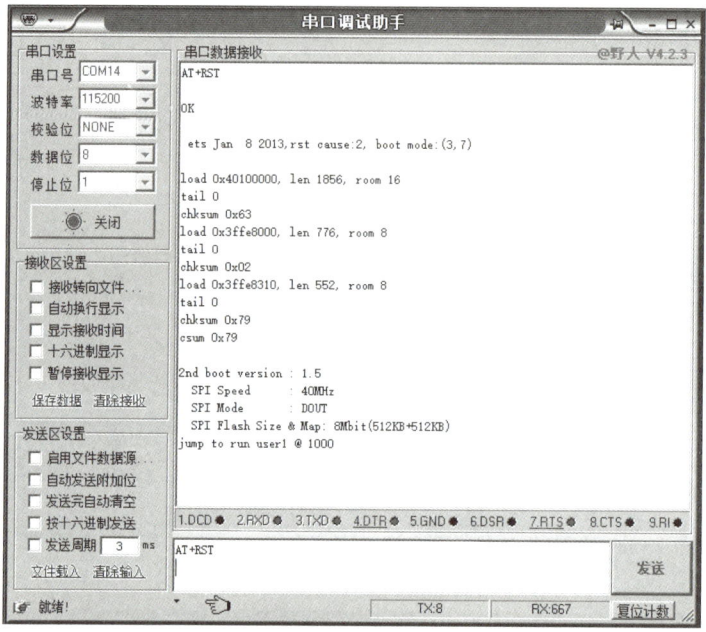

图6-10 重启模块

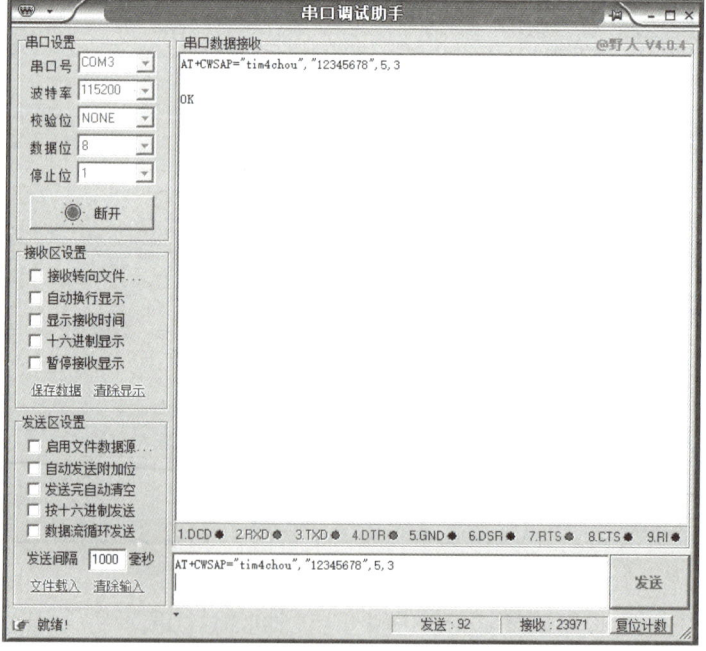

图6-11 配置AP信息

加密方式的对应关系如下0：OPEN，1：WEP，2：WPA_PSK，3：WPA2_PSK，4：WPA_WPA2_PSK

10）发送AT+CWSAP?，查看配置的ESP8266的热点信息，如图6-12所示。

图6-12 读取AP信息

11)发送AT+CIPAP="192.168.2.1",配置ESP8266当前使用的IP地址,如图6-13所示。注意,本设置不保存到FLASH中。

图6-13 设置AP的IP地址

12)发送AT+CIPAP?,读取AP当前使用的IP地址,如图6-14所示。

图6-14 读取AP的IP地址

13）发送AT+CIPMUX=1，启动AP多连接，支持客户端ID号0～4，如图6-15所示。

图6-15 启动AP热点多连接

14）发送AT+CIPSERVER=1,8080，启动模块服务器模式，并设置服务端口为8080，支持客户端ID号0～4，如图6-16所示。

图6-16　启动模块服务器模式

15）发送AT+CIFSR，查看模块的IP地址和MAC地址，如图6-17所示。

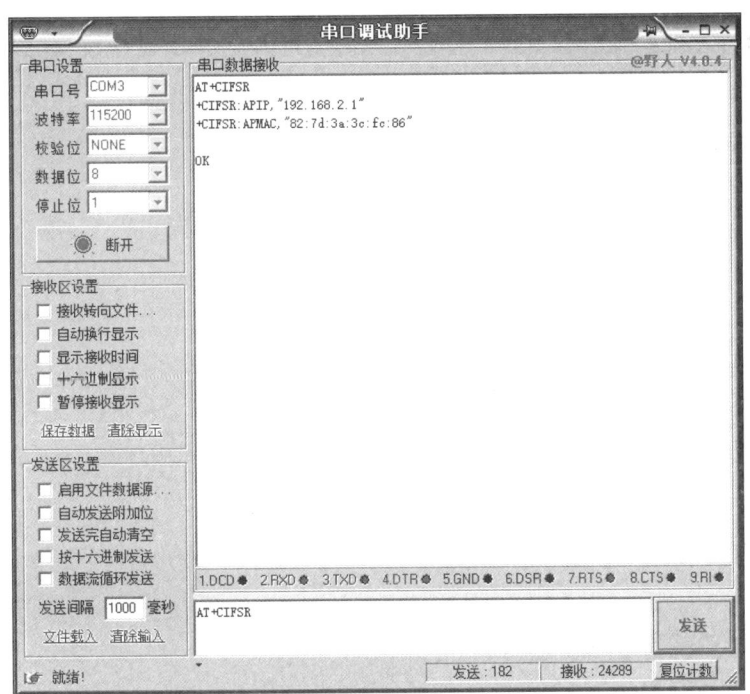

图6-17　查看模块的IP地址和MAC地址

16）此时通过手机可以搜索到Wi-Fi热点tim4chou，并使用密码12345678进行连接。连接成功后可在手机上查看AP的加密方式为WPA2_PSK。

6.4 任务2　配置Wi-Fi station工作模式

6.4.1 任务要求

通过串口调试助手发送AT指令设置Wi-Fi通信模块为station工作模式。

6.4.2 知识链接

station工作模式下涉及AT指令如下：

（1）AT+CWMODE=1

该指令用于将ESP8266设置到station工作模式，如果该指令返回OK，则表明设置AP工作模式成功；返回其他值，则设置失败。

（2）AT+CWDHCP=1,1

该指令用于将ESP8266的station工作模式下的DHCP功能开启。如果该指令返回OK，则表明设置成功；返回其他值，则设置失败。

（3）AT+RST

该指令用于在station模式下重启ESP8266模块。如果该指令返回OK，则表明重启成功；返回其他值，则重启失败。

（4）AT+CWLAP

该指令用于扫描所有可用的AP接入点，如果该指令返回：

+CWLAP:（热点1信息）

+CWLAP:（热点2信息）

……

OK

则表明扫描热点成功；返回其他值，则扫描失败。

（5）AT+CWJAP="热点名称","热点密码"

该指令用于发动Wi-Fi模块连接AP热点，如果该指令返回：

Wi-Fi CONNECTED

Wi-Fi GOT IP

OK

则表明热点连接成功，返回其他值，则连接热点失败。

（6）AT+CWJAP?

该指令用于发动Wi-Fi模块连接AP热点，如果该指令返回：

+CWJAP:"连接的热点名称","热点MAC地址"，信道，信号强度

OK

则表明查看当前连接的AP成功；返回其他值，则连接热点失败。

（7）AT+CIPSTA?

该指令返回Wi-Fi模块的IP信息，如果该指令返回：

+CIPSTA:ip:"xxx．xxx．xxx．xxx"

+CIPSTA:gateway:"xxx．xxx．xxx．xxx"

+CIPSTA:netmask:"xxx．xxx．xxx．xxx"

OK

则表示读取成功；返回其他值，则读取失败。

6.4.3 任务实施

1）继续使用任务1的Wi-Fi通信模块，并确保JP2拨向左边。

2）打开串口调试助手，选择正确的串口号，然后设置波特率为115200，数据位为8，校验位为None，停止位为1，流控为无，在发送框中输入"AT"，再输入一个回车键，然后单击"发送"按钮，显示"OK"，说明此模块工作正常，如图6-18所示。

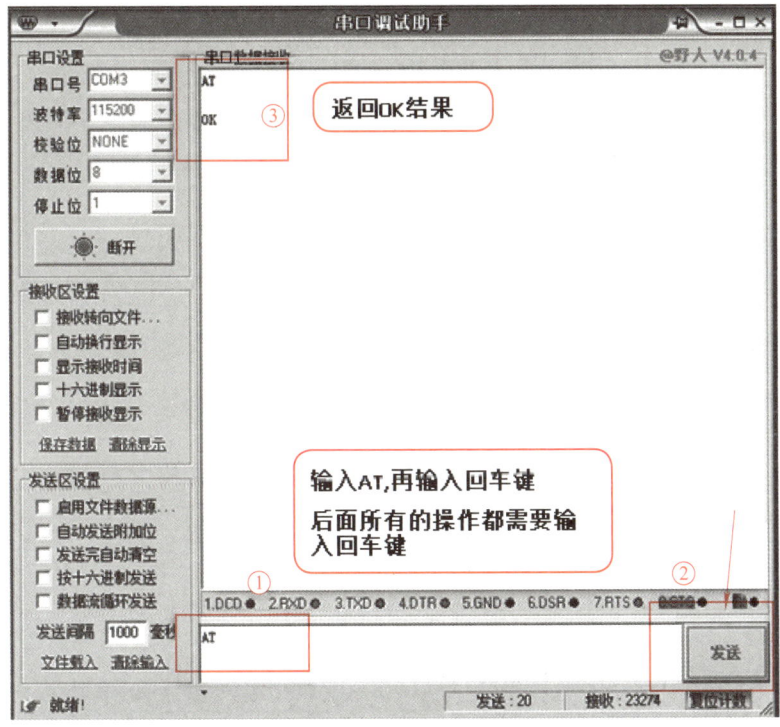

图6-18 基本AT指令

3）发送AT+CWMODE=1，设置ESP8266模块为station工作模式，如图6-19所示。

4）发送AT+CWDHCP=1,1，设置ESP8266模块station工作模式下开启通过DHCP获取IP功能，如图6-20所示。

图6-19 设置模块为STATION工作模式

图6-20 开启DHCP功能

5）发送AT+RST，重启ESP8266模块，使模块进入station模式，如图6-21所示。

6）发送AT+CWLAP，扫描当前可用的AP列表，如图6-22所示。

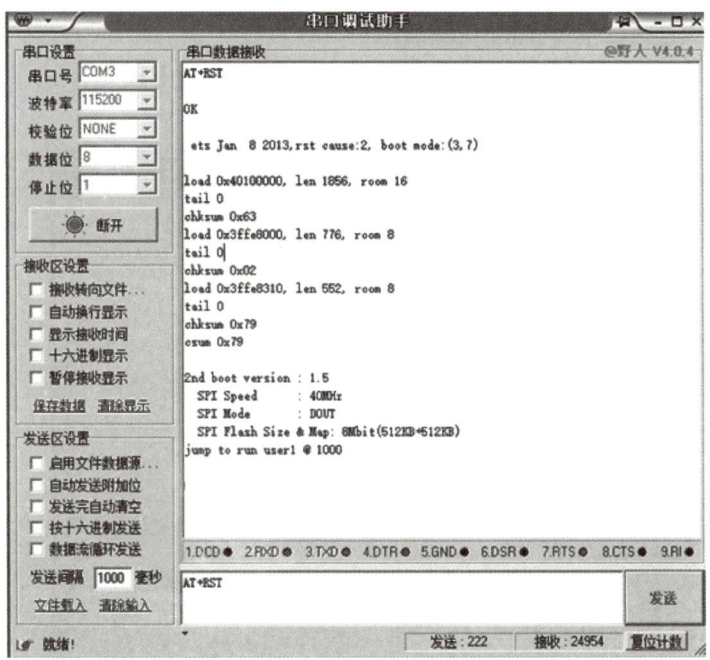

图6-21 重启ESP8266模块

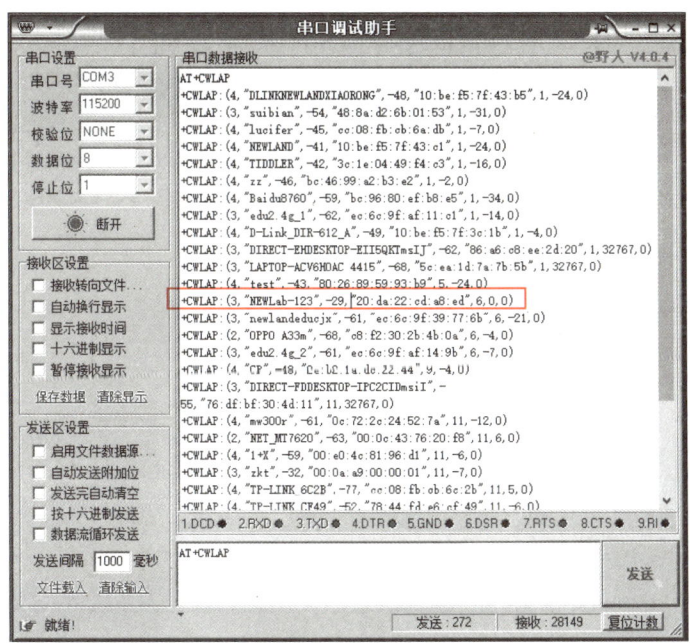

图6-22 扫描AP

7）从图6-22中可以看到，有个AP热点名为"NEWLab-123"，配置成station工作模式的Wi-Fi模块如果要连接到AP热点"NEWLab-123"，连接前要先检查是否已经连接了别的热点，如果已连接则要先断开现有的热点连接，查询与断开的AT指令如下：

查询已连接的热点名称指令：AT+CWJAP?

断开现在热点连接的指令：AT+CWQAP

发送AT+CWJAP="热点名称","热点密码"，启动ESP8266模块连接AP，如图6-23所示。

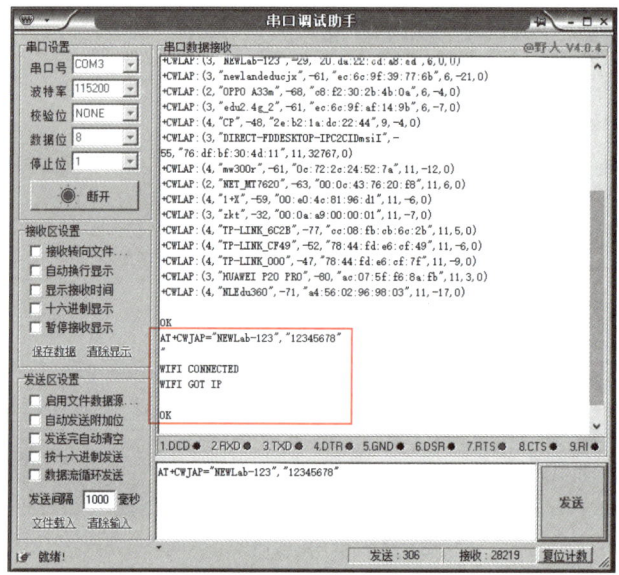

图6-23　连接AP

8) 发送AT+CWJAP?，查看EPS8266模块当前连接的AP，如图6-24所示。

图6-24　查询连接的AP

9) 发送AT+CIPSTA?，查看EPS8266模块当前获取到的IP地址，如图6-25所示。

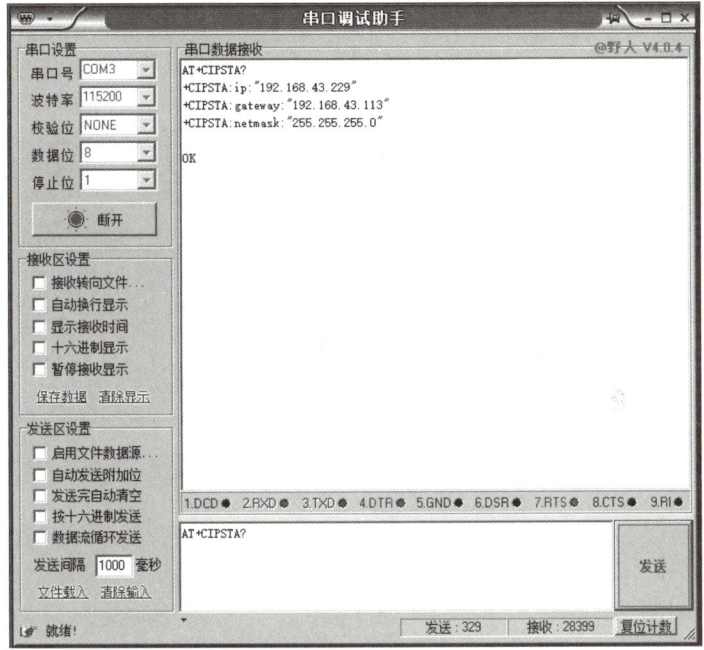

图6-25 查询模块IP地址信息

6.5 任务3 配置Wi-Fi soft-AP模式+station工作模式

6.5.1 任务要求

通过串口调试助手发送AT指令配置Wi-Fi通信模块同时处于soft-AP工作模式和station工作模式下。

6.5.2 知识链接

soft-AP工作模式+station工作模式下涉及AT指令如下：
（1）AT+CWMODE=3
该指令用于将ESP8266设置到soft-AP+station工作模式：如果该指令返回OK，则表明设置AP工作模式成功；返回其他值，则设置失败。
（2）AT+CWDHCP=2,1
该指令用于将ESP8266的soft-AP+station工作模式下的DHCP功能开启：如果该指令返回OK，则表明设置成功；返回其他值，则设置失败。
（3）AT+RST
该指令用于重启ESP8266模块并工作在soft-AP+station模式下：如果该指令返回OK，

则表明重启成功；返回其他值，则重启失败。

（4）AT+CWLAP

该指令用于扫描所有可用的AP接入点，如果该指令返回：

+CWLAP:（热点1信息）

+CWLAP:（热点2信息）

……

OK

则表明扫描成功；返回其他值，则扫描失败。

（5）AT+CWJAP="热点名称","热点密码"

该指令用于发动Wi-Fi模块连接AP，如果该指令返回：

Wi-Fi CONNECTED

Wi-Fi GOT IP

OK

则表明连接成功；返回其他值，则连接失败。

（6）AT+CWJAP?

该指令用于发动Wi-Fi模块连接AP，如果该指令返回：

+CWJAP:"连接的热点名称","热点MAC地址",信道,信号强度

OK

则表明已连接热点成功；返回其他值，则连接失败。

（7）AT+CIPSTA?

该指令返回Wi-Fi模块的IP信息，如果该指令返回：

+CIPSTA:ip:"xxx.xxx.xxx.xxx"

+CIPSTA:gateway:"xxx.xxx.xxx.xxx"

+CIPSTA:netmask:"xxx.xxx.xxx.xxx"

OK

则表示查询IP信息成功；返回其他值，则查询失败。

（8）AT+CWSAP_CUR="AP热点名称","AP密码",信道号,加密方式

该指令用于设置ESP8266模块AP的SSID名称、登录密码、信道和加密方式。如果该指令返回OK，则表明设置成功；返回其他值，则设置失败。

1）加密方式的对应关系为：0—OPEN，1—WEP，2—WPA_PSK，3—WPA2_PSK，4—WPA_WPA2_PSK。

2）由于soft-AP+station工作模式下共用一个Wi-Fi硬件，所以此处应使用"AT+CWJAP?"中显示的父一级AP的信道号。

（9）AT+CWSAP?

该指令用于查看当前ESP8266在AP工作模式下的配置信息，如果该指令返回：

+CWSAP:"热点名称","热点密码",信道号,加密方式,最大连接数,是否广播ssid（0:不广播，1:广播）

OK

则表明AP工作模式的热点信息配置成功；返回其他值，则配置失败。

（10）AT+CIPAP="xxx.xxx.xxx.xxx"

该指令用于设置AP的IP地址，如果该指令返回：OK，则表明设置成功；返回其他值，则设置失败。

（11）AT+CIPAP?

该指令用于返回网关的IP信息，如果该指令返回：

+CIPAP:ip:"xxx.xxx.xxx.xxx"

+CIPAP:gateway:"xxx.xxx.xxx.xxx"

+CIPAP:netmask:"xxx.xxx.xxx.xxx"

OK

则表示读取成功；返回其他值，则读取失败。

（12）AT+CIPMUX=1

该指令用于启动多连接，ESP8266的AP工作模式最多支持5个客户端的连接，ID分配顺序是0～4；如果该指令返回OK，则表明设置成功；返回其他值，则设置失败。

（13）AT+CIPSERVER=1,8080

该指令用于开启ESP8266的服务器模式，端口号8080；如果该指令返回OK，则表明设置成功；返回其他值；则设置失败。

（14）AT+CIFSR

该指令用于查看ESP8266的IP，如果该指令返回：

+CIFSR:APIP,"192.168.2.1"

+CIFSR:APMAC,"de:4f:22:55:6f:59"

+CIFSR:STAIP,"192.168.0.101"

+CIFSR:STAIP,dc:4f:22:55:6f:5"

OK

则表明读取成功；返回其他值，则读取失败。

6.5.3 任务实施

1）继续使用任务2的Wi-Fi通信模块，确保把JP2拨向左边。

2）打开串口调试助手，选择正确的串口号，然后设置波特率为115200，数据位为8，校验位为None，停止位为1，流控为无，然后单击"发送"按钮，发送"AT"，返回"OK"，说明此模块工作正常，如图6-26所示。

3）发送AT+CWMODE=3，设置模块soft-AP+station工作模式，如图6-27所示。

4）发送AT+CWDHCP=2,1，设置模块打开soft-AP工作模式下的DHCP功能，如图6-28所示。

5）发送AT+RST，重启ESP8266模块，使模块进入soft-AP+station模式，如图6-29所示。

图6-26 基本AT指令

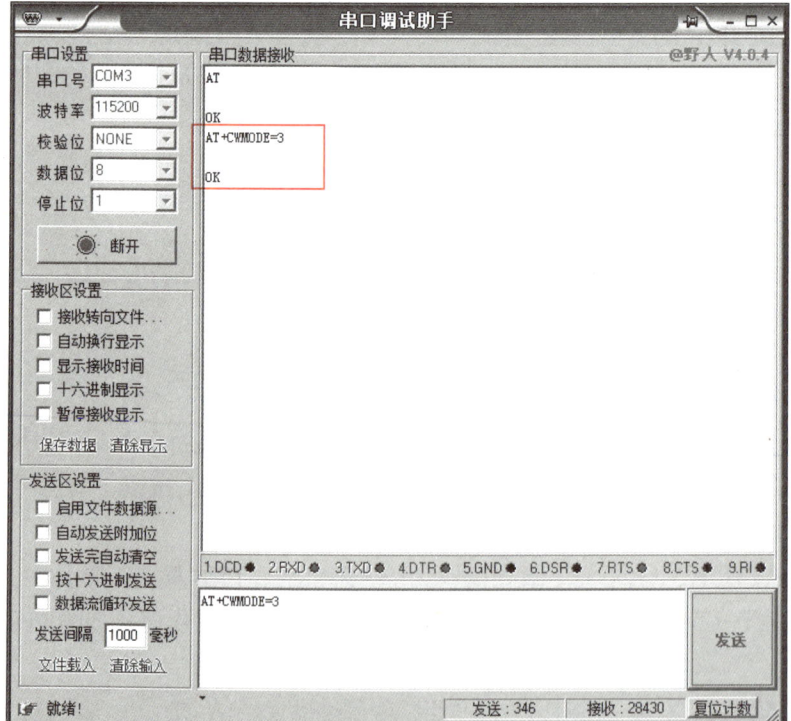

图6-27 设置工作模式

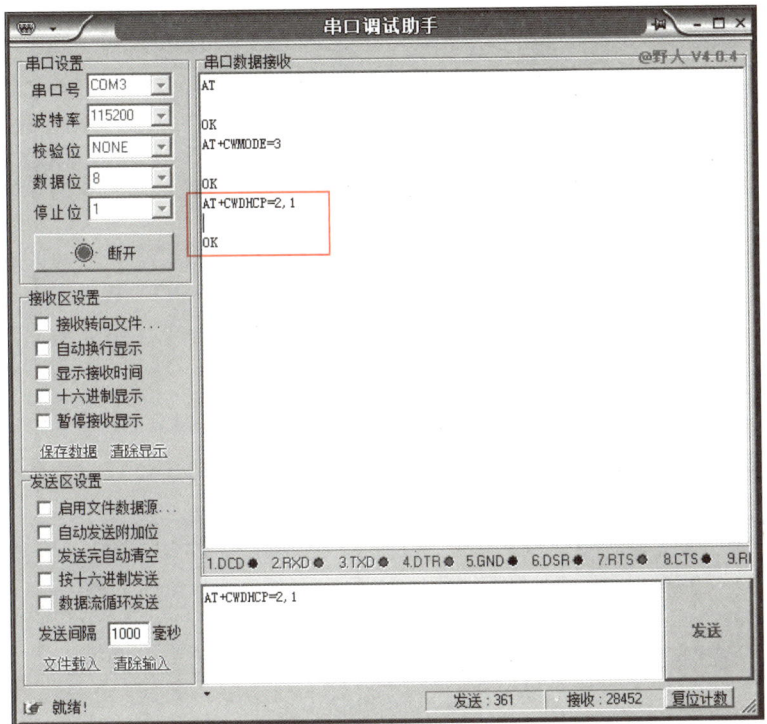

图6-28 设置工作模式

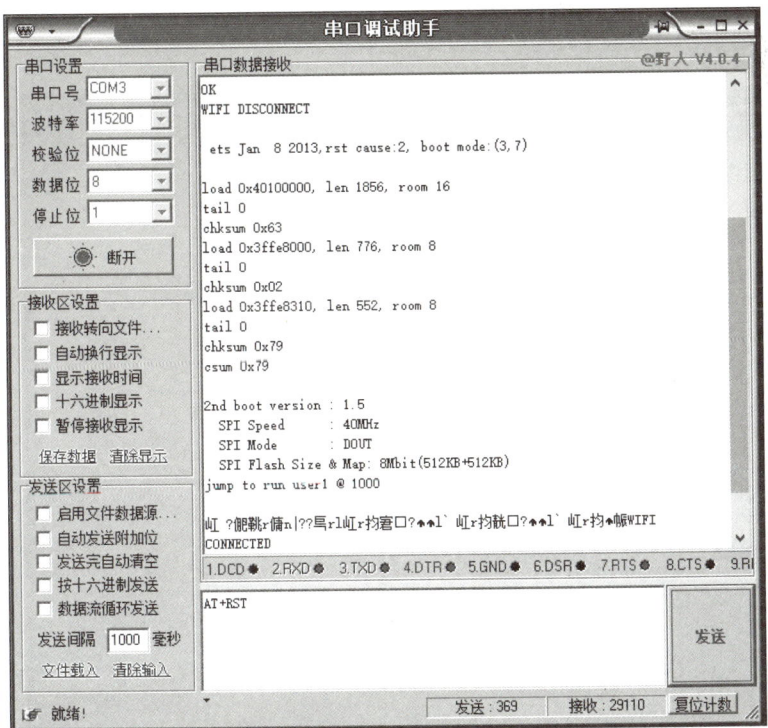

图6-29 重启模块

6）发送AT+CWLAP，扫描当前可用的AP列表，如图6-30所示。

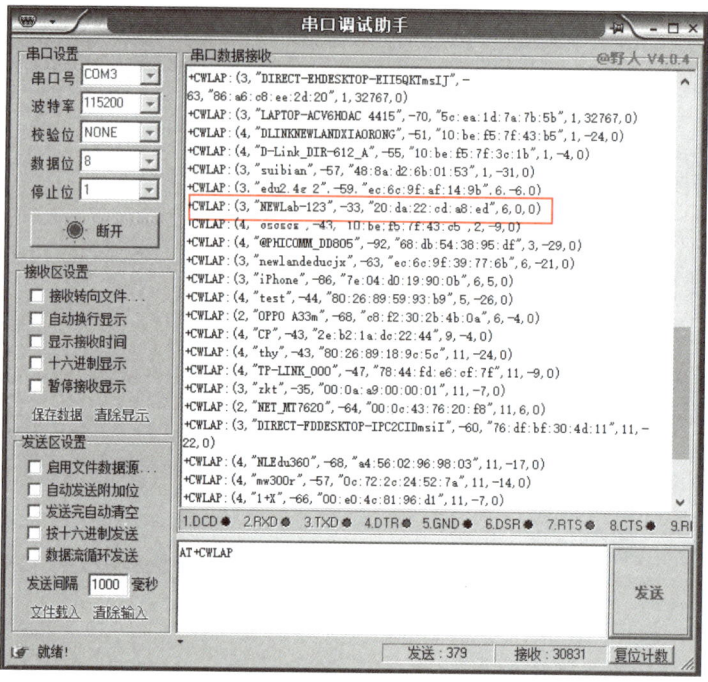

图6-30 扫描AP

7)发送AT+CWJAP="热点名称","热点密码"启动ESP8266模块连接AP。从图6-30可以看到有个AP热点名为"NEWLab_123",使用AT+CWJAP指令连接上该热点,如图6-31所示。

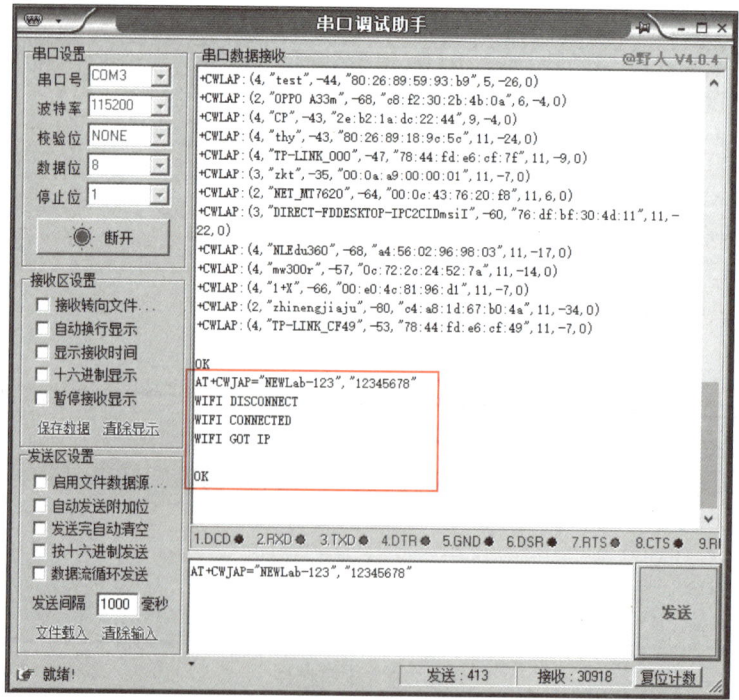

图6-31 连接AP

8) 发送AT+CWJAP?，查看ESP8266模块当前连接的AP，如图6-32所示。

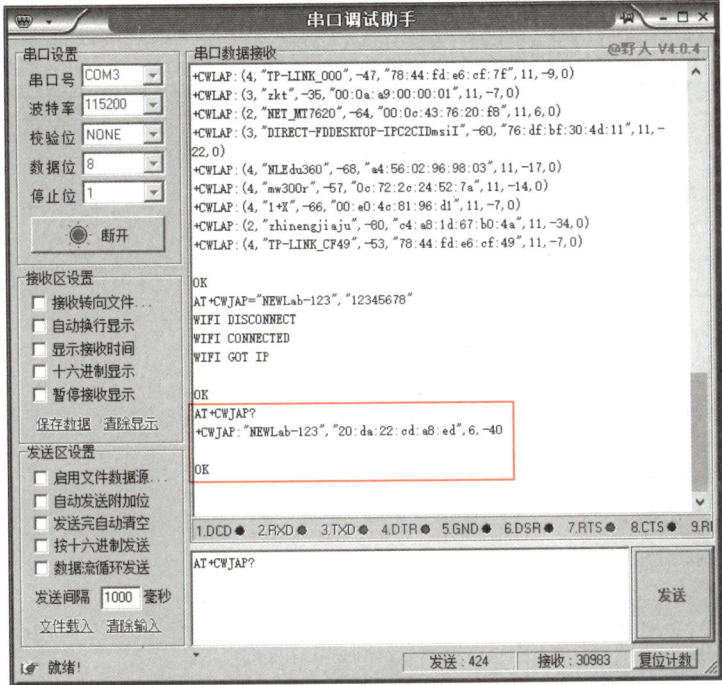

图6-32 查询连接的AP

9) 发送：AT+CIPSTA? 查看ESP8266模块当前获取到的IP地址，如图6-33所示。

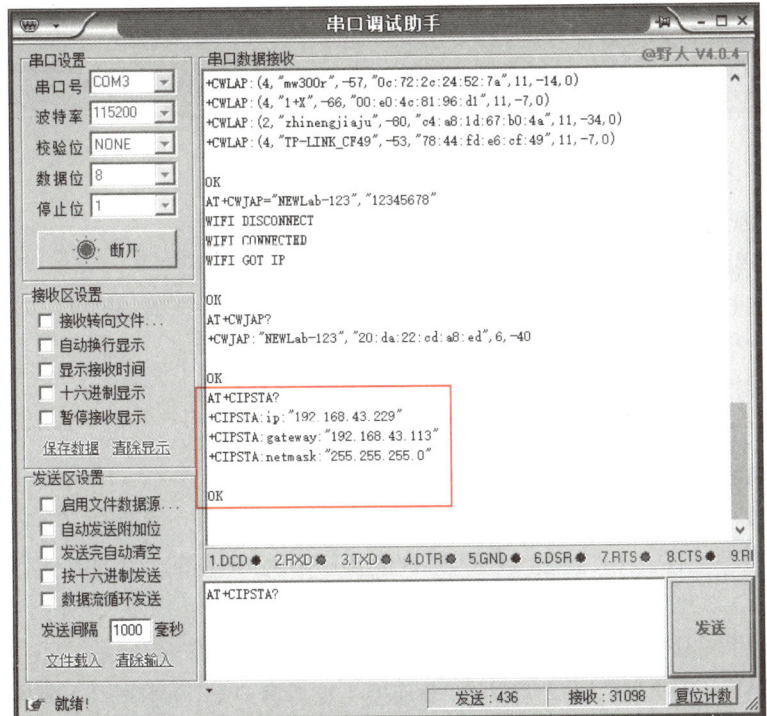

图6-33 查询模块IP地址信息

10）发送：AT+CWSAP-CUR="热点名称"，"热点密码"，热点信道，热点加密方式配置ESP8266的热点信息，如图6-34所示，参数设置如下。

图6-34 配置AP信息

① 热点名称：tim4chou

② 热点密码：12345678

③ 热点信道：6（由于soft-AP+station工作模式下共用一个射频硬件，所以此处应使用"AT+CWJAP?"命令中显示的父一级AP的信道号）

④ 热点加密方式：3

加密方式的对应关系如下：0—OPEN，1—WEP，2—WPA_PSK，3—WPA2_PSK，4—WPA_WPA2_PSK。

11）发送AT+CWSAP?，查看配置的ESP8266的热点信息，如图6-35所示。

12）发送AT+CIPAP="192.168.2.1"配置ESP8266当前使用的IP地址，如图6-36所示。

13）发送AT+CIPAP?，读取AP当前使用的IP地址，如图6-37所示。

14）发送AT+CIPMUX=1，启动AP多连接，支持客户端ID号0～1（其中0是单路连接模式，1是多路连接模式），如图6-38所示。

图6-35 读取AP信息

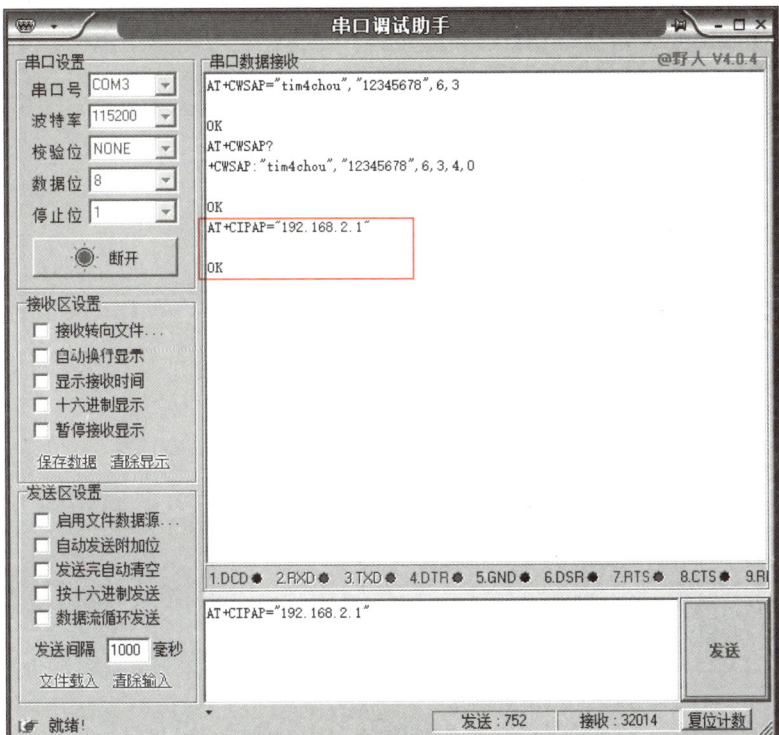

图6-36 设置AP的IP地址

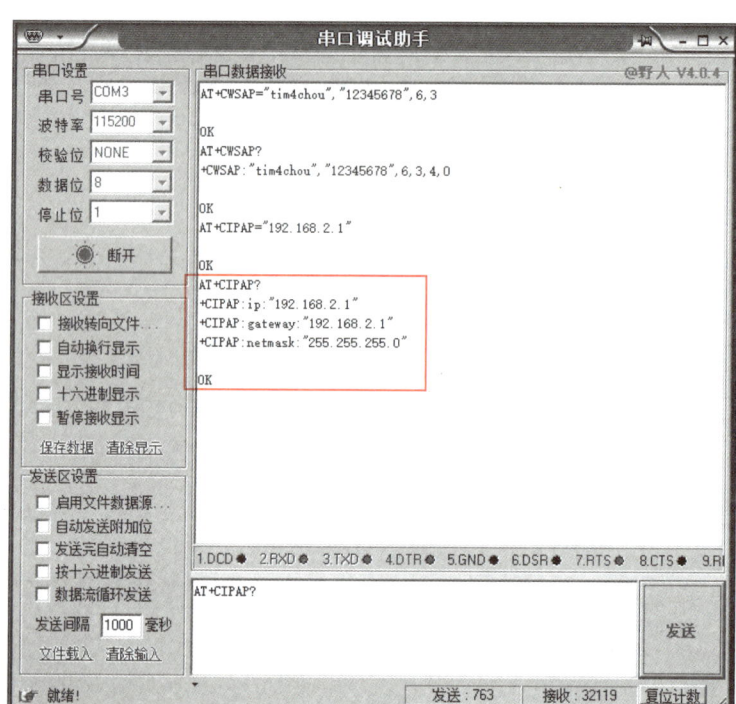

图6-37 读取AP的IP地址

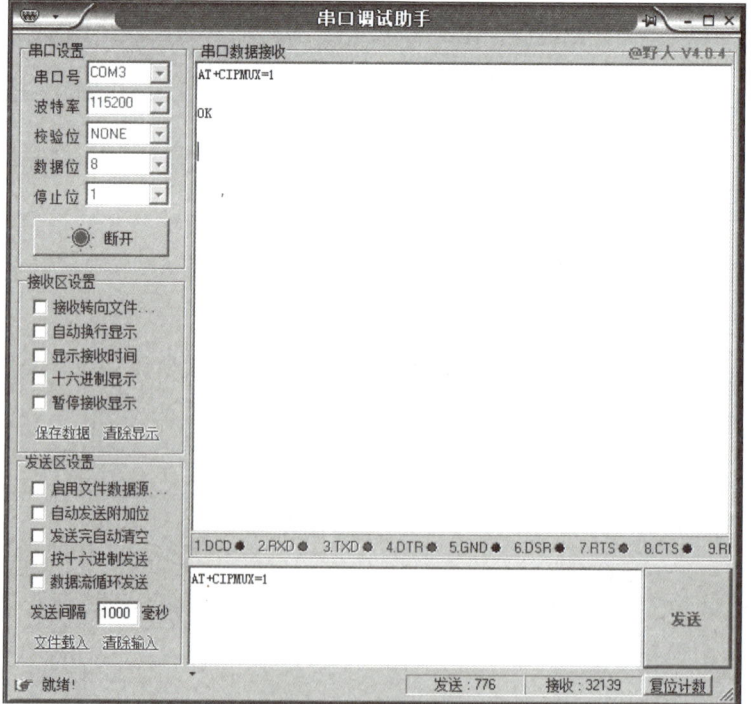

图6-38 启动AP多连接

15)发送"AT+CIPSERVER=1,8080"启动模块服务器模式,并设置服务端口为8080,支持客户端ID号0~1(其中0是单路连接模式,1是多路连接模式),如图6-39所示。

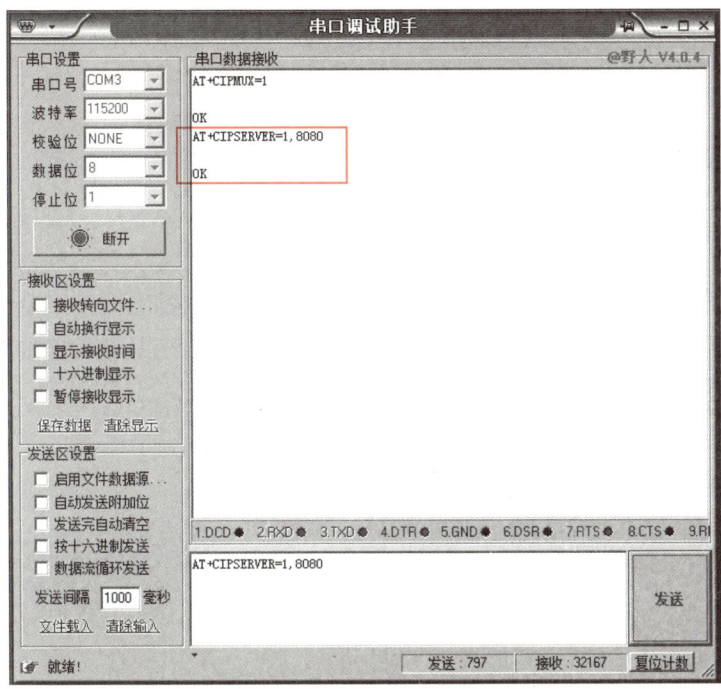

图6-39 启动模块服务器模式

16）发送AT+CIFSR，查看模块的IP地址，如图6-40所示。

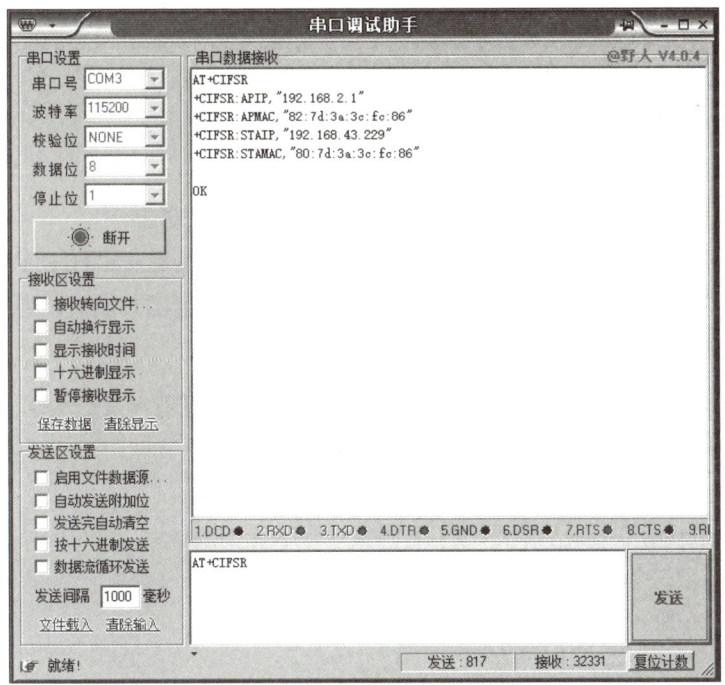

图6-40 查看模块的IP地址

17）此时通过手机可以搜索到Wi-Fi热点tim4chou，并使用密码12345678进行连接。

6.6 任务4 Wi-Fi接入云平台

6.6.1 任务要求

使用任务3配置好的Wi-Fi通信模块、M3主控模块，在物联网云平台上创建Wi-Fi工程，通过M3主控模块发送AT指令控制Wi-Fi通信模块，实现Wi-Fi模块连接物联网云平台。

6.6.2 知识链接

Wi-Fi接入云平台涉及AT指令如下：

（1）AT+CIPSTART="TCP"."服务器IP"，服务器端口

该指令用于TCP客户端发起连接，如果该指令返回：

CONNECT

OK

则表明TCP连接成功；返回其他值，则连接失败。

（2）AT+CIPSEND=发送数据的长度

该指令用于TCP客户端向TCP服务端发送数据，数据部分在发送AT+CIPSEND命令后紧接着发送，如果该指令返回：

Recv XX bytes

SEND OK

则表明TCP发送数据成功；返回其他值，则发送失败。

（3）AT+CIPSTART=连接ID，"TCP"，"服务器IP"，服务器端口

该指令用于向执行过AT+CIPMUX=1（启动多连接）的设备发起TCP连接，其中连接ID支持（0~4），如果该指令返回OK，则表明TCP连接成功；返回其他值，则连接失败。

（4）AT+CIPSEND=连接ID，发送数据的长度

该指令用于向执行过AT+CIPMUX=1（启动多连接）的设备端发送数据。

Recv XX bytes

SEND OK

则表明TCP发送数据连接成功；返回其他值，则发送失败。

6.6.3 任务实施

（1）硬件连接

使用任务3的Wi-Fi模块，用AT+CWQAP断开现有热点的连接，按图6-41和图6-42连接M3主控模块和Wi-Fi模块，注意Wi-Fi模块的JP2拨到右边J6处，此时Wi-Fi模块不占用NEWLab的串口。

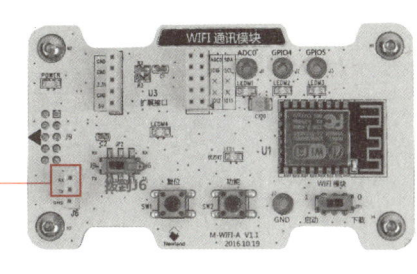

TX4--RX
RX4--TX

图6-41 硬件连接示意图

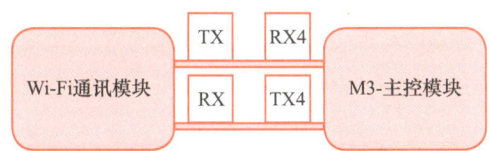

图6-42 连接线路示意图

（2）登录物联网云平台创建Wi-Fi模块相应的工程

1）注册并登录物联网云平台，物联网云平台地址为http://www.nlecloud.com，如图6-43所示。

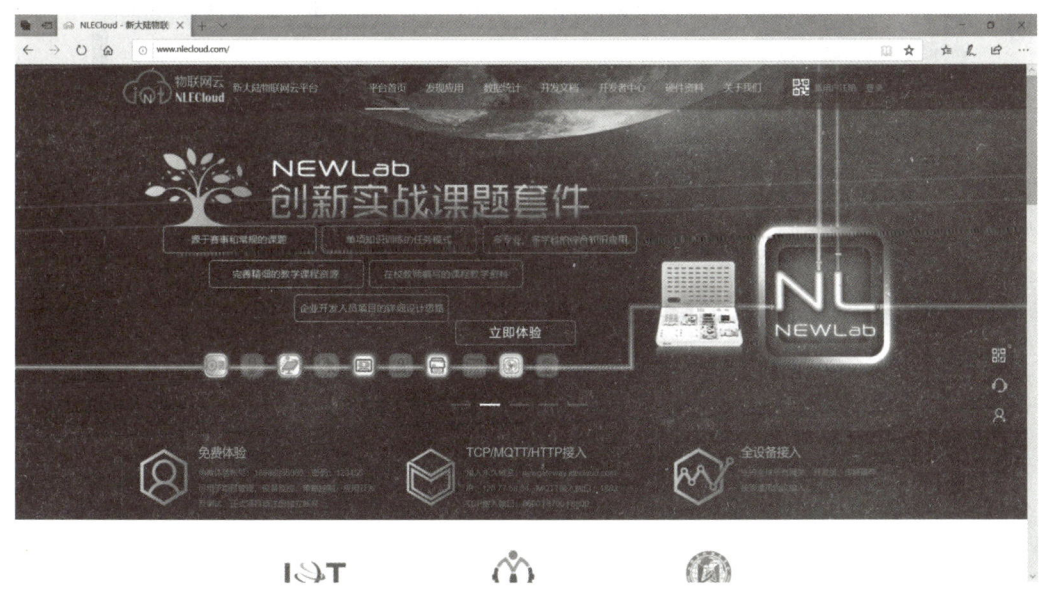

图6-43 登录物联网云平台

2）新增项目"Wi-Fi连接云平台test1"，如图6-44所示。

图6-44 新增项目

3）添加设备"esp8266模块"，如图6-45、图6-46所示。

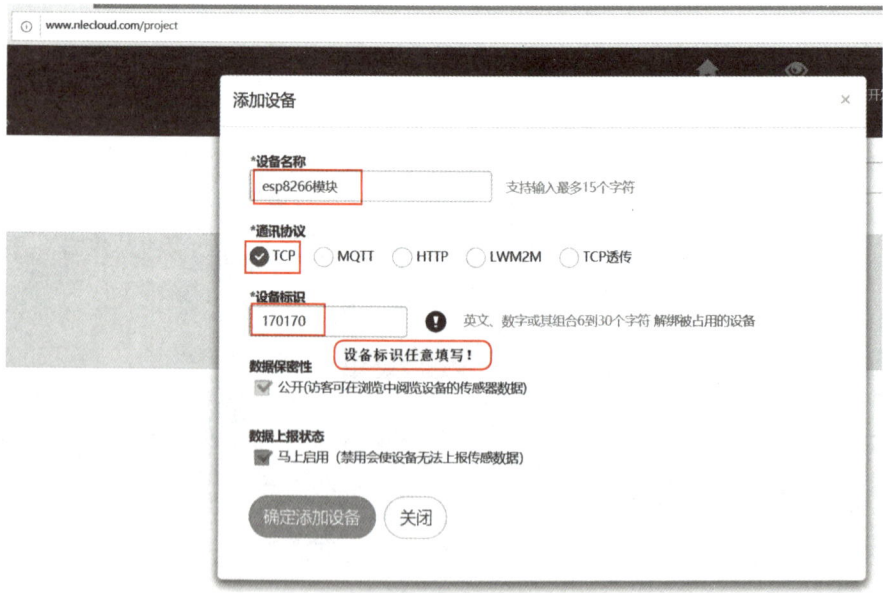

图6-45 添加设备

图6-46 添加设备成功

4）单击该设备可以看到该设备的详细信息，记录下"设备标识"和"传输密钥"，如图6-47所示。

图6-47 设备详细信息

5）在界面中单击"马上创建一个传感器"按钮，如图6-48所示。

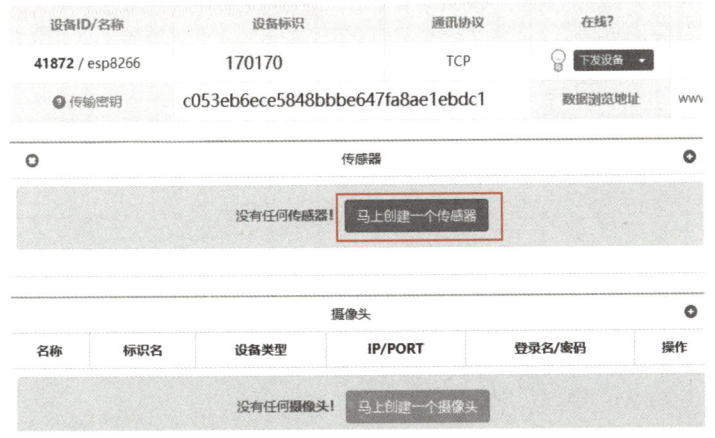

图6-48 创建传感器

6）输入传感器名称为"开关量传感器"，标识名为"alarm"，传输类型选择"只上报"，数据类型为"整数型"，然后单击"确定"按钮完成传感器的创建，如图6-49所示。

图6-49 添加开关量传感器

（3）修改Wi-Fi连接云平台的程序并编译与下载。

打开资源包中的工程"..\02配套工程文件\Wi-Fi数据通信\M3核心模块_连云平台\project\WiFiToCloud-M3.uvprojx"。

1）在CloudReference.h头文件中定义Wi-Fi连接热点名称、密码，物联网云平台IP地址、端口号，设备标识和传输密钥。

```
1.  #ifndef _CloudReference_h_
2.  #define _CloudReference_h_
3.  #define WIFI_AP      "newland-edu1"         //Wi-Fi热点名称，修改为你自己创建的!
4.  #define WIFI_PWD     "12345678"    //Wi-Fi密码，修改为你自己创建的!
5.  #define SERVER_IP    "ndp.nlecloud.com"     //物联网云平台IP地址，不可变；
6.  #define SERVER_PORT 8600                    //端口号，不可变；
7.  #define MY_DEVICE_ID "170170"               //设备标识，修改为你自己创建的!
8.  #define MA_SECRET_KEY "27c4af8cd8d748dca888f809e9309184"
                                                //传输密钥，修改为你自己创建的!
9.  #endif /*_CloudReference_h_*/
```

2）在WiFiToCloud.c的int8_t ESP8266_IpStart()函数中，通过AT指令设置Wi-Fi通信模块连接服务器IP地址和端口号。

```
1.  /**************************************************************
2.  *函数：int8_t ESP8266_IpStart(char *IpAddr, uint16_t port)
3.  *功能：ESP8266建立TCP连接
4.  *输入：
5.        char *IpAddr-IP地址，例如：120.77.58.34
6.        uint16_t port-端口号，取值0~65535
7.  *输出：
8.            return = 0 ,success
```

```
9.            return < 0 ,error
10. *特殊说明:
11. **************************************************************/
12. int8_t ESP8266_IpStart(char *IpAddr, uint16_t port)
13. {
14.     uint8_t IpStart[MAX_AT_TX_LEN];
15.     memset(IpStart, 0x00, MAX_AT_TX_LEN);         //清空缓存
16.     ClrAtRxBuf();                                  //清空缓存
17.     sprintf((char *)IpStart,"AT+CIPSTART=\"TCP\",\"%s\",%d",IpAddr, port);
18.     printf("%s\r\n",IpStart);////////////////////////////////////////////////////////
19.     SendAtCmd((uint8_t *)IpStart,strlen((const char *)IpStart));
20.     delay_ms(1500);
21.     if(strstr((const char *)AT_RX_BUF, (const char *)"OK") == NULL)
22.     {
23.         return -1;
24.     }
25.     return 0;
26. }
```

3）在WiFiToCloud.c的int8_t ESP8266_IpSend()函数中，通过AT指令告诉Wi-Fi通信模块准备传输数据和数据长度。

```
1. /****************************************************************
2. *函数: int8_t ESP8266_IpSend(char *IpBuf, uint8_t len)
3. *功能: ESP8266发送数据
4. *输入:
5.         char *IpBuf-IP数据
6.         uint8_t len-数据长度
7. *输出:
8.         return = 0 ,success
9.         return < 0 ,error
10. *特殊说明:
11. **************************************************************/
12. int8_t ESP8266_IpSend(char *IpBuf, uint8_t len)
13. {
14.     uint8_t TryGo = 0;
15.     int8_t error = 0;
16.     uint8_t IpSend[MAX_AT_TX_LEN];
17.     memset(IpSend, 0x00, MAX_AT_TX_LEN);          //清空缓存
18.     ClrAtRxBuf();                                  //清空缓存
19.     sprintf((char *)IpSend,"AT+CIPSEND=%d",len);
20.     printf("%s\r\n",IpSend);////////////////////////////////////////////////////////
21.     SendAtCmd((uint8_t *)IpSend,strlen((const char *)IpSend));
22.     delay_ms(3);
23.     if(strstr((const char *)AT_RX_BUF, (const char *)"OK") == NULL)
24.     {
```

```
25.         return -1;
26.     }
27.     ClrAtRxBuf();                                         //清空缓存
28.     SendStrLen((uint8_t *)IpBuf, len);
29.     printf("%s\r\n",IpBuf);//////////////////////////////////////////////////////
30.     for(TryGo = 0; TryGo<60; TryGo++)            //最多等待时间100*60s=6000ms
31.     {
32.         if(strstr((const char *)AT_RX_BUF, (const char *)"SEND OK") == NULL)
33.         {
34.             error = -2;
35.         }
36.         else
37.         {
38.             error = 0;
39.             break;
40.         }
41.         delay_ms(100);
42.     }
43.     return error;
44. }
```

4）在WiFiToCloud.c的int8_t ConnectToServer函数中通过发送AT指令给ESP8266 Wi-Fi通信模块，将M3主控模块接入物联网云平台。

```
1.  /*****************************************************************
2.  *函数：int8_t ConnectToServer(void)
3.  *功能：连接到服务器
4.  *输入：无
5.  *输出：
6.              return = 0 ,success
7.              return < 0 ,error
8.  *特殊说明：
9.  *****************************************************************/
10. int8_t ConnectToServer(char *DeviceID, char *SecretKey)
11. {
12.     uint8_t TryGo = 0;
13.     int8_t error = 0;
14.     uint8_t TxetBuf[MAX_AT_TX_LEN];
15.     memset(TxetBuf,0x00,MAX_AT_TX_LEN);                   //清空缓存
16.     for(TryGo = 0; TryGo<3; TryGo++)
17.     {
18.         if(ESP8266_SetStation() == 0)                     //设置WiFi通讯模块工作模式
19.         {
20.             error = 0;
21.             break;
22.         }
```

```
23.        else
24.        {
25.            error = -1;
26.        }
27.    }
28.    if(error < 0)
29.    {
30.        return error;
31.    }
32.    for(TryGo = 0; TryGo<3; TryGo++)
33.    {
34.        if(ESP8266_SetAP((char *)WIFI_AP, (char *)WIFI_PWD) == 0)    //设置热点名称和密码
35.        {
36.            error = 0;
37.            break;
38.        }
39.        else
40.        {
41.            error = -2;
42.        }
43.    }
44.    if(error < 0)
45.    {
46.        return error;
47.    }
48.    for(TryGo = 0; TryGo<3; TryGo++)
49.    {
50.        if(ESP8266_IpStart((char *)SERVER_IP,SERVER_PORT) == 0)
                                     //连接服务器IP地址，端口：120.77.58.34,8600
51.        {
52.            error = 0;
53.            break;
54.        }
55.        else
56.        {
57.            error = -3;
58.        }
59.    }
60.    if(error < 0)
61.    {
62.        return error;
63.    }
64.
65.    sprintf((char *)TxetBuf,"{\"t\":1,\"device\":\"%s\",\"key\":\"%s\",\"ver\":\"v0.0.0.0\"}",DeviceID,SecretKey);
66.    //printf("%s\r\n",TxetBuf);//////////////////////////////////////////////
```

```
67.     if(ESP8266_IpSend((char *)TxetBuf, strlen((char *)TxetBuf)) < 0)
68.     {                                        //发送失败
69.         error=-4;
70.     }
71.     else
72.     {                                        //发送成功
73.         for(TryGo = 0; TryGo<50; TryGo++)    //最多等待时间50*10=500ms
74.         {
75.             if(strstr((const char *)AT_RX_BUF, (const char *)"\"status\":0") == NULL)
                                                 //检查响应状态是否为握手成功
76.             {
77.                 error = -5;
78.             }
79.             else
80.             {
81.                 error = 0;
82.                 break;
83.             }
84.             delay_ms(10);
85.         }
86.     }
87.
88.     return error;
89. }
```

编译程序后进行程序的下载,下载程序时,应将M3主控模块上的JP1拨到BOOT位置,程序下载成功后将JP1拨到NC位置,并按一下M3主控模块上的复位按钮。

程序代码中涉及到的具体通信步骤见表6-1。

表6-1 通信步骤

步骤	M3主控模块发送	ESP8266 Wi-Fi通信模块回复
1	AT+CWMODE_CUR=1 //设置工作模式STATION	OK
2	AT+CWJAP_CUR="newland-edu1","12345678" //连接热点账号密码	Wi-Fi DISCONNECT Wi-Fi CONNECTED Wi-Fi GOT IP OK
3	AT+CIPSTART="TCP","ndp.nlecloud.com",8600 //连接云平台IP地址端口号	OK
4	AT+CIPSEND=91 //发送握手认证,先发送数据长度,再独立发送数据; {"t":1,"device":"13213131311231 ","key":"74366beeed244a61b8746a1e69543224 ","ver":"v0.0.0.0"} //握手认证(没有回车)	OK Recv 91 bytes SEND OK
5	AT+CIPSEND=7 //M3核心模块回复云平台心跳 $OK##回车 //心跳响应,成功连接云平台,如图6-50所示	

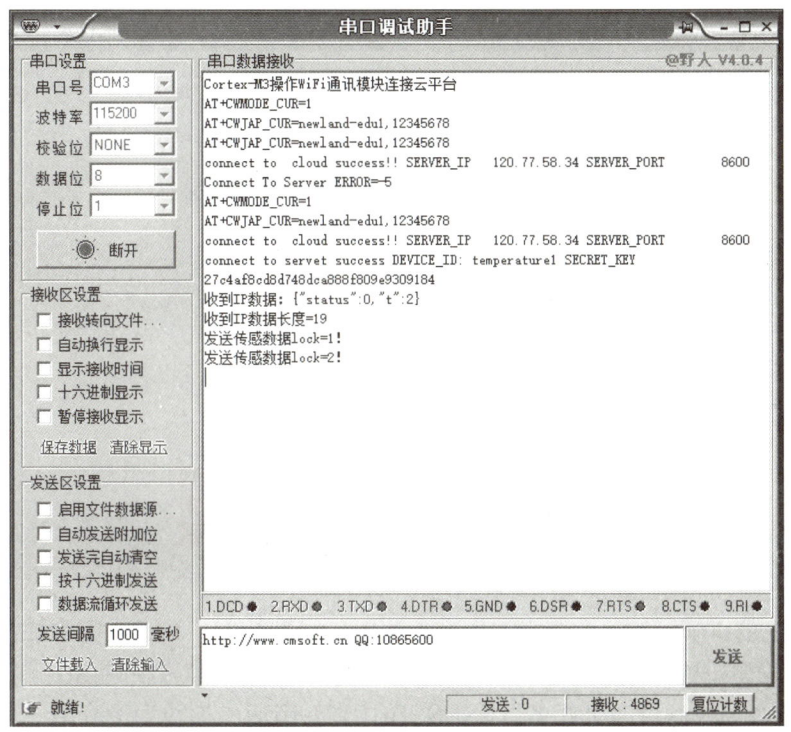

图6-50 成功连接云平台

5）在物联网云平台"设备管理"中选择"实时数据开"，可以看到实时上报的传感器数据，如图6-51所示。

图6-51 下发设备

6）在物联网云平台"历史传感数据"中，可以查看"开关量报警"设备的报警数据，如图6-52所示。

图6-52　历史传感数据

单元总结

本单元主要讲解了Wi-Fi技术的标准和速率、组网结构、频道、安全性等基本概念；介绍了ESP8266 Wi-Fi通信模块的soft-AP、station、soft-AP+station三种工作模式和常用AT指令，并通过四个任务以ESP8266 Wi-Fi通信模块为例介绍了短距离无线通信领域中Wi-Fi数据通信的过程。

UNIT 7

学习单元 7

NB-IoT联网通信

单元概述

本单元主要面向的工作领域是传感网应用开发中的低功耗窄带组网通信领域中的NB-IoT通信技术，以"智能路灯"为应用案例介绍NB-IoT数据通信的过程。"智能路灯"应用案例中使用NB86-G模组将采集到的光照数据传输至物联网云平台。本单元中包含3个任务，分别为完善"智能路灯"工程中的AT指令代码、烧写"智能路灯"程序到NB-IoT模块中和NB-IoT接入平台。读者通过实施本单元的案例——"智能路灯"，掌握NB-IoT技术的使用方法。

知识目标

- 了解NB-IoT；
- 掌握了解NB-IoT模块组网通信AT指令；
- 掌握NB-IoT数据传输方法；
- 掌握Flash Programmer代码烧写工具的使用；
- 掌握在物联网云平台上创建NB-IoT项目并进行数据显示的方法。

技能目标

- 能编程实现NB-IoT网络的数据传输；
- 能在物联网云平台上并创建NB-IoT项目。

7.1 NB-IoT技术简介

NB-IoT，Narrow Band Internet of Things（窄带物联网）是一种全新的蜂窝物联网技术，是3GPP组织定义的可在全球范围内广泛部署的低功耗广域网，基于授权频谱的运营，可以支持大量的低吞吐率、超低成本设备连接，并且具有低功耗、优化的网络架构等独特优势。

3GPP（3rd Generation Partnership Project，第三代合作伙伴计划）是一个成立于1998年12月的标准化组织，旨在研究制定并推广基于演进的GSM核心网络的3G标准（即WCDMA、TD-SCDMA、EDGE等），目前其指定技术标准已经延伸到5G，其成员包括日本无线工业及商贸联合会（ARIB）、中国通信标准化协会（CCSA）、美国电信行业解决方案联盟（ATIS）、日本电信技术委员会（TTC）、欧洲电信标准协会（ETSI）、印度电信标准开发协会（TSDSI）、韩国电信技术协会（TTA）。3GPP制定的标准规范以Release作为版本管理。

目前3GPP共有3个技术规格组：无线接入组（RAN）、业务和系统结构组（SA）、核心网和终端组（CT）。其中NB-IoT标准化工作是在无线接入组下进行的，2015年8月前是在GSM EDGE RAN组（GERAN），后来该规格组撤销合并至RAN组。

7.1.1 LPWAN与NB-IoT

物联网通信技术有很多种，从传输距离上区分可以简化分为两类。

一类是短距离无线通信技术，代表技术有ZigBee、Wi-Fi、Bluetooth、Z-wave等，目前非常成熟并有各自的应用领域。

另一类是长距离无线通信技术、宽带广域网，例如，电信CDMA、移动及联通的3G/4G无线蜂窝通信和低功耗广域网即LPWAN，如图7-1所示。

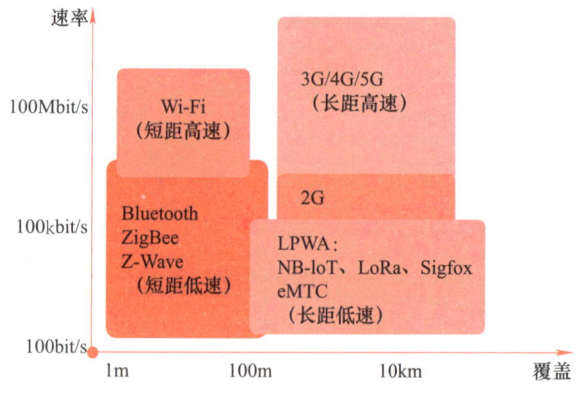

图7-1　LPWAN和传统无线传输技术的比较

LPWAN（Low Power Wide Area Network，低功耗广域网），用于物联网低速率远距离的通信。LPWAN技术覆盖范围广、终端节点功耗低、网络结构简单、运营维护成本低，虽然LPWAN的数据传送速率较低，但是已经可以满足如智能抄表、智能停车、共享单车等小数据量定期上报的应用场景。

目前主流的LPWAN技术又可分为两类：一类是工作在非授权频段的技术，如LoRa、Sigfox等，这类技术大多是非标、自定义实现。LoRa技术标准由美国Semtech研发，并在全球范围内成立了广泛的LoRa联盟。Sigfox技术标准由法国Sigfox研发，其使用的非授权频段与国内授权频段冲突，目前还没获取到国内频段。一类是工作在授权频段的技术，如NB-IoT、eMTC等。

工作在授权频段的还有成熟的2G/3G/4G蜂窝通信技术以及LTE（Long Term Evolution，长期演进）技术。LTE是3G的演进，是3G与4G技术之间的一个过渡，是3.9G的全球标准。LTE技术主要有TDD（Time Division Duplexing，时分双工）和FDD（Frequency Division Duplexing，频分双工）两种主流模式。

NB-IoT是2015年9月在3GPP标准组织中立项提出的一种新的工作在授权频段的LPWAN技术。NB-IoT构建于蜂窝网络只消耗大约180kHz的带宽，可直接部署于GSM网络（Global System for Mobile Communications，全球移动通信系统）、UMTS网络（Universal Mobile Telecommunications System，通用移动通信系统）或LTE网络，以降低部署成本、实现平滑升级，并且以降低传输速率和提高传输延迟为代价，实现了覆盖增强、低功耗和低成本。NB-IoT仅支持FDD半双工模式，上行和下行的频率是分开的，物联网终端设备不会同时接收和发送数据。

eMTC是2016年3月3GPP接纳的工作在授权频段的LPWAN技术，eMTC是基于LTE演进的物联网接入技术，支持TDD半双工和FDD半双工模式，使用授权频谱，可以基于现有LTE网络直接升级部署，低成本、快速部署的优势可以助力运营商快速抢占物联网市场先机。eMTC除了具备LPWAN基本能力外还具有四大差异化能力。一是速率高，eMTC支持上下行最大1Mbit/s的峰值速率，远远超过GPRS、ZigBee等主流物联技术的速率；eMTC更高的传输速率可以支撑更丰富的物联应用，如低速视频、语音等。二是移动性，eMTC支持连接态的移动性，物联网用户可以无缝切换，保障用户体验。三是可定位，基于TDD的eMTC可以利用基站侧的PRS测量，在无需新增GPS芯片的情况下就可进行位置定位，低成本的定位技术更有利于eMTC在物流跟踪、货物跟踪等场景中的普及。四是支持语音，eMTC从LTE协议演进而来，可以支持VoLTE语音，未来可被广泛应用到可穿戴设备中。

所以，在具体的应用方向上，如果对语音、移动性、速率等有较高要求，可以选择eMTC技术。相反，如果对这些方面要求不高，而对成本、覆盖等有更高的要求，则可选NB-IoT。

从以上分析可以看出，工作在授权频段的NB-IoT是在现有蜂窝通信的基础上为低功耗物联网接入所做的改进，由移动通信运营商以及其背后的设备商所推动，而工作在非授权频段的LoRa则可以看作是ZigBee技术的通信覆盖距离进行扩展以适应广域连接的要求。NB-IoT、eMTC与LoRa技术参数对比见表7-1。

表7-1 NB-IoT、eMTC与LoRa技术参数对比

技术标准	组织	频段	频宽	传输距离	速率	连接数量	终端电池	组网
NB-IoT	3GPP	1GHz以下授权运营商频段	200kHz	市区1~8km 郊区25km	上行14.7~4.8kbit/s 下行150kbit/s	5万块	10年	LTE软件升级
eMTC	3GPP	运营商频段	1.4MHz	<20km	<1Mbit/s	10万块	10年	LTE软件升级
LoRa	LoRa联盟	1GHz以下非授权ISM频段	125kHz/500kHz	市区2~5km，郊区15km	0.018~37.5kbit/s	0.2~5万块	10年	新建网络

NB-IoT使用的频段号见表7-2。

表7-2 NB-IoT的14个频段

频段号BAND	上行频率范围（MHz）	下行频率范围（MHz）
Band 01	1920~1980	2110~2170
Band 02	1850~1910	1930~1990
Band 03	1710~1785	1805~1880
Band 05	824~849	869~894
Band 08	880~915	925~960
Band 12	699~716	729~746
Band 13	777~787	746~756
Band 17	704~716	734~746
Band 18	815~830	860~875
Band 19	830~845	875~890
Band 20	832~862	791~821
Band 26	814~849	859~894
Band 28	703~748	758~803
Band 66	1710~1780	2110~2200

7.1.2 NB-IoT标准发展演进

NB-IoT标准的研究和标准化工作由标准化组织3GPP进行推进，如图7-2所示，NB-IoT技术最早由华为和英国电信运营商沃达丰共同推出，并在2014年5月向3GPP提出NB-M2M（Machine to Machine）的技术方案。

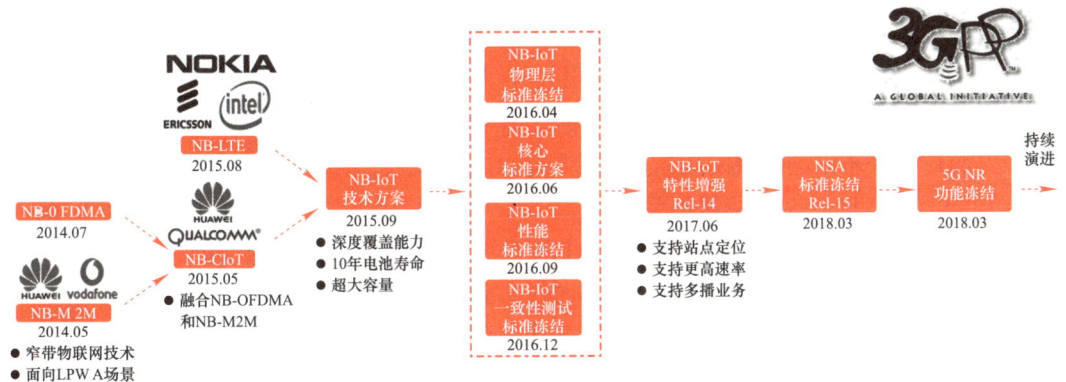

图7-2 NB-IoT标准发展历程演进

2015年5月华为与高通宣布NB-M2M融合 NB-OFDMA（Orthogonal Frequency Division Multiple Access，窄带正交频分多址技术）形成NB-CIoT（Cellular IoT）。与此同时，爱立信联合英特尔、诺基亚在2015年8月提出与4G LTE技术兼容的NB-LTE方案。

2015年9月，在3GPP RAN第69次会议上，NB-CIoT与NB-LTE技术融合形成新的NB-IoT技术方案。经过复杂的测试评估，2016年4月，NB-IoT物理层标准冻结，两个月后，NB-IoT核心标准方案正式成为标准化的物联网协议。2016年9月，NB-IoT性能标准冻结。2016年12月，NB-IoT一致性测试标准冻结。

为了满足更多的应用场景和市场需求，3GPP在ReL-14中对NB-IoT进行了一系列增强技术并于2017年6月完成了核心规范。增强技术增加了定位和多播功能，提供更高的数据速率，在非锚点载波上进行寻呼和随机接入，增强连接态的移动性，支持更低UE功率等级，具体如下。

定位功能：定位服务是物联网诸多业务的基础需求，基于位置信息可以衍生出很多增值服务。NB-IoT增强引入了OTDOA（Observed Time Difference of Arrival，到达时间差定位法）和E-CID（EnhancedCell-ID，增强小区识别）定位技术。终端可以向网络上报其支持的定位技术，网络侧根据终端的能力和当下的无线环境选择合适的定位技术。

多播功能：为了更有效地支持消息群发、软件升级等功能，NB-IoT增强引入了多播技术。多播技术基于LTE的SC-PTM（Single-Cell Point-to-Multipoint，单小区点到多点），终端通过单小区多播业务信道SC-MTCH接收群发的业务数据。

数据速率提升：Rel-14中引入了新的能力等级UE Category NB2，它支持的最大传输块上下行都提高到2536位，一个非锚点载波的上下行峰值速率可提高到140/125kbit/s。

非锚点载波（Non-Anchor Carrier）增强：为了获得更好的负载均衡，Rel-14中增加了在非锚点载波上进行寻呼和随机接入的功能。这样网络可以更好地支持大连接，减少随机接入冲突概率。

移动性增强：Rel-14中NB-IoT控制面在蜂窝物联网（CIoT）EPS优化方案引入了RRC连接重建和S1 eNB Relocation Indication流程，把没有下发的NAS数据还给MME，MME再通过新基站下发给UE。

更低UE功率等级：Rel-14在原有23/20dBm功率等级的基础上，引入了14dBm的UE功率等级。这样可以满足一些无需极端覆盖条件但是需要小容量电池的应用场景。

在2018年3月召开的3GPPRAN第79次全会上，3GPP的第一个5G版本——Rel.15正式冻结，也就是NSA（非独立组网）核心标准冻结。3GPP正式明确了"5GNR与eMTC/NB-IoT将应用于不同的物联网场景"，绘制了物联网发展蓝图。按照会议决议，在R16协议中，5GNRmMTC的应用场景不会涉及LPWAN，eMTC/NB-IoT仍然将是LPWAN的主要应用技术。这标志着在3GPP协议中，eMTC/NB-IoT已经被认可为5G的一部分，并将与5GNR长时间共存，意味着NB-IoT将在5G时代扮演更加重要的角色。

2018年6月14日，3GPP全会批准了第五代移动通信技术标准（5G NR）独立组网功能冻结。加之去年12月完成的非独立组网NR标准，5G已经完成第一阶段全功能标准化工作，进入了产业全面冲刺新阶段。此次SA功能冻结，不仅使5G NR具备了独立部署的能力，也带来全新的端到端新架构，赋能企业级客户和垂直行业的智慧化发展，为运营商和产业合作伙伴带来新的商业模式，开启一个全连接的新时代。

7.1.3 NB-IoT网络体系架构

NB-IoT网络体系架构如图7-3所示。

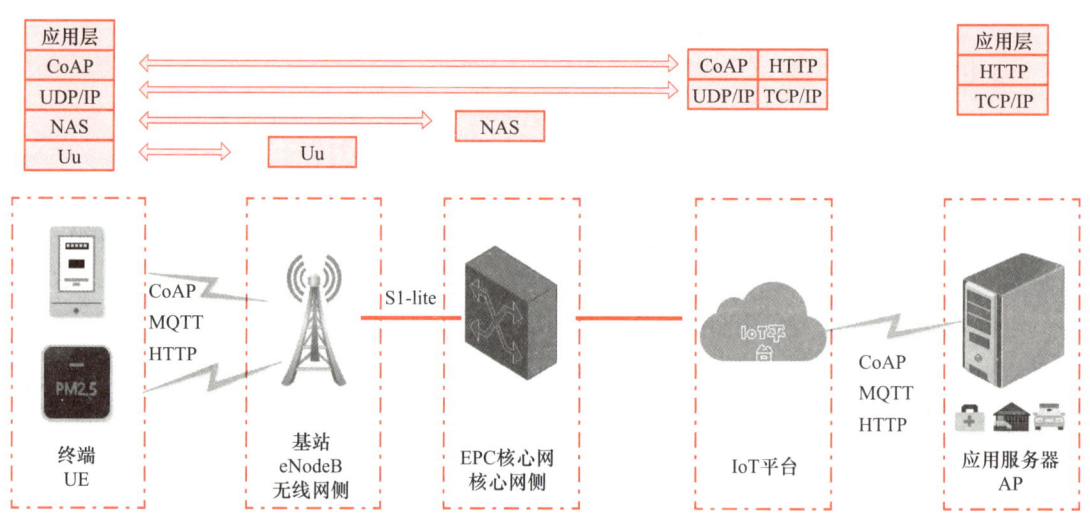

图7-3　NB-IoT网络体系架构

1）NB-IoT终端UE（User Equipment）：应用层采用CoAP，通过空口Uu连接到基站。Uu口是终端UE与eNodeB基站之间的接口，可支持1.4MHz至20MHz的可变带宽。

2）eNodeB（evolved Node B，E-UTRAN基站）：主要承担空口接入处理、小区管理等相关功能，并通过S1-lite接口与IoT核心网进行连接，将非接入层数据转发给高层网元处理。

3）EPC核心网（Evolved Packet Core network）：承担与终端非接入层交互的功能，并将IoT业务相关数据转发到IoT平台进行处理。同理，这里可以使用NB独立组网，也可以与LTE共用核心网。

4）IoT平台：汇聚从各种接入网得到的IoT数据，并根据不同类型转发至相应的业务应用器进行处理。

5）应用服务器AP（App Server）：是IoT数据的最终汇聚点，根据客户的需求进行数据处理等操作。应用服务器通过HTTP/HTTPs和平台通信，通过调用平台的开放API来控制设备。平台把设备上报的数据推送给应用服务器。

终端UE与物联网云平台之间一般使用CoAP等物联网专用的应用层协议进行通信，主要考虑UE的硬件资源配置一般很低，不适合使用HTTP/HTTPs等复杂协议。

物联网云平台与第三方应用服务器AP之间，由于两者的性能都很强大，要考虑代管、安全等因素，因此一般会使用HTTP/HTTPs应用层协议。

7.1.4 NB-IoT关键技术

基于蜂窝通信技术的NB-IoT具备以下四大特点。

1）广覆盖：NB-IoT在同样的频段下覆盖能力比现有网络增益20dB，使信号能够穿透墙壁或地板，覆盖更深的室内场景。

NB-IoT有效带宽为180kHz，下行采用正交频分复用技术OFDM（Orthogonal Frequency Division Multiplexing），上行有两种传输方式：单载波传输和多载波传输，其中单载波传输的子载波带宽为3.75kHz和15kHz两种，多载波传输的子载波间隔为15kHz，支持3、6、12个子载波传输。

在覆盖增强方面，通过窄带设计提高功率谱密度，通过重复传输来提高覆盖能力。例如，使用200mV发射功率的时候，如果占用整个180kHz的带宽，将功率集中到其中的15kHz，则功率谱密度可以提升12倍，意味着灵敏度可以提升$10\lg(12)=10.8$dB，这是通过窄带设计可以获得的增益。通过重复传输，最多重传次数可达16次，可以获得的增益为3～12dB，这是通过重传可以获得的增益。两者相加，即可达到20dB左右的增益。

2）低功耗：NB-IoT在LTE系统DRX（Discontinuous Reception）基础上进行了优化，采用功耗节省模式PSM模式（Power Saving Mode）和增强型非连续接收eDRX模式（Extended DRX）。在终端设备每日传输少量数据的情况下，使电池运行时间达到至少10年。

PSM模式和eDRX模式都是通过用户终端发起请求，用户可以单独使用PSM模式和eDRX模式中的一种，也可以两种都激活。

在PSM模式下，NB-IoT终端仍然注册在网，但不接受信令，从而使终端更长时间处在深睡眠模式达到省电的目的。

eDRX省电技术延长终端在空闲模式下的睡眠周期，减少信号接收单元不必要的启动。eDRX将LTE的DRX睡眠周期1.28s最大延长至2.92h。

在模组硬件设计中，通过进一步提高芯片、射频前端器件等各个模块的集成度，减少通路插损来降低功耗；同时，通过各厂家研发高效率功放和高效率天线器件来降低器件和回路上的损耗；架构方面主要在待机电源工作机上进行优化，待机时关闭芯片中无须工作的供电电源，关闭芯片内部不工作的子模块时钟。物联网应用开发者可以根据业务场景的需要，考虑选用低功耗处理器，控制处理器主频、运算速度和待机模式来降低终端功耗。

软件方面的优化主要通过新的节电特性的引入、传输协议优化以及物联网嵌入式操作系统的引入来实现。

3）低成本：体现在NB-IoT芯片的低成本和网络部署的低成本。

芯片设计方面低速率、低功耗、低带宽带来低成本优势，主要包括低峰值速率，上下行带宽低至180kHz，内存需求低（500KB）降低了存储器和处理器要求，晶振成本也降低2/3以上；NB-IoT仅支持FDD半双工设计，节省了双工器件成本；简化射频RF设计为单接收天线。

网络部署成本低。NB-IoT可直接采用LTE网络，利用现有技术和基站。此外，NB-IoT与LTE互相兼容，可重复使用已有硬件设备，共享频谱，同时避免系统共存的问题。

4）大连接：在理想情况下，每个扇区可连接约5万台设备；假设居住密度是每平方公里1500户，每户家庭有40个设备，那么在这种环境下的设备连接是可以实现的。

为了满足万物互联的需求，NB-IoT技术标准牺牲连接速率和时延，设计更多的用户接入，保存更多的用户上下文，因此NB-IoT有50~100倍的上行容量提升。设计目标为每个小区5万连接数，大量终端处于休眠状态，其上下文信息由基站和核心网维持，一旦终端有数据发送，可以迅速进入连接状态。注意，可以支持每个小区5万个连接数，并不是说可以支持5万台设备可以并发连接，只是可以保持5万个连接的上下文数据和连接信息。在NB-IoT系统的连接仿真模型中，80%的用户业务为周期上报型，20%的用户业务为网络控制型，在该场景下可以支持5万个连接的用户终端。事实上，能否达到该设计目标还取决于小区内实际终端业务型等因素。

7.1.5 NB-IoT部署方式

为了便于运营商根据自由网络的条件灵活运用，NB-IoT可以在不同的无线频带上进行部署。NB-IoT占用180kHz带宽，支持三种部署方式，分别是独立部署、带内部署和保护带部署，如图7-4所示。

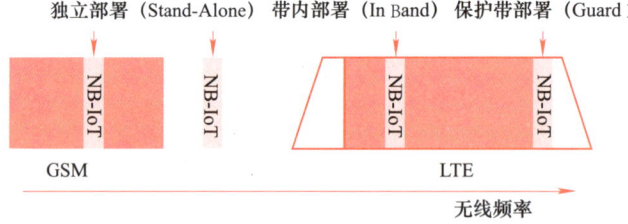

图7-4 NB-IoT部署方式

（1）独立部署（Stand Alone Operation）

不依赖LTE，与LTE可以完全解耦，适用于重耕GSM频段。GSM的信道带宽为200kHz，这对NB-IoT 180kHz的带宽足够了，两边还留出来10kHz的保护间隔。

（2）保护带部署（Guard Band Operation）

适用于LTE频段。不占LTE资源，利用LTE边缘保护频带中未使用的180kHz带宽资源。

（3）带内部署（In-Band Operation）

适用于LTE频段。用LTE载波中间的某一段频段。

除了独立部署模式外，另外两种部署模式都需要考虑和原LTE系统的兼容性，部署的技术难度相对较高，网络容量相对较低。

7.2 利尔达NB-IoT模组介绍

利尔达NB86系列模块是基于HISILICON Hi2110的Boudica芯片开发的，该模块为全球领先的NB-IoT无线通信模块，符合3GPP标准，支持Band1、Band3、Band5、Band8、Band20、Band28不同频段的模块，具有体积小、功耗低、传输距离远、抗干扰能力强等特点，如图7-5所示。

图7-5　NB86系列模组

NB86-G模块支持的部分Band说明，见表7-3。

表7-3　NB86-G模块支持的部分Band

频段Band	上行频段 Uplink（UL）band/MHz	下行频段 Downlink（DL）band/MHz	网络制式Duplex Mode
Band 01	1920～1980	2110～2170	H-FDD
Band 03	1710～1785	1805～1880	H-FDD
Band 05	824～849	869～894	H-FDD
Band 08	880～915	925～960	H-FDD
Band 20	832～862	791～821	H-FDD
Band 28*	703～748	758～803	H-FDD

7.2.1　NB86-G系列模块主要特性

- 模块封装：LCC and Stamp hole package；

- 超小模块尺寸：20mm×16mm×2.2mm（L×W×H），重量1.3g；
- 超低功耗：≤3μA；
- 工作电压：VBAT 3.1～4.2V（Tye：3.6V），VDD_IO（Tye：3.0V）；
- 发射功率：23dBm±2dB（Max），最大链路预算较GPRS或LTE下提升20dB，最大耦合损耗MCL为164dBm；
- 提供两路UART接口、1路SIM/USIM卡通信接口、1个复位引脚、1路ADC接口、1个天线接口（特性阻抗50Ω）；
- 支持3GPP Rel.13/14 NB-IoT无线电通信接口和协议；
- 内嵌IPv4、UDP、CoAP、LwM2M等网络协议栈；
- 所有器件符合EU RoHS标准。

7.2.2 NB86-G模块引脚描述

NB-IoT模块共有42个SMT焊盘引脚，引脚图如图7-6所示，引脚描述见表7-4～表7-9。

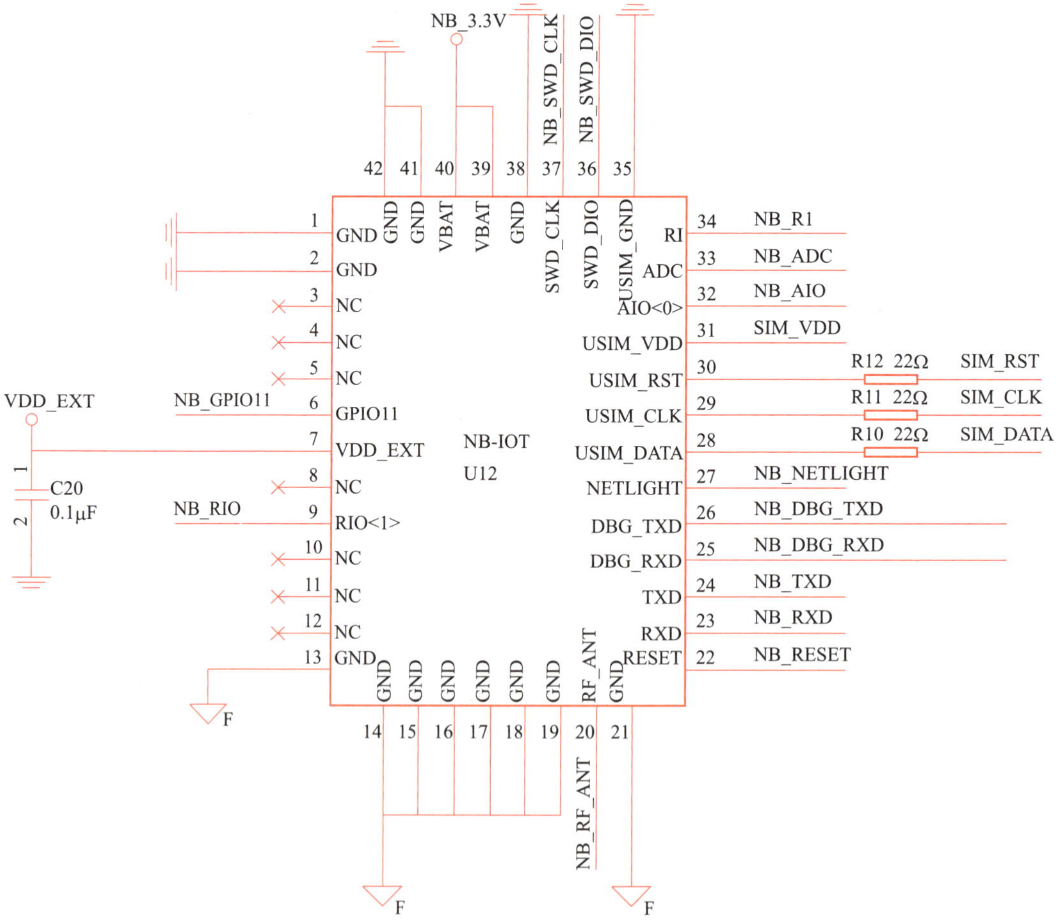

图7-6　NB86-G模块引脚图

表7-4 电源与复位引脚

引脚号	引脚名	I/O	描述	DC特性	备注
39、40	VBAT	PI	模块电源	V_{max}=4.2V V_{min}=3.1V V_{norm}=3.6V	电源必须能够提供达0.5A的电流
7	VDD_EXT	PO	输出范围： 1.7V～VBAT	V_{norm}=3.0V I_{omax}=20mA	1.不用则悬空 2.用于给外部供电，推荐并联一个2.2~4.7μF的旁路电容
1、2、 13～19、 21、35、 38、41、42	GND		地		
22	RESET	DI	复位模块	R_{pu}≈78kΩ V_{IHmax}=3.3V V_{IHmin}=2.1V V_{IHmax}=0.6V	内部上拉，低电平有效

表7-5 串口（UART）接口引脚

引脚号	引脚名	I/O	描述	DC特性	备注
23	RXD	DI	主串口：模块接收数据	V_{ILmax}=0.6V V_{IHmin}=2.1V V_{IHmax}=3.3V	3.0V电源域；进入PSM下，RXD不可悬空
24	TXD	DO	主串口：模块发送数据	V_{OLmax}=0.4V V_{OHmin}=2.4V	3.0V电源域，不用则悬空
34	RI*	DO	模块输出振铃提示	V_{OLmax}=0.4V V_{OHmin}=2.4V	3.0V电源域
25	DBG_RXD	DI	调试串口：模块接收数据	V_{ILmax}=0.6V V_{IHmin}=2.1V V_{IHmax}=3.3V	3.0V电源域，不用则悬空
26	DBG_TXD	DO	调试串口：模块发送数据	V_{OLmax}=0.4V V_{OHmin}=2.4V	3.0V电源域，不用则悬空

表7-6 外部USIM卡接口引脚

引脚号	引脚名	I/O	描述	DC特性	备注
28	USIM_DATA	IO	SIM卡数据线	V_{OLmax}=0.4V V_{OHmin}=2.4V V_{ILmin}=0.3V V_{ILmax}=0.6V V_{IHmin}=2.1V V_{IHmax}=3.3V	USIM_DATA外部的SIM卡要加上拉电阻到USIM_VDD，外部SIM卡接口建议使用TVS管进行ESD保护，且SIM卡座到模块的布线距离最长不要超过20cm
29	USIM_CLK	DO	SIM卡时钟线	V_{OLmax}=0.4V V_{OHmin}=2.4V	
30	USIM_RST	DO	SIM卡复位线	V_{OLmax}=0.4V V_{OHmin}=2.4V	
31	USIM_VDD	DO	SIM卡供电电源	V_{norm}=3.0V	

表7-7 信号接口引脚

引脚号	引脚名	I/O	描述	DC特性	备注
33	ADC\DAC	AI	10_bit通用模—数转换	电压范围：0V～VBAT	不用则悬空

表7-8 网络状态指示引脚

引脚号	引脚名	I/O	描述	DC特性	备注
27	NETLIGHT	DO	网络状态指示	$V_{OLmax}=0.4V$ $V_{OHmin}=2.4V$	正在开发

表7-9 RF接口引脚

引脚号	引脚名	I/O	描述	DC特性	备注
20	ANT_RFIO	IO	射频天线接口	50Ω特性阻抗	

3～5、10～12引脚为保留引脚，名为RESERVED。

7.2.3 NB86-G模块工作模式及相关技术

1. 模块工作时的默认模式

（1）连接态（Connected）

此状态下可以发送和接收数据，模块注册入网后即处于该状态。无数据交互超过一段时间，不活动定时器计数时间到后会进入Idle模式，时间是由核心网确定的，范围为1～3600s。

（2）空闲态（Idle）

此状态下可接收下行数据，无数据交互超过一段时间会进入PSM模式。时间由核心网配置，由激活定时器（Active timer）T3324来控制，范围为0～11160s。

（3）节能模式（PSM）

此状态下终端处于休眠模式，近乎关机状态，功耗非常低。在PSM期间，终端不再监听寻呼，但终端还是注册在网络中，但信令不可达，无法收到下行数据，功率很小。该状态持续的时间由核心网配置，TAU（扩展）定时器T3412来控制，范围最大320h，默认为54m。

2. PSM技术

如图7-7所示，在Connected态UE处理完数据之后，连接会被释放，与此同时启动T3324，终端进入Idle态，并进入不连续接收（DRX）状态，此时，终端监听寻呼（Paging）；当没有数据上报且DRX定时器T3324超时后，终端进入PSM模式。

数据态（RRC释放）->空闲态（DRX，T3324超时）->PSM模式

只有TAU周期请求定时器T3412超时，或者UE有数据要上报而主动退出时，UE才会退出PSM模式->进入空闲态->进而进入连接态处理上下行业务。

PSM模式（T3412超时/数据要上报）->空闲模式->数据态；

转换状态如图7-8所示。

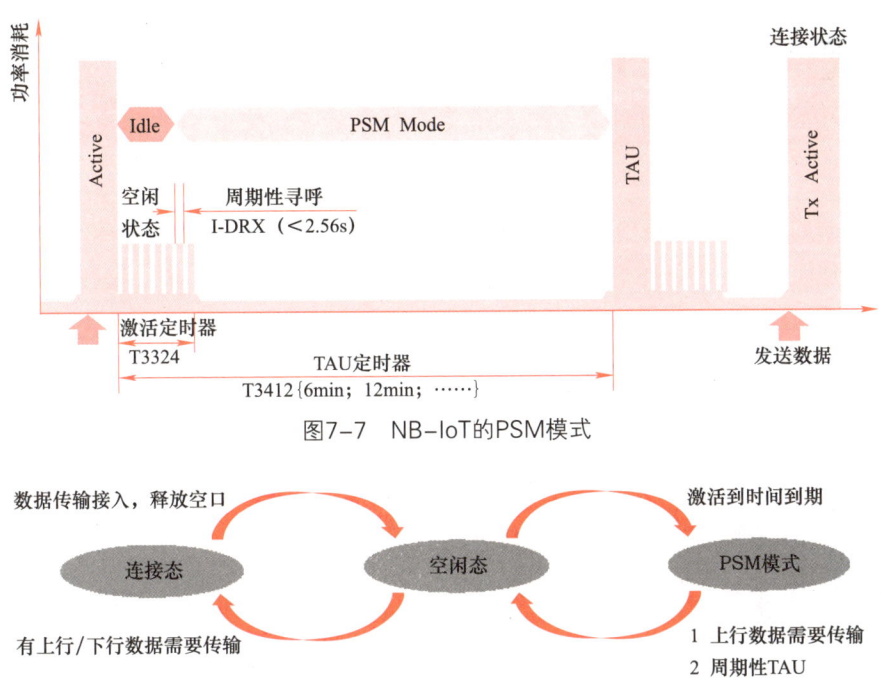

图7-7　NB-IoT的PSM模式

图7-8　NB-IoT工作状态转换

3. eDRX技术

eDRX即非连续接收，是3GPP R13引入的技术。R13之前已经有DRX技术，eDRX是对原DRX技术的增强：支持更长周期的寻呼，从而达到省电目的。在eDRX模式下，终端本身就处于空闲模式，可以更快速的进入接收模式，无需额外信令，如图7-9所示。

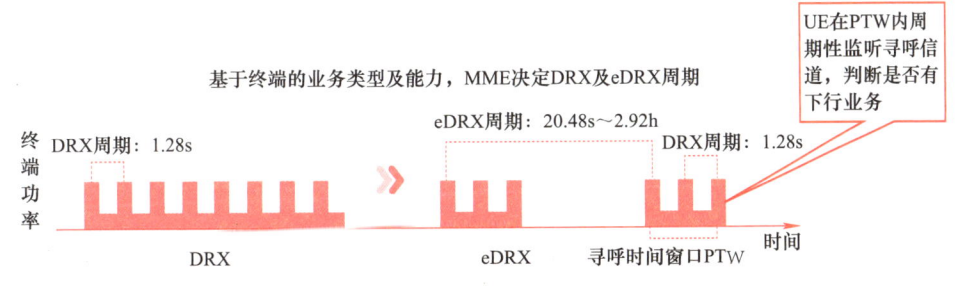

图7-9　NB-IoT关键技术eDRX

DRX模式在每个DRX周期（1.28s，2.56s，5.12s 或者10.24s），终端都会检测一次是否有下行业务到达，适用于对时延有高要求的业务。终端设备一般采取供电的方式，如路灯业务。

eDRX模式下每个eDRX周期内（20.48s～2.92h），有一个寻呼时间窗口PTW（Paging Time Window），终端在PTW内按照DRX周期监听寻呼信道，以便接收下行数据，其余时间终端处于休眠状态。eDRX模式可以认为终端设备随时可达，但时延较大，时延取决于eDRX周期配置，可以在低功耗与时延之间取得平衡。

DRX模式的节电效果比PSM模式要差一些，但是相对于PSM模式，大幅度提升了下行通信链路的可到达性。

7.3 项目分析

本项目使用NB05-01模组将MCU采集到的光照数据接入物联网云平台。读者首先需要在已写好部分代码的"智能路灯"工程中进行相关代码添加并编译工程,接着将生成的.hex文件烧写到NB-IoT模块中,实现将光照传感数据通过NB-IoT网络传送到物联网云平台,最后在物联网云平台上创建项目、查看上传的光照数据,并下发命令控制灯的亮灭。

7.4 任务1 完善"智能路灯"工程中的AT指令代码

7.4.1 任务要求

在NB-IoT"智能路灯"工程中填写NB-IoT的相关AT指令代码,并编译生成.hex文件。

7.4.2 知识链接

1. 利尔达NB-IoT模组常用AT指令

新大陆公司NB-IoT模块使用的NB-IoT模组是lierda NB86-G,NB-IoT电信运营商是中国电信。目前中国电信的NB-IoT云平台只支持CoAP接入,所以,这里列出的相关AT指令只与CoAP相关,见表7-10。

表7-10 利尔达NB-IoT AT指令

AT命令	作用	备注
AT+CMEE=1	报错查询	标准AT指令
AT+CFUN=0	关机,设置IMEI和平台IP端口前要先关机	标准AT指令
AT+CGSN=1	查询IMEI,IMEI即为设备标识,应用注册设备时nodeId/verifyCode都需要设置成IMEI	标准AT指令
AT+NCDP=180.101.147.115,5683	设置对接的IoT平台IP端口,5683为非加密端口,5684为DTLS加密端口	在flash中保存IP和端口;在向平台进行设备注册时,使用此参数
AT+CFUN=1	开机	标准AT指令
AT+NBAND=5	设置频段	在flash中保存频段;在设备入网时使用此参数

（续）

AT命令	作用	备注
AT+CGDCONT=1,"IP","CTNB"	设置核心网APN，APN与设备的休眠、保活等模式有关，需要与运营商确认	标准AT指令
AT+CSCON=1	基站连接通知	标准AT指令
AT+CGATT=1	自动搜网	标准AT指令
AT+CEREG=2	核心网连接通知	
AT+CGPADDR	查询终端IP	标准AT指令
AT+NMGS=2,0001	发送上行数据，第1个参数为字节数，第2个参数为上报的十六进制码流	初次发送数据时，完成设备注册；后续发送数据时，仅发送数据。
AT+NNMI=1	开启下行数据通知	标准AT指令
AT+NUESTATS	查询UE状态	标准AT指令
AT+CCLK?	查询网络时间	标准AT指令

2. 中国电信NB-IoT UE终端对接流程

终端上电，执行"AT+NRB"命令复位终端。如果返回OK，则表示终端正常运行。

执行"AT+CFUN=0"命令关闭功能开关。如果执行成功，则返回OK。

执行"AT+NCDP=180.101.147.115，5683"命令设置需要对接IoT平台的地址，端口为5683。如果执行成功，则返回OK。

执行"AT+CFUN=1"命令开启功能开关。如果执行成功，则返回OK。

执行"AT+NBAND=5"命令设置频段。如果执行成功，则返回OK。

执行"AT+CGDCONT=1,"IP","APN""命令设置核心网APN。如果执行成功，则返回OK，核心网APN可联系运营商（与运营商网络对接）或者OpenLab负责人（OpenLab网络对接）进行获取。

执行"AT+CGATT=1"命令进行入网。如果执行成功，则返回OK。

执行"AT+CSCON=1"命令设置基站连接通知。如果执行成功，则返回OK。

执行"AT+CEREG=2"命令设置核心网连接通知。如果执行成功，则返回OK。

执行"AT+NNMI=1"命令开启下行数据通知。如果执行成功，则返回OK。

执行"AT+CGPADDR"命令查询终端是否获取到核心网分配的地址，如果获取到地址，则表示终端入网成功。

执行"AT+NMGS=数据长度,数据"命令发送上行数据，如果上行数据发送成功，则返回OK。

7.4.3 任务实施

1. 打开工程

打开资源包"..\NB-IoT智能路灯工程\NBIOT-lamp\MDK-ARM\NBIOT-lamp.uvprojx"。

2. 检查工程是否可用

打开工程后，先对工程进行编译，若编译通过，则表示工程可用，若编译失败请参照"开发环境搭建"先完成开发环境的搭建及测试。

单击"编译"按钮开始编译，若0个错误则表示编译通过，如图7-10所示。

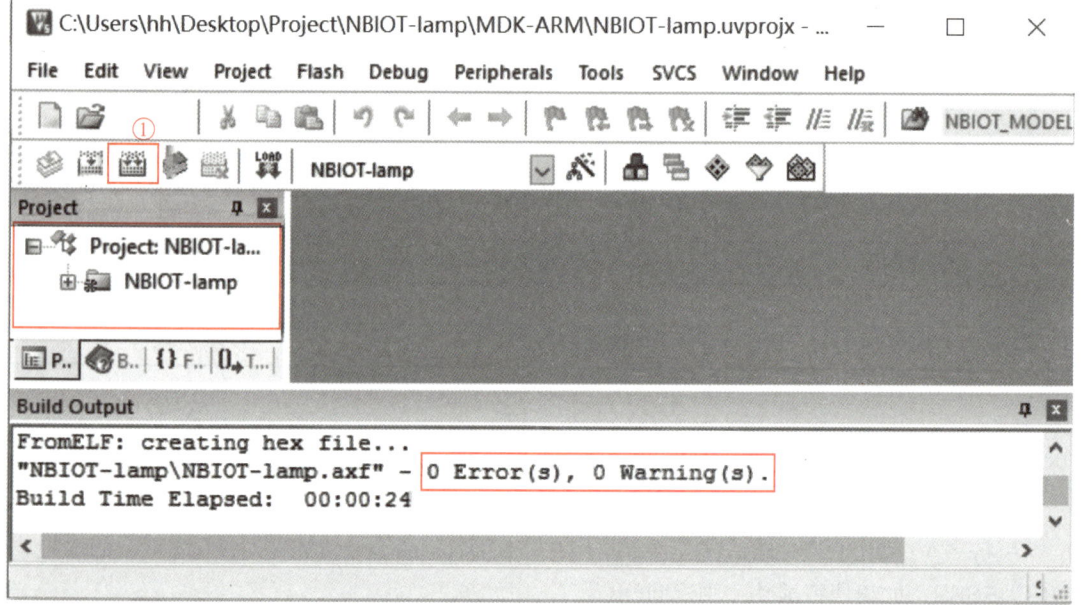

图7-10 编译工程

3. 完善连接NB-IoT网络的AT指令代码

本项目用到的NB-IoT模块的NB模组是利尔达的NB86-G，电信运营商是中国电信。NB-IoT模块使用到了两个串口，NB-IoT模块中的NB86-G模组通过USART2串口连接到MCU，MCU通过USART2串口发送AT指令，控制NB86-G模组连接中国电信的NB-IoT网络，并且AT指令的执行结果返回到USART2后再传到USART1上，所以串口助手所连接的USART1可以看到返回的AT指令的执行结果。注意USART1的波特率是115200，USART2的波特率是9600。

因为NB05-01模组使用AT指令，所以在"智能路灯"工程中，读者需要在代码中添加相关的AT指令实现将NB05-01模组接入云平台并上传光敏传感器数据和接收云平台下发的控制指令实现灯的控制。

"智能路灯"工程的目录结构如图7-11如示。

在"智能路灯"工程的main.c中，已经做好了系统时钟初始化、GPIO初始化、ADC采集初始化、USART1和USART2两个串口的初始化并启用了串口中断，同时移植了oled显示屏和按键初始化和事件处理代码，重写了USART1的printf重定向代码，写好了control_light()方法用于控制灯，automatic_mode()方法用于按照预设好的光照度阀值自动控制灯的开与关。

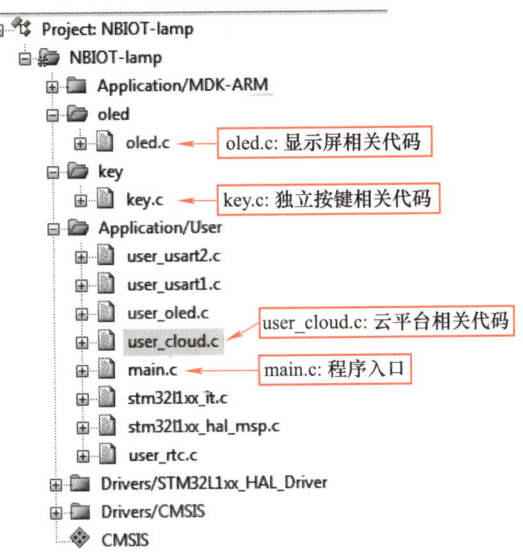

图7-11 智能路灯工程目录

在main.c中还写好了NB86-G模组入网的操作流程，读者需要补充代码的是下面加粗的方法，其中wait_nbiot_start()用于等待NB启动、nbiot_config()用于配置NB模组、link_server()用于连接服务器、send_data_to_cloud()用于上报数据到云平台，这些方法读者需要在user_cloud.c中找到对应的方法体进行代码的补充以完善功能。云平台响应上报数据的回应和云平台下发控制指令的解析过程在 rcv_data_deal()方法中已经写好，因数据格式过于复杂，本部分有待在传感网应用开发高级课程中进行讲解，此处不再展开，有兴趣的读者可自行研读相关代码。

```
1.  int main(void)
2.  {
3.    ...此处省略部分代码
4.    HAL_Init();
5.    SystemClock_Config();
6.    MX_GPIO_Init();
7.    MX_ADC_Init();
8.    MX_USART1_UART_Init();
9.    MX_USART2_UART_Init();
10.   MX_RTC_Init();
11.
12.
13.   //OLED初始化
14.   OLED_Init();
15.   //按键初始化
16.   keys_init();
17.   ...此处省略部分代码
18.
19.   //开启USART1中断接收
```

```
20.    HAL_UART_Receive_IT(&huart1, &usart1RxBuf, 1);
21.    //开启USART2中断接收
22.    HAL_UART_Receive_IT(&huart2, &usart2RxBuf, 1);
23.
24.    //等待NB模块启动
25.    wait_nbiot_start();
26.
27.    //NB模块配置
28.    nbiot_config();
29.
30.    //连接服务器
31.     link_server();
32.
33.    int i, ret, ill_value, lightStatus, link_flag = 0, send_count;
34.    uint8_t mod_flag=0, light_flag=0;
35.    while (1)
36.    {
37.        //1.5S采集并发送一次数据
38.        if(i++ > 14)
39.        {
40.            i = 0;
41.            //获取光照值
42.            ill_value = (int)get_illumination_value();
43.
44.            //自动模式下，光照强度小于3会自动开灯
45.            if(mod_flag == 1)
46.            {
47.                automatic_mode(ill_value, &lightStatus);
48.            }
49.
50.            if(link_flag < 2)
51.            {
52.                //获取时间
53.                get_time_from_server();
54.
55.            }
56.            else if(link_flag == 2)
57.            {
58.                //发送数据到云平台
59.                send_data_to_cloud( ill_value, lightStatus);
60.                send_count++;
61.            }
62.        }
63.
64.        //接收数据处理
```

```
65.         ret = rcv_data_deal();
66.         switch(ret)
67.         {
68.             //LINK OK
69.             case LINK_OK : {
70.                 link_flag = 1;
71.                 break;
72.             }
73.             //get time OK
74.             case TIME_OK : {
75.                 oled_display_connection_status(LINKED);
76.                 link_flag = 2;
77.                 break;
78.             }
79.             //RCV OK
80.             case RCV_OK : {
81.                 send_count = 0;
82.                 break;
83.             }
84.             //lamp OPEN
85.             case CONTROL_OPEN : {
86.                 control_light(LIGHT_OPEN);
87.                 lightStatus = 1;
88.                 break;
89.             }
90.             //lamp CLOSE
91.             case CONTROL_CLOSE : {
92.                 control_light(LIGHT_CLOSE);
93.                 lightStatus = 0;
94.                 break;
95.             }
96.
97.         }
98.
99.         //重新开启USART2中断
100.        if(send_count >= 3)
101.            HAL_UART_Receive_IT(&huart2, &usart2RxBuf, 1);
102.
103.        HAL_Delay(100);
104.
105.        //KEY2按键控制灯
106.            ...此处省略部分代码
107.    }
108. }
```

(1)完善wait_nbiot_start()用于等待NB启动

当NB86-G模组启动成功,会返回"OK",因为NB86-G模组通过串口USART2与MCU相连接,方法wait_answer(char *str)用于解析USART2接收到的AT指令的执行结果回应。如果AT指令的执行结果回应是"OK"则说明NB86-G模组启动成功,否则调用nb_reset()使NB86-G模组复位并一直等待到NB86-G模组启动成功,方法wait_nbiot_start()才执行结束。在user_cloud.c文件中找到void wait_nbiot_start(void)方法,填写以下代码:

```
1.  void wait_nbiot_start(void)
2.  {
3.      int timeOut = 0;
4.      printf("waite NBIOT Start\r\n");
5.      while(1)
6.      {
7.          HAL_Delay(1000);
8.          if(wait_answer("OK") == 0)
9.          {
10.             printf("NBIOT Start\r\n");
11.             break;
12.         }
13.         if(timeOut > 10)
14.         {
15.             timeOut = 0;
16.             nb_reset();
17.             printf("waite NBIOT Start\r\n");
18.         }
19.         timeOut++;
20.     }
21. }
```

(2)完善nbiot_config()用于配置NB

在user_cloud.c文件中找到void nbiot_config(void)函数,遵循中国电信NB-IoT 终端对接流程,填写以下代码:

```
1.  void nbiot_config(void)
2.  {   //开启NB-IoT芯片所有功能
3.      send_AT_command("AT+CFUN=%d\r\n", 1);
4.      wait_answer("OK");
5.      //查询信号连接状态
6.      send_AT_command("AT+CSCON=%d\r\n", 0);
7.      wait_answer("OK");
8.      //打开网络注册和位置信息的主动上报结果码 0关闭 1 注册并上报 2 注册并上报位置信息
9.      send_AT_command("AT+CEREG=%d\r\n", 2);
```

```
10.    wait_answer("OK");
11.    //开启下行数据通知
12.    send_AT_command("AT+NNMI=%d\r\n", 1);
13.    wait_answer("OK");
14.    //打开与核心网的连接   1是打开   0是关闭
15.    send_AT_command("AT+CGATT=%d\r\n", 1);
16.    wait_answer("OK");
17. }
```

（3）完善link_server()用于连接服务器

在user_cloud.c文件中找到void link_server(void)，填写需要连接的IoT平台的地址IP和CoAP协议端口5683。

```
1. void link_server(void)
2. {   //设置需要对接IoT平台的地址IP，5683为CoAP协议端口
3.     send_AT_command("AT+NCDP=%s,%d\r\n", "117.60.157.137", 5683);
4.     wait_answer("OK");
5. }
6.
```

（4）完善send_data_to_cloud()用于上报数据到云平台

上报到云平台的数据要遵循上报数据的格式，上报数据的格式在IoT平台上做好的规定，设备定时上报平台的数据格式如下表7-11所示：

表7-11 设备定时上报平台的数据格式

	字段名	长度（byte）	取值范围	说明
帧格式	identifier	1	固定0x4a	设备标识，可以用模块地址
	msgType	1	固定值0	固定值0表示上报数据
	hasMore	1	0、1	表示设备是否还有后续消息，0表示没有，1表示有
	data	详见如下服务表	详见如下服务表	详见如下服务表

服务表：

服务	字段名	长度（byte）	取值范围	说明
Temperature	serviceId	1	固定0x00	
	Temperature	2	温度	
Illumination	serviceId	1	固定0x01	
	Illumination	2	光照度	
Light	serviceId	1	固定0x02	
	state	1	1亮，0灭	

（续）

服务	字段名	长度（byte）	取值范围	说明
Fan	serviceId	1	固定0x03	
	state	1	1亮，0灭	
Humidity	serviceId	1	固定0x06	
	humidity	1	湿度	
ReportTime	serviceId	1	固定0x04	
	eventTime	7	yyyyMMddHHmmss	时间信息可选，如果没有上传时间信息，则用IOT平台的时间信息
DeviceInf	serviceId	1	固定0x05	电量batteryLevel（0～100%）、信号强度RSRP（-140～-44）NUESTATS命令返回的Signal power/10、信号覆盖等级ECL（0～2）、信噪比SNR（-20～30）+NUESTATS命令返回的SNR字段/10
	batteryLevel	1	0～100	电量信息
	RSRP	2	short（-140～-44）	信号强度RSRP
	ECL	1	（0～2）	信号覆盖等级
	SNR	1	（-20～30）	信噪比

查表格可以得知，要上传光照数据，数据帧格式应该如以下代码中的第18行到22行所示，把数据按格式组装好后用AT指令"AT+NMGS"进行上报，读者需要在在user_cloud.c文件中找到send_data_to_cloud()方法，填写下面加粗部分的代码，注意，组装的字符串换行时不要输入tab或空格。

```
1.  void send_data_to_cloud(int illumination, uint8_t light_status)
2.  {
3.      uint8_t send_buf[128] = {0};
4.
5.      RTC_TimeTypeDef gTime;
6.      RTC_DateTypeDef gDate;
7.
8.      //时间校准
9.      HAL_RTC_GetTime(&hrtc, &gTime, RTC_FORMAT_BIN);
10.     HAL_RTC_GetDate(&hrtc, &gDate, RTC_FORMAT_BIN);
11.
12.     sprintf((char *)send_buf, "\
13. %02X%02X%02X\
14. %02X%02X%02X\
```

15. %02X%02X\
16. %02X%02X%02X%02X%02X%02X%02X%02X\
17. ",
18.   0x4a,0x00,0x00,
19.   0x01,(illumination & 0xff00) >> 8,(illumination & 0x00ff),
20.   0x02,light_status,
21.   0x04,20,gDate.Year,gDate.Month,gDate.Date,gTime.Hours,gTime.Minutes,gTime.Seconds);
22.
23.   printf("send sensors data:AT+NMGS=%d,%s\r\n",(strlen((char *)send_buf)/2),send_buf);
24.   send_AT_command("AT+NMGS=%d,%s\r\n",(strlen((char *)send_buf)/2),send_buf);
25.
26. }

补充完代码后，编译代码，生成.hex文件。

7.5　任务2　烧写"智能路灯"程序

7.5.1　任务要求

根据硬件接线图完成硬件搭建，并将任务1中的.hex文件烧写到NB-IoT模块中。

7.5.2　任务实施

1. 硬件环境搭建

1）图7-12所示是本任务使用的NB-IoT模块的正面和反面实物图。

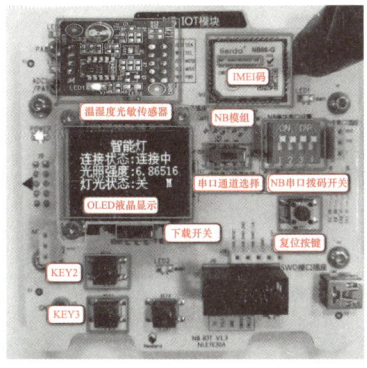 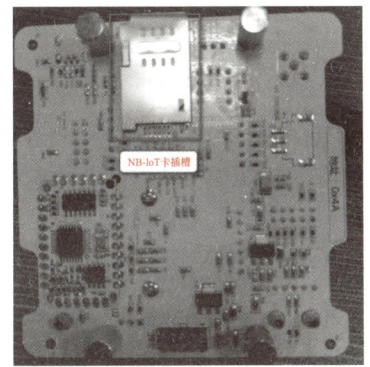

a)　　　　　　　　　　　　　　　　　　b)

图7-12　硬件器件介绍

a）NB-IoT模块正面　b）NB-IoT模块反面

2)图7-13所示是本任务的硬件连线图。

把NB-IoT模块的PA8线连接到继电器模块的J2口,继电器模块的J9(NO1)接到灯的正极"+",继电器模块的J8(COM1)接到NEWLab平台的12V的正极"+",灯的负极"-"接到NEWLab平台的12V的负极"-"。

注意: 如果配套资源里的指示灯是5V的,则对应的继电器模块的J8(COM1)需要接到NEWLab平台的5V的正极"+",灯的负极"-"接到NEWLab平台的5V的负极"-",其他接线都一致。

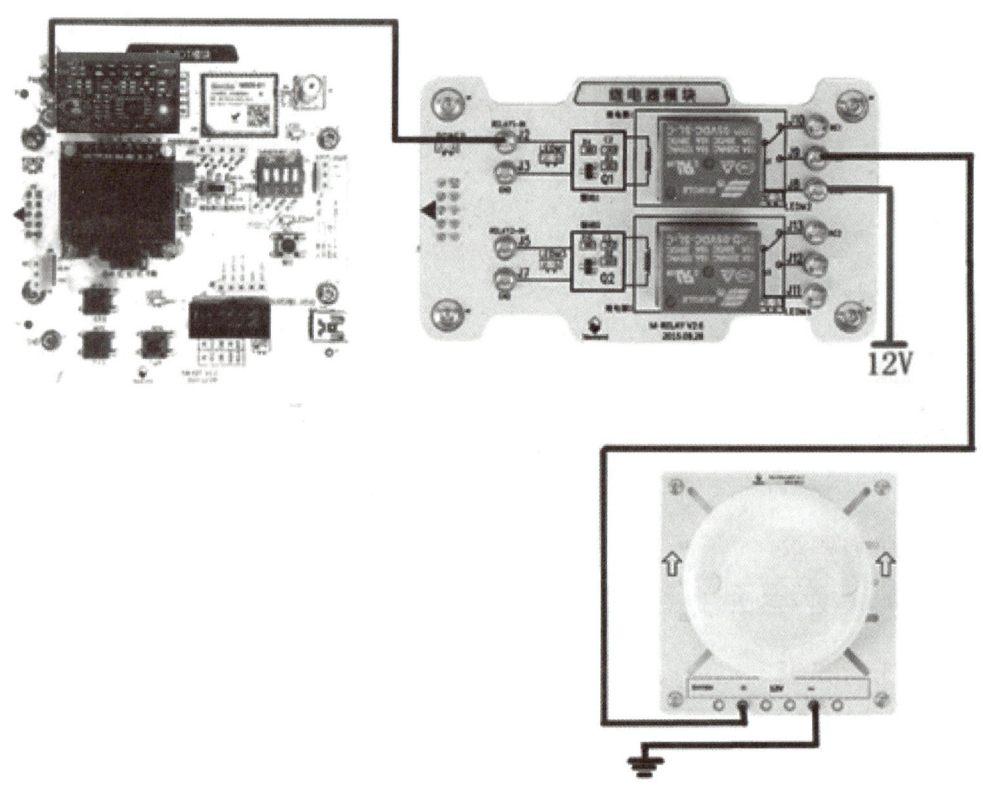

图7-13 硬件连线图

2. NB-IoT模块烧写准备

1)搭建硬件平台,把NB-IoT模块按图7-14所示的方向放置于NEWLab平台上。
2)按照标注①连接串口线,按照标注②连接电源线。
3)按照标注③开关旋钮旋至通信模式。
4)按照标注④把拨码开关1、2向下拨,拨码开关3、4向上拨。
5)按照标注⑤把开关拨向左方丝印M3芯片处。
6)按照标注⑥把开关拨右方向丝印下载处。

3. 查看串口号

在"设备管理器"中查看对应的串口号,如图7-15所示。

学习单元7
NB-IoT联网通信

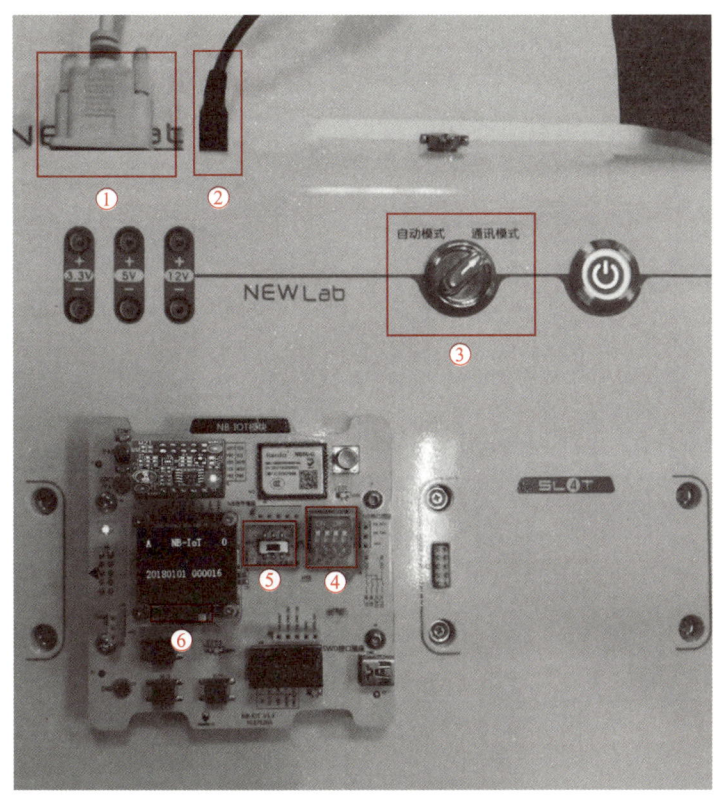

图7-14　NB-IoT模块烧写准备

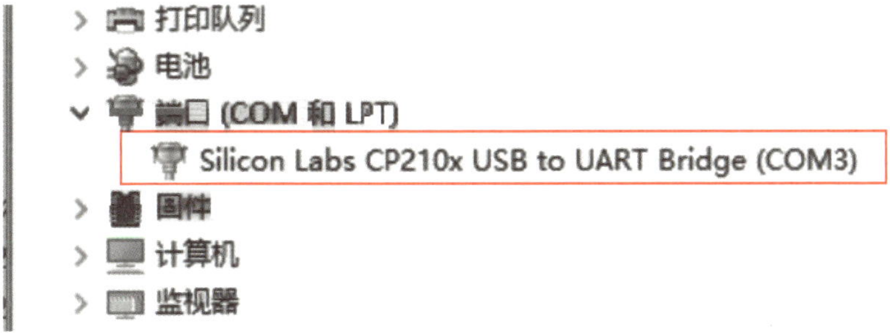

图7-15　在"设备管理器"中查看对应的串口号

4. 使用Flash_Loader Demonstrator烧写器烧写

1）确认图7-14中标注6处的开关已拨到丝印下载处，且按过复位键。

2）打开Flash Loader Demonstrator软件，在"Port Name"下拉列表框中选择对应的串口，单击"Next"按钮，如图7-16a所示。

3）软件读到硬件设备后，单击"Next"按钮，如图7-16b所示。

4）选择MCU型号为STM32L1_Cat2-128k，单击"Next"按钮，如图7-17所示。

5）选中"Download to device"单选按钮，选择下载程序对应的路径，单击"Next"按钮。注意，路径要根据.hex文件的实际路径选择，图7-18中的路径仅供参考。

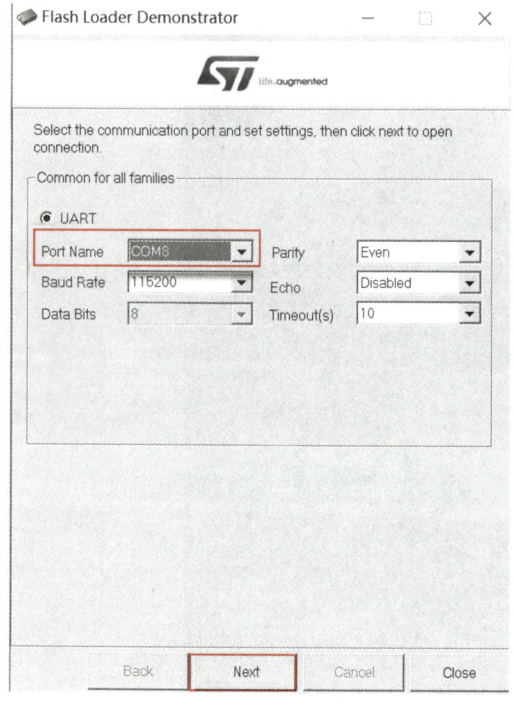
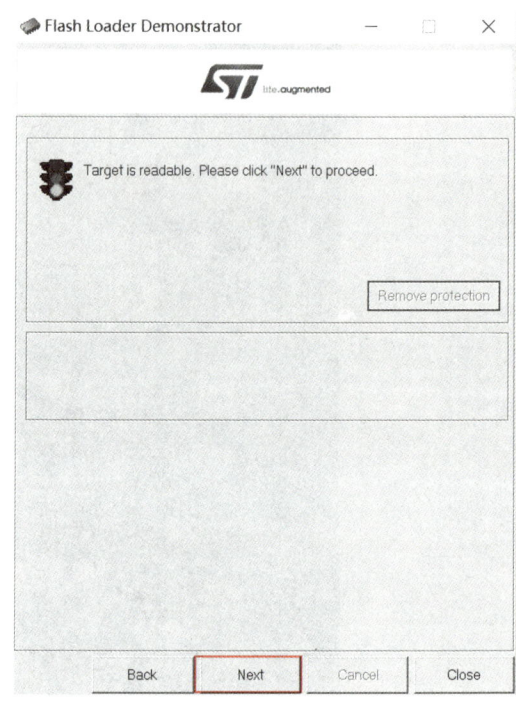

图7-16 串口设置

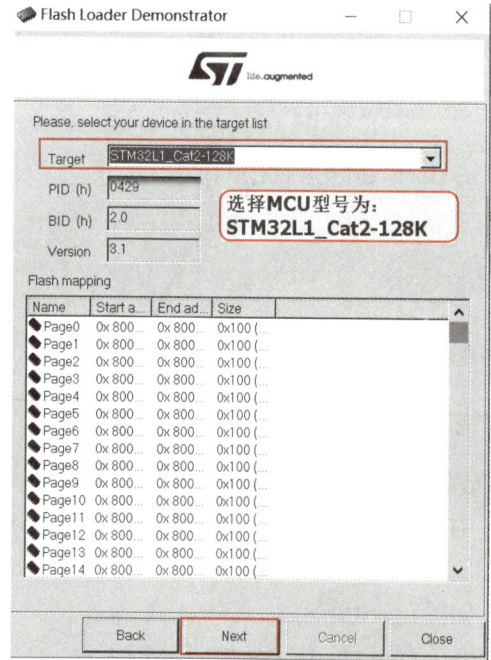
图7-17 处理器型号设置

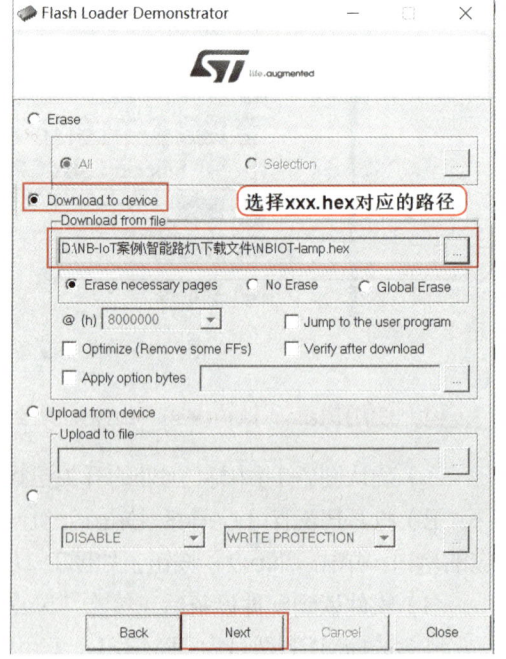
图7-18 烧写代码设置

6）等待30s左右下载完毕，如图7-19所示。

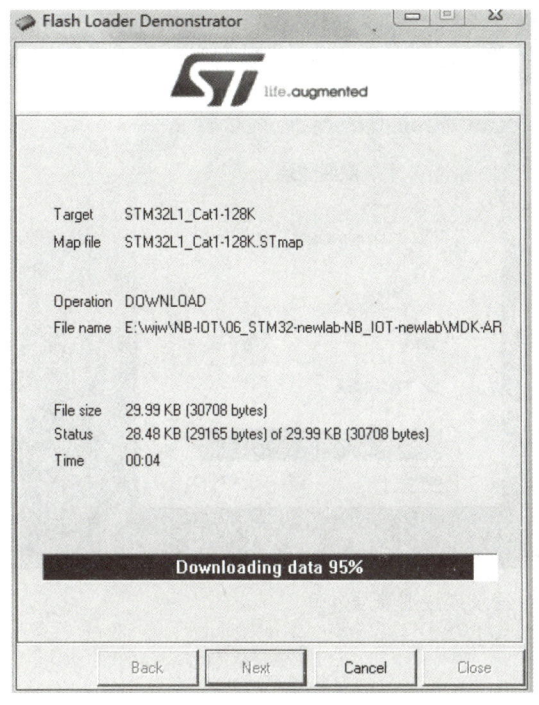
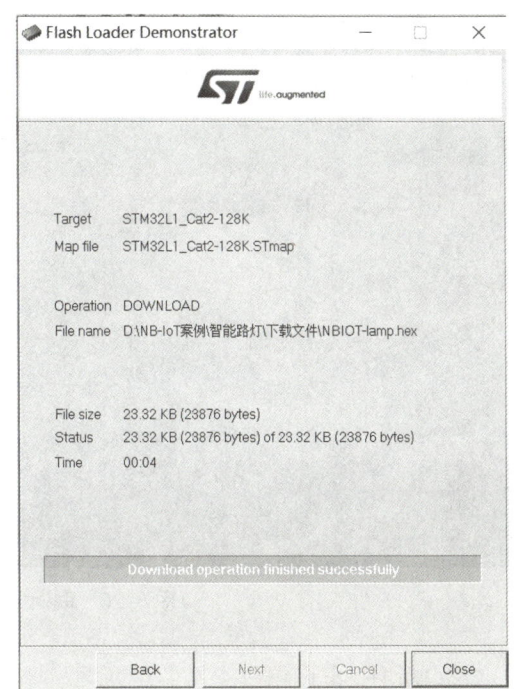

图7-19 烧写软件

7)断电,在NB-IoT模块反面插入NB-IoT卡。

5. 烧写后启动NB-IoT模块

1)把标注⑥处的拨码开关向左拨至启动处。

2)请确认标注④处的拨码1、2向下拨。

3)重新上电即可使用(或按下复位键),至此NB-IoT模块准备完毕。

7.6 任务3 NB-IoT接入云平台

7.6.1 任务要求

在云平台上创建一个NB-IoT项目,启动NB-IoT模块,让模块能够接入云平台,通过云平台查看上报的光照数据,并在云平台上下发命令控制灯的亮灭。

7.6.2 任务实施

1. 注册账号

登录 http://www.nlecloud.com/my/login注册账号,如图7-20所示。

图7-20 联网云平台登录或注册账号

2．新增物联网项目

单击"新增项目"按钮，给项目取名为"NB-IOT项目"，"行业类别"选择"智能家居"，"联网方案"选择"NB-IoT"，单击"下一步"按钮完成项目的新建，如图7-21所示。

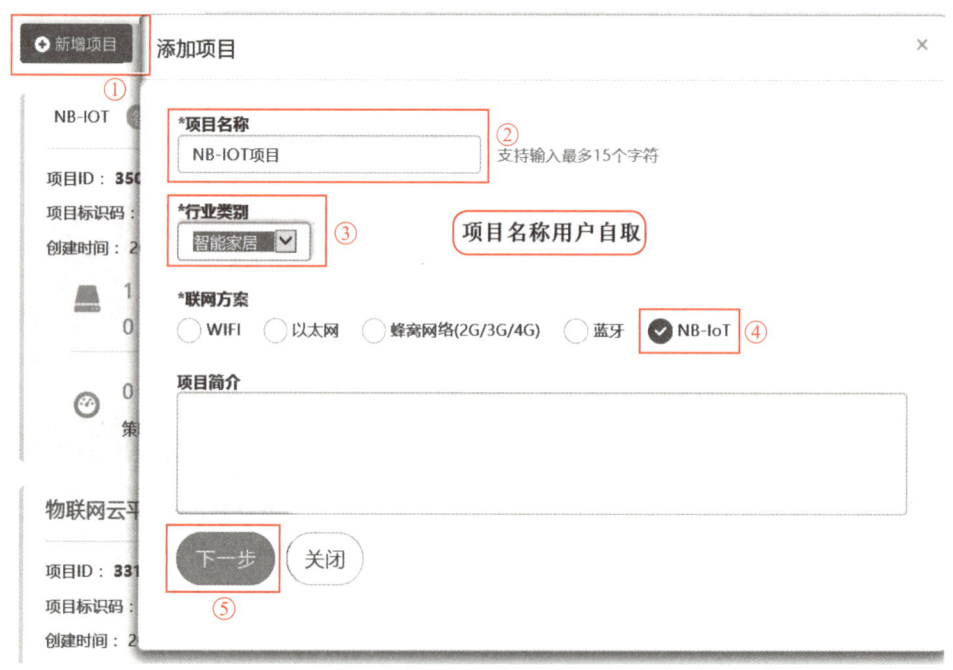

图7-21 新增物联网项目

3. 添加NB-IoT设备

给设备取名为"Illumination",通信协议选择"LWM2M","设备标识"填写NB-IoT模块的NB86-G芯片上的IMEI号,如图7-22所示。单击"确定添加设备"按钮后,云平台自动获取NB-IoT模块上的传感器数据,如图7-23所示。

图7-22 添加NB-IoT设备

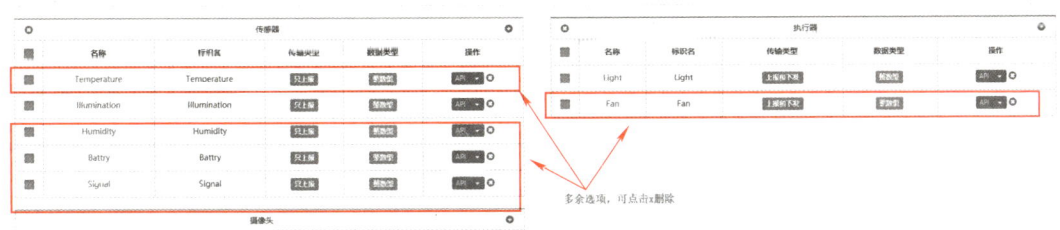

图7-23 NB-IoT模块传感器数据

删除多余选项后,仅剩光照度传感器Illumination和控制灯Light,Illumination为传感器上传的数据,Light可控制灯的亮灭。

4. 模块上电

1)显示"已连接"表示连接成功,如图7-24所示。

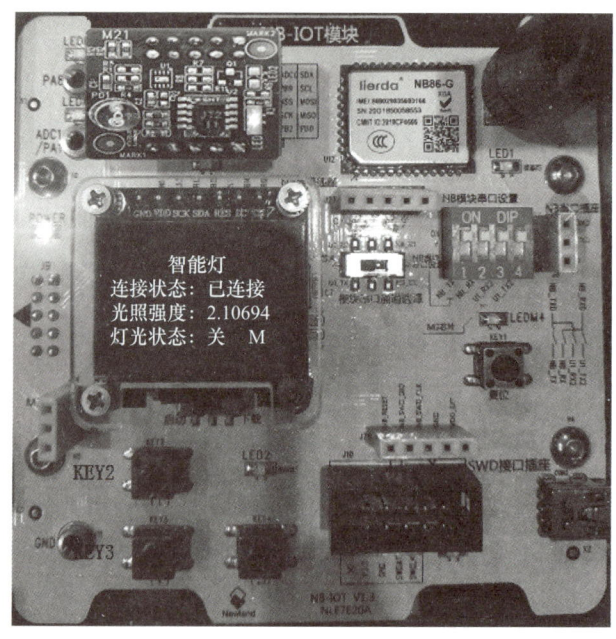

图7-24　NB-IoT模块上电

2）KEY2可手动控制灯的亮灭。

3）KEY3可切换模式，单击按键KEY3：

① 当OLED最后一行显示M表示手动控制，可通过云平台或KEY2控制灯的亮灭；

② 当OLED最后一行显示A表示自动控制，根据光敏传感器采集到的数据控制灯的亮灭，当光照强度小于3时会自动开灯，开灯后采集开灯时的光照强度val，当环境的光照强度大于val+1时，会自动熄灯。

单元总结

本单元主要介绍了NB-IoT技术的定义与特点、LPWAN分类与技术特征；讲解了NB-IoT标准的演进、NB-IoT网络体系架构、NB-IoT使用的频段、NB-IoT部署方式等。本单元以"智能路灯"项目为例介绍了利尔达NB模组，讲解了程序与模组进行数据交互所使用的通用或专用AT指令以及NB模组与物联网云平台数据通信的过程。

UNIT 8

学习单元 ❽
LoRa通信应用开发

单元概述

本单元主要面向的工作领域是传感网应用开发中的低功耗窄带组网通信领域中的LoRa无线通信技术及其应用开发，介绍了LoRa技术的基本知识、LoRa芯片SX1278、SPI通信技术。通过"园区环境监测"项目来分任务实现LoRa传感节点的数据通过LoRa网关上传到PC端。通过本单元的学习，能配置LoRa的各项参数，实现通信距离和传输速率的调整，也为进一步学习LoRaWAN打好基础。

知识目标

- 了解LoRa技术的基本知识；
- 了解通信协议的用途；
- 掌握LoRa模块的SPI配置方法；
- 掌握简单的LoRa模块数据对传的方法；
- 掌握LoRa通信协议的使用方法。

技能目标

- 能配置LoRa的各项参数，实现通信距离的调整；
- 能配置LoRa的各项参数，实现传输速率的调整；
- 能按照LoRa通信协议进行读配置参数指令的分析和开发。

8.1 基础知识

8.1.1 LoRa无线技术

1. 什么是LoRa

LoRa（Long Range Radio, 远距离无线电）是一种基于扩频技术的远距离无线传输技术，是LPWAN通信技术中的一种，是Semtech公司创建的低功耗局域网无线标准。这一方案为用户提供一种简单的能实现远距离、低功耗无线通信的手段。它最大的特点就是在同样的功耗条件下比其他无线方式传播的距离更远，实现了低功耗和远距离的统一，它在同样的功耗下比传统的无线射频通信距离扩大3~5倍。目前，LoRa主要在ISM频段运行，主要包括433MHz、868MHz、915MHz等。

2. LoRa的特性

- 传输距离：城镇中可达2~5km，郊区可达15km；
- 工作频率：ISM 频段，包括433MHz、868MHz、915MHz等；
- 标准：IEEE 802.15.4g；
- 调制方式：基于扩频技术，是线性调制扩频（CSS）的一个变种，具有前向纠错（FEC）能力，是Semtech公司私有专利技术；
- 容量：一个LoRa网关可以连接成千上万个LoRa节点；
- 电池寿命：长达10年；
- 安全：AES128加密；
- 传输速率：几十到几百kbit/s，速率越低传输距离越长。

3. LoRa和LoRaWAN

LoRaWAN协议栈如图8-1所示。可以看出，LoRa是LoRaWAN的一个子集，LoRa仅包括物理层定义，LoRaWAN还包括了链路层。

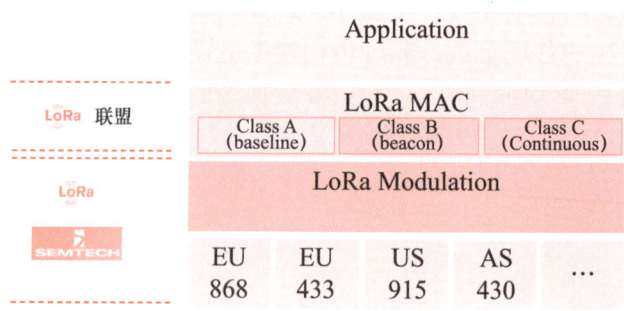

图8-1 LoRaWAN协议栈

LoRaWAN的网络架构如图8-2所示，左边是各种应用传感器，包括智能水表、智能垃圾桶、物流跟踪、自动贩卖机等，右边是LoRaWAN网关、网关转换协议，把LoRa传感器的数据转换为TCP/IP的格式发送到Internet上。LoRa网关用于远距离星形架构，是多信道、多调制收发、可多信道同时解调。由于LoRa的特性可以在同一信道上同时进行多信号解调。网关使用不同于终端节点的RF器件，具有更高的容量，作为一个透明网桥在终端设备和中心网络服务器间中继消息。网关通过标准IP连接到网络服务器，终端设备使用单播的无线通信报文到一个或多个网关。

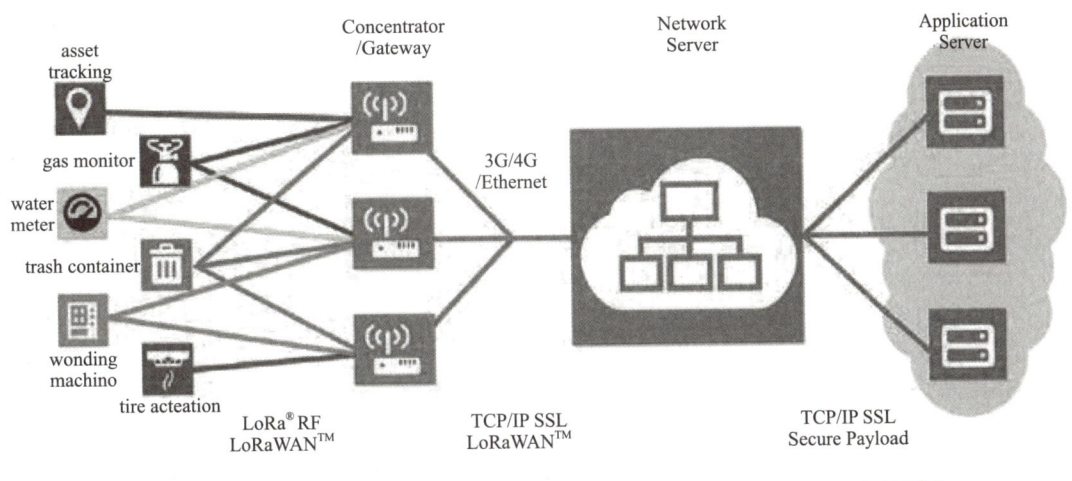

图8-2　LoRaWAN网络架构

其实LoRaWAN并不是一个完整的通信协议，因为它只定义了物理层和链路层，网络层和传输层没有，功能也并不完善，没有漫游，没有组网管理等通信协议的主要功能。

8.1.2　LoRa模块

LoRa模块如图8-3所示，采用的LSD4RF-2F717N30是LoRa SX1278 470M 100mW标准模块，是基于Semtech射频集成芯片SX127X的射频模块，是一款高性能物联网无线收发器。接线原理图如图8-4所示。

图8-3　LoRa模块

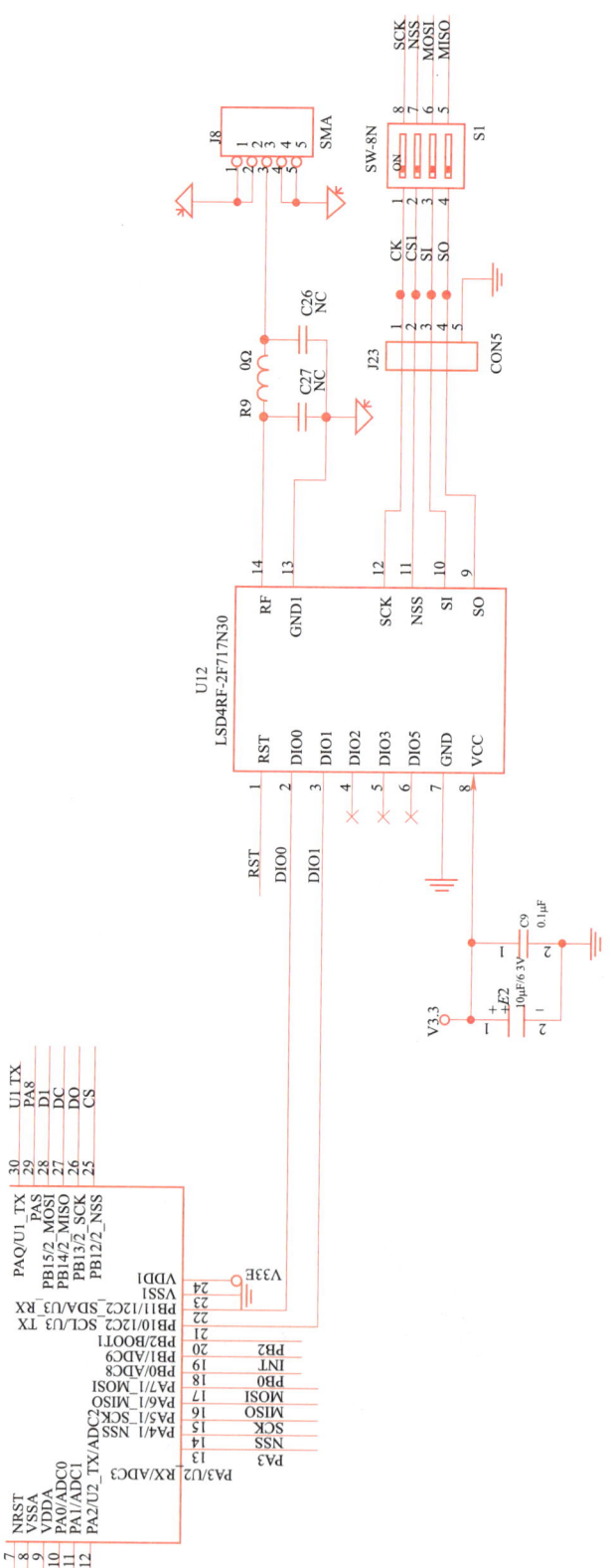

图8-4 LoRa芯片连接原理图

1. SX1276/77/78收发器

SX1276/77/78是137~1020MHz低功耗远距离收发器,主要采用LoRa远程调制解调器,用于超长距离扩频通信,抗干扰性强,能够最大限度地降低电流消耗。

借助Semtech的LoRa专利调制技术,SX1276/77/78采用低成本的晶体和物料即可获得超过-148dBm的高灵敏度。此外,高灵敏度与20dBm功率放大器的集成使这些器件的链路预算达到了行业领先水平,成为远距离传输和对可靠性要求极高的应用的最佳选择。相较传统调制技术,LoRa调制技术在抗阻塞和选择性方面也具有明显优势,解决了传统设计方案无法同时兼顾距离、抗干扰和功耗的问题。

这些器件还支持WM-Bus和IEEE 802.15.4g等系统的高性能(G)FSK模式。与同类器件相比,SX1276/77/78在大幅降低电流消耗的基础上,还显著优化了相位噪声、选择性、接收机线性度、三阶输入截取点(IIP3)等各项性能。

SX1276的带宽范围为7.8~500kHz,扩频因子为6~12,并覆盖所有可用频段。SX1277的带宽和频段范围与SX1276相同,但扩频因子为6~9。SX1278的带宽和扩频因子选择与SX1276相同,但仅覆盖UHF频段。

(1)关键产品特性

- LoRa调制解调器;
- 最大链路预算可达168dB;
- 20dBm - 100mW电压变化时恒定的射频功率输出;
- 14dBm的高效率功率放大器;
- 可编程比特率高达300kbit/s;
- 高灵敏度:低至-148dBm;
- 高可靠性的前端:IIP3=-11dBm;
- 卓越的抗阻塞特性;
- 9.9mA 低接收电流,200nA寄存器保持电流;
- 分辨率为 61Hz、完全集成的频率合成器;
- 支持FSK、GFSK、MSK、GMSK、LoRa及OOK调制方式;
- 内置式位同步,用于时钟恢复;
- 前导码检测;
- 127dB的RSSI动态范围;
- 自动射频信号检测,CAD模式和超高速AFC;
- 带有CRC、高达256B的数据包引擎;
- 内置温度传感器和低电量指示器。

(2)应用

- 自动抄表;
- 家庭和楼宇自动化;
- 无线告警和安防系统;
- 工业监视与控制;
- 远程灌溉系统。

2. LoRa芯片引脚

LoRa芯片与MCU连接如图8-4所示。LoRa芯片的引脚主要分为两类：射频端和MCU接口端。射频端是LoRa芯片与天线的连接引脚，MCU接口端是LoRa芯片与MCU的接口。

从图8-4中可以看到，LoRa芯片的MCU端引脚分为SPI接口和DIOx两类，DIOx引脚只连接了DIO0和DIO1，见表8-1。

表8-1 LoRa芯片MCU端引脚

编号	SX1278引脚名称	I/O类型	SX1278描述
8	DIO0	I/O	数字I/O，软件配置
9	DIO1	I/O	数字I/O，软件配置
10	DIO2	I/O	未用
11	DIO3	I/O	未用
12	DIO4	I/O	未用
13	DIO5	I/O	未用
16	SCK	I	SPI 时钟输入
17	MISO	O	SPI 数据输出
18	MOSI	I	SPI 数据输入
19	NSS	I	SPI 片选输入

8.1.3 SPI

1. SPI简介

LoRa芯片与MCU通过SPI进行通信。SPI（Serial Peripheral Interface Bus）是由摩托罗拉公司开发的高速全双工同步串行通信协议。SPI支持一主多从，这点类似于I^2C，但是又与I^2C选通从设备的方式不同，I^2C是通过发送从机地址来选通从机，而SPI是通过拉低连接到从机的NSS引脚对从机进行选通的。SPI一般应用由四个引脚组成（一主一从）：

- SCLK（Serial Clock）：串行时钟，由主机发出；
- MOSI（Master Output, Slave Input）：主机输出从机输入信号，由主机发出；
- MISO（Master Input, Slave Output）：主机输入从机输出信号，由从机发出；
- NSS：选择信号，由主机发出，一般是低电位有效。

SPI主从连接如图8-5所示。

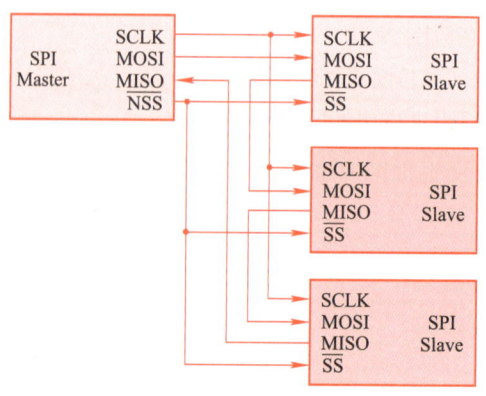

图8-5 SPI主从连接示意图

可以看出虽然SPI也是串行通信协议，但是主机所占用的引脚依然比I^2C和UART多，而且主机引脚数量会随着从机数量的增加而增加（增加对从机的选通部分）。主机在通过MOSI数据线发送数据的同时，从机也会通过MISO将数据传输给主机（收发同时进行），它们以虚拟环形拓扑连接。数据通常先移出最高位，在时钟边沿，主机和从机均移出一位，然后在传输线上输出给对方（改变数据）。在下一个时钟沿，主从设备的接收器都从传输线接受该位，并设置为移位寄存器的新的最低有效位（采样数据）。在完成这样一个移出—移入的周期后，主机和从机就交换了寄存器中的一位，传输可能会持续任意数量的时钟周期。传输完成后，主设备会停止时钟信号，并拉高NSS选通线。SPI通信时序如图8-6所示。

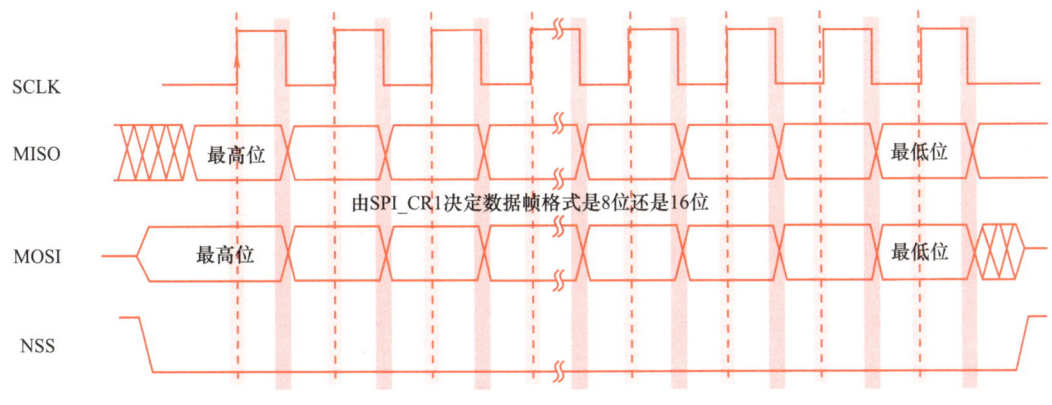

图8-6　SPI传输时序图

2. SPI配置

SX1278要与STM32进行通信，还需要对SPI进行配置。打开LoRa园区环境监测文件夹下的Keil工程"..\LoRaModemProject\project\LoRaModem.uvprojx"，打开"spi-board.c"，如图8-7所示。

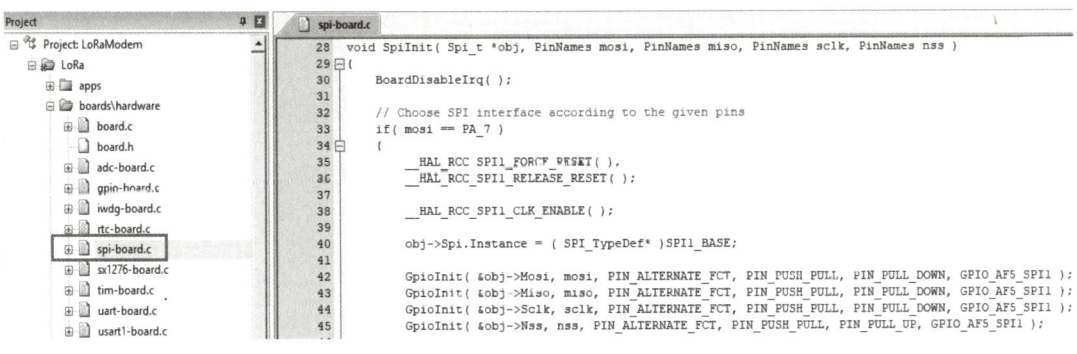

图8-7　"spi-board.c"代码

（1）初始化引脚

引脚的配置是通过SPI串口初始化函数SpiInit( )来实现的，这个函数在BoardInitMcu( )中调用。

"void SpiInit(Spi_t *obj, PinNames mosi, PinNames miso, PinNames sclk, PinNames nss)"各参数说明如下：

Spi_t *obj：指向待初始化的SPI结构体；

PinNames mosi：主机输出，从机输入引脚；

PinNames miso：主机输入，从机输出引脚；

PinNames sclk：串行时钟引脚；

PinNames nss：片选引脚。

```
1.  void SpiInit( Spi_t *obj, PinNames mosi, PinNames miso, PinNames sclk, PinNames nss )
2.  {
3.      BoardDisableIrq( );                     //禁止中断
4.
5.      // Choose SPI interface according to the given pins
6.      if( mosi == PA_7 )
7.      {//初始化SPI1
8.          __HAL_RCC_SPI1_FORCE_RESET( );
9.          __HAL_RCC_SPI1_RELEASE_RESET( );
10.
11.         __HAL_RCC_SPI1_CLK_ENABLE( );
12.
13.         obj->Spi.Instance = ( SPI_TypeDef* )SPI1_BASE;    //建立SPI，也就是obj就是SPI1
14.         //将GPIO口初始化
15.         GpioInit( &obj->Mosi, mosi, PIN_ALTERNATE_FCT, PIN_PUSH_PULL, PIN_PULL_DOWN, GPIO_AF5_SPI1 );
16.         GpioInit( &obj->Miso, miso, PIN_ALTERNATE_FCT, PIN_PUSH_PULL, PIN_PULL_DOWN, GPIO_AF5_SPI1 );
17.         GpioInit( &obj->Sclk, sclk, PIN_ALTERNATE_FCT, PIN_PUSH_PULL, PIN_PULL_DOWN, GPIO_AF5_SPI1 );
18.         GpioInit( &obj->Nss, nss, PIN_ALTERNATE_FCT, PIN_PUSH_PULL, PIN_PULL_UP, GPIO_AF5_SPI1 );
19.
20.         if( nss == NC )
21.         {
22.             obj->Spi.Init.NSS = SPI_NSS_SOFT;      //NSS片选信号由软件单独控制
23.             SpiFormat( obj, SPI_DATASIZE_8BIT, SPI_POLARITY_LOW, SPI_PHASE_1EDGE, 0 );
                                                //设置SPI的通信方式，配置为主机模式
24.         }
25.         else
26.         {
27.             SpiFormat( obj, SPI_DATASIZE_8BIT, SPI_POLARITY_LOW, SPI_PHASE_1EDGE, 1 );
                                                //设置SPI的通信方式，配置为从机模式
28.         }
29.     }
30.     else if( mosi == PB_15 )
31.     {//初始化SPI2
32.         __HAL_RCC_SPI2_FORCE_RESET( );
33.         __HAL_RCC_SPI2_RELEASE_RESET( );
```

```
34.
35.         __HAL_RCC_SPI2_CLK_ENABLE( );
36.
37.         obj->Spi.Instance = ( SPI_TypeDef* )SPI2_BASE;    //建立SPI，也就是obj就是SPI2
38.         //将GPIO口初始化
39.         GpioInit( &obj->Mosi, mosi, PIN_ALTERNATE_FCT, PIN_PUSH_PULL, PIN_PULL_
            DOWN, GPIO_AF5_SPI2 );
40.         GpioInit( &obj->Miso, miso, PIN_ALTERNATE_FCT, PIN_PUSH_PULL, PIN_PULL_
            DOWN, GPIO_AF5_SPI2 );
41.         GpioInit( &obj->Sclk, sclk, PIN_ALTERNATE_FCT, PIN_PUSH_PULL, PIN_PULL_
            DOWN, GPIO_AF5_SPI2 );
42.         GpioInit( &obj->Nss, nss, PIN_ALTERNATE_FCT, PIN_PUSH_PULL, PIN_PULL_UP,
            GPIO_AF5_SPI2 );
43.
44.         if( nss == NC )
45.         {
46.             obj->Spi.Init.NSS = SPI_NSS_SOFT;       //NSS片选信号由软件单独控制
47.             SpiFormat( obj, SPI_DATASIZE_8BIT, SPI_POLARITY_LOW, SPI_PHASE_1EDGE, 0 );
                                                        //设置SPI的通信方式，配置为主机模式
48.         }
49.         else
50.         {
51.             SpiFormat( obj, SPI_DATASIZE_8BIT, SPI_POLARITY_LOW, SPI_PHASE_1EDGE, 1 );
                                                        //设置SPI的通信方式，配置为从机模式
52.         }
53.     }
54.     SpiFrequency( obj, 10000000 );                  //设置SPI速度
55.
56.     HAL_SPI_Init( &obj->Spi );                      //生效
```
Initializes the SPI according to the specified parameters in the SPI_InitTypeDef and create the associated handle.
```
57.
58.     BoardEnableIrq( );                              //使能中断
59. }
```

（2）设置SPI通信方式

SPI通信方式的设置是通过函数SpiFormat来实现的，这个函数在SpiInit( )中调用。

"void SpiFormat(Spi_t *obj, int8_t bits, int8_t cpol, int8_t cpha, int8_t slave)"中各参数的说明如下：

Spi_t *obj：SPI结构体；

int8_t bits：帧格式选择项，这里是8位，选择SPI_DATASIZE_8BIT；

int8_t cpol：设置时钟极性，这里是低电平，选择SPI_POLARITY_LOW；

int8_t cpha：设置时钟相位，这里是第一个跳边沿，选择SPI_PHASE_1EDGE；

int8_t slave：主、从模式选择位，0表示主机模式，1表示从机模式。

8.1.4 LoRa调制解调

1. 配置关键参数

打开LoRa园区环境监测文件夹下的Keil工程："..\LoRaModemProject\project\LoRaModem.uvprojx"，单击菜单栏的按钮""，弹出如图8-8所示的窗口。

"Define"文本框内有预编译符号"USE_HAL_DRIVER STM32L151xB USE_DEBUGGER USE_BAND_433 USE_MODEM_LORA"，"USE_BAND_433 USE_MODEM_LORA"这两个参数就是告诉编译器要用433MHz频段的应用程序，调制解调器使用LoRa调制解调技术。

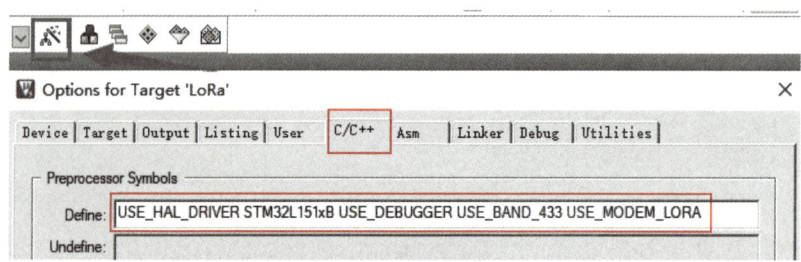

图8-8 添加宏定义

按图8-9展开工程源码，打开文件"NS_Radio.h"，这个文件内定义了LoRa调制解调的控制参数。

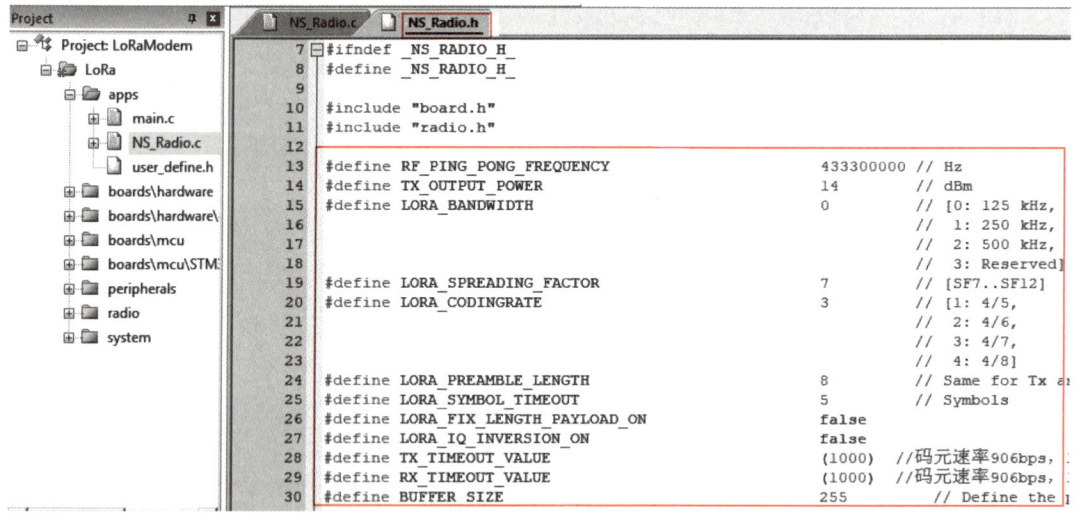

图8-9 "NS_Radio.h"宏定义

（1）频率

由于前面预编译定义了"USE_BAND_433"，频率取值建议在433MHz附近，也可以是430、431、432等，用户根据自己的需求设置频率以确定合适的信道。

（2）发射功率

SX1276/77/78配备了三个不同的射频功率放大器。其中两个分别与 RFO_LF 和 RFO_HF引脚连接，能够实现高达14dBm 的功率放大功能。这两个功率放大器没有针对高功率效率进行稳压调节，因而能够通过一对无源器件与其对应的射频接收机输入端直接相连，从而形成一个天线端口高效收发器。第三个功率放大器与 PA_BOOST 引脚连接，能够通过专门的匹配网络实现高达20dBm 的功率放大功能。与高效功率放大器不同的是，这个高稳定性功率放大器能够覆盖频率合成器处理的所有频段。

LoRa芯片的信号发射功率由参数TX_OUTPUT_POWER设置，这个值越大，发射功率越大，传输距离越远，最大值不得超过20dBm。实际测试中，厂家提供的LoRa模组的发射功率最大值为19dBm。

（3）LoRa调制解调器的配置

预编译中定义了"USE_MODEM_LORA"，宏定义如图8-10所示。

```
#define LORA_BANDWIDTH          0    // [0: 125 kHz,
                                     //  1: 250 kHz,
                                     //  2: 500 kHz,
                                     //  3: Reserved]
#define LORA_SPREADING_FACTOR   7    // [SF7..SF12]
#define LORA_CODINGRATE         3    // [1: 4/5,
                                     //  2: 4/6,
                                     //  3: 4/7,
                                     //  4: 4/8]
```

图8-10　LoRa调制解调器的配置宏定义

① 扩频因子。

LoRa扩频调制技术采用多个信息码片来代表有效负载信息的每个位。扩频信息的发送速度称为符号速率（R_s），而码片速率与标称符号速率之间的比值即为扩频因子，表示每个信息位发送的符号数量。

扩频因子"LORA_SPREADING_FACTOR"取值6～12，6和12是理想值，这个值越大，传输距离也越远，但是同样会导致传输速率的下降。当扩频因子SF为6时，LoRa调制解调器的数据传输速率最快，因此这一扩频因子仅在特定情况下使用。

② 编码率。

LoRa调制解调器采用循环纠错编码进行前向错误检测与纠错。使用这样的纠错编码之后会产生传输开销。每次传输产生的数据开销见表8-2。编码率"LORA_CODINGRATE"决定了LoRa芯片的编码速率。

表8-2　数据开销

编码率（RegTxCfg1）	循环编码率	开销比率
1	4/5	1.25
2	4/6	1.5
3	4/7	1.75
4	4/8	2

③ 信号带宽。

增加信号带宽，可以提高有效数据速率以缩短传输时间，但这是以牺牲部分接收灵敏度为代价的。带宽"LORA_BANDWIDTH"的取值为0：125kHz、1：250kHz、2：500kHz、3：Reserved，带宽越小则无线电波能量越集中，距离越远，但是传输速率越慢。

表8-3列出了多数规范约束的带宽范围。

表8-3　LoRa调制解调器规格

带宽/kHz	扩频因子	编码率	标称比特率/bit/s
7.8	12	4/5	18
10.4	12	4/5	24
15.6	12	4/5	37
20.8	12	4/5	49
31.2	12	4/5	73
41.7	12	4/5	98
62.5	12	4/5	146
125	12	4/5	293
250	12	4/5	586
500	12	4/5	1172

可以使用以下公式计算出LoRa调制速率：

$$R_s = \frac{BW}{2^{SF}} \quad (8-1)$$

式中，BW表示带宽；SF表示扩频因子。发送信号为恒包络信号，每赫兹每秒发送一个码片。注意，修改参数改变通信距离的同时，也会直接影响到传输速率。

（4）LoRa数据包结构

LoRa调制解调器采用隐式和显式两种数据包格式。其中，显式数据包的报头较短，主要包含字节数、编码率及是否在数据包中使用循环冗余校验（CRC）等信息。数据包格式如图8-11所示。

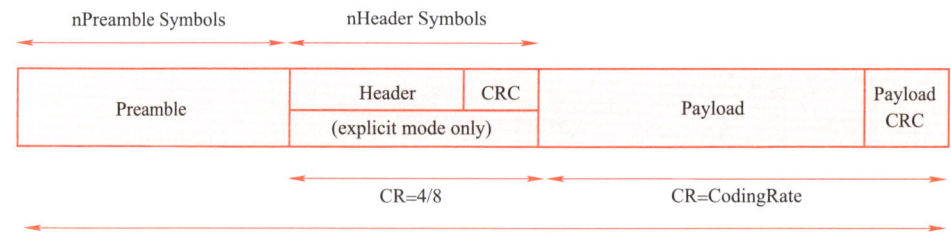

图8-11　LoRa数据包结构

LoRa数据包包含以下三个组成部分：
- 前导码；
- 可选报头；
- 数据有效负载。

① 前导码（Preamble）。

"LORA_PREAMBLE_LENGTH"是前导码长度。前导码用于保持接收机与输入的数据流同步。默认情况下，数据包含12个符号长度的前导码。前导长度是一个可以通过编程来设置的变量，所以前导码的长度可以扩展。例如，在接收密集型应用中，为了缩短接收机占空比，可缩短前导码的长度。然而，前导码的最小允许长度就可以满足所有通信需求。对于希望前导码是固定开销的情况，可以将前导码寄存器长度设置在6～65536来改变发送前导码的长度，实际发送前导码的长度范围为（6+4）～（65535+4）个符号。这样几乎就可以发送任意长的前导码序列。

接收机会定期执行前导码检测。因此，接收机的前导码长度应与发射机一致。如果前导码长度为未知或可能会发生变化，则应将接收机的前导码长度设置为最大值。

② 报头（Header）。

根据所选择的操作模式，可以选用两种报头。

a）显式报头模式。显式报头模式是默认的操作模式。在这种模式下，报头包含有效负载的相关信息，包括：

- 以字节数表示的有效负载长度；
- 前向纠错码率；
- 是否打开可选的16位负载CRC。

报头按照最大纠错码（4/8）发送。另外，报头还包含自己的CRC，使接收机可以丢弃无效的报头。

b）隐式报头模式。在特定情况下，如果有效负载长度、编码率及CRC为固定或已知，则比较有效的做法是通过调用隐式报头模式来缩短发送时间。这种情况下，需要手动设置无线链路两端的有效负载长度、错误编码率及CRC。

注意：如果将扩频因子 *SF* 设定为6，则只能使用隐式报头模式。

③ 有效负载（Payload）。

数据包有效负载是一个长度不固定的字段，而实际长度和纠错编码率CR则由显式模式下的报头指定或者由隐式模式下在寄存器中的设置来决定。另外，还可以选择在有效负载中包含CRC码。

2. 编写关键函数

在"NS_Radio.c"中找到"void NS_RadioEventsInit(void)"函数，此函数对射频模块事件回调函数进行初始化，如图8-12所示。

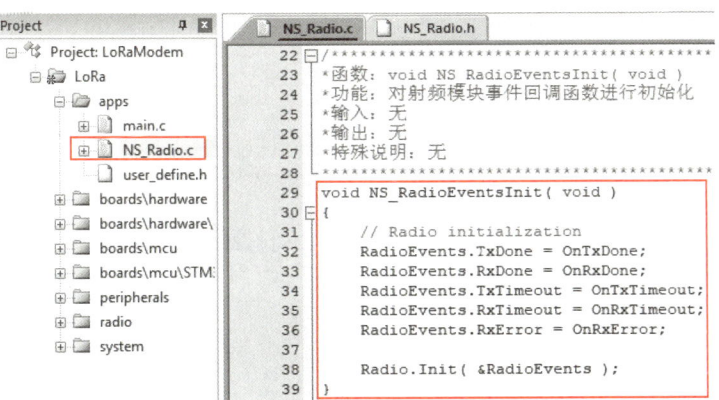

图8-12 "void NS_RadioEventsInit(void)"函数

1)进入"void OnTxDone(void)"函数,可看到如下关键代码:

```
1.    void OnTxDone( void )
2.    {
3.        Radio.Sleep( );
4.        Radio.Rx( RX_TIMEOUT_VALUE );
5.    }
```

当发送完成时,将调用此函数。

2)进入"void OnRxDone(uint8_t *payload, uint16_t size, int16_t rssi, int8_t snr)"函数,可看到如下关键代码:

```
1.    void OnRxDone( uint8_t *payload, uint16_t size, int16_t rssi, int8_t snr )
2.    {
3.        Radio.Sleep( );
4.        LoRaBufferSize = size;
5.        memcpy( LoRaBuffer, payload, LoRaBufferSize );
6.        RssiValue = rssi;
7.        SnrValue = snr;
8.    //    printf( "Rx=%s\r\nRssiValue=%d\r\nSnrValue=%d\r\n",LoRaBuffer,RssiValue,SnrValue );
9.        Radio.Rx( RX_TIMEOUT_VALUE );
10.   }
```

当接收完成时调用该函数,在此函数内能够读取到接收到的数据、收到数据的长度、信号强度、信噪比。

3)进入"void OnTxTimeout(void)"函数,可看到如下关键代码:

```
1.    void OnTxTimeout( void )
2.    {
3.        Radio.Sleep( );
4.        Radio.Rx( RX_TIMEOUT_VALUE );
5.    }
```

发送超时时调用此函数。

4)进入"void OnRxTimeout(void)"函数,可看到如下关键代码:

```
1.    void OnRxTimeout( void )
2.    {
3.        Radio.Sleep( );
4.        Radio.Rx( RX_TIMEOUT_VALUE );
5.    }
```

接收超时调用此函数。

5)进入"void OnRxError(void)"函数,可看到如下关键代码:

```
1.    void OnRxError( void )
2.    {
3.        Radio.Sleep( );
4.        Radio.Rx( RX_TIMEOUT_VALUE );
5.    }
```

接收错误时调用此函数。

8.1.5 LoRa通信协议

在工业和商业应用领域，不同企业的通信产品都有属于自己的私有通信协议，这些协议都是根据产品的特点而设计的，所以不尽相同。这些通信协议虽然有着不同的通信格式，却都由大体类似的结构组成。

1. LoRa模块通信协议

（1）请求

请求命令结构为HEAD+CMD+NET_ID+LORA_ADDR+LEN+DATA+CHK，见表8-4。

表8-4 请求命令结构

项目	HEAD	CMD	NET_ID_H	NET_ID_L	LORA_ADDR	LEN	DATA	CHK
编号	0	1	2	3	4	5	6～(n-1)	n
长度/B	1	1	1	1	1	1	n-6	1
属性	0x55	命令编号	网络ID高字节	网络ID低字节	LoRa地址	数据域长度	数据域	SUM

HEAD：数据帧头，默认为0x55；

CMD：命令字节，0x01==读传感数据；

NET_ID：网络ID号，2B；

LORA_ADDR：LoRa地址；

LEN：数据域长度；

DATA：数据域；

CHK：校验和，从HEAD到CHK前一个字节的和，保留低八位。

（2）响应

响应命令结构为HEAD+CMD+NET_ID+LORA_ADDR+ACK+LEN+DATA+CHK，见表8-5。

表8-5 响应命令结构

项目	HEAD	CMD	NET_ID_H	NET_ID_L	LORA_ADDR	ACK	LEN	DATA	CHK
编号	0	1	2	3	4	5	6	7～(n-1)	n
长度/B	1	1	1	1	1	1	1	n-7	1
属性	0x55	命令编号	网络ID高字节	网络ID低字节	LoRa地址	响应	数据域及检验位（SUM）总长度	数据域	SUM

HEAD：数据帧头，默认为0x55；

CMD：命令字节，0x01=读传感数据；

NET_ID：网络ID号，2B；

LORA_ADDR：LoRa地址；

ACK：响应，0x00表示响应OK，0x01表示无数据，0x02表示数据错误，其他预留；

LEN：数据长度，指定数据域（DATA）以及校验位（SUM）总长度有多少个字节。

ACK非0x00时，无此项；

　　DATA：数据域，传感器名称编码后面用"（单位）"来标注单位，传感器名称编码和数值间用"："隔开，每组传感数据间用"|"隔开。例如，"voltage(mV):1256|humidity(%):68"。ACK非0x00时，无此项；

　　CHK：校验和，从HEAD到CHK前一个字节的和，保留低八位。

8.2　项目分析

8.2.1　项目介绍

　　有方圆5km^{2}的植物园，以前是粗放式管理：工作人员频繁检查控制，耗时耗力；植物生长环境要求精细，人工经验难以保障最佳环境；发生突发情况时不能及时处理，导致造成损失。管委会想对园区的环境（温湿度、光照等）进行智能化监测，要求：
- 保护环境，少施工；
- 低成本，节约经费；
- 先期实现点对点通信，能够在上位机查看数据，后期升级为云平台系统。

8.2.2　方案设计

　　为保护园区环境，该系统选择无线通信方式较为合适。目前较为流行的无线通信技术有蓝牙、Wi-Fi、ZigBee、NB-IoT、LoRa等，不同的通信技术有不同的特点，也各有适合自己的应用场景。

　　蓝牙：是无线传输技术，理论上能够在最远100m左右的设备之间进行短距离连线，但实际使用时大约只有10m。其最大的特色在于能让方便携带的移动通信设备和计算机在不借助电缆的情况下联网，并传输资料和信息，目前普遍被应用在智能手机和智慧穿戴设备的连结以及智慧家庭、车用物联网等领域中。

　　Wi-Fi：是无线局域网技术，最常见的是作为从网关到连接互联网的路由器的链路，大多数Wi-Fi版本工作在2.4GHz免许可频段，传输距离长达100m，具体取决于应用环境。

　　ZigBee：ZigBee技术是一种近距离、低复杂度、低功耗、低速率、低成本的双向无线通信技术。主要用于距离短、功耗低且传输速率不高的各种电子设备之间进行数据传输。目前ZigBee采用2.4GHz高频传输，传输距离在几十米到二三百米，受环境影响很大。

　　NB-IoT：构建于蜂窝网络，可直接部署于GSM网络、UMTS网络或LTE网络。NB-IoT和蜂窝通信使用1GHz以下的频段是授权的，需要收费。

　　LoRa：远距离、低功耗无线通信技术，其典型范围是2～5km，最长距离可达15km，具体取决于所处的位置和天线特性。典型工作频率在美国是915MHz，在欧洲是868MHz，在亚洲是433MHz，免牌照。

　　针对该园区的需求，LoRa技术最为合适，根据需要，先期完成LoRa传感器节点到LoRa网关之间的点对点无线通信，LoRa网关将数据上传给上位机监测。

8.3　LoRa驱动移植

8.3.1　任务要求

在LoRa园区环境监测文件夹下有"LoRa源码资源.rar"和"LoRaMac-node-master.zip"这两个文件。"LoRaMac-node-master"是LoRaWAN协议栈的终端例程，"LoRa源码资源"文件夹内的source文件夹内的源码都是STM32L151的HAL库文件和基于原版LoRaWAN协议栈修改而来的一些硬件驱动函数代码，这些代码和LoRa模块硬件适配。

"LoRaMac-node-master"是LoRaWAN协议栈的终端例程，内部集成了SX1278的驱动函数和应用接口，需要将SX1278的驱动程序移植和适配到LoRa模块上。移植成功后的工程源码就是前面提及的工程源码模板LoRaModemProject。

8.3.2　任务实施

LoRaMac-node的最新代码可以从https://github.com/LoRa-net/LoRaMac-node获取到。LoRaMac-node中已经集成了LoRa的驱动程序代码和MAC层，是典型的LoRaWAN终端协议栈和例程。将附件中的"LoRaMac-node-master.zip"文件解压到适当位置，如图8-13所示，可将文件内的coIDE、Doc、Keil文件夹删除，因为用不到这些文件。

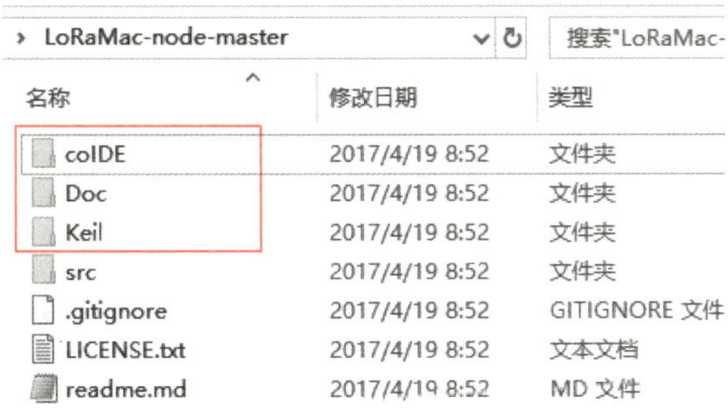

图8-13　LoRaMac-node-master文件夹

在LoRaMac-node-master文件夹内新建project文件夹，并将src重命名为source。进入路径"..\LoRaMac-node-master\source"，如图8-14所示。apps文件夹内是应用层相关的源码，boards文件夹下的文件都是和硬件平台相关的，这里用的MCU是STM32L151，所以相对应的也就需要将boards文件夹中的文件替换为STM32L151相关的驱动程序和HAL库。peripherals文件夹内则是外设相关的驱动程序源码，目前的外设有OLED12864显示屏和温湿度光敏传感器。

按照图8-14，将LoRa源码资源source文件夹下的apps、boards、peripherals复制替换到"LoRaMac-node-master\source"文件夹下，替换协议栈原有的文件，这样就将原有协议栈的应用层、固件库、外设替换为自己的硬件平台了。LoRa源码资源下的STM32L151的HAL库是事先已经准备好的，HAL库是从软件STM32CubeMX下载的"stm32cube_fw_l1_v180.zip"压缩包中提取出来的，这也保障了可以将软件STM32CubeMX生成的初始化代码移植到工程模板中使用。

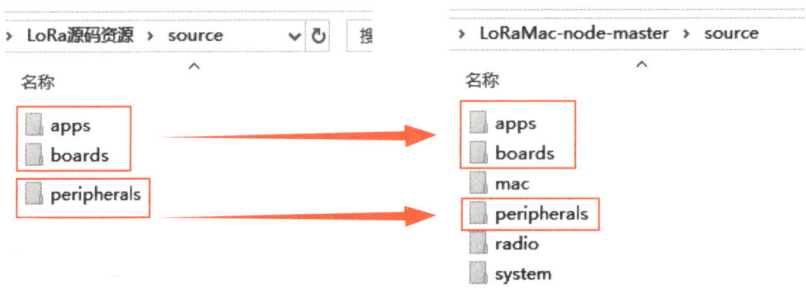

图8-14　LoRa源码资源文件夹和LoRaMac-node-master文件夹

接下来新建Keil工程，打开Keil软件，如图8-15所示，单击菜单栏"Project"，再单击"New μVision Project…"，如图8-16所示，在弹出的窗口里面找到路径"..\LoRaMac-node-master\project"，将Keil工程命名为LoRaModem并单击"保存"按钮。

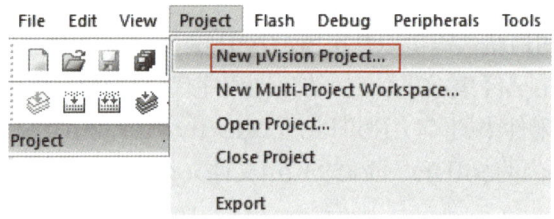

图8-15　新建Keil工程

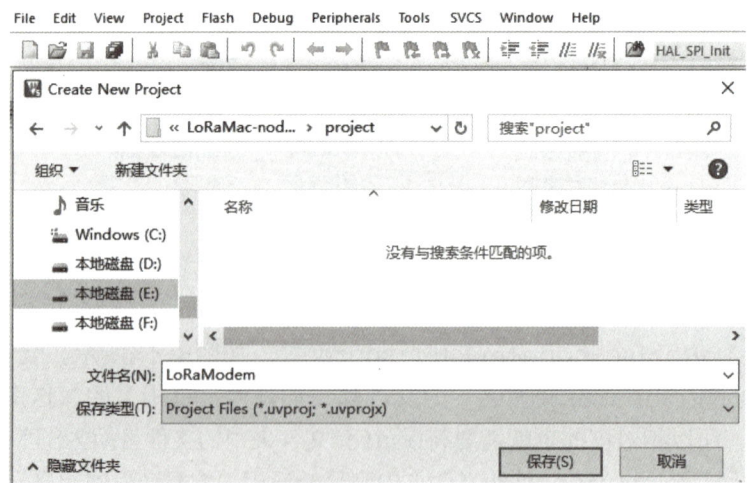

图8-16　保存Keil工程

随后软件将弹出选择设备的窗口，如图8-17所示，在"Search："文本框中填入"stm32l151c8"，然后选中搜索到的芯片，再单击"OK"按钮。软件跳转到"Manage Run-Time Environment"的窗口，此时直接单击"OK"按钮即可。

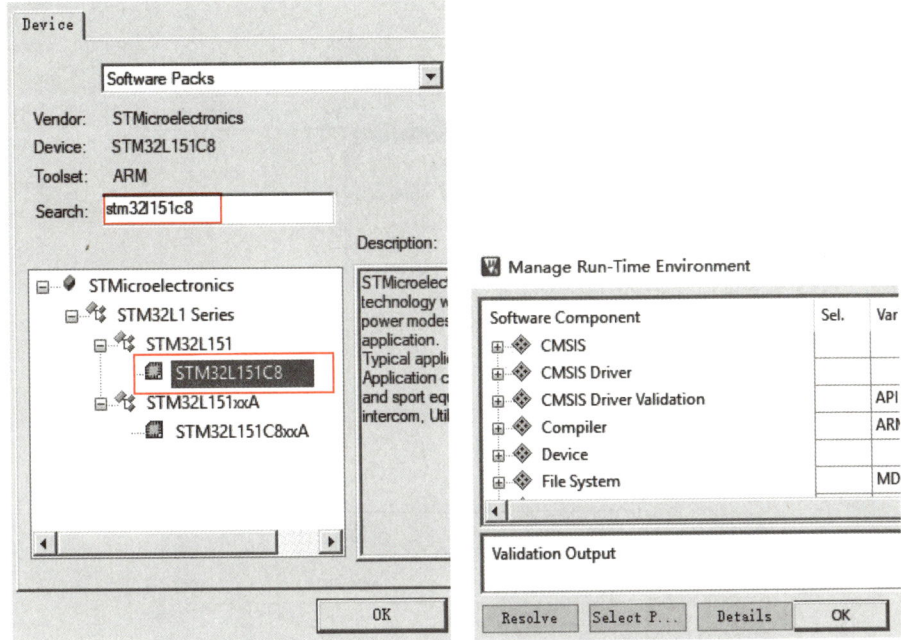

图8-17 选择设备和Manage Run-Time Environment窗口

建立目标工程和分组，如图8-18所示。单击"Manage Project Items"按钮，并在"Project Targets："栏下单击新建图标" "，并填入"LoRa"。在"Groups："栏下单击新建图标" "，并依次填入"apps" "boards\hardware" "boards\hardware\cmsis" "boards\mcu" "boards\mcu\STM32L1xx_HAL_Driver" "peripherals" "radio" "system"。这些组名与路径名相对应，在这里组名就是路径名。

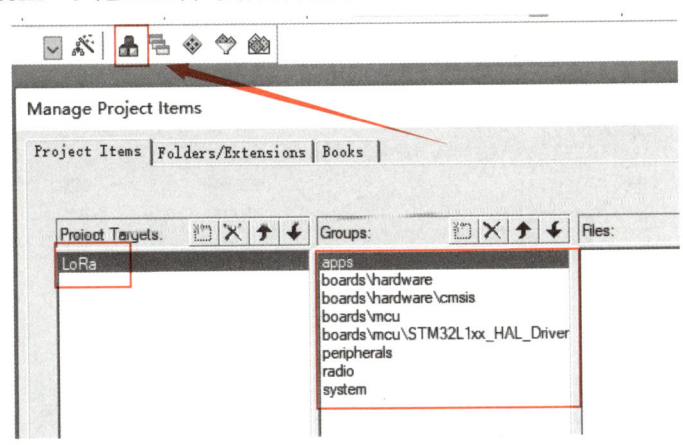

图8-18 建立目标工程和分组

单击选中apps，再单击"Add Files…"按钮，在弹出的窗口中浏览到路径"..\LoRaMac-node-master\source\apps"，文件类型选"*.c"，并选中"main.c"和"NS_Radio.c"，单击"Add"按钮，如图8-19所示。如图8-20所示，再将文件类型选"*.h"，单击"user_define.h"，并单击"Add"按钮，最后单击"Close"按钮。这就

将apps文件夹下的源码添加到了工程中。

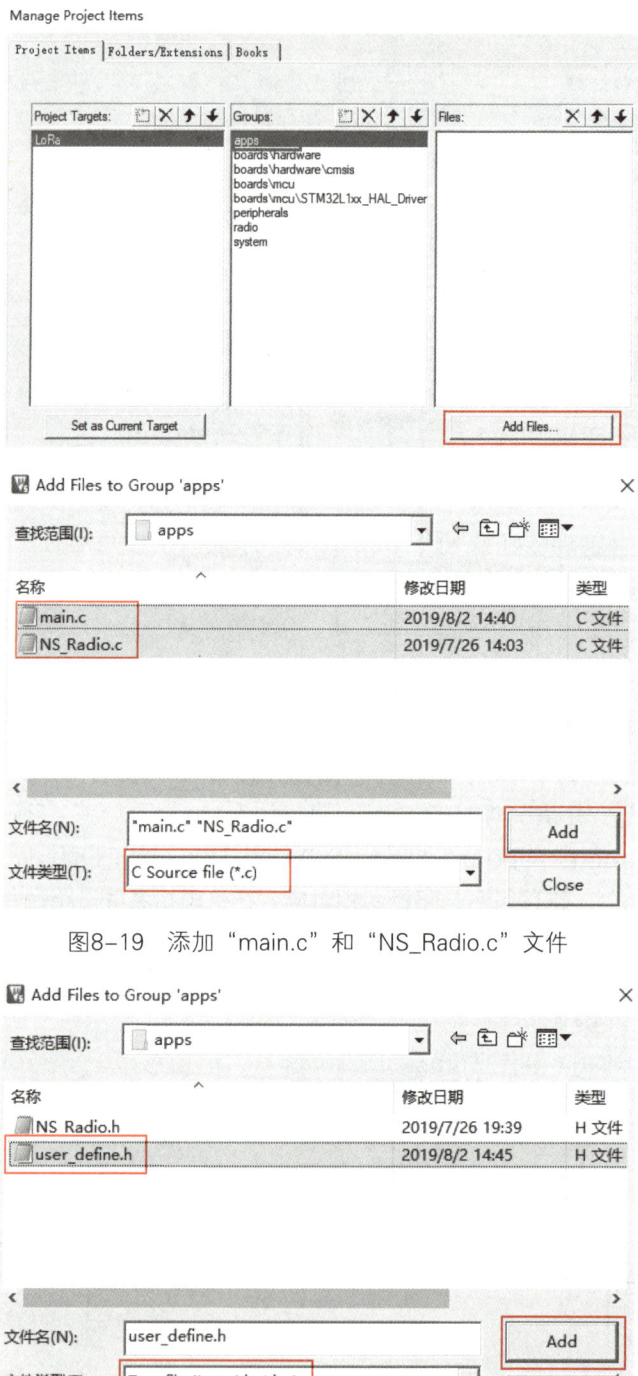

图8-19 添加"main.c"和"NS_Radio.c"文件

图8-20 添加"user_define.h"文件

按添加apps文件夹下的源码到工程的方法，根据图8-21，依次给"boards\hardware""boards\hardware\cmsis""boards\mcu""boards\mcu\

STM32L1xx_HAL_Driver" "peripherals" "radio" "system"添加源码文件。各个源码文件都在组名对应的路径中或子目录下。添加STM32L1xx_HAL_Driver下的"*.c"源文件时需注意，对于初学者不清楚这里面的文件之间的关联关系的，建议添加所有"*.c"的源文件，但是不要添加"stm32l1xx_ll*.c"文件(这些文件暂且不会用到)，这里的"*"代表任意长度的字符。不要把"stm32l1xx_hal_timebase_tim_template.c"添加进来，因为该文件内的函数HAL_TIM_PeriodElapsedCallback( )已经在"tim-board.c"有定义，如果包含进来将导致函数重复定义。此外"stm32l1xx_hal_msp_template.c"也不需要添加进来（目前暂且未用到）。

图8-21　添加源文件

配置工程生成HEX文件。如图8-22所示，单击菜单栏"Options for Target"中的按钮" "，单击"Output"标签，勾选"Create HEX File"，同时注意"Name of Executable："右侧文本框内是否有文字内容，若无则需要填入合适的文件名，工程编译结束后将生成以该文件名为名称的HEX文件，按照图8-22的配置，工程编译成功后生成文件"LoRaModem.hex"。

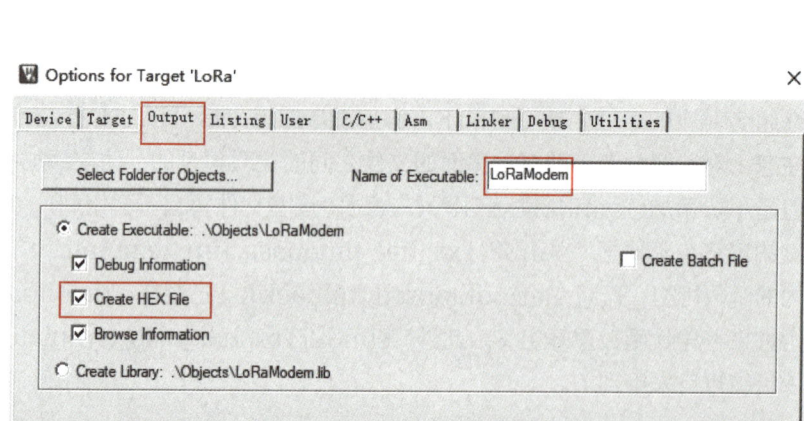

图8-22 配置HEX文件

添加预编译符号。如图8-23所示,单击菜单栏"Options for Target"中的按钮"⚒",单击"C/C++"标签,在"Define:"文本框中填入"USE_HAL_DRIVER STM32L151xB USE_DEBUGGER USE_BAND_433 USE_MODEM_LORA",并勾选"C99 Mode",最后单击"OK"按钮,保存配置。

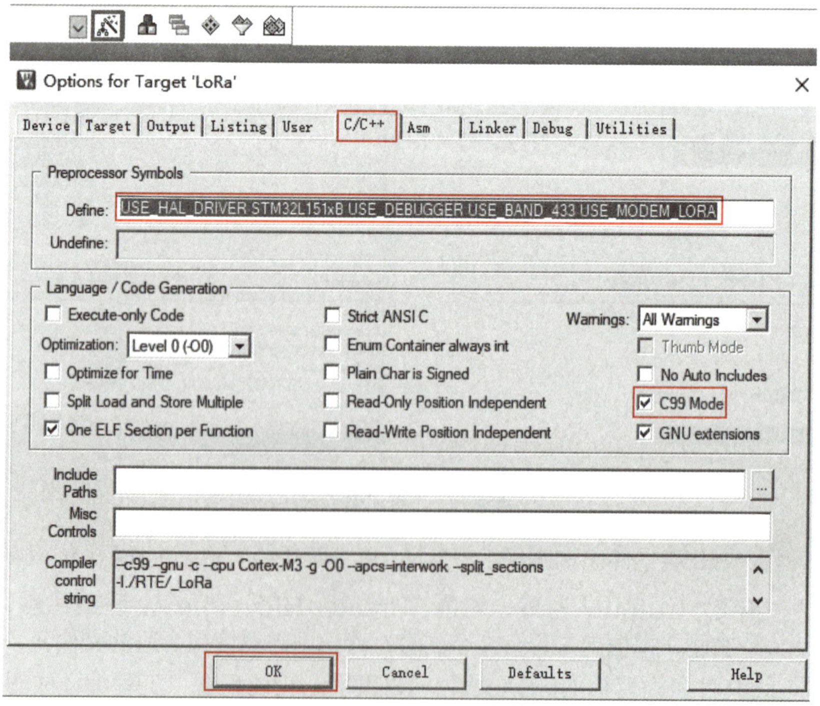

图8-23 配置C/C++选项

添加编译包含路径。如图8-24所示，单击菜单栏"Options for Target"中的按钮""，单击"C/C++"标签，再单击"Include Paths"右侧的按钮""，随后弹出配置文件夹窗口。单击新建图标""，窗体内将弹出新的文本框，单击文本框右侧的按钮""，找到apps文件夹所在的路径，单击apps文件夹，再单击"选择文件夹"按钮，此时单击一下配置文件夹窗口内的空白处，文本框内的路径将变成相对路径，效果如图8-25所示。单击配置文件夹窗口的"OK"按钮，保存路径配置，最后单击"Options for Target"窗口中的"OK"按钮，保存配置选项。这就完成了apps文件夹的添加过程，编译器编译时将会从apps文件夹内检索头文件。

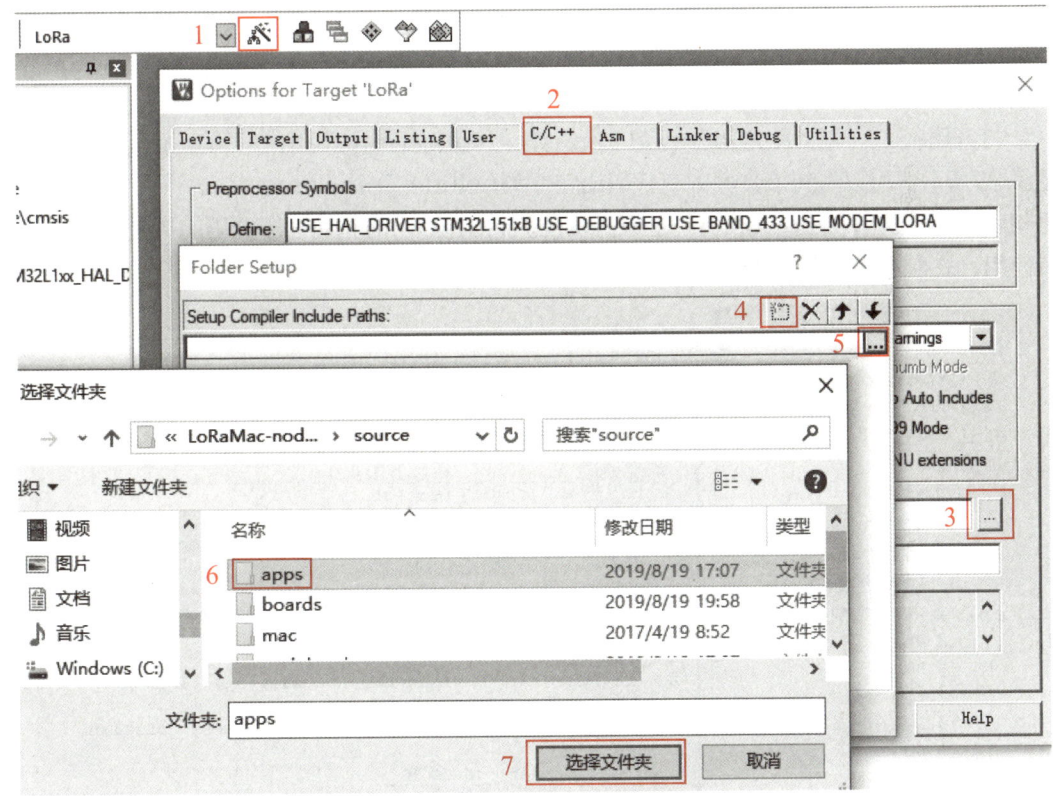

图8-24　添加编译包含路径

图8-25　添加编译包含路径完成

按图8-26依次添加余下的编译包含路径。建议每次添加3条编译包含路径后保存配置，并关闭工程。重新打开工程再添加剩余的编译包含路径，每次添加的路径不要超过5条，添加完所有编译包含路径后关闭Keil工程，并重新打开工程。这样做的目的是为了预防Keil因添加的编译包含路径过多而崩溃的Bug，导致工程配置数据丢失。

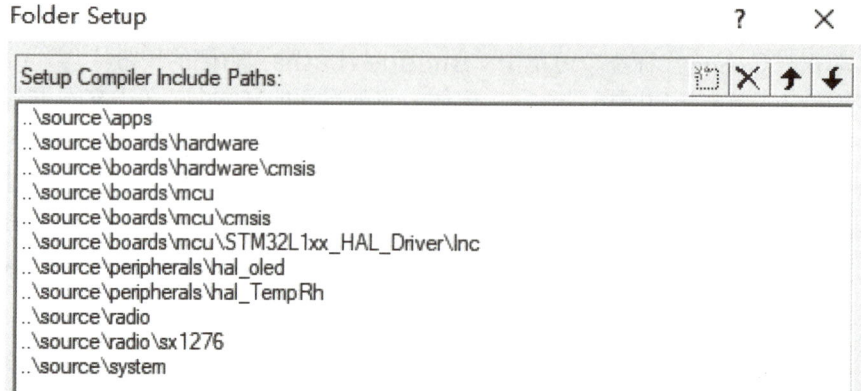

图8-26 添加编译包含路径最终效果

打开路径"..\LoRaMac-node-master\source\system"下的"gpio.h",如图8-27所示,可以看到该文件中有代码语句"#include "pinName-ioe.h"",将该代码语句删除。"pinName-ioe.h"是原协议栈扩展GPIO用的驱动程序源码的头文件,这里没有使用,故删除该段代码语句,否则将引起编译时报错。

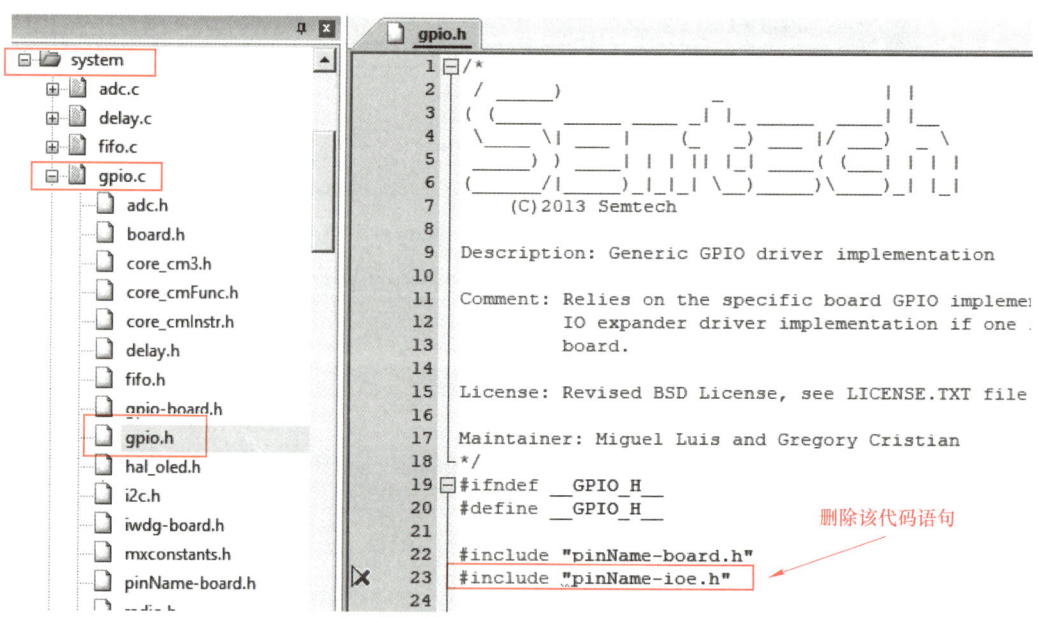

图8-27 头文件"gpio.h"

由于LoRa模块没有控制SX1278复位的GPIO口,但是原协议栈定义了一个GPIO口去控制SX1278复位的功能,所以需要修改该复位功能,否则代码编译时将报错。请确认在"user_define.h"中已经添加过宏定义"#define USE_SX1276_RESET false",读者需要在"sx1276.c"中的函数SX1276Reset()前后添加"#if(USE_SX1276_RESET!=false)"和"#endif",就可以起到既保留了源码又不编译该函数内的代码的作用,代码位置如图8-28所示。

关闭工程源码,并将工程源码文件夹由"LoRaMac-node-master"重命名为

"LoRaModemProject"。这时再次打开工程，重新编译工程，编译完成后如图8-29所示，可以看到Build Output窗口中无错误，也无警告。到这里我们就完成了SX1278的驱动移植了。

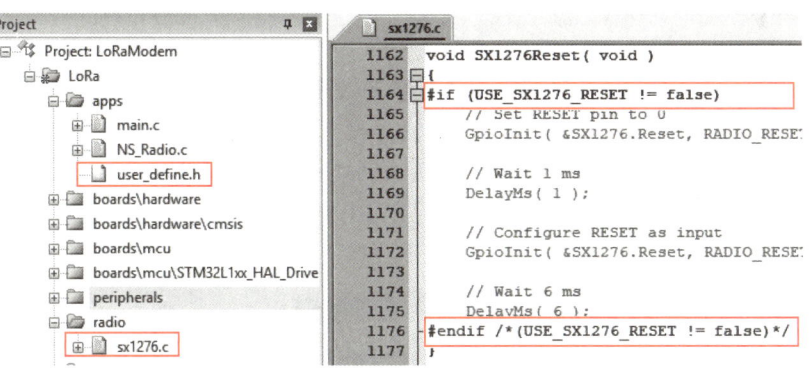

图8-28 文件sx1276.c

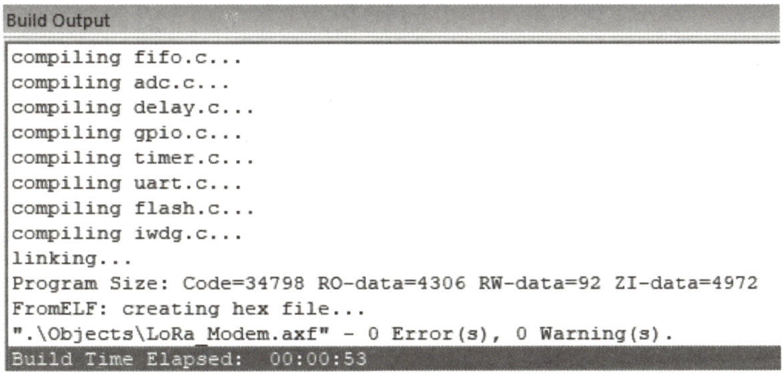

图8-29 LoRaModemProject编译结果

SX1278和SX1276的带宽和扩频因子相同，但SX1278仅支持较低的UHF频段，它们的底层驱动是相同的，所以LoRaMac-node协议栈的底层驱动中SX1276的驱动，就是SX1278的驱动。

8.4 任务1 LoRa温湿度传感器节点应用程序开发

8.4.1 任务要求

基于工程源码模板LoRaModemProject，开发LoRa温湿度传感器节点应用程序，要求采集温湿度数据，并在OLED屏上显示。当收到网关读取传感数据的指令后，将传感数据响应给网关。代码编写调试完成后烧写到LoRa模块上，重新通电运行。

8.4.2 任务实施

1. 硬件连接

取一块LoRa模块，如图8-30所示。显示屏下方的两开关JP1往右拨和JP2往左拨，拨码开关往上拨，并插上天线。

JP1是boot脚的设置脚，右拨是正常工作；左拨是下载固件时使用。

JP2是STM32单片机的usart1的接通选择开关，左拨接通到NEWLab主机上；右拨断开与NEWLab主机的连接，并将RX和TX引脚接通到J6排针母座上。

拨码开关是控制STM32的SPI引脚和SX1278模组的SPI接通，全部上拨时STM32的SPI和SX1278模组接通；全部下拨时STM32的SPI和SX1278模组断开连接。

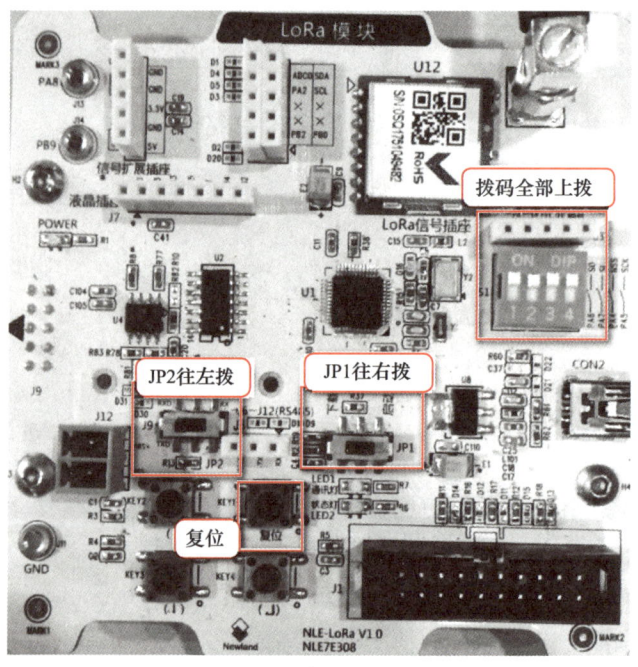

图8-30　LoRa模块裸板

LoRa模块插上温湿度光敏传感器（M21）模块，如图8-31所示，作为LoRa传感器节点，效果如图8-32所示。

图8-31　温湿度传感器

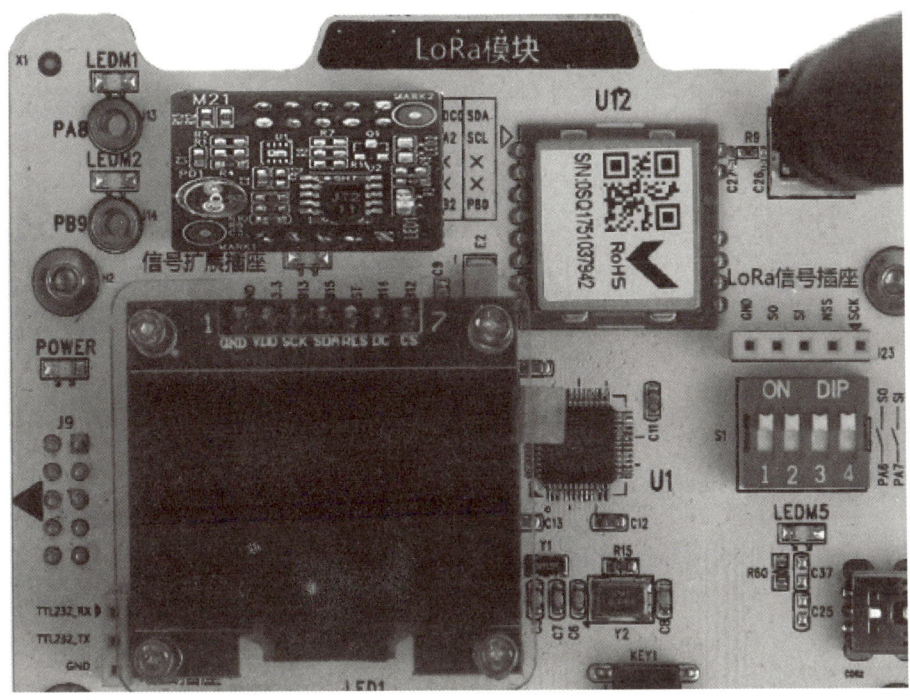

图8-32 LoRa传感器节点

温湿度传感器原理图如图8-33所示。

准备NEWLab主机和配套12V电源,NEWLab主机接通12V电源,通信旋钮开关旋至通信模式,NEWLab主机上放置LoRa传感器节点。

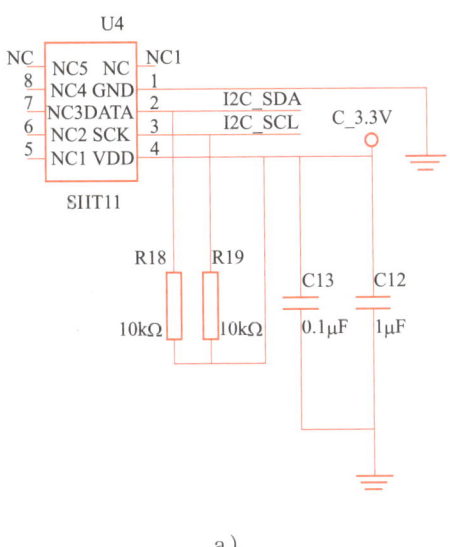

a)

图8-33 温湿度传感器原理图
a)温湿度传感器小板原理图

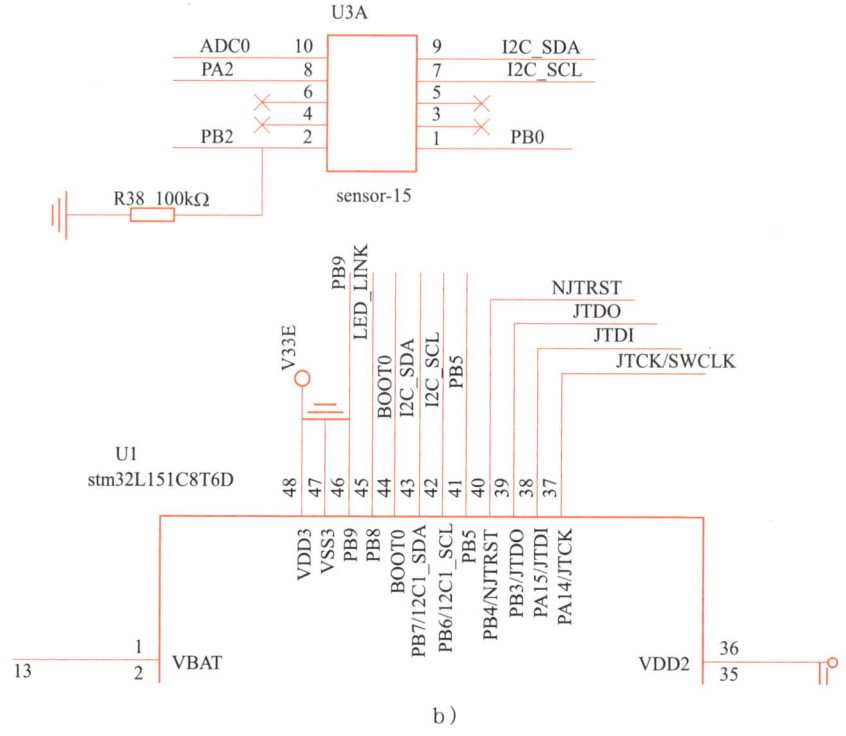

图8-33 温湿度传感器原理图（续）
b）温湿度传感器主板原理图

2. 工程模板操作和关键接口函数解析

复制LoRa园区环境监测文件夹下的工程源码文件夹 "LoRaModemProject"为副本，并把文件移动到合适的位置，重命名为"LoRaModemSensorTempRhProject"。进入文件夹 "LoRaModemSensorTempRhProject"，并打开该工程源码。可以看到main.c中有5个函数，分别是LoRa_Send()、MyRadioRxDoneProcess()、OLED_InitView()、PlatformInit()、main()。接下来解析如何使用这5个函数建立自己的应用程序。

（1）LoRa_Send()函数说明

函数LoRa_Send()的入口参数为uint8_t *TxBuffer和uint8_t len。TxBuffer是一个指针，指向用户需要发送的LoRa无线数据的首地址。len是用户想要发送的LoRa无线数据长度。LoRa_Send()没有返回值。函数原型如下：

```
1.    void LoRa_Send( uint8_t *TxBuffer, uint8_t len )
2.    {
3.        Radio.Send( TxBuffer, len);
4.    }
```

查看函数原型后可以发现，用户也可以直接调用Radio.Send(TxBuffer, len)来发送LoRa无线数据。

（2）MyRadioRxDoneProcess()函数说明

函数MyRadioRxDoneProcess()是用于处理接收到的LoRa无线数据，用户需在函数中添加解析无线数据的功能代码或函数。函数原型如下：

```
1.    void MyRadioRxDoneProcess( void )
2.    {
3.        uint16_t BufferSize = 0;
4.        uint8_t RxBuffer[BUFFER_SIZE];
5.
6.        BufferSize = ReadRadioRxBuffer( (uint8_t *)RxBuffer );
7.        if(BufferSize>0)
8.        {
9.            //用户在此处添加接收数据处理功能的代码
10.           ;
11.       }
12.   }
```

（3）OLED_InitView()函数说明

函数OLED_InitView()是用于设置OLED屏的初始显示内容，函数内部调用了hal_oled.c内的接口函数，用于实现显示英文字符，目前hal_oled.c内的函数只支持英文显示，暂不支持显示中文，中文汉字需要用取模工具软件取字模，再将汉字字模数据显示在OLED屏幕上，才能实现显示汉字。用户如果需要修改和添加初始显示内容，可直接在该函数内添加功能代码，OLED的相关接口函数和使用说明详见hal_oled.c，函数原型如下：

```
1.    void OLED_InitView(void)
2.    {
3.        OLED_Clear();
4.        OLED_ShowString(0,0, (uint8_t *)" Newland Edu");
5.    }
```

（4）PlatformInit()函数说明

函数PlatformInit()内的代码为硬件平台初始化代码，目前代码中初始化了系统时钟、OLED显示屏、SX1278相关驱动。用户可以在该函数内修改或添加初始化代码，完成系统和各个部件的初始化操作。用户除了可以直接调用工程模板中提供的初始化函数开启定时器、SPI、GPIO口等功能外，还可以使用软件STM32CubeMX生成初始化代码，将初始化功能代码或函数添加到PlatformInit()内，开启特定的功能。函数原型如下：

```
1.    void PlatformInit(void)
2.    {
3.        // 开发板平台初始化
4.        BoardInitMcu();
5.        BoardInitPeriph();
6.        // 开发板设备初始化
7.        OLED_Init();                          //液晶初始化
8.        USART1_Init(115200);                  //串口1初始化
9.        OLED_Clear();
10.       OLED_InitView();                      //OLED屏幕显示初始信息
11.       printf("新大陆教育 LoRa \r\n");
12.       //Lora模块初始化
```

```
13.     NS_RadioInit( (uint32_t) RF_PING_PONG_FREQUENCY, (int8_t) TX_OUTPUT_POWER,
        (uint32_t) TX_TIMEOUT_VALUE, (uint32_t) RX_TIMEOUT_VALUE );
14.
15.     //请在下方添加用户初始化代码
16.
17. }
```

（5）main()函数说明

函数main()是整个工程代码的核心，用户代码从这里开始执行。目前该函数仅添加了平台初始化函数PlatformInit()，用户需要在循环条件语句while下添加自己的功能代码。函数原型如下：

```
1.  int main( void )
2.  {
3.      PlatformInit();
4.
5.      while( 1 )
6.      {
7.          //请在下方添加用户功能代码
8.          ;
9.      }
10. }
```

3．应用程序编程

接下来应用程序编程全部在main.c中进行。

根据通信协议可知传输数据的帧头为0x55，读传感数据的命令字节为0x01，ACK响应的取值和含义为：0x00-响应OK、0x01-无数据、0x02-数据错误，其他值为预留值。这些数据都是通用和固定的数值，为方便后续的编码开发工作和软件修改，需用合适的名称将他们宏定义起来。

为了区分每个用户建立的LoRa无线网络，并区分每个网络中的设备，需要规定每个设备的网络ID和设备地址，这里用宏定义标明一个网络ID和设备地址。同一个网络中的设备拥有相同的网络ID，而不同设备的设备地址在这个LoRa无线网络中必须唯一。建议用户定义网络ID时可以用手机号码或学号的后4位，从而避免和其他人的网络ID重复，设备地址的取值1～255。

除了软件上使用网络ID区分不同LoRa无线网络外，用户还可以利用不同载波频率配以合适的带宽来降低无线信号干扰。用户可以修改NS_Radio.h 内的频率宏定义"#define RF_PING_PONG_FREQUENCY 433300000"来降低同一个区域的LoRa无线通信干扰。带宽的宏定义"LORA_BANDWIDTH"也在NS_Radio.h中，目前它可以定义成：0、1、2，分别对应带宽：125kHz、250kHz、500kHz。其他LoRa参数固定时，带宽越大，信号能量密度越小，LoRa无线通信距离越短；带宽越小，信号能量密度越大，LoRa无线通信距离越远。

温湿度传感器节点需要采集温度和湿度信息，定义两个全局变量分别用于存放温度和湿度数据，方便程序的数据共享和传递，综上添加宏定义和全局变量代码如下：

```
1.  /*宏定义*/
2.  #define START_HEAD 0x55              //帧头
```

```
3.   #define CMD_READ      0x01          //读数据
4.   #define ACK_OK        0x00          //响应OK
5.   #define ACK_NONE      0x01          //无数据
6.   #define ACK_ERR       0x02          //数据错误
7.   #define MY_NET_ID     0xD0C2        //网络ID
8.   #define MY_ADDR       0x01          //设备地址
9.   /*全局变量*/
10.  int8_t temperature = 25;            //温度，单位：℃
11.  int8_t humidity = 60;               //湿度，单位：%
```

通信协议中，每帧数据的最后一个数据是校验位，这个校验位的数值是整帧数据的校验和，它是从HEAD到CHK前一个字节的和，并且只保留低八位。这里设计一个求校验和的函数用于计算一串数据的累加和。指针buf指向待求和的数组的首地址，len为这个数组中需要求和的元素个数，设计函数如下：

```
1.  uint8_t CheckSum(uint8_t *buf, uint8_t len)
2.  {
3.      uint8_t temp = 0;
4.      while(len--)
5.      {
6.          temp += *buf;
7.          buf++;
8.      }
9.      return (uint8_t)temp;
10. }
```

对于每一帧LoRa无线数据都有一个帧头，这个帧头出现的位置就是有效数据的起始位置。因此需要设计一个函数接口用于从一帧数据中找出帧头首次出现的位置。指针buf指向待检索的数组的首地址，len为这个数组的元素个数，CmdStart则为目标帧头的数值。设计函数如下：

```
1.  uint8_t *ExtractCmdframe(uint8_t *buf, uint8_t len, uint8_t CmdStart)
2.  {
3.      uint8_t *point = NULL;
4.      uint8_t i;
5.      for(i=0; i<len; i++)
6.      {
7.          if(CmdStart == *buf)
8.          {
9.              point = buf;
10.             return point;
11.         }
12.         buf++;
13.     }
14.     return NULL;
15. }
```

为方便将数组内的各个元素从串口上展示出来，用于程序调试和监控程序运行时的数据流情况，这里设计一个函数，函数功能实现将数组内的各个元素用16进制形式展示出来，每个元素间用空格隔

开,这就需要将数组转换为这种格式的字符串。现设计函数接口如下:

```c
1.  uint16_t GetHexStr(uint8_t *input, uint16_t len, uint8_t *output)
2.  {
3.    for(uint16_t i=0; i<len; i++)
4.    {
5.      sprintf((char *)(output+i*3),"%02X ", *input);
6.      input++;
7.    }
8.    return strlen((const char *)output);
9.  }
```

传感节点收到网关读取传感数据的命令后,节点需要将传感数据按照通信协议规定的格式上报到网关,否则网关无法从接收到的数据中识别和提取出传感数据。这里需要按照读传感数据的请求/响应的数据帧格式解析请求,并向网关响应传感数据。在这里编写一个函数用于解析接收到的LoRa无线数据,其中LoRaRxBuf指向待解析的数据,len为该数据长度。请求命令结构为:HEAD+CMD+NET_ID+LORA_ADDR+LEN+DATA+CHK,由此先编写如下宏定义和解析数据的代码。

```c
1.  void LoRa_DataParse( uint8_t *LoRaRxBuf, uint16_t len )
2.  {
3.    uint8_t *DestData = NULL;
4.    #define HEAD_DATA    *DestData              //帧头
5.    #define CMD_DATA     *(DestData+1)          //命令
6.    #define NETH_DATA    *(DestData+2)          //网络ID高字节
7.    #define NETL_DATA    *(DestData+3)          //网络ID低字节
8.    #define ADDR_DATA    *(DestData+4)          //地址
9.
10.   #define ACK_DATA     *(DestData+5)          //响应
11.   #define LEN_DATA     *(DestData+6)          //长度
12.   #define DATASTAR_DATA *(DestData+7)         //数据域起始
13.
14.   DestData = ExtractCmdframe((uint8_t *)LoRaRxBuf, len, START_HEAD);
15.   if(DestData != NULL)                        //检索到数据帧头
16.   {
17.     if((DestData - LoRaRxBuf) > (len - 6)) return;//数据长度不足构成一帧完整数据
18.     if(CMD_DATA != CMD_READ) return;  //命令错误
19.     if(CheckSum((uint8_t *)DestData, 5) != (*(DestData+5))) return;
                                                  //校验不通过,仅适用于校验读数据命令的校验
20.     if(((((uint16_t)NETH_DATA)<<8)+NETL_DATA) != MY_NET_ID) return;//网络ID不一致
21.     //发送读响应
22.     if(ADDR_DATA != MY_ADDR) return;//地址不一致
23.     //下面为生成响应数据的代码
24.     ;
25.   }
26. }
```

学习单元 8 LoRa 通信应用开发

上面完成了读传感数据请求命令的解析，但是还未补充完响应命令的处理代码，根据通信协议可以知道，响应命令结构为：HEAD+CMD+NET_ID+LORA_ADDR+ACK+LEN+DATA+CHK，温度、湿度信息保存在变量 temperature、humidity 中，按照协议格式生成待发送的数据，并将这些数据通过 LoRa 技术发送出去。写出如下代码，并将这些代码补充到上述函数 LoRa_DataParse() 的 24 行处。

```c
1.      uint8_t RspBuf[BUFFER_SIZE]={0};
2.      memset(RspBuf, '\0', BUFFER_SIZE);
3.
4.      RspBuf[0]=START_HEAD;
5.      RspBuf[1]=CMD_READ;
6.      RspBuf[2]=(uint8_t)(MY_NET_ID>>8);
7.      RspBuf[3]=(uint8_t)MY_NET_ID;
8.      RspBuf[4]=MY_ADDR;
9.      RspBuf[5]=ACK_OK;
10.     sprintf((char *)(RspBuf+7),"temperature(℃):%d|humidity(%%):%d", temperature,
        humidity);                           //数据域，sprintf中，两个"%"表示输出"%"
11.     RspBuf[6]=strlen((const char *)(RspBuf+7))+1;     //数据域长度
12.     RspBuf[6+RspBuf[6]]=CheckSum((uint8_t *)RspBuf, 6+RspBuf[6]);
13.
14.     Radio.Send( RspBuf, 7+RspBuf[6]);    //发送响应数据
15.     GpioToggle( &Led1 );                 //发送数据切换亮灯指示
```

将函数 LoRa_DataParse() 添加到函数 MyRadioRxDoneProcess() 中，这就完成了传感节点对接收到的 LoRa 无线数据的解析和响应操作了。函数 MyRadioRxDoneProcess() 的最终代码如下。

```c
1.   void MyRadioRxDoneProcess( void )
2.   {
3.       uint16_t BufferSize = 0;
4.       uint8_t RxBuffer[BUFFER_SIZE];
5.       BufferSize = ReadRadioRxBuffer( (uint8_t *)RxBuffer );
6.       if(BufferSize>0)
7.       {
8.           //用户在此处添加接收数据处理功能的代码
9.           GpioToggle( &Led2 );                                //收到数据切换亮灯指示
10.          LoRa_DataParse( (uint8_t *)RxBuffer, BufferSize );  //数据解析
11.      }
12.  }
```

OLED12864 显示屏用于显示提示信息，显示当前传感类型和数据信息。在 OLED_InitView() 函数中显示 "LoRa Temp/Rh"，用于提示当前采集数据是温湿度信息，代码如下。

```c
1.   void OLED_InitView(void)
2.   {
3.       OLED_Clear();
4.       OLED_ShowString(0,0, (uint8_t *)" Newland Edu");
```

```
5.        OLED_ShowString(0,2, (uint8_t *)" LoRa Temp/Rh");
6.    }
```

在路径..\LoRaModemSensorTempRhProject\source\boards\hardware下，可以看到有tim-board.c和tim-board.h，根据tim-board.c中对函数"void Tim3McuInit(uint16_t PeriodValueMs)"的描述，可以了解到该函数是个初始化定时器TIM3的函数，参数PeriodValueMs用于设置中断周期。这里需要用定时器提供定时，从而实现传感节点定时采集温湿度数据的功能。在main.c的函数PlatformInit()末尾添加定时器TIM3每隔1ms中断一次的初始化代码，并初始化温湿度传感器，打印相关提示信息，待添加的代码如下。

```
1.    void PlatformInit(void)
2.    {
3.        ...//此处省略与本次操作无关代码
4.        printf("LoRa TempRh\r\n");
5.        hal_temHumInit();                    //初始化温湿度模块
6.        connectionreset();                   //重置温湿度模块I²C通信
7.        Tim3McuInit(1);                      //定时器初始化，设置定时中断，1ms中断一次
8.    }
```

经过对定时器TIM3的初始化，系统运行后每隔1ms会产生中断，并进入函数HAL_TIM_PeriodElapsedCallback()一次，User0Timer_MS每隔1ms自增1，这样就可以根据User0Timer_MS的数值大小判断经过了多少毫秒了，参考代码如下。

```
1.    void HAL_TIM_PeriodElapsedCallback(TIM_HandleTypeDef *htim)
2.    {
3.        ...//此处省略与本次操作无关代码
4.        else if(htim->Instance == TIM3)
5.        {
6.            /*TIM3用户中断应用程序请添加在下方空白处*/
7.            User0Timer_MS++;
8.
9.        ...//此处省略与本次操作无关代码
10.   }
```

在这里设计一个进程函数LoRa_GetSensorDataProcess()用于每隔1s采集温湿度数据，并将数据显示在OLED屏幕上。同时把该进程函数添加到主函数mian的while(1)内。程序采集温湿度数据，可通过调用hal_temHum.c下的"void call_sht11(uint16_t *tem_val, uint16_t *hum_val)"实现，tem_val用于存放温度，单位为"℃"，hum_val用于存放相对湿度，单位为"%"。采集温湿度进程函数如下。

```
1.    void LoRa_GetSensorDataProcess(void)
2.    {
3.        const uint16_t time = 1000;
4.        if(User0Timer_MS > time)
5.        {
6.            User0Timer_MS = 0;
7.            uint16_t Temp, Rh;
8.            call_sht11((uint16_t *)(&Temp), (uint16_t *)(&Rh));  //采集温湿度数据
```

```
9.         temperature = (int8_t)Temp;                    //温度，单位：℃
10.        humidity = (int8_t)Rh;                         //湿度，单位：%
11.        char StrBuf[64]= {0};
12.        memset(StrBuf, '\0', 64);
13.        sprintf(StrBuf, " %d DegrCe",temperature);
14.        OLED_ShowString(0,4,(uint8_t *)StrBuf);        //OLED显示当前温度
15.        memset(StrBuf, '\0', 64);
16.        sprintf(StrBuf, " %d %%",humidity);
17.        OLED_ShowString(0,6,(uint8_t *)StrBuf);        //OLED显示当前相对湿度
18.    }
19. }
```

到这里基本就完成了各功能子函数的编码和补充了，此时还需要main.c的起始处附近添加函数声明，函数声明如下。

```
1.  uint8_t CheckSum(uint8_t *buf, uint8_t len);
2.  uint8_t *ExtractCmdframe(uint8_t *buf, uint8_t len, uint8_t CmdStart);
3.  uint16_t GetHexStr(uint8_t *input, uint16_t len, uint8_t *output);
4.  void LoRa_DataParse( uint8_t *LoRaRxBuf, uint16_t len );
5.  void LoRa_GetSensorDataProcess(void);
```

main()函数内添加进程函数MyRadioRxDoneProcess()和LoRa_GetSensorDataProcess()，代码如下。

```
1.  int main( void )
2.  {
3.      PlatformInit();
4.
5.      while( 1 )
6.      {
7.          MyRadioRxDoneProcess();           //LoRa无线射频接收数据处理进程
8.          LoRa_GetSensorDataProcess();
9.      }
10. }
```

编译工程，编译完成后如图8-34所示，可以看到提示0个错误，0个警告。Keil编译器编译生成HEX文件，路径为：..\LoRa园区环境监测\LoRaModemSensorTempRhProject\project\Objects\LoRaModem.hex。

到这里就完成了温湿度传感器节点的应用程序开发了。

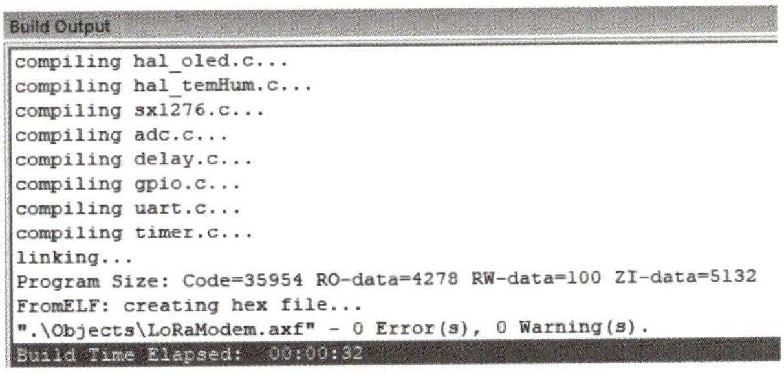

```
Build Output
compiling hal_oled.c...
compiling hal_temHum.c...
compiling sx1276.c...
compiling adc.c...
compiling delay.c...
compiling gpio.c...
compiling uart.c...
compiling timer.c...
linking...
Program Size: Code=35954 RO-data=4278 RW-data=100 ZI-data=5132
FromELF: creating hex file...
".\Objects\LoRaModem.axf" - 0 Error(s), 0 Warning(s).
Build Time Elapsed:  00:00:32
```

图8-34 LoRa温湿度传感器节点编译结果

4．程序烧写

将LoRa模块的JP1往左拨，如图8-35所示。

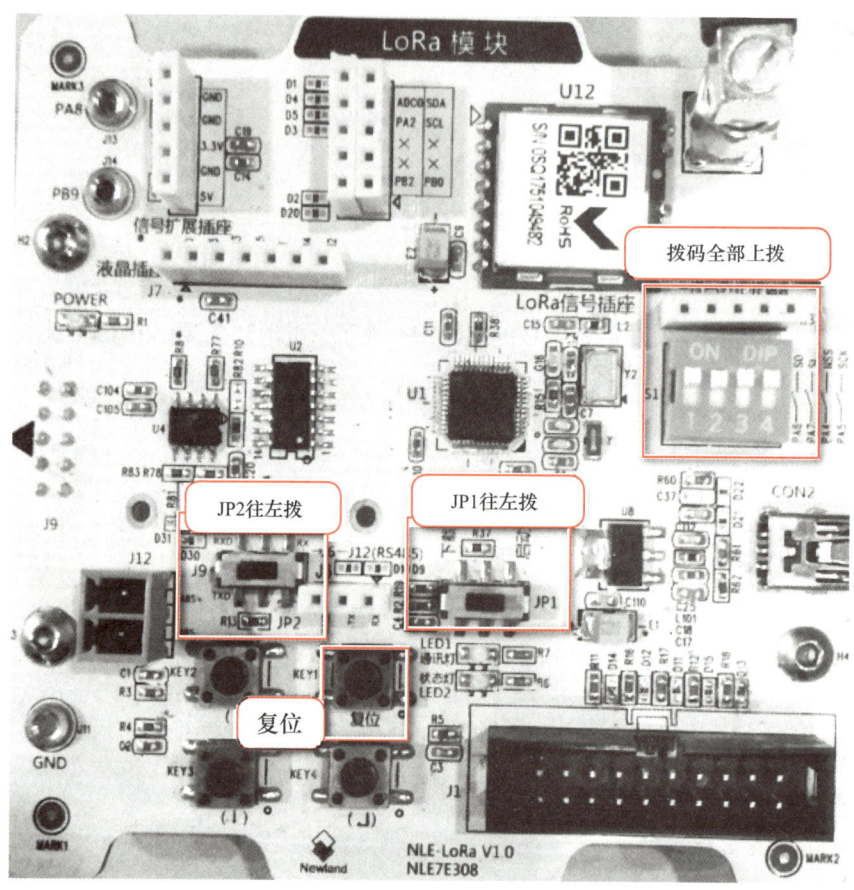

图8-35 下载操作

打开STM32固件串口下载工具STMFlashLoader Demo.exe，并按图8-36所示配置，串口号根据实际情况选择。

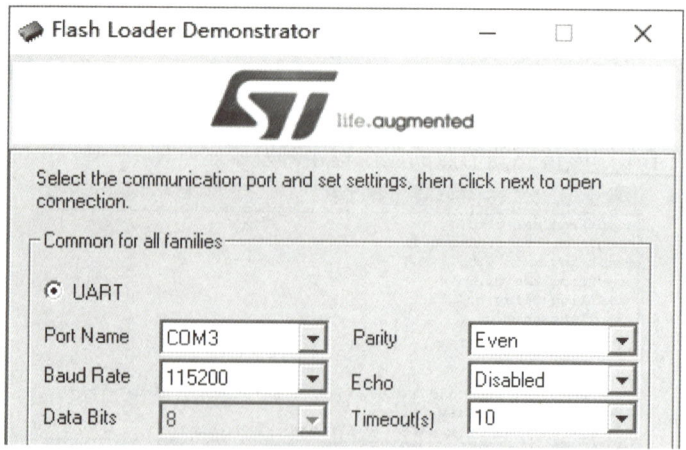

图8-36 UART配置

按一下LoRa模块的复位键"KEY1"，之后连续单击软件的"Next"，直到出现如图8-37所示的窗口，在下拉菜单中选择"STM32L1_Cat1-128K"，然后再单击"Next"。

如图8-38所示，按路径选择生成的.hex文件。

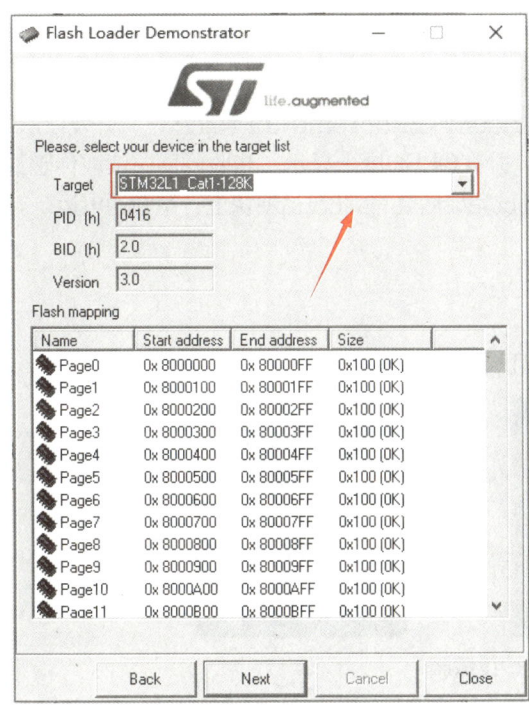
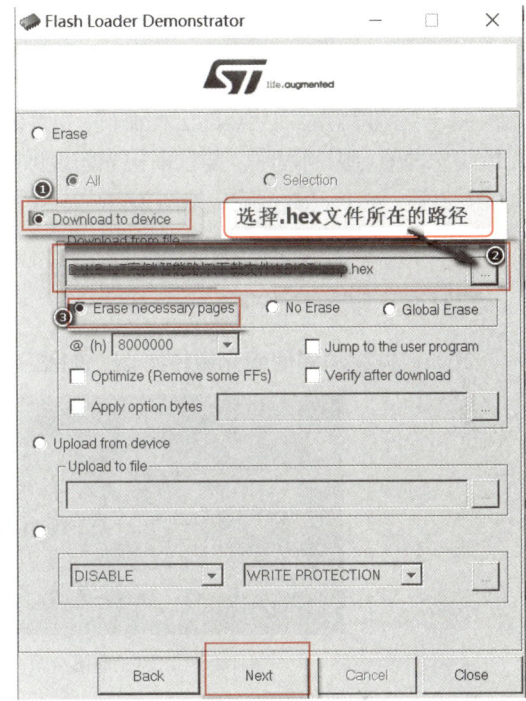

图8-37　Flash选择框　　　　　　　图8-38　选则hex文件

单击软件的"Next"，程序开始下载，成功后将LoRa模块的JP1往右拨，同时按一下复位键"KEY1"，温湿度程序便开始运行了，运行结果如图8-39所示。

图8-39　温湿度数据

8.5 任务2 LoRa光照传感器节点数据采集

8.5.1 任务要求

基于温湿度传感器节点的工程源码"LoRaModemSensorTempRhProject",开发LoRa光敏传感器节点应用程序,要求采集光照度数据,并在OLED屏上显示。当收到网关读取传感数据的指令后,将传感数据响应给网关。代码编写调试完成后烧写到LoRa模块上,重新通电运行。

8.5.2 任务实施

1. 硬件连接

光照数据采集需使用光敏传感器,如图8-40所示。

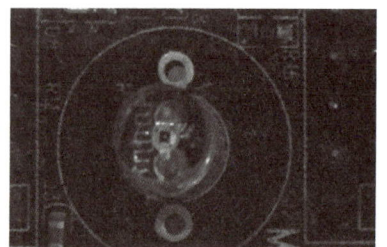

图8-40 光敏传感器

光敏传感器原理图如图8-41所示,用光敏传感器时,双排针J2是插在双排针母座U3A上的,J2的第10脚是插在U3A的第10脚,所以光敏传感器的信号点ADC4和LoRa模块的信号点ADC0是同一个信号。用户要采集光敏传感器的电压信号,就需要开启STM32L151的PC0的模-数转换功能。

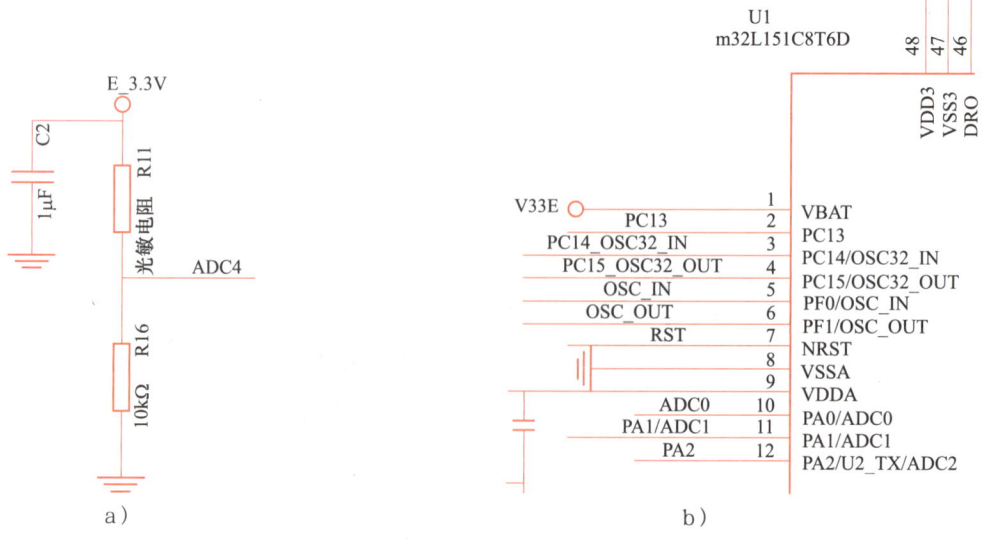

图8-41 光敏传感器原理图

a) 光敏传感器小板原理图 b) LoRa模块原理图

2. 工程模板操作

前面已经完成了温湿度传感器节点的应用开发，现在只需要在此工程的基础上修改出光敏传感器节点应用程序即可。复制工程源码文件夹"LoRaModemSensorTempRhProject"为副本，并重命名为"LoRaModemSensorLightProject"。进入文件夹"LoRaModemSensorLightProject"，并打开该工程源码。

3. 应用程序编程

接下来应用程序编程全部在main.c中进行。

由于温湿度传感器节点和光敏传感器节点是在同一个无线网络中的不同设备，这里仅需要修改main.c中MY_ADDR的数值即可，宏定义其值为2，MY_NET_ID的值无需修改。

光敏传感器节点需要采集光照度信息，删除原先定义的存放温度、湿度的变量，并重新定义一个全局变量用于存放光照度，综上宏定义和定义全局变量的参考代码如下。

```
1.  /*宏定义*/
2.  …//此处省略无关部分
3.  #define MY_ADDR    0x02         //设备地址
4.  /*全局变量*/
5.  uint16_t Lightlux = 200;         //光敏传感器采集到的光照度，单位：lx
```

光敏传感节点收到网关读取传感数据命令后，数据解析和生成响应的代码是一样的，唯一不同的是数据域部分，光敏传感器的标识名这里写作"Lightlx"，单位为"lx"，因此仅需要修改函数LoRa_DataParse()内的sprintf所在位置，代码如下。

```
1.  void LoRa_DataParse( uint8_t *LoRaRxBuf, uint16_t len )
2.  {
3.  …//此处省略无关代码
4.      RspBuf[0]=START_HEAD;
5.      RspBuf[1]=CMD_READ;
6.      RspBuf[2]=(uint8_t)(MY_NET_ID>>8);
7.      RspBuf[3]=(uint8_t)MY_NET_ID;
8.      RspBuf[4]=MY_ADDR;
9.      RspBuf[5]=ACK_OK;
10.     sprintf((char *)(RspBuf+7),"LightLux(lux):%d", LightLux);    //数据域
11.     RspBuf[6]=strlen((const char *)(RspBuf+7))+1;                //数据域长度
12.     RspBuf[6+RspBuf[6]]=CheckSum((uint8_t *)RspBuf, 6+RspBuf[6]);
13. …//此处省略无关代码
14. }
```

OLED12864显示屏用于显示提示信息，包括当前传感类型和数据信息。在OLED_InitView()函数中显示"LoRa Light"，用于提示当前采集数据是温湿度信息。代码如下。

```
1.  void OLED_InitView(void)
2.  {
3.      OLED_Clear();
4.      OLED_ShowString(0,0, (uint8_t *)" Newland Edu");
5.      OLED_ShowString(0,2, (uint8_t *)" LoRa Light");
6.  }
```

在函数PlatformInit（ ）中，将末尾的Printf提示信息改为"LoRa Light\r\n"，并删除原初始化温湿度模块的代码，改为初始化GPIO口PA0为模-数转换功能引脚。函数"void AdcInit(Adc_t *obj, PinNames adcInput)"定义在adc.c文件中，用户可以直接调用，这个函数用来配置带ADC功能的GPIO口启用模-数转换功能。之前已经在board.c中定义了："Adc_t Adc;"，在board.h中定义了："#define ADC_0 PA_0"，由此添加并修改的代码如下。

```
1.    void PlatformInit(void)
2.    {
3.        ...//此处省略无关代码
4.        printf("LoRa Light\r\n");
5.        AdcInit( &Adc, ADC_0);        //ADC初始化
6.        Tim3McuInit(1);               //定时器初始化，设置定时中断1ms中断一次
7.    }
```

根据厂家提供的光敏传感器的规格书可以查到，在一定的光照度范围内，环境光强度的变化与光敏传感器的输出电流成正比，光电流与光照强度关系曲线如图8-42所示。

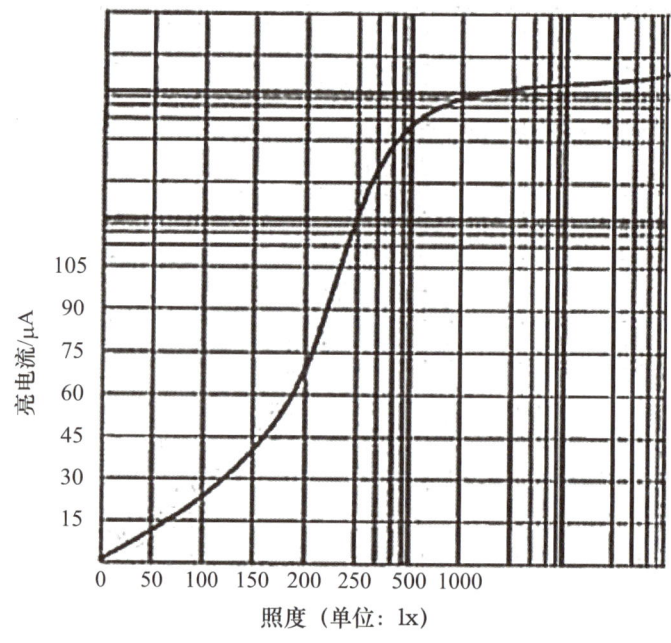

图8-42 光电流与光照强度关系曲线

根据厂家提供的25℃下的光电参数可知，光照度E为10lx时的亮电流I_{ss}典型值为4μA，光照度E为100lx时的亮电流I_{ss}典型值为40μA，见表8-6。假设光照度E的变化与亮电流的比例为K，L_0为常数，可以得出如下的二元方程关系式：

$$10-L_0=4K$$

$$100-L_0=40K$$

解方程可以得到$L_0=0$，$K=5/2$。因此光照度和亮电流的关系为$E=(5/2)*I_{ss}$，I_{ss}的单位为μA，E的单位为lx。

表8-6 光电参数（T_a=25℃）

参数名称		符号	测试条件	最小值	典型值	最大值	单位
暗电流		I_{drk}	0 lx, V_{dd}=10V	–	–	0.2	μA
亮电流		I_{ss}	V_{dd}=5V, 10lx, R_{ss}=1kΩ	2	4	8	μA
			V_{dd}=5V, 100lx, R_{ss}=1kΩ	20	40	80	
感光光谱		λ	–	–	800	1050	nm
响应速度	上升	t_r	V_{dd}=10V, I_{ss}=5mA, R_L=100Ω	–	4	–	μs
	下降	t_f		–	4	–	μs

根据原理图8-24和E=(5/2)*I_{ss}，得出如下计算光照度的源代码如下。

```
1.    uint16_t AdcNum,voltage;
2.    AdcNum = AdcReadChannel( &Adc, ADC_CHANNEL_0 );   //ADC精度12位，参考电压3.3V
3.    voltage = AdcNum*3300/(4096-1.0);                 //传感器电压值，单位：mV
4.    LightLux = (5/2.0)*(voltage/10.0);
```

在C语言编程中，如果一个常数是浮点类型，那么用这个常数参与运算，将会导致运算过程变成浮点运算。这里将上述代码的第3行"1"写作"1.0"，就是为了进行浮点运算。这样操作后，小于1的中间运算结果不会变成0，保证了最终数据的准确性。

光敏传感器节点和温湿度传感器节点的采集传感数据的机制是一样的，只是传感器类型不一样，需要修改函数LoRa_GetSensorDataProcess()内的代码。

```
1.    void LoRa_GetSensorDataProcess(void)
2.    {
3.        const uint16_t time = 1000;
4.        if(User0Timer_MS > time)
5.        {
6.            User0Timer_MS = 0;
7.            uint16_t AdcNum,voltage;
8.            AdcNum = AdcReadChannel( &Adc, ADC_CHANNEL_0 );
                                                          //ADC精度12位，参考电压3.3V
9.            voltage = AdcNum*3300/(4096-1.0);   //传感器电压值，单位：mV
10.           LightLux = (5/2.0)*(voltage/10.0);
11.           char StrBuf[64]={0};
12.           memset(StrBuf, '\0', 64);
13.           sprintf(StrBuf, " %d lux",LightLux);
14.           OLED_ShowString(0,4,(uint8_t *)StrBuf);
15.       }
16.   }
```

编译工程，完成后如图8-43所示，可以看到提示0个错误，0个警告。到这里就完成了光敏传感器节点的应用程序开发了，将程序下载到LoRa模块中，并重新上电运行。

```
Build Output
compiling hal_oled.c...
compiling hal_temHum.c...
compiling sx1276.c...
compiling adc.c...
compiling delay.c...
compiling gpio.c...
compiling uart.c...
compiling timer.c...
linking...
Program Size: Code=35954 RO-data=4278 RW-data=100 ZI-data=5132
FromELF: creating hex file...
".\Objects\LoRaModem.axf" - 0 Error(s), 0 Warning(s).
Build Time Elapsed: 00:00:32
```

图8-43 LoRa光敏传感器节点编译结果

4．程序烧写

程序烧写过程同温湿度传感器节点，运行结果如图8-44所示。

图8-44 光照数据

8.6 任务3 LoRa网关节点汇聚传感器数据

8.6.1 任务要求

基于温湿度传感器节点的工程源码"LoRaModemSensorTempRhProject"，开发LoRa网关节点应用程序，要求网关轮流读取温湿度传感器节点、光敏传感器节点的传感器数据，将收到的传感器数据在OLED屏上显示，并透传到串口上。最后烧写程序，通电运行。

8.6.2 任务实施

1．硬件连接

准备 NEWLab 主机和配套 12V 电源、串口线，NEWLab 主机接通 12V 电源，并用串口线连接好计算机和 NEWLab 主机，通信旋钮开关旋至通信模式。NEWLab 主机上各放置一块 LoRa 模块作为网关节点。

2．工程模板操作

在温湿度传感器节点应用程序的基础上修改出网关节点应用程序，复制工程源码文件夹"LoRaModemSensorTempRhProject"为副本，并重命名为"LoRaModemCollectProject"。进入文件夹"LoRaModemCollectProject"，并打开该工程源码。

3．应用程序编程

接下来应用程序编程全部在 main.c 中进行。

网关节点和温湿度传感器节点是在同一个无线网络中，MY_NET_ID 的值无需修改，但要删除 MY_ADDR、temperature、humidity 的定义。网关需要轮询两个节点设备，起始设备地址是1，最大设备地址一定不能小于2，故定义 ADDR_MIN 和 ADDR_MAX，参考代码如下。

```
1.  //定义网络编号和设备地址
2.  #define MY_NET_ID   0xD0C2        //网络ID
3.  #define ADDR_MIN 1                //最小起始地址
4.  #define ADDR_MAX 2                //最大终结地址
```

按照通信协议，请求命令结构为：HEAD+CMD+NET_ID+LORA_ADDR+LEN+DATA+CHK，网关需按此格式才能读取传感器节点的数据，设计函数"LoRa_SendRead(uint16_t NetId, uint8_t addr)"用于发送读取传感数据命令给指定网络内的设备，参数 NetId 为网络ID，参数 addr 为设备地址。设计代码如下。

```
1.  void LoRa_SendRead( uint16_t NetId, uint8_t addr )
2.  {
3.      uint8_t TxBuffer[BUFFER_SIZE];
4.      TxBuffer[0]=START_HEAD;
5.      TxBuffer[1]=CMD_READ;
6.      TxBuffer[2]=(uint8_t)(NetId>>8);
7.      TxBuffer[3]=(uint8_t)NetId;
8.      TxBuffer[4]=addr;
9.      TxBuffer[5]=CheckSum((uint8_t *)TxBuffer, 5);
10.     Radio.Send( TxBuffer, 6);
11. }
```

网关收到传感器节点响应数据后需要进行解析，应用程序需要对数据进行有效数据提取和过滤，并做校验。提取到正确的响应数据后，还需要把数据域提取出来，将数据域数据显示在 OLED 显示屏的第3、4行上。

响应命令结构为：HEAD+CMD+NET_ID+LORA_ADDR+ACK+LEN+DATA+CHK。

在 user_define.h 中定义"#define TRANSPARENCY"，用这个宏定义控制网关，

将接收到的传感器数据透传到串口上。当改为定义"#define xTRANSPARENCY"时，网关不透传传感器数据，但是打印调试信息到串口上，方便用户调试数据。修改函数LoRa_DataParse()内的代码如下。

```
1.   void LoRa_DataParse( uint8_t *LoRaRxBuf, uint16_t len )
2.   {
3.       uint8_t *DestData = NULL;
4.   #define HEAD_DATA      *DestData              //帧头
5.   #define CMD_DATA       *(DestData+1)          //命令
6.   #define NETH_DATA      *(DestData+2)          //网络ID高字节
7.   #define NETL_DATA      *(DestData+3)          //网络ID低字节
8.   #define ADDR_DATA      *(DestData+4)          //地址
9.   #define ACK_DATA       *(DestData+5)          //响应
10.  #define LEN_DATA       *(DestData+6)          //长度
11.  #define DATASTAR_DATA  *(DestData+7)          //数据域起始
12.
13.      DestData = ExtractCmdframe((uint8_t *)LoRaRxBuf, len, START_HEAD);
14.      if(DestData != NULL)                      //检索到数据帧头
15.      {
16.          if((DestData - LoRaRxBuf) > (len - 6)) return;
                                                   //数据长度不足构成一帧完整数据
17.          if(CMD_DATA != CMD_READ) return;      //命令错误
18.          if(CheckSum((uint8_t *)DestData, 6+DestData[6]) != (*(DestData+6+(*(DestData+6))))) return;                                 //校验不通过
19.          if(((((uint16_t)NETH_DATA)<<8)+NETL_DATA) != MY_NET_ID) return;//网络ID不一致
20.          //传感数据显示到OLED屏上
21.          char OledBuf[32];
22.          memset(OledBuf, ' ', 32);
23.          memcpy(OledBuf+1, &DATASTAR_DATA, (LEN_DATA-1)>30?30:(LEN_DATA-1));
24.          OLED_ShowString(0,4, (uint8_t *)OledBuf);
25.  #ifndef TRANSPARENCY
26.          //打印接收到的信息到调试助手
27.          char output[BUFFER_SIZE*5]={0};
28.          memset(output, '\0', BUFFER_SIZE*5);
29.          GetHexStr((uint8_t *)LoRaRxBuf, len, (uint8_t *)output);
30.          printf("收到%d个字节的LoRa无线数据：%s\r\n", len, (const char *)output);
31.          //提取响应数据中的传感数据
32.          uint8_t StrBuf[BUFFER_SIZE*5]={0};
33.          memset(StrBuf, '\0', BUFFER_SIZE*5);
34.          memcpy(StrBuf, &DATASTAR_DATA, LEN_DATA-1);
35.          printf("网络ID=0x%04X，源地址=%d\r\n", ((((uint16_t)NETH_DATA)<<8)+NETL_DATA), ADDR_DATA);
36.          printf("传感数据：%s\r\n",StrBuf);
37.  #else
38.          USART1_SendStr((uint8_t *)DestData, 7+(*(DestData+6)));//透传
```

```
39.    #endif /*(ENGINEER_DEBUG != false)*/
40.    }
41. }
```

OLED12864显示屏用于显示提示信息,显示当前传感类型和数据信息。在OLED_InitView()函数中显示"LoRa Gateway"。代码如下。

```
1. void OLED_InitView(void)
2. {
3.     OLED_Clear();
4.     OLED_ShowString(0,0, (uint8_t *)" LoRa Gateway");
5. }
```

函数PlatformInit()中,将末尾的原Printf提示信息改为"LoRa Gateway \r\n",并删除原初始化温湿度模块的代码,保留初始化TIM3每隔1ms中断一次的源代码,由此添加并修改的代码如下。

```
1. void PlatformInit(void)
2. {
3.     ...//此处省略无关代码
4.     printf("LoRa Gateway\r\n");
5.     Tim3McuInit(1);//定时器初始化,设置定时中断1ms中断一次
6. }
```

原先的代码中LoRa_GetSensorDataProcess()是用于定时采集传感器数据的进程函数,网关不需要这个函数,在main.c中删除该函数及其相关内容。重新定义进程函数"LoRa_ReadSensorProcess(uint8_t AddrMin, uint8_t AddrMax)"用于轮询传感器节点,并将该函数添加到main()函数中。AddrMin是轮询的起始地址,AddrMax是轮询的最后一个地址,代码如下。

```
1.  void LoRa_ReadSensorProcess(uint8_t AddrMin, uint8_t AddrMax)
2.  {
3.      static uint16_t time = 1000;
4.      static uint8_t addr = 1;
5.      if(User0Timer_MS > time)
6.      {
7.          User0Timer_MS = 0;
8.          time = randr( 1000, 4000 );    //给定一个随机间隔时间,减少同信道通信冲突概率
9.  #ifndef TRANSPARENCY
10.         printf("读取网络ID为0x%04X,地址为%d的传感节点\r\n", MY_NET_ID, addr);
11. #endif
12.         //显示屏提示轮询地址和网络号
13.         char StrBuf[32];
14.         memset(StrBuf, '\0', 32);
15.         sprintf(StrBuf, " ID:%04X,Addr:%d", MY_NET_ID, addr);
16.         OLED_ShowString(0,2, (uint8_t *)StrBuf);
17.         //清除显示屏第3、4行的内容
18.         memset(StrBuf, ' ', 32);
```

```
            OLED_ShowString(0,4, (uint8_t *)StrBuf);
            LoRa_SendRead( MY_NET_ID, addr++ );
            if(addr > AddrMax)
            {
                addr = AddrMin;
            }
            GpioToggle( &Led1 );            //发送数据切换亮灯指示
        }
}
```

找到main函数的代码位置，添加进轮询传感器节点的函数“LoRa_ReadSensorProcess(ADDR_MIN, ADDR_MAX);”，删除原先传感器节点采集传感数据的进程函数，最终代码如下。

```
int main( void )
{
    PlatformInit();

    while( 1 )
    {
        MyRadioRxDoneProcess();                                   //LoRa无线射频接收数据处理进程
        LoRa_ReadSensorProcess(ADDR_MIN, ADDR_MAX);     //轮询进程
    }
}
```

在main.c的合适位置添加新增函数的声明，在user_define.h中定义“#define xTRANSPARENCY”。编译工程，编译完成后如图8-45所示，提示0个错误，1个警告。到这里就完成了网关节点的应用程序开发了，将程序下载到LoRa模块中，下载方法同传感器节点，并重新上电运行。

```
Build Output
compiling hal_temHum.c...
compiling adc.c...
compiling sx1276.c...
compiling fifo.c...
compiling delay.c...
compiling gpio.c...
compiling timer.c...
compiling uart.c...
linking...
Program Size: Code=31232 RO-data=4304 RW-data=100 ZI-data=4852
FromELF: creating hex file...
".\Objects\LoRaModem.axf" - 0 Error(s), 1 Warning(s).
Build Time Elapsed:  00:01:24
```

图8-45　LoRa网关节点编译结果

4. 运行结果

传感器节点和网关节点同时运行，LoRa模块OLED屏显示数据如图8-46所示。串口调试助手，会显示传感器数据，如图8-47所示。这里需要特殊说明的是OLED显示屏的驱动程

序目前只支持ASCII码字符显示，不支持中文和其他编码。对于温湿度数据，温度的单位是"℃"，这个"℃"符号在OLE屏上无法显示，因为没有它对应的字库，所以当网关收到温度的数据显示在显示屏上时就会出现部分乱码。

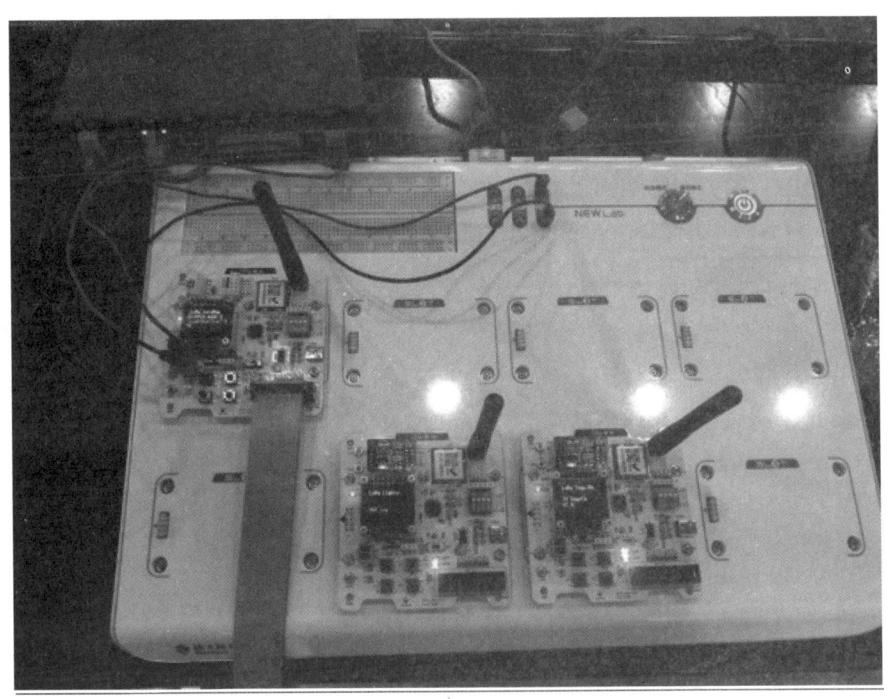

图8-46　LoRa模块OLED屏显示数据

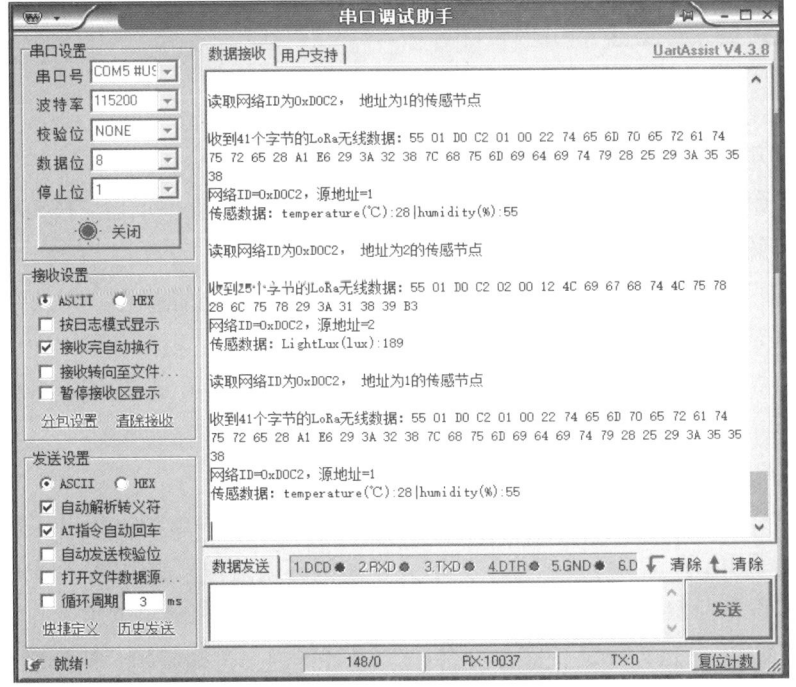

图8-47　上位机显示传感器数据

5. 传感数据通过物联网网关上报到云平台

在工程中,需要将user_define.h中的相关宏定义做下修改才能实现数据透传,现将"xTRANSPARENCY"改为"TRANSPARENCY",重新编译并下载网关代码到LoRa模块上。

将作为网关的LoRa模块放置在NEWLab主机上,用导线连接LoRa模块和物联网网关的RS-485信号接口,网关连接图如图8-48所示。

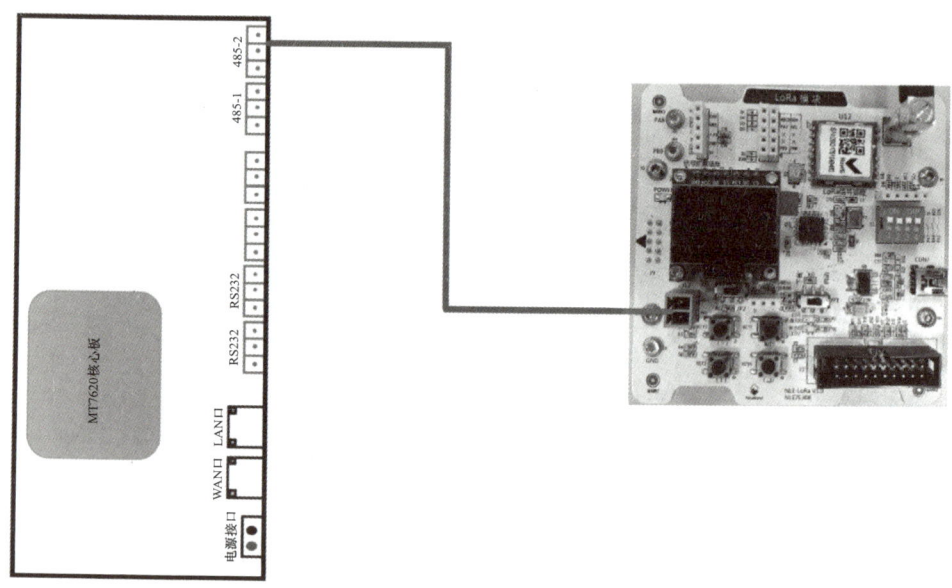

图8-48 网关连接图

（1）新建项目

登录云平台后,先单击"开发者中心"按钮,然后单击"新增项目"按钮即可新建一个项目,如图8-49所示。

在弹出的"添加项目"对话框中,可对"项目名称""行业类别"以及"联网方案"等信息进行填充（见图8-49标号③处）。在本案例中,设置"项目名称"为"园区环境监测","行业类别"选择"工业物联","联网方案"选择"以太网"。最后单击"下一步"按钮。

（2）添加设备

项目新建完毕后,可为其添加设备,设备标识名末尾加一串随机数字,防止和其他人重复,如图8-50所示,"设备名称"处填入"园区环境监测"、勾选"通信协议"处的"TCP"、"设备标识"处填入"LoRaxxxxx",最后单击"确定添加设备"按钮。在设备管理界面,如图8-51所示,记录下设备ID、设备标识、传输密钥,后续需要用到这3个参数。

学习单元8 LoRa通信应用开发

图8-49 云平台新建项目

图8-50 云平台添加设备

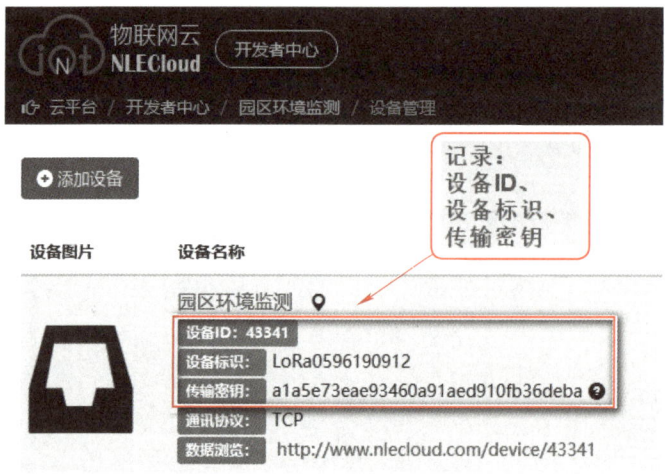

图8-51 设备管理界面

确认ApiKey是否生成或有效,若未生成ApiKey,则按图8-52所示生成ApiKey。

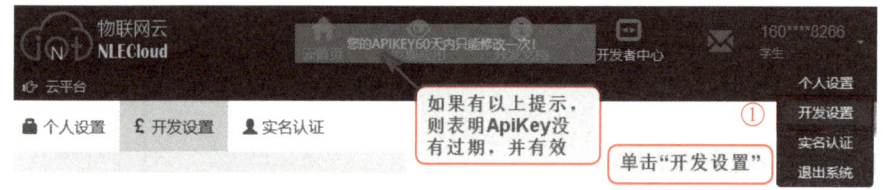

图8-52 生成ApiKye

(3)配置物联网网关接入云平台

登录物联网网关系统管理界面,地址为192.168.14.200:8400(IP可自行设置+端口号固定),如图8-53所示。

将前面记录的设备ID、设备标识、处传输密钥填入到图8-54标号③~⑤处。

物联网网关配置参数配置完毕,单击"设置"按钮,物联网网关系统自动重启,20s左右,系统初始化完毕。

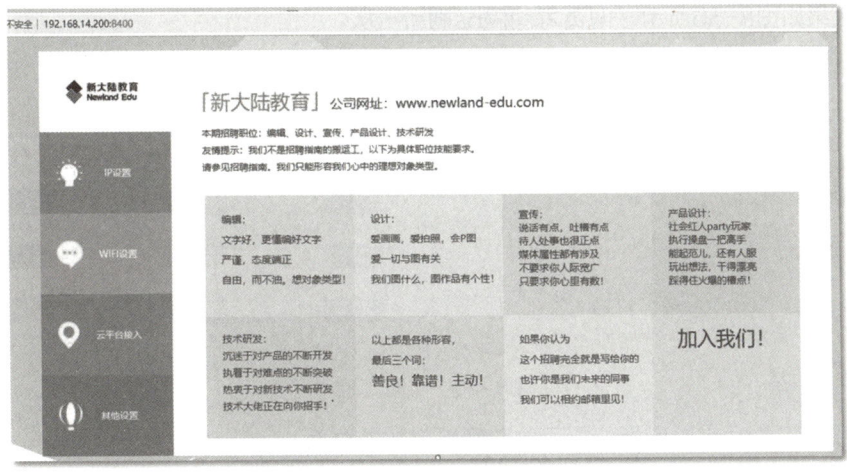

图8-53 网关首页

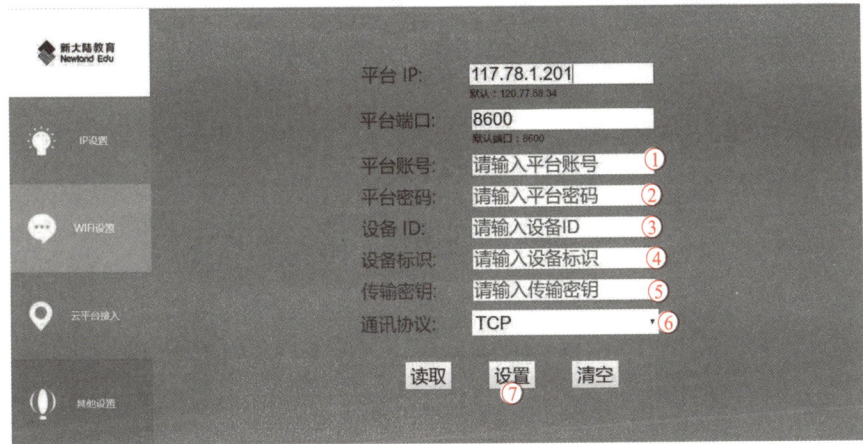

图8-54 云平台接入配置界面

6．系统运行情况分析

按图8-55所示的步骤可让网页实时显示数据，查看数据上传情况。

图8-55 开启实时显示

显示效果如图8-56所示，网页每间隔5s刷新一次。

图8-56　实时显示

单击图8-57标号①处所指位置可跳转到历史数据页面。

图8-57　显示历史数据

单元总结

本单元通过"园区环境监测"项目的分任务实施，逐步讲解LoRa技术的基本知识和LoRa无线通信技术的基本应用。

1）远距离无线电（Long Range Radio，LoRa）是一种基于扩频技术的远距离无线传输技术，它实现了低功耗和远距离传输的统一，在同样的功耗下它比传统的无线射频通信距离扩大3~5倍。

2）LoRa模块采用的LSD4RF-2F717N30是LoRa SX1278 470M 100mW标准模块，是基于SEMTECH射频集成芯片SX127X的射频模块，是一款高性能物联网无线收发器。

3）LoRa模块与MCU通过SPI进行通信，配置是通过函数SpiInit（）来实现的。

4）修改调制解调参数，可以调整LoRa模块间的通信距离或传输速率。

参 考 文 献

[1] 周杏鹏. 传感器与检测技术[M]. 北京: 清华大学出版社, 2010.
[2] 杨黎. 基于C语言的单片机应用技术与Proteus仿真[M]. 长沙: 中南大学出版社, 2012.
[3] 王小强, 欧阳骏, 黄宁淋. ZigBee无线传感器网络设计与实现[M]. 北京: 化学工业出版社, 2012.
[4] 姜仲, 刘丹. ZigBee技术与实训教程——基于CC2530的无线传感网技术[M]. 北京: 清华大学出版社, 2014.
[5] 冯暖, 周振超. 物联网通信技术: 项目教学版[M]. 北京: 清华大学出版社, 2016.
[6] 刘火良, 杨森. STM32库开发实战指南: 基于STM32F103[M]. 2版. 北京: 机械工业出版社, 2017.
[7] 黄宇红, 杨旭. NB-IoT物联网技术解析与案例详解[M]. 北京: 机械工业出版社, 2018.
[8] 张阳, 郭宝. 万物互联蜂窝物联网组网技术详解[M]. 北京: 机械工业出版社, 2018.
[9] 牛跃听, 周立功, 方丹, 等. CAN总线嵌入式开发——从入门到实战[M]. 2版. 北京: 北京航空航天大学出版社, 2016.
[10] 罗峰, 孙译昌. 汽车CAN总线系统原理、设计与应用[M]. 北京: 电子工业出版社, 2010.
[11] 杨更更. Modbus软件开发实战指南[M]. 北京: 清华大学出版社, 2017.